计 算 机 科 学 丛 书

原书第2版

分布式实时系统
原理与设计方法

[奥地利] 赫尔曼·科佩茨（Hermann Kopetz） 著

吴际 龙翔 尚利宏 等译

北京航空航天大学

Real-Time Systems

Design Principles for Distributed Embedded Applications, Second Edition

机械工业出版社
China Machine Press

图书在版编目（CIP）数据

分布式实时系统原理与设计方法（原书第 2 版）/（奥）赫尔曼·科佩茨（Hermann Kopetz）
著；吴际等译 . —北京：机械工业出版社，2019.1
（计算机科学丛书）
书名原文：Real-Time Systems: Design Principles for Distributed Embedded
　　　　　Applications, Second Edition

ISBN 978-7-111-61377-0

I. 分⋯　II. ① 赫⋯　② 吴⋯　III. 分布式操作系统　IV. TP316.4

中国版本图书馆 CIP 数据核字（2018）第 262283 号

本书版权登记号：图字　01-2015-1281

Translation from English language edition:
Real-Time Systems: Design Principles for Distributed Embedded Applications, Second
Edition
by Hermann Kopetz.
Copyright © Springer Science+Business Media, LLC 2011.
Springer New York is a part of Springer Science+Business Media.
All rights reserved.

本书中文简体字版由 Springer Science+Business Media 授权机械工业出版社独家出版。未经
出版者书面许可，不得以任何方式复制或抄袭本书内容。

本书主要介绍分布式实时系统的技术原理和设计方法，重点围绕安全关键实时系统的行为确定性、
可组合性和容错能力等难题提出了时间触发机制和相应的设计原则。本书整体内容分为四大部分，包括
关于时间的基础理论、围绕实时性的平台技术介绍、围绕实时性和可信性的系统设计与确认，以及关于
物联网和时间触发体系结构的最新进展。为了阐述相关概念和方法，本书结合三个样例系统提供了大量
的案例解析，并贯穿始终。

本书适合作为计算机科学、计算机工程和电子工程相关学科的高年级本科生或研究生的教材。

出版发行：机械工业出版社（北京市西城区百万庄大街 22 号　邮政编码 100037）
责任编辑：朱秀英　　　　　　　　　　　　　　责任校对：殷　虹
印　　刷：三河市宏图印务有限公司　　　　　版　　次：2019 年 1 月第 1 版第 1 次印刷
开　　本：185mm×260mm　1/16　　　　　　印　　张：17.5
书　　号：ISBN 978-7-111-61377-0　　　　　定　　价：89.00 元

凡购本书，如有缺页、倒页、脱页，由本社发行部调换
客服热线：（010）88378991　88361066　　　　投稿热线：（010）88379604
购书热线：（010）68326294　88379649　68995259　　读者信箱：hzjsj@hzbook.com

版权所有·侵权必究
封底无防伪标均为盗版
本书法律顾问：北京大成律师事务所　韩光 / 邹晓东

文艺复兴以来，源远流长的科学精神和逐步形成的学术规范，使西方国家在自然科学的各个领域取得了垄断性的优势；也正是这样的优势，使美国在信息技术发展的六十多年间名家辈出、独领风骚。在商业化的进程中，美国的产业界与教育界越来越紧密地结合，计算机学科中的许多泰山北斗同时身处科研和教学的最前线，由此而产生的经典科学著作，不仅擘划了研究的范畴，还揭示了学术的源变，既遵循学术规范，又自有学者个性，其价值并不会因年月的流逝而减退。

近年，在全球信息化大潮的推动下，我国的计算机产业发展迅猛，对专业人才的需求日益迫切。这对计算机教育界和出版界都既是机遇，也是挑战；而专业教材的建设在教育战略上显得举足轻重。在我国信息技术发展时间较短的现状下，美国等发达国家在其计算机科学发展的几十年间积淀和发展的经典教材仍有许多值得借鉴之处。因此，引进一批国外优秀计算机教材将对我国计算机教育事业的发展起到积极的推动作用，也是与世界接轨、建设真正的世界一流大学的必由之路。

机械工业出版社华章公司较早意识到"出版要为教育服务"。自1998年开始，我们就将工作重点放在了遴选、移译国外优秀教材上。经过多年的不懈努力，我们与Pearson、McGraw-Hill、Elsevier、MIT、John Wiley & Sons、Cengage等世界著名出版公司建立了良好的合作关系，从它们现有的数百种教材中甄选出Andrew S. Tanenbaum、Bjarne Stroustrup、Brian W. Kernighan、Dennis Ritchie、Jim Gray、Afred V. Aho、John E. Hopcroft、Jeffrey D. Ullman、Abraham Silberschatz、William Stallings、Donald E. Knuth、John L. Hennessy、Larry L. Peterson等大师名家的一批经典作品，以"计算机科学丛书"为总称出版，供读者学习、研究及珍藏。大理石纹理的封面，也正体现了这套丛书的品位和格调。

"计算机科学丛书"的出版工作得到了国内外学者的鼎力相助，国内的专家不仅提供了中肯的选题指导，还不辞劳苦地担任了翻译和审校的工作；而原书的作者也相当关注其作品在中国的传播，有的还专门为其书的中译本作序。迄今，"计算机科学丛书"已经出版了近500个品种，这些书籍在读者中树立了良好的口碑，并被许多高校采用为正式教材和参考书籍。其影印版"经典原版书库"作为姊妹篇也被越来越多实施双语教学的学校所采用。

权威的作者、经典的教材、一流的译者、严格的审校、精细的编辑，这些因素使我们的图书有了质量的保证。随着计算机科学与技术专业学科建设的不断完善和教材改革的逐渐深化，教育界对国外计算机教材的需求和应用都将步入一个新的阶段，我们的目标是尽善尽美，而反馈的意见正是我们达到这一终极目标的重要帮助。华章公司欢迎老师和读者对我们的工作提出建议或给予指正，我们的联系方法如下：

华章网站：www.hzbook.com

电子邮件：hzjsj@hzbook.com

联系电话：（010）88379604

联系地址：北京市西城区百万庄南街1号

邮政编码：100037

华章教育

华章科技图书出版中心

译 者 序

Real-Time Systems: Design Principles for Distributed Embedded Applications, Second Edition

知悉本书第 1 版大概是 2010 年，那时我因科研项目的需要开始接触嵌入式实时系统，虽然还称不上硬实时系统。做领域调研分析时，我从网络上找相关资源时看到了本书的介绍。阅读的第一印象是该书提供了非常坚实的理论分析，同时概念也非常简洁清晰。当时绝对没有想到我会在四年后接下本书第 2 版的翻译工作。翻译此书的提议是在拜访本书作者（维也纳，2014 年 7 月）之前提出的，并在拜访中经过交流讨论最终形成决定。与本书作者 Hermann Kopetz 的认识则可追溯到 2012 年，那时我与 Simula 研究所的 Tao Yue 和 Bran Selic 共同策划 SafeMOVE 2013 国际研讨会，并邀请 Hermann Kopetz 来北京做主题报告和关于时间触发技术的专题培训。

不得不说，本书的翻译具有相当大的难度，甚至可以说具有挑战性。实时系统的行为确定性、设计的可组合性和故障管理等都是艰深的主题，需要对系统全局特性有深入的理解。准确和完整理解这特性的主要困难在于系统的时域行为，需要在各个抽象层次上开展分析和设计，而这一直是经典的实时系统著作有所欠缺的地方。

时间触发技术恰恰就是为了这个目标所提出的，在对时间进行精确度量和控制的基础上，逐步构造组件行为和组件间的交互行为，并以可组合的方式实现整个系统行为的确定性控制目标。时间触发技术涉及全局时间、时间推进的任务控制、实时调度、冗余和容错、通信控制、设计原则和体系结构风格等多方面的方法和技术。经过多年的发展和应用，时间触发技术已形成了相应的国际标准，并在航空、航天、汽车等领域的核心系统中得到了广泛应用。

随着网络通信技术的不断发展，实时性正在得到越来越多的关注，目前时间敏感网络（TSN，可近似理解为松弛的时间触发技术）正呈现井喷式的发展态势。目前国内对实时系统的设计技术与验证技术的关注度越来越高，有不少科研单位听闻我们在翻译本书后，多次表达了希望尽快看到中文版出版的意愿。

在整个翻译过程中得到了本书作者的大量无私帮助。我们经常就一些关键概念和论述与作者进行沟通。了解越多，越是由衷佩服作者的睿智和前瞻性。非常感谢作者专门为本书的中文版作序。在组织译文的过程中，我们意识到准确理解相关核心概念的重要性，而很多概念涉及多方面的知识，甚至是跨领域的知识。为了增强中文版的可读性，我们在每一章都增加了一定数量的必要译者注，为相关概念补充一定的解读分析。

本书的翻译历时四年，经过了四个阶段：初步翻译阶段、整理阶段、分章节校对阶段和整体校对阶段。有不少研究生参与了初步翻译阶段的工作，按照章节独立进行了文字翻译。在整理阶段，对相关概念的把握分析和统一翻译是主要工作。在分章节校对阶段，主要解决论述表达方式和中文字句组织的差异化问题，尽可能使各章统一。最后的整体校对阶段，通读全书并统一术语。每一遍校对都能发现一定数量的逻辑问题和文字表达问题，我们意识到"英文味"的译文一定不能让读者满意，因此在确保遵从原作的论述逻辑的前提下，尽量按照中文表达方式来组织译文。

龙翔老师承担了本书第 3、4、8、10 章的翻译工作，赵永望老师完成了第 5、6、9、13

章的初步翻译，尚立宏老师对第 5、6、9 章进行了修订翻译，李云春老师则对第 13 章进行了修订翻译。吴际老师承担了第 1、2、7、11、12、14 章的翻译，并负责全书的校对、翻译修订和译者注梳理工作。在翻译过程中得到了高小鹏老师、刘超老师和马殿富老师的大力支持和帮助，也得到了 TTTech 中国分公司的欧阳杨经理的很多关心和支持。陈逊、胡京徽、吕佳辉、姜徐、孙思杰、谭宇、杨经纬、燕保跃、张峰等同学参与了本书翻译的相关工作，在此一并致谢。

　　限于译者的业务水平，对原作的理解和译文的组织都不可避免地存在错误和不足，希望读者在阅读中指正并告知我们。

吴际

于北京航空航天大学

2018 年 7 月

In the past twenty years, the domain of *real-time embedded systems*—nowadays they are often called *cyber-physical systems*—has grown in importance in industry and academia.In these systems, the *time-less cyber world* has to interact with *physical processes* that are governed by natural laws that are based on the progression of physical time. While many computer scientists abstract from physical time and focus on symbol manipulation in cyberspace, this book considers physical time a first order citizen that cannot be neglected in cyber-physical systems. The explicit consideration of physical time—as demonstrated in the *time-triggered architecture*—can contribute to a significant simplification of many industrial control problems. Since the first edition of this book has been published twenty years ago, the *time-triggered architecture* has been successfully deployed in a number of aerospace, industrial and automotive applications.

The fundamental design principles for embedded real-time systems that were published twenty years ago in the first edition of the book are still valid today. In the second edition of the book, some additional chapters on *cognitive complexity, energy awareness*, and the *internet of things* have been added, with only minor changes to the central parts of the first edition.

The translation of a technical book from one language—let us call it the *source language* (in our case *English*)—to another language—let us call it the *target language* (in our case *Chinese*)—is a challenging endeavor. In a first phase, the translator must gain an understanding of a *thought* represented by words in the source language. In a second phase the translator must express this thought in words that can be comprehended by persons that are familiar with the target language. Although the representation of the thought is radically changed, the content of the thought must remain the same. As an author of the book who does not speak the target language, I can—and did—support the translator in the first phase of the translation. By using email we could clarify some topics to ensure that the translator had a full understanding of the *thoughts* expressed in the source language. I am therefore confident to assume that the second phase of the translation—the finding of proper words that express the meaning of the thoughts in the target language—is well done. I would like to thank the translators for their immense efforts in doing the translation.

I hope that the reader of this book will enjoy the study of the material and will gain a deep insight in the design principles of embedded real-time systems and the rational for the time-triggered architecture.

H. Kopetz

July 10, 2018

本书适合用作高年级本科生或一年级研究生的实时嵌入式系统（也称为信息物理融合系统）课程的教材，首要目标是系统地介绍相关知识。本书内容划分为14章，正好对应一个学期的14周教学。本书也可作为技术参考书，向工业界的实践者提供实时嵌入式系统设计的现状，以及该领域涉及的基础性概念。从本书第1版出版至今的14年间，维也纳技术大学有超过1000名学生使用该书作为教材来学习实时系统课程。这些学生的反馈和嵌入式实时系统这个动态变化领域的许多新进展，都融入了第2版中。本书关注体系结构层次的分布式实时系统设计。然而我们发现，相当大一部分计算机科学文献都忽略了实时时间的推进，这使得实时系统设计者不掌握这个关键知识的抽象层次就无法开展系统设计工作。因此，物理时间推进是本书中最重要的概念，在此基础上定义很多相关的概念。本书使用大量来自工业界的案例来洞察解释与时间推进相关的基础性概念。本书扩展了分布式实时系统的概念模型，并精确定义了与时间相关的重要概念，如稀疏时间、状态、实时数据的时域精确性和确定性等。

大规模计算机系统的认知复杂性演化是个极为受关注的主题，第2版专门增加了一章来论述简约设计（第2章）。本章采纳了认知领域的一些最新研究发现，包括概念形成、理解、人类的简化策略、模型构建，并形成了有助于简约系统设计的7个原则。在后续的12章中，都围绕这些原则展开论述。另外还新增了两章，分别是第8章和第13章，论述移动设备这一巨大市场中越来越重要的主题。关于第6、7、11、12章都进行了系统性修订，并特别关注基于组件的设计和基于模型的设计。在第6章中，新增了关于信息安全和功能安全的多个小节。第14章介绍了时间触发体系结构，把本书论述的概念整合成连贯一致的框架，用来开发可信嵌入式实时系统。自本书第1版出版以来，在许多应用领域都可以清楚地看到，已经从采用事件触发设计方法学转向采用时间触发设计方法学来设计可信分布式实时系统。

本书假设读者拥有计算机科学或计算机工程方面的背景知识，或者在嵌入式系统设计、实现方面有一些实践经验。

作为不可分割的组成部分，本书最后对贯穿全书的技术术语给出了相应定义。如果读者在阅读过程中不确定某些术语的确切内涵，建议参考术语定义部分。

致谢

无法在这里一一列举所有对本书第2版有贡献的学生、工业界和科学界同行的姓名，他们在过去十几年为本书提出了诸多富有启发的问题或给出了建设性的评论。在完成本书第2版的最后阶段——2010年10月，我在范德堡大学讲授一门由Janos Sztipanovits组织的课程，从听众那里得到了宝贵的意见。在这里要特别感谢Christian Tessarek，他承担了本书的插图设计工作。感谢阅读了部分或全部手稿并提出了许多宝贵修改建议的Sven Bünte、Christian El-Salloum、Bernhard Frömel、Oliver Höftberger, Herbert Grünbacher、Benedikt Huber、Albrecht Kadlec、Roland Kammerer、Susanne Kandl、Vaclav Mikolasek、Stefan Poledna、Peter Puschner、Brian Randell、Andreas Steininger、Ekarin Suethanuwong、Armin Wasicek、Michael Zolda，以及来自范德堡大学的学生Kyoungho An、Joshua D. Carl、Spencer Crosswy、Fred Eisele、Fan Qui和Adam C. Trewyn。

目　录

Real-Time Systems: Design Principles for Distributed Embedded Applications, Second Edition

实 时 环 境

概述　作为本书的引言，本章从多个视角来介绍实时计算机系统的运行环境。深入理解实时应用的特征性技术因素和经济因素，有助于解释对系统设计人员所提出的设计要求。本章首先介绍实时系统的定义，讨论其功能需求和非功能需求，并特别关注那些从熟知的控制应用特性推导而来的时域需求。控制算法的目标是控制一个过程使得其性能满足相应的准则。系统运行环境中出现的随机扰动会降低系统运行性能，这是控制算法设计必须要考虑的因素。任何由控制系统本身在控制回路中引入的额外不确定性（如不可预测的控制回路时间抖动）都会降低控制品质。

本章 1.2 ～ 1.5 节从多个视角介绍实时应用的分类，特别关注硬实时系统和软实时系统的根本性差异。因为软实时系统不会出现严重的失效模式，允许使用欠严格的方法来进行设计，所以有时为了经济考虑，会采用资源受限的设计方案，不对极少出现的峰值负载场景做专门处理。但是对于硬实时系统，由于要保证在所有已知场景下的安全性，就不能使用这样的设计方法，即使一些特殊场景的出现概率极小，也必须向认证机构如实⊖论证系统的安全性。1.6 节简要分析实时系统市场，重点论述嵌入式实时系统。嵌入式实时系统是自包含系统的组成部分，如电视机或汽车。一般来说，又称为 CPS（Cyber-Physical System，信息物理融合系统）的嵌入式实时系统是实时技术和计算机行业最重要的用武之地。

1.1　实时计算机系统

实时计算机系统的行为正确性不仅取决于它的逻辑计算结果，也取决于计算结果的输出物理时间。本书使用系统行为来表示系统按时间产生的输出序列。

本书使用从过去到未来的有向时间线来描述时间的流动。时间线上的切点称为时刻。恰好⊜在一个时刻发生的任何出现都称为事件。用来描述一个事件（见 5.2.4 节的事件观测⊜）的信息称为事件信息。当前时间点，称为现在，是一个非常特殊的事件，可以区分过去和将来（这里采用基于牛顿物理学的时间模型，但不考虑时间的相对效果）。时间线上的区间称为时间间隔，由该区间的起始事件和终止事件来定义。数字时钟把时间线划分为等间距的时间间隔序列，称为时钟的颗粒度，它由特别的周期性事件即时钟节拍来界定。

实时计算机系统总是一个更大系统的组成部分。这个更大的系统称为实时系统或信息物理融合系统。实时系统遵循物理时间的某个函数来改变自己的状态，如化学反应系统持续改

　　⊖　原文是 "vis-a-vis"，表示面对面，这里翻译为 "如实"。——译者注

　　⊜　原文为 ideal occurrence，表示理想情况下在时间轴切线时刻点发生的出现，这里译为 "恰好"。因为按照本书对时间的定义，"时刻" 是时间的最小单位，在时刻之外发生的事情其实都是不可知的，系统无法感应。——译者注

　　⊜　原文为 observation，中文翻译有 "观察" 和 "观测" 两种方案。从中文角度来看，"观测" 与 "观察" 有细微区别，前者更多指需要使用相关设施获得观察，并进行必要的量化处理后才能最终结果。故本书统一翻译为 "观测"。

变自己的状态，即便控制它的计算机系统已停止运行。一个实时系统可以被合理地分解成一组自包含的子系统，称为集群（cluster）。典型的集群（如图 1-1 所示）包括受控的物理设备或机器（受控集群）、实时计算机系统（计算集群）以及操作员（操作集群）。本书把受控集群和操作集群作为整体，统称为计算集群的运行环境。

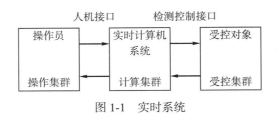

图 1-1　实时系统

分布式（事实上大部分都是）实时计算机系统由一组通过实时通信网络进行连接的节点（即计算机）组成。操作员和实时计算机系统之间的接口称为人机接口，实时计算机系统和受控对象之间的接口则称为检测控制接口。人机接口由输入设备（如键盘）和输出设备（如显示器）组成，为操作员提供操作界面。检测控制接口由传感器和作动器组成，用来把受控集群中的物理信号（如电压、电流）转换为数字信号，以及把数字信号转换为物理信号。

实时计算机系统必须在其环境所要求的时间间隔内对来自环境（受控集群或操作集群）的激励做出响应。必须产生处理结果的时刻称为截止时间。如果系统在截止时间之后产生的结果还能发挥作用，则称为软截止时间，否则称为严格截止时间。如果系统错过了严格截止时间会导致严重后果，则称为硬截止时间。

例： 考虑铁路交叉路口的信号灯，如果在火车经过路口前未能把信号灯变为红色，就可能会导致事故。

必须满足至少一个硬截止时间的实时计算机系统称为硬实时计算机系统，或安全关键实时计算机系统。如果一个系统没有硬截止时间，则称为软实时计算机系统。

硬实时系统的设计和软实时系统的设计有根本的不同。软实时计算机系统偶尔错过截止时间是可接受的，但是硬实时计算机系统必须要确保在任何负载和故障条件下的时域行为都能满足要求。这两类系统的差异将在本书后续章节详细阐述。本书关注硬实时系统的设计。

1.2　功能需求

实时系统的功能需求关注实时计算机系统必须执行的功能，包括数据采集需求、直接数字控制需求和人机交互需求。

1.2.1　数据采集

受控对象，如汽车或工业设备，会按照时间的某个函数来改变其状态（本书中如果在时间前未加修饰词，则指 3.1 节所阐述的物理时间）。假如把时间冻结，则可以通过记录在冻结时刻的状态变量取值来描述什么是当前状态。对于汽车这个受控对象而言，状态变量可以包括汽车的位置、速度、仪表盘上各个开关的位置以及气缸里活塞的位置等。通常我们不需要关注所有可能的状态变量，而只关注其中与设计目标显著相关的状态变量子集。与目标显著相关的状态变量又称为实时实体（简称 RT 实体）。

每个 RT 实体都处于某个子系统的控制范围（Sphere of Control，SOC）内，即它属于授权对该 RT 实体取值进行改变的某个子系统（参见 5.1.1 节）。RT 实体可以在控制范围之外被观测到，但是其语义内容（参见 2.2.4 节）不能被修改。例如，尽管在汽车引擎之外可以观测到气缸中活塞的当前位置，但不允许对这个观测的语义内容进行修改（语义内容的表示则可以被改变）。

实时计算机系统的首要功能需求是观测受控集群中的 RT 实体并收集观测数据。计算机系统通过实时（RT）镜像来表示对 RT 实体的一次观测。因为受控集群中受控对象的状态是关于时间的函数，一个给定 RT 镜像只在有限时间段内可以准确表示 RT 实体的当前状态。这个时间段长度取决于受控对象的动态特性。如果受控对象的状态改变非常快，相应 RT 镜像的时域精确范围就会很短。

例：如图 1-2 所示，一辆汽车进入由交通信号灯控制的交叉区域。"绿灯"这个观测在多长时间内能精确表示交通灯实际状态？如果不在其时域精确范围内使用"绿灯"这个观测，即车在绿灯转换为红灯后进入交叉区域，就可能导致事故。在该例子中，时域精确范围的上限由交通灯处于黄色状态的时间间隔给出。

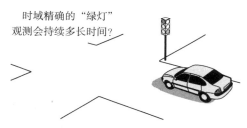

图 1-2　交通灯状态观测的时域精确性

受控集群的所有时域精确的 RT 镜像集合称为实时数据库，一旦有 RT 实体的值发生改变，该数据库就必须更新。可以周期性地实施更新，由实时时钟按照固定周期来触发（称为时间触发（TT）观测），或者在状态改变时立刻发生（称为事件触发（ET）观测）。关于时间触发观测和事件触发观测会分别在第 4 章和第 5 章详细分析。

信号调节。物理传感器，如热电偶，会产生原始数据（如电压）。通常，在收集到原始数据序列后需使用均值算法来减少测量误差。接下来，必须对原始数据进行校准并转换到标准的测量单位。信号调节这个术语专指所有从原始传感器数据获得关于 RT 实体有意义测量数据的必要处理步骤。在信号调节后，必须要对测量数据的合理性进行检查，并与其他测量数据进行关联分析以检测可能的传感器故障。RT 实体的一个数据如果被判定为正确的 RT 镜像，则该数据称为议定数据。

告警监视。持续监视 RT 实体以检测处理行为出现的异常是实时计算机系统的一个重要功能。

例：化工厂工控系统的管道爆裂是个需要关注的首要事件，它会导致诸多 RT 实体（如多处的压力、温度和液面）取值与它们常规运行下的范围不符，并会突破预设的告警门限，从而产生一系列关联的警报，称为爆发式警报。

实时计算机系统必须要检测和显示这些警报，并辅助操作人员识别导致这些警报的初始首要事件。为了达到这个目标，在观测到警报后，系统必须在一个特殊的警报日志中记录警报出现的确切时刻。准确记录警报发生时序有助于识别次级警报，即由首要事件引起的所有警报。在复杂的工业控制系统中，操作人员需借助复杂的知识管理系统来对警报进行分析。

例：在 2003 年 8 月 14 日美国和加拿大停电事故的最终报告 [Tas03，p.162] 中，有这样的陈述：8 月 14 日停电事故的一个重要教训是认识到了时间同步的系统数据记录的重要性。就像把许多小碎件拼装成一个巨大拼图一样，工作组调查人员检查了几千项数据来确定导致停电的事件序列。如果该系统更广泛地使用了同步的数据记录设备，这个过程的速度会显著提高，难度也会显著降低。

很少发生但一旦发生就会受到极大关注的状况称为偶发事件（rare-event）。如何在发生偶发事件情况下对实时计算机系统的性能进行确认是个挑战性任务，需要对系统运行的物理环境进行建模（参见 11.3.1 节）。

例：核反应堆监控和关闭系统的唯一目标就是在警报达到峰值情况（偶发事件）下仍能保持其可靠性。但愿该偶发事件在核反应堆的运行过程中永远不会出现。

1.2.2　直接数字控制

许多实时计算机系统必须要对作动器的作动变量进行直接计算，从而达到对受控对象进行直接控制（Direct Digital Control，DDC）的效果，即不需要传统的下层控制系统支持。

控制类应用有高度规整化的模式，由（有穷的）一系列控制周期⊖组成，每个周期从对 RT 实体的采样（即观测）开始，接下来执行控制算法来计算新的作动变量，之后把作动变量输出到作动器。控制算法设计要满足相应的控制目标，并对影响受控对象的随机扰动做出补偿。这些是控制工程领域的主题，在本书后面关于时域需求的章节中，会介绍一些控制工程领域的基本术语。

1.2.3　人机交互

实时计算机系统必须要把受控对象的当前状态告知操作员，并辅助他们对机器或设备对象进行控制。这些需要通过人机接口来完成。人机接口是实时系统中举足轻重的关键子系统。安全关键实时系统的很多与计算机相关的严重事故都可以追溯到人机接口层上的错误 [Lev95]。

例：据报道 [Deg95]，飞机人机接口层上的模式混淆⊖是导致大部分飞机事故的主要原因。

过程控制应用大多都根据特定工业需求设计了可扩展的数据日志和数据报告子系统，这两个子系统也是人机接口子系统的组成部分。

⊖ 本书会频繁出现"周期"这个术语。对应的英文术语有两个：cycle 和 period。在不严格区分的情况下，二者均表示一个事件重复出现的时间间隔。但是这两个术语有一些细微差异。术语 cycle 和实时事务相关（参见 3.3.4 节），起始于传感器采样，终止于作动器输出结束，强调完整事务处理的循环时间；而术语 period 则指事件或活动两次出现的时间间隔。通常，为了准确刻画 cycle 中事件的时间特性，需要使用 period 和 phase 两个术语。如果仅指时间间隔，二者可以无区别使用。在本书的翻译中，如果涉及需要细致比较二者的差异，会在文字中具体说明。否则，将不再补充说明对应哪个术语。

⊖ 模式指人机接口的一种工作模式，相同的用户输入，如果人机接口工作模式不同，计算机系统获得的输入就会不同。最典型的例子是文本编辑器中的两种模式，即文本插入模式和文本覆盖模式。模式混淆通常指在人机交互界面存在多种模式的情况下，用户忘记了交互界面当前所处的模式（即混淆了模式），从而导致操作错误，即实际提供的输入所达到的效果与预期效果完全不同。——译者注例：有些国家法律要求制药企业在档案存储器中记录每一批药在其制造过程中涉及的相关参数，万一相应药物被报告有问题后能够追查药物生产时的过程条件。

人机接口设计是基于计算机的嵌入式系统设计中必须考虑的一个非常重要的主题，已有许多专门针对这个主题的课程。本书不会涉及具体的设计细节，但会在4.5.2节介绍抽象的人机接口。对人机接口设计感兴趣的读者可参考这方面的主流教科书。

1.3 时域需求

1.3.1 时域需求的出处

实时系统最严格的时间约束来自于控制回路的要求，如对汽车引擎快速处理过程的控制。相比较而言，由于人的感知延迟，人机接口层次的时域需求就没有那么严格。人的感知延迟一般在 50 ～ 100 ms 之间，比快速控制回路的延迟要求要慢几个数量级。

简单控制回路。以图 1-3 中的简单控制回路为例，它由液体器皿、连接到蒸汽管的热交换器和计算机控制系统组成。该计算机系统的目标是通过阀门（控制变量）来控制经过热交换器的蒸汽流量，从而确保器皿中的液体温度在小波动范围内稳定为设定点温度。操作员可以设置要求保持的温度。

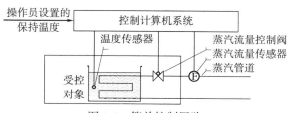

图 1-3　简单控制回路

下面将分析讨论这个由受控对象和控制计算机系统组成的简单控制回路的时域特性。

受控对象。假设图 1-3 所示系统当前处于平衡状态。任何时候如果阶跃函数（step function）增加了蒸汽流量，器皿中的液体温度就会按照图 1-4 的曲线来改变，直至到达新的平衡态。器皿中液体温度的响应函数（response function）取决于环境条件，即受控对象的动态特性，如液体体积、流经热交换器的蒸汽量。在下面的章节中，使用 d 表示时间间隔，t 表示时刻点。

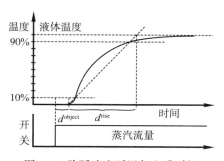

图 1-4　阶跃响应延迟与上升时间

可以使用两个重要的有关时间的参数来刻画这个初级的阶跃响应函数：对象延迟时间

d^{object}（有时也称为滞后时间）和液体温度达到新平衡态所经历的时间 d^{rise}。经过滞后时间 d^{object}，受控对象的温度（测量变量）开始上升。滞后主要由过程的初始惯性以及仪器特性[⊖]引起，称为过程迟滞。为了在给定实验所记录的阶跃响应函数形状中确定这两个参数，首先要找到时间轴上的两个点，即液体响应函数在这个时刻点的温度分别是两次平衡态温度差的 10% 和 90%。如图 1-4 所示，这两个点之间通过一条虚的直线相连，可通过这条直线与两条水平直线（即应用阶跃函数前的平衡态温度线和应用阶跃函数后的新平衡态温度线）的相交点确定 d^{object} 和 d^{rise}。

控制计算机系统。控制计算机系统必须周期性地采集器皿中液体的温度以检测实际温度（控制变量）与期望温度之间的偏差。两次采样之间的间隔时间 d^{sample} 称为采样周期，$f^{\text{sample}}=1/d^{\text{sample}}$ 称为采用频率。由经验可知，准连续数字系统的采样周期应小于受控对象阶跃响应函数上升时间的十分之一，即 $d^{\text{sample}} < d^{\text{rise}}/10$。通过比较测量温度和操作员设定的要求温度，计算机系统计算出误差项，这是控制算法计算控制变量新值的基础。每次采样之后经过时间间隔 d^{computer}（称为计算机延迟），控制计算机系统才会把计算获得的作动变量输出到控制阀，从而完成一次控制回路。延迟 d^{computer} 应小于采样周期 d^{sample}，否则将错过一个处理周期。

计算机系统产生的最大延迟和最小延迟之间的差值称为延迟抖动（jitter），记为 $\Delta d^{\text{computer}}$，它是影响控制品质的一个敏感参数。

计算机系统从 RT 实体获得取值观测后进行计算，并把计算结果输出到作动器，然后受控对象会对接收到的作动命令进行响应。从观测 RT 实体取值到受控对象开始响应的时间间隔称为控制回路的停滞时间（dead time）。停滞时间等于受控对象延迟 d^{object} 和计算机延迟 d^{computer} 的和，其中前者在受控对象的控制作用范围内，由受控对象的动态特性决定，后者由计算机系统的实现决定。为了减少控制回路的停滞时间和提高控制回路的稳定性，这两个延迟应该越小越好。计算机延迟在两个采样点对应的时间间隔内，即从观测受控对象状态到使用所观测信息（见图 1-5，即输出相应的作动信号（作动变量）到受控对象）的间隔时间。除了必要的计算处理产生的延迟，计算机延迟还包括通信时间和作动器反应时间。

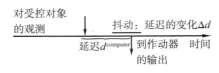

图 1-5　延迟和抖动

控制回路参数。表 1-1 总结了图 1-3 例子中基本控制回路的时间参数。左边两列分别是参数符号和参数名称，第三列指出参数所处的控制范围，即哪个子系统来确定相应参数的取值。第四列是这些时间参数之间的关系。

表 1-1　基本控制回路参数

符号	参数	所处控制范围	关系
d^{object}	受控对象延迟	受控对象	物理过程
d^{rise}	阶跃响应的上升时间	受控对象	物理过程
d^{sample}	采样周期	计算机	$d^{\text{sample}} << d^{\text{rise}}$

⊖　这里主要指导热特性。——译者注

（续）

符号	参数	所处控制范围	关系
$d^{computer}$	计算机延迟	计算机	$d^{computer} < d^{sample}$
$\Delta d^{computer}$	计算机的延迟抖动	计算机	$\Delta d^{computer} << d^{computer}$
$d^{deadtime}$	停滞时间	计算机和受控对象	$d^{computer} + d^{object}$

1.3.2　最小延迟抖动

控制应用的数据包括 RT 实体的取值镜像，因而都带有状态。控制应用的计算动作大多由时间触发，即按照计算机系统内部的时间推进来控制采样。触发采样的控制信号在计算机系统控制范围内，因此提前可预知什么时间会触发下一次采样。许多控制算法都假设抖动 $\Delta d^{computer}$ 相比较于计算机延迟 $d^{computer}$ 非常小，即计算机延迟接近于常数。之所以进行此假设，是因为设计控制算法时可以对已知的常量化延迟进行补偿[⊖]。延迟抖动向控制回路引入了额外的不确定性，会对控制品质产生不利影响。抖动 Δd 可导致获得 RT 实体观测的时间点不确定，引起温度测量变量 T 出现额外的误差 ΔT，如图 1-6 所示。因此，延迟抖动应该一直保持为抖动的一个很小部分，即如果要求 1ms 的延迟，则延迟抖动应该在几微秒范围内 [SAE95]。

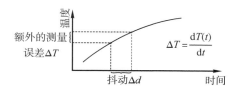

图 1-6　抖动对测量变量 T 的影响

1.3.3　最小错误检测延迟

根据定义，硬实时系统是安全关键系统。一旦控制系统内部出现错误，如消息丢失或损坏，或者节点失效等，就要求短时间内以很高概率检测到相应的错误。错误检测延迟一定要与最快的控制回路采样周期处于相同数量级，这样才有可能在错误导致严重系统失效之前采取纠错动作，或把系统转入安全状态。几乎没有抖动的系统自然比有抖动的系统拥有更短且有保障的错误检测延迟。

1.4　可信需求

术语可信性（dependability）涉及计算机系统多方面的非功能特性，描述系统在一定时间范围内为用户提供的服务质量。用户可以是自然人或者另一个技术系统。下面将介绍可信性的一些重要可度量特性 [Avi04]。

1.4.1　可靠性

假设系统一开始正常工作（$t=t_0$），系统可靠性 $R(t)$ 定义为系统直到 t 时刻仍能够提供预

⊖　控制算法延迟补偿是指在控制系统中通过对于某些环节的修改来减少系统输出延迟的补偿手段，通常在系统中加入前馈补偿器可以实现。——译者注

期服务的概率。系统在给定时间段内的失效概率可以通过失效率（failure rate）来表达，并使用菲特（Failure In Time，FIT，一小时内的失效数）来度量。假设某设备失效率为 1 菲特，意味着其平均失效前时间（MTTF）为 10^9 小时，则该系统在 115 000 年内会出现一个失效[⊖]。如果一个系统的失效率保持为常量 λ（每小时出现 λ 个失效，即失效率为 λ 菲特），则系统在 t 时刻的可靠性由下式确定：

$$R(t)=\exp(-\lambda(t-t_0)),$$

其中 $t-t_0$ 的单位是小时。失效率的倒数 $1/\lambda=$ MTTF 称为平均失效前时间（单位为小时）。如果一个系统的失效率要求在 10^{-9} 级别或更低，则称这样的系统有超高可靠性要求。

1.4.2 安全性

安全性（safety）是关于关键失效模式的可靠性。关键失效模式会带来危险后果，与之相反，非关键失效模式则不会。在危险失效模式中，失效带来的损失会比系统在正常操作下创造的价值高出几个数量级。危险失效模式的例子包括：飞机因飞控系统失效导致坠毁，汽车因计算机控制的智能刹车系统失效而出现事故等。安全关键（硬）实时系统的关键失效模式的失效率一定要满足超高可靠性要求。

> **例**：对于汽车上的计算机控制刹车系统而言，计算机引起的刹车失效率（关键失效模式）一定要低于传统刹车系统的失效率。假设一部车平均每天行驶 1 小时，每百万部车每年的关键失效模式的失效率应该保持在 10^{-9} 失效 / 小时的水平。

飞控系统、火车信号控制系统和核反应堆检测系统也有相似的低失效率要求。

安全认证。在许多情况下，安全关键实时系统的设计都需要获得独立认证方的批准。如果能够让认证方确认如下三点，认证过程就可以得到简化：

1）针对系统安全操作的关键子系统采用了故障限制机制设计，因而基本消除了故障从系统其他部分传播到安全关键子系统的可能性。

2）从设计视角来看，设计规格明确了给定负载假设和故障假设所涉及的所有场景的处理，无须借助概率来概括场景处理的覆盖情况。这种设计要求资源充分。

3）体系结构设计支持构造性的模块化认证，即各个子系统的认证相互独立。在系统层次，只需对涌现特性（emergent property）进行确认检查。

要对一个系统开展可确认设计（designed for validation），[Joh92] 指出了设计必须要满足的要求：

1）可以构造出完整和精确的可靠性模型。所有不能通过分析方法消解的模型参数必须能够在合理的测试时间内得到度量。

2）可靠性模型不包括代表设计故障的状态迁移，要提供分析来证实设计故障不会引起系统失效。

3）为了使需要度量的模型参数个数最少，要对设计进行权衡考虑（参见 2.2.1 节）。

1.4.3 可维护性

可维护性是当系统出现了非危险失效后，关于需要多长时间来修复系统的度量。可维护

⊖ 10^9 小时约等于 115 000〔年〕×360〔天 / 年〕×24〔小时 / 天〕。如果一个芯片的失效率为 10 菲特，则其可能经过 11 500 年才会失效。——译者注

性 $M(d)$ 定义为当出现失效后，能在时间间隔 d 内让系统恢复运行的概率。与可靠性理论一致，引入一个常量的修复率 μ（每小时修复次数）和平均修复前时间（Mean Time to Repair, MTTR）来度量可维护性。

可靠性和可维护性之间有根本的冲突。关注可维护性的系统设计通常把系统划分为一组现场可更换单元（FRU），它们通过服务化接口相互连接，在系统出现失效时容易断开和替换有故障的 FRU。然而，服务化的接口设计（如插拔式连接）在失效率上显著高于非服务化的接口设计。此外，服务化接口的制造成本也更高。

在蓬勃发展的泛在智能领域，一个系统要在市场上获得成功，必须提供自动诊断能力，并能够让未受过专业培训的终端用户可以进行维护。

1.4.4　可用性

系统对外提供的服务有时会出错。可用性是对系统正确提供服务的度量，可定义为系统提供正确服务的时间长度。

例：只要用户拿起电话听筒，交换机系统就应该以极高的概率提供电话服务。电话交换机平均一年不能提供服务的时间只允许有几分钟。

如果系统的失效率和修复率保持不变，则可靠性指标 MTTF、可维护性指标 MTTR 和可用性指标 A 之间具有如下的关系：

$$A=\text{MTTF}/(\text{MTTF}+\text{MTTR})$$

如图 1-7 所示，MTTF 和 MTTR 之和有时也称为平均失效间隔时间（MTBF）。

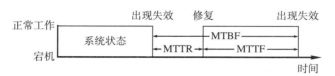

图 1-7　MTTF、MTBF 和 MTTR 间的关系

一个高可用系统要么 MTTF 长，要么 MTTR 短。设计人员因而有一定的自由度来选择合适的方法以构造高可用系统。

1.4.5　信息安全

可信性的第五个重要特性是信息安全，关注信息的真实性和完整性，以及系统阻止其信息或服务被非授权访问的能力（参见 6.2 节）。难以量化定义系统的信息安全，如难以量化一个窃贼入侵系统所花的时间。一直以来，信息安全问题都与大型数据库有关，关注信息的保密、隐私和真实性问题。过去几年来，信息安全开始成为实时系统需要关注的重要问题，如汽车的加密防盗系统，如果用户不能提供指定的密码，就无法让汽车点火启动。在物联网环境下，嵌入式系统作为端系统，通过互联网把网络空间和物理空间进行连接。这时信息安全就变成了一个关键问题，入侵者不仅可以破坏计算机中的数据，也可以在物理环境中引发危害。

1.5　实时系统分类

本节从几个不同视角来划分实时系统。首先根据应用系统的整体特征，即计算机系统的外部因素来划分，可以分为硬实时系统与软实时系统（在线系统），以及失效安全系统与失效可运作系统；其次根据计算机系统的设计和实现，即系统内部因素来划分，可以分为响应有保证系统与尽力而为系统、资源充分系统与资源受限系统、事件触发系统与时间触发系统。

1.5.1　硬实时系统与软实时系统

硬实时系统必须能够在正确的时刻点输出结果，其设计与软实时系统（或类似于事务处理的在线系统）的设计有着本质差异。本小节将详细阐述这些差异。表 1-2 从多个方面对这两类系统做了对比。

表 1-2　硬实时系统与软实时系统的对比

特征	硬实时系统	软实时系统（在线系统）
响应时间	要求硬实时	软实时
峰值负载性能	可预测	降低
节拍控制	环境	计算机
安全性	通常安全关键	非安全关键
数据文件规模	小或中等	大
冗余类型	主动	基于检查点的恢复
数据完整性	短期	长期
错误检测	自动	用户辅助

响应时间。硬实时系统要求的响应时间通常为毫秒级甚至更小，在正常操作或者处于关键情形[⊖]下不允许用户直接干预。硬实时系统以高度自动化方式确保系统的安全操作。相反，软实时和在线系统的响应时间一般要求为秒级。此外，软实时系统如果错失截止时间，不会导致发生灾难。

峰值负载性能。一定要在设计阶段定义清楚硬实时系统的峰值负载场景。硬实时系统的有效性取决于能否预测其峰值负载（由罕见事件导致）下的性能，要求在设计时必须确保系统在任何情况下都不会错过截止时间。相比较而言，软实时系统则更看中平均性能，从经济性角度考虑，可以接受偶尔出现的峰值负载下性能下降。

节拍控制。硬实时计算机系统的运行节拍通常由外部环境的状态变化来决定，在任何情况下系统都必须及时对环境（受控对象和操作员）的状态变化进行处理。与此不同的是，当在线系统（软实时系统）无法及时处理来自环境的负载时，会对环境施加一些控制以降低负载。

例：以事务处理系统（如航空订票系统）为例，当计算机系统无法及时满足用户的请求时，就延长响应时间，从而迫使用户与系统的交互速度慢下来。

安全性。实时应用的安全关键特性对系统设计者提出了一系列要求。特别是错误检测和恢复的自动化要求，即在应用相关的时间间隔内，无须人工干预就启动相应的恢复动作把系统转入安全状态。

数据文件规模。实时数据库由时域精确的实时实体镜像数据组成，一般规模较小。硬实

⊖　这里的关键情形指当系统安全关键功能运行时的情形。因为人操作所产生的延迟或时间误差一般都远大于毫秒级，所以硬实时系统几乎不与用户进行直接交互。——译者注

时系统重点关注实时数据库在短时间间隔内的时域精确性。随着时间流逝，数据不再有效。与此相反，如何保持大规模数据文件的长期完整性和可用性是在线事务处理系统的首要关注点。

冗余类型。在线系统一旦检测到错误，会把计算回滚到之前建立的检查点（checkpoint）来启动相应的恢复动作。因下述原因，回滚／恢复对硬实时系统只能发挥非常有限的作用。

1）出现错误后，回滚或恢复操作会消耗无法预料的时间，这导致难以保证系统不错过截止时间。

2）系统执行中对环境产生的影响不可回退，因而无法取消相应的动作。

3）建立检查点的时间和当前时间的差异可能会导致检查点数据无效。

实时数据的时域精确性会在5.4节论述，错误检测和冗余类型的细节则会在第6章介绍。

1.5.2　失效安全系统与失效可运作系统

硬实时系统需要在出现失效时能够找到一个或多个安全状态，并迁移到该状态以确保受控对象不会出现安全问题。如果一个系统能够在出现失效时快速找到并迁移到这样的安全状态，则称为失效安全系统。失效安全是受控对象，而不是计算机系统的一个特性。在失效安全应用中，计算机系统必须具有强的错误检测能力，即一旦一个错误发生，它被系统检测到的概率必须接近于1。

> **例**：铁路信号控制系统在检测到失效后，一种可能的处置方案是把所有信号灯都设置为红
> 色，这样所有的火车都会停下来，从而使系统进入安全状态。

许多实时计算机系统都有一个特殊的外部设备，称为看门狗（watchdog），用来监视计算机系统的操作。计算机系统必须周期性地向看门狗发送"心跳"信号（如预先定义好的数字信号）。如果看门狗在指定时间间隔内没有接收到这样的"心跳"信号，则会假设计算机系统已经出现失效并把受控对象转入安全状态。在这样的系统中，实时响应是为了保持系统的高可用性，而不是维持系统的安全性，因为看门狗一旦在约定时间内未接收到心跳信号就会把受控对象转入安全状态。

然而，某些应用可能不存在这样的安全状态，如机载的飞行控制系统。这类系统中的计算机系统必须保持运行状态，即使出现失效，也要提供最低水平的服务以避免出现灾难性事故。这就是这类应用被称为失效可运作系统的原因。

1.5.3　响应有保证系统与尽力而为系统

对于给定的故障假设和负载假设，如果一个设计能够不采用概率论证其充分性（即使在峰值负载和发生故障的场景下），则按照相应设计得到的系统可认为是响应有保证系统。对此类响应有保证系统而言，其失效概率可归结为峰值负载假设和故障类型与数量假设在现实中是否成立的概率，又称为假设满足（assumption coverage）概率 [Pow95]。要达到响应有保证的效果，设计阶段务必要细致规划和深入分析。

如果无法对一个设计分析论证其响应是否有保证，则称为尽力而为（best-effort）的设计。尽力而为系统不要求针对负载假设和故障假设开展严格的规格化设计，而是采用尽最大努力的策略，只能在测试和集成阶段确认系统是否充分。难以确认一个尽力而为的设计是否

能够正确处理罕见事件场景。目前，许多非安全关键实时系统都采用这种设计。

1.5.4 资源充分系统与资源受限系统

响应有保证系统要建立在资源充分这个基础条件上，即系统要有充足的可用计算资源来处理规定的峰值负载和故障场景。许多非安全关键实时系统的设计都基于资源受限原则。一般认为提供充足的资源来处理各种可能的场景在经济上并不可行，因而采用基于资源共享的动态资源分配策略，只需以一定概率保证系统可以对预期的负载和故障进行处理。

未来有望看到许多应用都转而采用资源充分的设计策略。在大用户量的应用（如汽车系统）中使用计算机会引起公众的关切和对计算机可能引起事故的担心。这要求设计者提供让人信服的论证，即系统设计能在所有要求的条件下正确运行。硬实时系统的响应必须要有保证，这要求在设计中考虑有充足资源可用。

1.5.5 事件触发系统与时间触发系统

事件触发和时间触发的区别在于实时系统内部的行为触发器（trigger），而不是其外在行为。触发器是能够触发计算机行为（如执行一个任务或传输一个消息）启动执行的事件。取决于计算机系统中各个节点行为（如通信和处理动作）的触发机制，可以使用两种完全不同的方法来设计实时计算机应用的控制机制，即事件触发控制和时间触发控制。

在事件触发（ET）控制中，所有的通信和处理活动都由一个所关注的特定事件，而非常规的时钟节拍事件来启动。ET 系统使用众所周知的中断机制来通知中央处理器（CPU）发生了所关注的特定事件，因而需要一个动态的调度策略来激活相应的软件任务进行中断处理。

时间触发（TT）系统通过时间推进来启动所有的活动。在分布式 TT 系统中所有节点都只有一种中断——周期性的实时时钟中断。每个通信或处理活动都由预先确定好的周期性时钟节拍来启动执行。假设分布式 TT 系统中所有节点的时钟都保持同步，从而形成每个节点都可用的全局时间，则对受控对象的每次观测都带有全局时间戳信息。全局时间要有足够小的粒度，确保依据时间戳信息就可足够可信地确定在任意位置的两次观测的时间顺序[Kop09]。全局时间和时钟同步会在第 3 章进行详细论述。

例：可以通过电梯控制系统来解释事件触发与时间触发的区别。对于事件触发的电梯系统而言，一旦按下电梯呼叫按钮，相应事件会立刻传送给计算机中断系统，从而启动呼叫电梯的动作。然而，在采用时间触发的电梯系统中，按钮被按下这个状态变化首先存储在按钮本地，计算机系统会周期性地（如每秒一次）查询所有按钮的状态。时间触发系统的执行流程由时间流动来控制，而事件触发系统的执行流程则由环境或计算机系统本身所发生的事件来控制。

1.6 实时系统产品的市场分析

成本与性能之间的关系是决定一个产品能否在市场经济中取得成功的决定性要素。只有在很少的一些情况下，成本才会成为非主要的关注要素。产品的生命周期成本大致可分解为三个组成部分：一次性开发成本[⊖]、生产成本和运维成本。产品类型不同，其整体成本在这

⊖ 指与产品生产或销售数量无关的成本。——译者注

三个方面的分布会有显著不同。本节将通过两个重要的实时系统案例（嵌入式实时系统和工厂自动化系统）来分析产品的生命周期成本分布。

1.6.1 嵌入式实时系统

微控制器的价格 / 性能比持续下降，促使把很多产品中传统的机械或电子控制系统替换为嵌入式实时计算机系统。可以列举很多带有嵌入式计算机系统的产品例子：手机、汽车发动机控制器、心脏起搏器、连接计算机的打印机、电视机顶盒、洗衣机，甚至是某些电动剃须刀（内装一个含上千条软件指令的微控制器）。因为这些产品的外部接口（特别是人机接口）通常与上一代产品保持一致，所以从外部无法观察到里面是否使用实时计算机系统来控制行为。

特点。嵌入式实时计算机系统是所谓智能产品的一部分。智能产品由物理（机械）子系统、发挥控制作用的嵌入式计算机系统和大部分情况下都有的人机接口组成。智能产品能否取得成功的关键在于它提供给用户的服务和服务的质量是否满足需要。因此，关注用户的真正需求对开展分析设计至关重要。

下面是一些会影响嵌入式系统开发过程的标志性特点：

1）市场容量大。许多嵌入式系统的设计都考虑了大的市场容量，因而在高度自动化的组装工厂进行大批量生成。这要求单个产品的生成成本尽可能低，即如何高效率地利用内存和处理器是关注点。

2）结构静态化。在功能和结构确定的智能产品中，可提前分析计算机系统的运行环境，识别其中静态不变的要素，从而简化软件的设计，增强健壮性并提高计算机系统的运行效率。许多嵌入式系统无须使用灵活的动态软件机制。这些机制的使用会增加资源需求，并导致不必要的复杂实现。

3）自解释的人机接口。如果嵌入式系统提供人机接口，则必须服务于针对用户的交互目标，且易操作。理想情况下，智能产品应该提供关于如何使用的解释，而不需要对用户进行培训或要求用户查看操作手册。

4）机械子系统最小化。为了降低制造成本和提高智能产品的可靠性，需要把机械子系统的复杂性降到最低。

5）功能由驻留在 ROM 中的软件决定。许多智能产品的功能都由驻留在 ROM（只读存储器）中的软件决定。由于软件驻留在 ROM 中，一旦发布就不可能修改，因而这样的软件要满足高的质量标准要求。

6）维护策略。如果把智能产品设计为可替换单元往往会导致成本过高，许多智能产品都不支持现场维护。如果要求智能产品支持现场维护，就必须在设计上提供好用的诊断接口和自维护策略。

7）通信能力。许多智能产品要与其他更大的系统或互联网进行互连。只要提供了与互联网的连接，信息安全（security）就是一个极其重要的关注点。

8）有限的能源。许多移动嵌入式设备都由电池来供电。电池维持有效载荷的时间长度成为影响系统可用性的关键参数。

制造成本，即硬件成本，是许多智能产品生命周期成本的主体。如果事先已知智能产品的静态配置，则可减少硬件资源需求，因而降低生产成本，并提高嵌入式计算机系统的健壮性。当出厂前未检测出的设计故障（软件故障）导致召回产品并替换整个产品系列时，维护成本会显著提高。

例：在文献 [Neu96] 中有一句非常简洁的报道：通用汽车公司因为发动机软件缺陷召回了几乎 30 万辆汽车。

未来趋势。 过去几年来，嵌入式计算机应用的种类和数量已经增长成为计算机市场中最重要的一个部分。持续提高的半导体性价比助力嵌入式系统市场不断往前发展，基于计算机的控制系统相比于机械、液压、电子控制系统取得了成本优势。消费电子和汽车电子是两个关键的大规模市场。汽车电子市场因其严格的实时要求、可信性和成本控制需求等而特别引人关注，这些因素形成了驱动技术发展的催化剂。

汽车制造商对提高汽车性能和降低制造成本的追求永无止境，他们把开发利用计算机技术作为一个关键的竞争手段。尽管若干年前汽车上的计算机主要用于非关键的车身电子和乘坐舒适功能，但现在计算机在汽车驾驶控制方面的应用已取得了实质性突破，如发动机控制、刹车控制、传送控制和悬挂控制等。为了提高汽车在各种条件下的驾驶稳定性，现在汽车综合使用了多种计算机控制功能。显然，任何一个核心汽车功能出错，都将可能会带来严重的安全后果。

当前主要在两个层次解决汽车的控制安全问题。在基础的机械系统层次，汽车提供了得到证明和足以安全操控汽车的安全级别，计算机系统则在机械系统之上为汽车提供优化的性能。一旦计算机系统自身失效，机械系统接管对汽车的控制。以电子稳定控制系统（ESP）为例，如果计算机系统失效，传统的机械刹车系统依然正常工作。但是如下两个原因使得这种在两个层次上保证汽车安全性的做法难以为继：

1）随着计算机控制系统性能的进一步提高，计算机控制系统与机械系统之间的性能差异会进一步加大。驾驶员如果适应了计算机控制系统的高性能，一旦切换到机械系统，就会担心这种性能下降带来安全风险。

2）微电子设备性价比的提高使得采用容错的计算机系统实现汽车功能比采用计算机与机械混合的办法要低廉许多。因而，经济上的压力势必要求替换冗余的机械系统，转而采用计算机系统。

预测在未来 10 年，嵌入式系统市场规模会有显著增长。许多嵌入式系统未来都会接入互联网，形成物联网（IoT，详见第 13 章）。

1.6.2 工厂自动化系统

特点。 从历史发展来看，工厂自动化是第一个应用实时数字化计算机控制系统的领域。这个现象是可以理解的，对于一个规模较大的工厂而言，使用计算机控制带来的收益比昂贵的控制计算机（20 世纪 60 年代末期）的成本要大得多。在早期阶段，由人工来控制工厂生产的各个环节。随着工厂生成控制指令的精细化，以及远程自动控制器的使用，监控和指挥设施都集中到一个中央控制房间，因而就不需要那么多生产操作员。到了 20 世纪 70 年代，发展到了第二阶段——使用中央控制计算机来监控生产，并辅助操作员完成常规的生产操作，如记录数据和提供操作指南。一开始，计算机被视为附加装置，并不能被完全信任。操作员需要判断计算机给出的设定点数据是否可行，以及是否可用于控制生成过程（此时的控制为开环控制）。后来，使用控制监督和数据采集（SCADA）系统来为工厂中的可编程逻辑控制器（PLC）计算设定点。随着生成过程控制模型的改进和计算机可靠性的提高，计算机逐渐承担了更多控制功能，操作员就逐渐退出控制循环，形成了闭环控制。各种复杂的非线性控制技术在工厂自动化系统中得到了应用，人已经无法满足这些控制技术的响应时间要求。

每个工厂自动化系统都不同。需要针对工厂的具体物理布局、操作策略、操作条例和规程以及报告系统来适应性地调整相应的计算机系统，这额外增加了一定的工程和软件开发工作量。为了减少这部分工作量，许多控制系统供应商把系统设计为一组可独立配置的模块，根据客户具体需求来对系统进行配置。相较于开发成本，这类系统的生产成本（硬件成本）要小得多。如果要求提供 24 小时不间断的现场维护技术（从而让工厂停产时间最小化），维护成本就成为一个需要考虑的要素。

未来趋势。工厂自动化系统的市场规模受制于新建的工厂数量，或翻新以安装计算机控制系统的既有工厂数量。在过去 20 年中，许多工厂都安装了自动化系统。在收回相应投资之前，不会安装新一代的计算机和控制系统装备。

而且，工厂安装新一代控制设备会中断原有生产操作，进而带来生产损失，因此在决定安装前必须要做经济分析。如果一个工厂的生产效率已经较高，那么安装新一代计算机控制系统带来的边际效益增长就会有限。

由此可见，如果工厂自动化系统的市场太小，就无法支撑大规模生产应用相关的特定组件。这个市场因而常采用许多为诸如汽车电子领域开发的 VLSI 组件来降低系统成本。此类组件常包括传感器、作动器、实时局域网和处理节点等。已经有一些生产过程控制系统供应商宣布在新一代的控制设备中采用为汽车市场开发的低成本量产组件，如为控制器局域网络（CAN，详见 7.3.2 节）开发的芯片。

1.6.3　多媒体系统

特点。多媒体市场规模巨大，特别是那些软实时系统和严格实时系统。尽管许多多媒体任务（如音频流和视频流的同步任务）有严格截止时间，但尚达不到硬截止时间要求。偶尔出现的错过截止时间失效会导致用户体验质量下降，但不会引起灾难后果。传输和渲染连续视频流需要强大的处理能力，且难以估计，即便是一幅高质量图片也仍然有提高空间。因此，多媒体应用与硬实时应用在资源分配策略方面有显著差异，它不由应用功能需求来确定，而是根据可用资源的量来确定。这类应用会根据用户特点来分配一定比例的计算资源，如处理器、内存和带宽。终端用户的体验质量偏好将决定相应的资源分配策略。例如，如果用户在多媒体终端上缩小了一个窗口尺寸，而放大了另一个窗口尺寸，系统就会减少为第一个窗口分配的带宽和处理器资源，从而满足另一个被放大的窗口的要求。该系统的其他用户不会受这个局部资源分配调整的影响。

未来趋势。互联网与智能手机和个人多媒体计算机的结合促使出现了大量的新应用。本书的重点不在于多媒体系统，因为它们属于软实时应用或者严格实时应用。

1.7　实时系统典型案例

本节将介绍三个典型的实时系统案例。本书将使用这三个案例介绍相关的概念。首先介绍非常简单的流量控制系统，说明在输入／输出处理中为什么需要端到端协议。

1.7.1　管道流量控制系统

图 1-8 所示的简单控制系统可以控制管道中的液体流量。不论环境条件如何变化，系统

需要维持管道中的流量符合用户给出的设定点。环境条件的变化可以包括诸如容器中液体的高度，或对温度敏感的液体黏性等。计算机通过调节控制阀的位置来与受控对象（即管道中流动的液体）进行交互，然后通过流量传感器 F 读取受控对象对控制阀位置变化的反应，从而判断是否达到了期望的效果，即流量变化符合要求。这是一个典型的需采用端到端协议 [Sal84] 的例子，应用在计算机和受控对象之间（可参见 7.1.2 节的阐述）。在工程化系统中，任何计算机控制动作的执行效果必须要通过一个或多个独立的传感器来监视。为达到该目标，许多作动器在其封装体中安装有多个传感器，如图 1-8 中的控制阀可能就带有一个传感器和两个限位开关，其中传感器用来测量管道控制阀的机械位置，两个限位开关指示阀门完全关闭和完全打开的位置。根据经验可知，这里的每个作动器需要大约 3 ～ 7 个传感器。

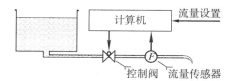

图 1-8　管道中液体流量的控制

对于图 1-8 中的管道流量控制系统，其动态特性本质上由控制阀的口径改变速度来决定。假设控制阀需要 10 秒来从 0% 状态打开到 100% 状态（或者从 100% 状态关闭到 0% 状态），传感器 F 的检测精度是 1%[⊖]，如果采样周期为 100 ms，那么在一个采样间隔内能够检测到的控制阀位置最大变化为 1%，即与流量传感器的精度一致。因为控制阀的状态改变速度有限，计算机在某个时刻采取的输出动作会在延迟一段时间后对环境产生影响。又因为传感器内有延迟，计算机观测到对环境影响效果的时间会被进一步推迟。为了设计控制效果稳定的系统，必须首先通过分析方式或者实验方式推导确定所有这些延迟参数，从而确定时域控制结构。

1.7.2　发动机控制器

汽车发动机控制器的主要任务是计算发动机所需的燃料，并在恰当的时刻把相应容量的燃料注入每个汽缸的燃烧室中。燃料容量和注入时刻取决于一系列参数：表征驾驶员控制意图的加速器踏板位置、发动机当前负载、发动机温度、汽缸条件等。现代发动机控制器是一个复杂的系统，其中有超过 100 个并发执行的软件任务，它们必须协作进行严格的同步，从而达到相应的控制目标，即控制发动机平滑而有效运转，并排放最少的污染物。

活塞与一个称为曲轴的转轴相连，从而在发动机汽缸中上下运动。燃料的开始注入时刻与活塞在气缸中的位置有关，曲轴角位置测量值必须要精确到 0.1° 的精度。为了精准测量曲轴的角位置，发动机控制器使用一组部署于气缸特定位置的数字传感器。当曲轴通过这些位置时，传感器就在相应时刻产生一个上升沿信号。以转速为 6000 rpm（每分钟曲轴旋转次数）的发动机为例，曲轴旋转 360° 用时 10 ms，则角位置的 0.1° 精度可转换到时域的 3 μs[⊜]精度。为了注入燃料，发动机需要打开螺线管阀或者给压电作动器发送指令，从而把燃料从高压储箱推入汽缸中。从发出打开阀门命令到阀门打开之间的延迟往往是几百微秒量级，且会随着环境条件（如温度）不同而显著变化。为了补偿这个延迟抖动，需要通过传感器来采

⊖　即传感器 F 无法检测到小于 1% 的控制阀状态变化。——译者注

⊜　10 ms × （ 0.1/360 ）=1000 μs/360≈3 μs。——译者注

集阀门的实际打开时刻。发动机控制器在每个运行周期都会计算从计算机发出打开命令到阀门开始打开的时间间隔。该延迟用来决定计算机在下一个周期何时必须发出阀门打开指令，从而确保取得期望的效果，即在合适的时刻开始注入燃料。

之所以选择发动机控制器这个例子，是因为它让人信服地展示了为什么需要极度准确的时域控制。如果用来测量曲轴精确位置的传感器信号被延迟了若干毫秒才进行处理，整个系统的控制品质就会大打折扣。如果在不正确的时刻打开注油阀门，甚至会导致发动机机械受损。

1.7.3　自动轧钢系统

计算机控制轧钢是典型的分布式工厂自动化系统，厚钢板（或者其他物质，如纸）被轧制为带钢并卷绕成捆。如图 1-9 所示的轧钢系统有三个轧轮和用于测量轧制质量的装置。该轧钢系统的分布式计算机控制系统包括 7 个与实时通信系统相连的节点。该计算机系统最重要的动作序列（称为实时事务）是：首先传感器计算机读取传感测量值；然后模型计算机计算用于控制三个轧轮的新设定参数；最后控制计算机使用新设置参数来实现对轧轮的预期调整。因而，这个实时事务包括三个处理动作和两个连接的通信动作[⊖]。

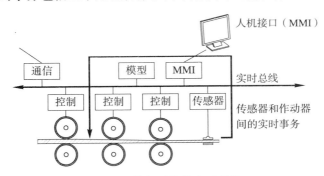

图 1-9　轧钢系统的实时事务

上述实时事务所有步骤所用的时间间隔（图 1-9 中的粗线）是影响控制品质的一个重要参数，对关键控制循环的停滞时间[⊖]（dead time）有重要影响。实时事务的处理时间越短，控制品质和控制循环的稳定性就越高。停滞时间的另一个重要组成项是钢板经过轧轮后到达传感器所需的时间。停滞时间抖动如果得不到补偿，会显著降低控制品质。从图 1-9 可知，如果采用事件触发设计，延迟抖动等于实时事务中所有计算处理和通信动作的时间抖动之和。

注意该控制系统采用多播（multicast），而不是点到点（point-to-point）的通信模式。这是大多数分布式实时控制系统所采用的典型通信模式。不仅如此，模型计算机节点和轧轮节点之间的通信有原子性要求，即要么所有轧轮的状态都根据模型计算机的输出进行调整，要么一个都不调整。通信消息丢失会导致某个轧轮无法调整到要求的新位置，从而可能损坏轧轮的机械装置。

⊖　即传感器计算机把测量值传输给模型计算机，模型计算机把设置参数传输给控制计算机。——译者注

⊖　dead time 是控制系统不能对受控对象进行感知和控制的时间间隔，从受控对象角度看上去就像控制系统"死"了一样。显然，dead time 越小，控制系统就越能够及时对 RT 实体的状态变化进行检测和做出响应。——译者注

要点回顾

- 实时计算机系统必须在环境所要求的时间间隔内响应来自受控对象（或操作员）的激励。如果错过严格截止时间会导致发生灾难，则该截止时间就是硬截止时间。

- 硬实时应用的可用性由系统在峰值负载场景下可预测的性能决定，因而硬实时计算机系统的设计必须保证系统在所有情况下都能满足规定的截止时间要求。

- 硬实时系统必须在所有操作场景下都保持与环境（包括受控对象和操作员）状态的同步。同步操作由环境状态的变化来驱动。

- 受控对象状态随时间发生变化，对受控对象状态的一次观测只在有限时间间隔内保持有效（时域精确性）。

- 触发器是引发某个动作开始执行的事件，如执行一个任务或传输一个消息。

- 实时系统只有小规模的数据文件，即实时数据库。它由时域精确的实时实体镜像组成。需要关注的关键问题是实时数据库仅有短期的时域精确性，随着时间推移会出现数据失效。

- 只要实时实体的值发生变化，就要立刻更新实时数据库。可以按照固定的时钟间隔来周期性触发数据更新（时间触发观测），或者在实时实体出现某个事件后立刻进行更新（事件触发观测）。

- 实时系统最严格的时间要求来自于控制循环时间。

- 简单受控对象的时域行为可以通过阶跃响应函数的处理延迟和上升沿时间来刻画。

- 控制循环的停滞时间指从对实时实体进行观测到受控对象对控制动作开始做出响应的时间间隔。计算机根据所获得的观测向受控对象发出控制动作。

- 因许多控制算法在设计时都考虑补偿已知的常量延迟，故假设延迟抖动只占延迟时间很小的一部分。延迟抖动向控制循环中引入了额外的不确定性，对控制质量会产生负面影响。

- 信号调节这个术语指那些对原始传感器数据的所有处理动作，目的是获得有意义的实时实体镜像数据。

- 假设系统在 $t=t_0$ 时正常工作，系统可靠性 $R(t)$ 是指系统直到 t 时刻仍能提供预期服务的概率。

- 如果一个系统的失效率要求为每小时 10^{-9} 个失效或更低，则称该系统有超高可靠性要求。

- 安全性是系统在危险（关键）失效模式下的可靠性。在危险失效模式中，失效带来的损失（成本）可以呈数量级地高于系统正常操作所产生的效用。

- 可维护性用来度量需要多少时间来修复最近出现的非危险失效，定义为 $M(d)$，即系统在时间间隔 d 内从失效中恢复的概率。

- 针对系统会交替提供正确服务和不正确服务，可用性 $A(t)$ 用来度量系统在 t 时刻能够提供正确服务的概率。

- 实时系统的信息安全主要关注实时信息的真实性、完整性和及时性。

- 对于一个响应有保证的理想系统而言，其失效概率可归结为峰值负载、故障数量及类型这些假设保持有效的概率。

- 针对明确的故障和负载假设，如果一个系统设计方案可以不使用概率手段来论证其设计的充分性（即使在最严苛的负载和故障发生场景下），则这样的设计可确保构造响应有保证系统。

- 嵌入式实时计算机系统是智能产品这个更大系统的组成部分。智能产品通常包括机械子系统、发挥控制作用的嵌入式计算机和人机接口。
- 对智能产品进行静态配置（即使用先验知识），可以减少嵌入式计算机系统的资源需求，并提高系统的健壮性。
- 通常每个工厂自动化系统都是独一无二的。与开发成本相比，工厂自动化系统的生成成本（即硬件成本）要低很多。
- 未来 10 年内，嵌入式系统市场预期会有显著增长。与其他信息技术产品市场相比，该市场为计算机工程师提供了广阔的未来。

文献注解

关于实时和嵌入式系统有很多教材，如 Ed Lee 和 Seshia 撰写的《Introduction to Embedded Systems—A Cyber-Physical Systems Approach》[Lee10]，Peter Marwedel 撰写的《Embedded System Design: Embedded Systems Foundations of Cyber-Physical Systems》[Mar10]，Jane Liu 撰写的《Real-Time Systems》[Liu00]，Giorgio Buttazzo 撰写的《Hard Real-Time Computing Systems: Predictable Scheduling Algorithms and Applications》[But04]，Burns and Wellings 撰写的《Real-Time Systems and Programming Languages: Ada, Real-Time Java and C/Real-Time POSIX》[Bur09]。Springer 出版社发行的期刊《Real-Time Systems》汇聚了实时嵌入式系统的大量研究文章。

复习题

1.1　实时计算机系统有哪些主要特征？

1.2　实时计算机系统必须执行的典型功能有哪些？

1.3　时域需求来自哪里？有哪些参数来刻画受控对象的时间特征？

1.4　列出把半连续系统采样周期与受控对象阶跃响应函数上升沿时间关联起来的经验法则。

1.5　延迟和延迟抖动对控制质量有哪些影响？分析在有抖动和无抖动情况下的错误检测延迟。

1.6　信号调节指什么？

1.7　考虑一个按照 $v(t)=A_0 \sin(2\pi t/T)$ 来周期性改变变量 v 值的实时实体，其中 T 是振动周期，为 100 ms。在 1 ms 时间间隔内，这个实时实体 v 值的最大变化是多少（表示成振幅 A_0 的百分比）？

1.8　考虑一个转速为 3000 rpm 的发动机，在 1 ms 间隔内发动机的曲轴会转动多少度？

1.9　请举出一些例子，说明罕见事件发生时的可预测响应性能决定了硬实时系统的可用性。

1.10　考虑一个失效安全应用，其中的计算机系统是否有必要提供有保证的时间性能来确保应用的安全性？超高可信应用要求什么样的错误检测覆盖等级？

1.11　可用性和可靠性有哪些区别？可维护性和可靠性有哪些关系？

1.12　MTTF 和失效率之间何时具有简单的关系？

1.13　假设要求你来对一个安全关键控制系统进行认证，你会怎么做？

1.14　软实时系统与硬实时系统的主要区别有哪些？

1.15　为什么在计算机系统与受控对象之间的接口上要求有端到端的交互协议？

1.16　嵌入式系统和工厂自动化系统的开发成本与制造成本比率分别如何？这个比率如何影响系统的设计？

1.17 假设一个汽车公司为一个特定型号生产 200 个发动机电子控制器，针对下面的设计策略进行讨论：

(a) 把发动机控制单元封装成一个 SRU，把相应的软件驻留在其中的只读存储器（ROM）中。一个 SRU 的生产成本为 250 美元，一旦出现错误，整个单元必须要整体替换。

(b) 把发动机控制单元的软件驻留于可插拔的只读存储器（ROM）里，一旦出现软件错误可以替换 ROM。不带 ROM 的控制单元生成成本为 248 美元，ROM 的生产成本为 5 美元。

(c) 把发动机控制单元封装为一个 SRU，其中的软件存储在可重新加载的 EPROM 闪存中。该 SRU 的生产成本为 255 美元。

如果问题修复的人工成本为每台机器 50 美元（假设对三种设计方案都是如此），有 30 万辆车因为一个软件错误要被召回，计算上述三种设计方案对应的召回成本（1.6.1 节的案例）。如果只有 1000 辆车受此召回的影响，哪个设计方案的成本最低？

1.18 估计嵌入式消费应用和工厂自动化系统的开发成本与生产成本比率之间的关系。

1.19 比较事件触发的电梯控制系统和时间触发的电梯控制系统能够产生的峰值负载（消息数、计算机系统中被激活的任务数）。

简约设计

概述　在美国国家学术出版社（National Academies）最近出版的《Software for Dependable Systems：Sufficient Evidence？》报告 [Jac07] 中，有一个核心推荐意见：持续不断地进行简约设计是在合理成本范围内得到可信系统的关键，其中包括关键功能的简约设计和系统交互的简约设计。能否进行简约设计表明了一个人是否拥有真正的经验。本书认为简约和认知复杂性（本书后续有时使用复杂性来表示认知复杂性）是一对反义词。日常生活中，许多嵌入式系统看起来恰恰朝着相反的方向发展（即设计得越来越复杂）。嵌入式系统需要满足对其功能和非功能约束（如失效安全性、信息安全性或能源消耗）的持续增长的要求，这使得系统复杂程度也不断增长。

本章将对认知复杂性概念进行研究，并提出开发指南来构造可理解的计算机系统。这引出一个问题：当我们说理解一个场景时，意味着什么？我们认为，相对于观测者所拥有的背景知识，不是嵌入式系统本身，而是其模型必须简单和可理解。嵌入式系统的模型必须提供一组清晰的概念，据此来捕捉所关注场景的相关特性。本章会在一定细节上讨论这些概念，程序变量的语义内容是其中一个例子。设计的主要挑战是如何在不同抽象层次上使用具有足够简单的模型来描述所要构造的制品。

本章安排如下。2.1 节讨论认知和问题求解策略，并详细讨论两种不同的人类问题求解子系统，直觉经验求解子系统和理性分析求解子系统。2.2 节将讨论概念形成和概念图谱（即个人知识库，在人的一生中不断发展）。2.3 节讨论模型构造的本质，并研究导致任务困难的要素。2.4 节分析大规模系统的一个重要主题——涌现现象。

2.1　认知

认知是关于个人思维过程以及感官输入的解释及其关联到已有知识的研究 [Rei10]。这是一个跨学科的领域，涉及人文学科（如哲学、语言研究和社会科学）和自然科学（如神经科学、逻辑和计算机科学）。模型构造、问题求解和知识表示构成了认知科学的重要组成部分。

2.1.1　问题求解

人类有两个差异显著的问题求解子系统：直觉经验子系统和理性分析子系统 [Eps08]。神经影像研究表明这两个子系统处于大脑不同区域 [Ami01]。表 2-1 就这两类子系统的显著特征进行了对比分析。

表 2-1　直觉经验子系统与理性分析子系统的问题求解策略对比（摘自 [Eps08, p.26]）

直觉经验子系统	理性分析子系统
整体式处理	分析式处理
情感式处理（什么让人感觉好）	逻辑推理（是否合理）
无法反省的关联连接	因果连接，因果链

（续）

直觉经验子系统	理性分析子系统
面向输出	面向过程
依赖过往经验共鸣来协调行为	依赖有意识的事件评价来协调行为
现实被编码为具体的图像、隐喻和叙述	现实被编码为抽象的符号、单词和数字
更快的处理和即刻采取动作	更慢的处理和延迟采取动作
对基础结构的改变缓慢，需要重复或大量经验以做出改变	改变速度更快，按照思考速度改变
被动和前意识状态下的经验知识处理，由情感支配	主动有意识的经验知识处理，受思维控制
自我确认的有效性：所见即所信	需要使用逻辑和证据进行论证

例：面部识别是直觉经验子系统承担的典型任务，一个 6 个月龄的婴儿就能够完成。检查一个数学定理证明则是理性分析子系统承担的典型任务。

直觉经验子系统是基于情感的前意识[⊖]子系统，它把感知输入作为一个整体进行快速自动处理，只需要最少的认知资源。因为这种子系统几乎费多少力气，所以日常经常使用。我们通常假设直觉经验子系统会访问一个规模大且内在一致的知识库。该知识库是描述这个世界的一个潜在模型。这个主观知识库是个人概念图谱的组成部分，主要依赖于个人生命中经历的情感事件和经验而构造和维护。尽管这个知识库持续性地得到调整和扩展，它的核心结构却十分坚固且不能轻易改变。整体性的经验推理倾向于使用有限的信息来推导一般化和宽泛化的场景和主题（如这是一个好人或坏人）。人的经验子系统在一致和稳定的概念框架中提取和转化现实数据。该框架中的概念间大多通过无意识的关联进行连接，通常无法知道依据什么信息建立这样的关联。

理性子系统是一个有意识的分析子系统，按照因果和逻辑法则运作。Bunge [Bun08, p.48] 把原因 C 和事件 E 之间的因果关系定义为：如果 C 发生，则（且只能如此）总能产生事件 E。人们通过把主要原因从看似无关的细节中分离出来，从而获得对动态场景的理解，进而在这个主要原因和观测结果之间建立单向的因果链。如果无法清晰地分离出原因和结果（如在带反馈的场景中），或者原因与结果之间的关系具有不确定性（见 5.6.1 节关于确定性的定义），则理解相应场景的难度更大。

例：对汽车打滑引起的事故进行分析。如果发生打滑，则一系列条件都必须同时成立：汽车的行驶速度、路面条件（如结冰）、轮胎状况、驾驶员的突然提速或降速、基于计算机的滑行控制系统在非优化状态下工作等。为了简化该事故分析的模型（不是简化现实情况），我们通常从中分离出一个主要原因，如速度，然后把其他因素作为次要原因加以考虑。

理性子系统由受控和可察觉的精神活动来驱动进行场景分析，是一个基于文字和符号的推理系统。成年人除了其经验子系统拥有一个关于现实的隐式模型外，其理性子系统中还有一个可意识到的关于现实的显式模型。这两个关于现实的模型会有不同程度的重叠，在一起形成了个人概念图谱。经验子系统看起来有几乎无限的资源，而理性子系统可以使用的认知资源却有限 [Rei10]。

这两个问题求解子系统之间有许多微妙的相互关系，定义了连续变化的问题求解策略的两个极端，这两个系统要进行协作才能获得问题解决方案。这种情况并不少见，即理性子系

⊖ 弗洛伊德的精神解剖学说将精神解剖为潜意识、前意识和意识三层。前意识是在儿童时期发展起来的，界于潜意识与意识之间。前意识是指潜意识中可召回的部分，即人们能够回忆起来的经验。

统尝试失败之后，经验子系统以不被察觉的方式提出了问题解决方案。然后，理性子系统从分析和逻辑论证角度对该解决方案进行判断。

与此相似的情况，通常也是经验子系统首先发现一个新场景的意义，理性子系统会在后续阶段研究和分析这个新场景，并提出相应的理性分析策略。对于重复遇到的相似问题，称为经验积累，人的学习活动和训练会逐渐由理性子系统转移到经验子系统来执行问题解决过程，从而释放由理性子系统占用的认知资源。有许多可以表明这种现象的例子：学习一门外语、学习一个新运动、学习如何驾驶汽车等。领域专家拥有的一个特征就是如此，即他在相应的领域中已经掌握了这种转移方法，可以在无须付出努力的经验子系统工作模式下解决问题，使用快速、整体和直觉式的方法。

例：关于下棋策略的大脑成像研究，分析了业余棋手和大师棋手在对方下完一步后大脑各个部分的即刻活动。业余棋手此时会关注于对方的移动进行理性分析，成像结果与此一致，业余棋手的大脑内侧颞叶活动量最大。而对技艺高超的大师棋手的分析却显示大脑活动主要集中在额叶和顶叶皮层，这表明他们从专家记忆中提取以前的棋局信息，从而理解当下棋局 [Ami01]。

2.1.2   概念定义

在一直变化的世界中，获得物体对象和所处状况的持久和特征性知识，并保持其状态得到更新至关重要，关乎到人的生存。获得这种知识的过程称为抽象，通过把个体特殊情况归入一般情况的从属，使得可以把关于一般情况的知识应用到许多个体特殊情况。抽象分析是人类认知系统的一个根本任务。

例：脸部识别是展示抽象过程强大处理能力的一个例子。针对观测视角、观测距离和光照条件都不同的诸多脸部图像，人可以提取并存储脸部的显著性持久特征，从而可以在将来再次识别相应的脸部。这个高要求的抽象过程在经验子系统中以无意识即看似不费精力的方式执行。只有这个过程的结果提交给理性子系统。

抽象可以形成类别。一个类别由一组拥有共同特征的元素组成。类别的表示具有递归性，即一个类别的组成元素本身可以是类别。因此，可以得到层次化的类别，从具体到抽象。最底层类别管理着直接可感知的经验知识。

概念是一个类别，并由一组信念来扩充该类别与其他类别的关系 [Rei10, pp.261–300]。这组信念把一个新概念与已有概念关联起来，并提供隐含的理论（即主观的思维模型）。当人的认知进入一个新领域时，会形成新的概念，并连接到概念图谱中的已有概念。概念是对已知实体的可一般化特征的思维构造。概念具有内涵（即什么是本质？）和外延，这两方面能够决定此概念有哪些范例性事物和思维构造。也可以把概念理解为思考的基本单元 [Vig62]。

2.1.3   认知复杂性

当人们说"一个观测者理解了一个场景"时意味着什么？这表示这个场景所用的概念和关系已充分连接到观测者的概念图谱和观测者所采用的推理方法。连接越紧密，观测者的理解就越深刻。理解（以及在理解基础上的简约处理）是观测者与被观测场景之间的关系，而不是被观测场景的特性。

本书采纳 Edmonds[Edm00] 的观点，不论是自然或人造的物理系统，复杂性只能是物理系统模型的特性，而不是物理系统自身。一个物理系统几乎有无穷多个特性，对于由上亿晶体管组成的片上系统而言，其中的每一个晶体管都由数量巨大、位于空间不同位置的原子组成。我们需要进行抽象和建立系统的模型，剔除那些看起来无关的微观细节，从而可以在宏观层次对所感兴趣的特性进行推理。

那么如何度量模型的认知复杂性？我们需要的是一个能够量化观测者在理解模型时所耗费的认知精力的度量。我们认为一个观测者理解一个模型所需的时间是对其认知精力的合理度量，因而可用于度量模型相对于该观测者的复杂性。我们假设给定观测者是模型目标用户群体的代表。

根据科学传统，我们期望定义一个关于认知复杂性的客观度量，而不涉及人的主观体验。然而，由于认知复杂性是建立在客观的外部场景与观测者主观的内部概念图谱之间的关系，因此无法仅仅从客观角度定义这个概念。

对一个模型而言，人所体会到的复杂性取决于这几个要素之间的关系：相对于模型表示中涉及的概念，观测者掌握的主观概念图谱和问题解决能力、模型中概念之间的相互关系以及表示模型中这些概念所使用的符号。如果观测者是个专家，如前面例子中的大师级棋手，他的经验子系统就会在短时间内提供对相应场景的理解，并不消耗什么精力。根据本书所设计的度量，该棋局就应该判定为是简单的。而一个业余棋手则需要针对每一步棋，使用其理性子系统进行冗长乏味的因果分析，这个过程需要消耗时间，有显著的精力投入。同样根据上面的度量，该棋局会被判定为复杂棋局。

不管使用哪种表示方法，也难以理解有些行为模型和任务模型的内在困难。2.5 节的表 2-2 右侧栏列出了内在困难任务的一些特征。这类复杂任务行为往往需要长时间来理解其模型（如果可以被理解），即便对于相应领域的专家也是如此。根据所介绍的度量，这类模型属于极度复杂模型。

为了理解一个大系统，需要从不同视角在不同抽象层次上描述系统，并理解这些模型（见 2.3.1 节）。大系统的认知复杂性取决于要完整理解该系统所必须涉及的不同模型数量和复杂性。可以把理解所有这些模型所需的时间定义为大系统认知复杂性的度量。

关于理解大系统行为的案例研究表明，感性认识对于理解系统行为发挥着重要作用 [Hme04]。系统中子系统之间的不可见信息流会给理解带来显著的困难。

如果每个嵌入式系统都自成一类，且各种不同具体嵌入式系统之间也没有任何关系，那么几乎不可能有机会建立基于经验的专家知识，也就不可能在乏味、耗费精力的理性子系统与无须投入精力的经验子系统之间发生知识转移。

如此看来，建立嵌入式系统的通用模型并使其能够在合适的抽象层次应用到许多不同的领域，是开展简约设计的可行路线。该模型应该尽量不使用递归的正交机制[⊖]，必须支持简化设计策略并向外暴露子系统间的内部信息流，使得能够支持对系统行为进行理解。通过深入理解这个模型，并在不断应用这个模型过程中获得经验，工程师就能在其经验子系统中获得该模型的经验知识，从而成为专家。本书的一个目标就是提炼这样的跨领域、通用的嵌入式系统模型。

⊖ 这里的正交机制主要指模型元素或概念的组合方式，即正交表设计中强调的任何一个因素的每个水平均要与其他因素的其他水平组合一次。这种正交机制可递归使用来构造多个元素的组合方式。这里强调不使用这种正交机制的主要原因是避免产生理解上的困难，因为带来大量的全组合。

2.1.4　简化策略

人类理性子系统所能使用的资源都是有限的，不论是存储资源还是处理能力。Miller [Mil56] 在其早期研究中指出，人在给定时刻的短期记忆信息存储极限为 5～7 个。这种处理极限从 Halford [Hal96] 的关系复杂性理论发展而来，关系复杂性可通过一个关系中涉及的变元数目来度量。举例而言，诸如"大于（大象，老鼠）"这个二元关系有两个变元。关系复杂性理论指出成年人认知的上限大致相当于能够处理四元关系层次的复杂性。

如果理解一个场景所需的认知资源超出了相应的极限，人们就会策略性地简化问题的规模和复杂性，使得相应的问题在当前能够使用的认知资源下获得解决（也许解决得很好，也许不够充分）。目前已知人类会采用四种简化策略来解决复杂问题和场景：抽象（abstraction）、划分（partitioning）、隔离（isolation）和切分（segmentation）。

- 抽象。在应用抽象策略时，人们通过忽略当前问题的无关细节来捕捉问题的本质和简化其复杂度，从而形成高于具体问题层次的概念。抽象策略可以被递归地应用。
- 划分。该策略也称为关注点分离策略，可以把问题场景划分为近似无关的组成部分，从而以独立方式分别进行成功解决。划分是简化论的核心策略，是自然科学过去 300 年来广受欢迎的问题简化策略。然而，并不是任何情况下都能对问题进行划分，当问题具有涌现特性时，该策略的应用就会受到限制。
- 隔离。该策略通过隔离看似无关的细节来尝试找到问题的主要原因，形成因果链的起点，把从主要原因到观测结果之间的事件连接起来。应用隔离策略的一个危险是可能使用过于简单的模型来分析现实问题，参见 2.1.1 节汽车打滑的例子。
- 切分。该策略把系统行为按照时间顺序切分，使得可以按照一个接一个的方式进行顺序处理。切分策略减少了在任何特定时刻需要并行处理的信息量。如果关注的行为来自高度并发的进程，并依赖于许多相互影响的变量，或者如果所关注行为涉及正向或反向反馈环路，因而具有很强的非线性特征，这时时间切分策略就难以甚至不可能发挥作用。

2.2　概念图谱

概念图谱或概念映像 [Bou61] 指在经验和理性子系统中构建和维护的个人知识库。经验子系统中的知识库是隐式的，而理性子系统中的知识库是显式的。可以把概念图谱视作由概念相互连接而成的结构化网络，它定义了一个人的世界模型、个性和意图。概念图谱在人的一生中不断得到完善，开始阶段的图谱结构是零散的，形成于人的基因内在遗传型知识向外在表现型发展阶段。然后，随着人不断通过其感知系统与外部环境交换信息得到持续扩展。

2.2.1　概念形成

概念的形成受制于下面两个基本原则 [And01]：

- 效用原则。为了达到要求的目标，一个新概念应把其发挥效用的场景所涉及的特性都囊括进来。这个目标由人设置，满足其基本或高级需要。
- 节俭原则，也称为奥卡姆剃刀原则。给定一组效用相当的可选概念时，人会选择那个使用最少脑力活动的概念来形成最终概念。

人类在交流和思考领域知识时，似乎自然就形成一定层次的分类，既不太具体，也不太抽象。我们称这种在自然形成分类中识别出的概念为基础层次概念 [Rei01, p.276]。

例：相较于其下层子概念油温度或者包罗万象的概念传感数据，温度这个概念更加基本。

针对儿童的研究表明，人获得基础概念的时间要比获得下层子概念或包容性概念[⊖]的时间早。在儿童成长过程中，他会基于感知到的规律性信息，以及由感知得到的特性进行组合形成新分类信息，持续构造新的概念，并加入其个人概念图谱中 [Vig62]。新形成的分类一定要与儿童大脑中已有的概念连接起来，从而形成一致的概念图谱。通过对感知信息，同时对已有概念进行抽象，从而形成新的概念。

要形成一个新概念，需要若干有交集的经验来构成可以进行抽象的基础。（新）概念获取通常是一个自底而上的过程，以感知经验或者基础概念作为起始点。范例、原型和特征规格[⊖]在概念形成中发挥着重要作用。要理解更加抽象的概念，最好采用自底而上的方式，对已获得概念的一组合适范例进行泛化分析。应经常交替使用抽象分析与具体解释阐述这两种手段来构造概念。如果只需在低抽象层次上进行分析，使用一定量的非本质性细节信息就足够；如果只在高抽象层次上进行分析，则难以形成人与其所体验世界之间的关系[⊜]。

在真实世界中（而不是人造世界），许多概念的内涵边界是模糊的，因而通常无法精确定义 [Rei10, p.272]。

例：如何定义狗这个概念？它的代表性特征有哪些？一只狗如果断了一条腿，概念上还是一只狗吗？

理解一个新概念就是在新概念和人的概念图谱中已有概念之间建立连接关系。

例：要理解伪钞这个新概念，必须把它与下面几个所熟悉的概念关联起来：1）钱这个概念；2）法制系统概念；3）国家银行概念，它在法律上被授权印刷货币；4）欺骗这个概念。一个伪钞看起来就像一个真的纸币（但不是由法律授权的国家银行所印刷的）。在这个例子中，范例和原型在构造这个新概念中只有有限的作用。

人在认知发展和掌握语言的过程中，单词（名字）与概念是一个整体。在自然语言范畴下，与一个单词关联的概念本质上可认为与单词含义相同（外延），但是不同人可以赋予概念不同含义（内涵），这取决于个人的概念图谱以及个人在获得这个概念过程中的情感经历。

例：在（科学）语言群体中，如果交流双方使用相同单词却指向不同的概念，或者一个单词背后的概念不能很好地解释（即单词没有清楚的外延），那么建立有效交流将变得困难，甚至不可能。

概念的名称在不同的语言群体中会有不同，尽管概念的本质（即语义内容）保持不变。因此概念名称与文章上下文相关，而其语义内容则具有不变特性。

例：速度这个概念的语义内容在物理学范畴内得到了精确的定义。不同的语言群体为这个概念赋予了不同名称，如德语中的名称为 Geschwindigkeit，法语为 vitesse，西班牙语为 velocidad。

⊖ 原文为 encompassing concept，直译为包罗万象的概念，如传感数据。这种概念并不绑定具体物理含义，与具体领域信息结合后变成具体概念，如汽车行驶速度。——译者注

⊖ 特征（feature）指一个对象的标志性或可鉴别特性。如一只狗的特征规格可以包括：哺乳动物、四条腿、会吠叫、已驯化。——译者注

⊜ 意思是人的概念图谱与抽象的高层概念之间的距离很远，难以建立连接。——译者注

2.2.2 科学概念

在科学界，为了解释新的思想，许多学术出版物都引入了相应的新概念。通常这些概念会被冠以容易记忆的名字，从而成为学术界的科学时髦词。为了让一个科学解释能够被别人所理解，要限制随意提出新概念，如果必须提出新概念，一定要极其严谨。一个新的科学概念应该具备如下的特性 [Kop08]：

- 效用性。新提出的概念要能满足明确定义的有用目标。
- 抽象和精化特性。新提出的概念应是对场景中所关注具体特性的抽象结果。应明确哪些特性不是新提出概念所关注的成分。如果一个新概念是对一个基础概念进行精化的结果，应明确指出在精化中考虑和补充了哪些额外信息。
- 精确性。新概念的特性必须要精确定义。
- 唯一可识别性。新概念应有可区分的标识，并显著区别于相应领域中已经存在的其他概念。
- 稳定性。新概念应无须经过认定或修改就可以一致地用于许多不同的上下文环境。
- 类比性。如果概念图谱中已有可在某些方面与新概念类比的概念，应指出它们的相似性。这种类比有助于建立新概念与用户已有概念图谱之间的连接，从而便于理解：

类比推理是每个领域的高层次认知所采用的重要虚拟机制，包括语言理解、推理和创新。人类的推理似乎更多依赖于记忆知识的提取和类比，而不是逻辑定律的应用 [Hal96, p.5]。

是否存在一个有用、定义细致、稳定，且被一个科学领域学术团体广泛接受和使用的概念集与关联术语，是这个科学领域成熟度的一个重要指示。本体（ontology）把一个具体应用领域的术语进行分类管理，使得该领域的相关人员能够共享知识，并对这些术语的内涵有相似的理解 [Fis06, p.23]。科学领域的发展与该领域概念的形成和建立良好定义的本体之间有密切关系。

例： 牛顿在力学领域的主要贡献不只是提出了冠以他名字的物理定律，也在于他把当时不可结构化分析的抽象术语如功率、质量、加速度和能量等进行区分和概念化定义。

构造清晰概念是对给定场景进行任何形式化分析或验证的先决条件。简单使用一个形式化符号来替换表示含混的概念并不会改进对相应概念的理解。

2.2.3 消息

消息是通信领域的一个基础概念，它是从值域和时域两个方面描述单向信息传输的原子单位（即最小单位）。这种描述具有一定的抽象层次，适用于人之间通信 [Bou61] 和机器间通信的多种不同场景。基本消息传输服务（BMTS）把消息从发送者传输到一个或一组接收者。可使用不同方式来实现 BMTS，如生物方式或电子方式。

例如，消息这个概念可以用来解释人的感知系统如何把外部信息传输到所拥有的概念图谱。消息也可以用来描述人如何使用语言来与环境进行间接的高层次交互。

例： 针对例如温度的传感，可视为把一个带有感知变量（温度）的消息发送给概念图谱。消息也相当于告知观察者相应的信息，如告知人直接可感知物理范围之外的温度。

消息也是分布式嵌入式计算机系统体系结构的一个基础概念。如果封装的子系统之间采用单向、时间可预测的多路消息机制来提供基本消息传输服务，则可把消息数据、消息时间、消息同步和消息发布进行整合。通过展开消息传输机制细节，可以在更低抽象层次来细化 BMTS。它的传输机制可以基于有线或无线，信息可以使用不同的信号进行编码。如果要在物理实现层次研究它的传输机制，就需要细致分析信号编码；但是如果只关心消息能否从一方及时到达另一方，则无须做这样的分析。

协议（protocol）是对通信各方之间基于规则的消息交互序列的抽象结果。协议可以提供额外的服务，如流控制或错误检测。可以通过分析相应的交互消息，而无须关注消息传输所使用的具体机制，来理解协议功能。

2.2.4　变量的语义内容

变量是计算领域的一个关键性基础概念，对于本书后续要展开的内容也具有同样的重要性。变量是一个语言成分，它把一个属性赋给一个概念。如果关注实时系统中的赋值何时有效，则相应的变量就是状态变量。随着时间的推进，虽然状态变量的取值属性会发生变化，但变量的概念却保持不变。由此可见，变量由两个部分组成：固定部分，即变量名（或者标识符）；可变部分，即变量值。变量名指示着概念，决定了能针对变量做什么分析计算。在给定上下文环境中，变量名可类比于自然语言中的概念名，必须保证唯一，且通信各方使用该变量名称指向的概念相同。变量所携带的含义称为变量的语义内容。在本节后面还会阐述，变量的语义内容不会随着变量表示⊖的变化而变化。如果在给定应用模型中强调语义准确性，则必须无二义地定义变量名所关联的概念和变量值域。

> 例：以汽车应用中的引擎温度这个变量名为例，它所对应的概念对于汽车工程师而言过于抽象，无法理解其准确含义。汽车引擎中有多个不同的温度：燃油温度、水温度、引擎燃烧室温度等。

概念的无二义性定义不仅关系到所关联变量的含义准确性，也与变量的值域定义准确性有关。在许多计算机语言中，变量类型——作为变量名的一个属性——描述相应变量值域的基本属性。诸如整数、浮点数等基本属性通常并不足以描述变量值域的所有相关属性，程序员通过对类型系统进行扩展⊖来解决这个问题。

> 例：即便声明温度这个变量的值域是浮点数，还是不能确定温度的度量单位是摄氏、开尔文还是华氏。

> 例：火星气候探测者号卫星因为其地面软件与飞行器软件使用了不同的度量单位导致任务失败。在调查委员会给出的事故调查报告中，第一个建议就是火星极地着陆者号（MPL）项目在飞行器设计和运行过程中要验证度量单位的使用一致性 [NAS99]。

在使用不同语言的人群中，不同的变量名称可能指向相同的概念。例如，在说英语的人群中，空气温度可简写为 t-air，而在德语人群中，则被写为 t-luft。如果变量值域的表示发生了变化，如温度度量单位由摄氏改为华氏，并对温度的度量值进行相应的调整，那么该变量的语义内容还是保持不变。

⊖ 变量表示（representation）指用来确定变量取值具体含义的表示法，一个变量可以有多种可交换的表示。如，对于温度这个变量，可以把使用摄氏度的表示改变为使用华氏度的表示。——译者注
⊖ 即自定义类型。——译者注

例：表面上看来 t-air = 86 和 t-luft=30 在变量名和取值方面都完全不同。然而，如果 t-air 和 t-luft 表达的概念相同，即都是空气温度，同时 t-air 的单位是华氏，而 t-luft 的单位是摄氏，那么这两个变量的语义内容就完全相同了。

对于连接成体系系统[⊖]中两个系统的网关组件而言，如果这两个系统由不同组织按照不同的体系结构风格开发，就必须关注不同系统中所使用不同的变量表示对应语义的差异。术语体系结构风格指一个单位在设计系统时所遵循的所有显式或者隐式的设计原则、规则和约定，如数据表示、协议、语法、命名规则和语义等。连接的网关组件必须能够把一个体系结构风格中的变量名和表示转换到另一个体系结构风格中的相应变量，同时保持语义内容不变。

描述一个（对象）数据属性的数据有时称为元数据。在上面的关于变量的模型中，描述变量固定不变部分属性的数据就是元数据，而可变部分，即取值集合，则是（对象）数据。由此可见，元数据给出了由变量名所引用概念的属性描述。一个层次的元数据同时也可以是更高层次变量的数据，因此数据与元数据的区分具有相对性，取决于观测者视角。

例：产品的价格是一种数据，标识价格的货币、价格适用的时间段和地区则是元数据。

2.3 建模的本质

在理性认知子系统只拥有十分有限的认知能力的情况下，针对给定目标，人们只能围绕可接触事物的相关有用属性建立简单模型，把那些无关的细节去除（抽象出去），从而获得对所关注事物的理性理解。因而，模型是对现实世界的有意简化，其目的是来解释分析与特定目标相关的现实世界属性。

例：天体力学模型可以解释宇宙中巨大质量体的运动。为了达到这个目标，该模型引入了一个有意义的抽象概念，质点。现实世界质量体的各种多样性变化都被化简为空间中的一个质点，从而通过这个概念来研究一个质点（即质量体）与其他质点之间的相互作用，无须在模型中表示各种不必要的细节。

当新引入的抽象层次（新模型）成功把所关注属性进行了概念化处理，去除了其他不相关的细节，这个过程就是简约化设计。这种通过形成合适概念而开展的简约化设计，可以在更高层次来理解所关注自然规律的根源问题。正如波普所指出的 [Pop68]，由于抽象和归纳过程的内在不完美特点，自然规律只能证伪，不能证明其绝对正确性。

2.3.1 目标与视角

在开始任何建模活动之前，首先要建立清晰的模型目标。准确提出和形成模型必须要回答的问题有助于聚焦模型目标。如果模型目标不够清晰，或者有多个发散目标，就没办法构造简单模型。

例：建立实时计算机系统行为模型的一个目标是回答"计算机系统在什么时刻会产生什么样的输出"这个问题，如果计算机系统是一个拥有上亿晶体管的片上系统（SoC），就必须要建立层次化的行为模型才能回答这个问题。

⊖ 即 system of systems，表示由多个系统集成在一起形成的超大系统。——译者注

针对一个问题递归使用抽象原则可以得到层次化的模型抽象，日本的早川（Hayakawa）称之为抽象阶梯 [Hay90]。抽象阶梯通常从基础概念出发，抓住一个领域的本质性概念，然后使用抽象机制向上概括得到泛化概念。通过使用精化机制，抽象阶梯往下可以得到更加具体的概念，因此最底层的概念往往是直接可以感知的经验。

例：Avizienis 针对计算机信息系统提出了一个四层次行为模型[⊖]（Four-Universe Model）[Avi82]，用来简化计算系统的行为描述。在最底层，即物理层，可以观测到电路的模拟信号，如当一个晶体管执行一个开关操作时的电压上升时间。当电路中的晶体管数量越来越多时（复杂性开始涌现），在物理（模拟信号）层来分析电路的行为就会愈加困难。往上一个抽象层次，即数字逻辑层，对物理层的模拟量和稠密的连续时间进行抽象，引入离散时刻的二值逻辑（高或低）信号，从而得到了基本电路单元的简化行为表示，如门（简约性开始涌现）。可是，随着分析涉及越来越多的逻辑电路单元，复杂性又开始逐渐显现。再往上一个抽象层次，即信息层次，把一组（数量可能很大）二进制的逻辑值组合成一个有意义的数据结构（如指针、实数变量或者一副完整的图片），并在这些数据结构上引入功能强大的高级操作。最终，在最高的外部层次，只涉及计算机系统用户可以观测到的系统对外提供的服务。

当人们关注一个真实系统的某个特有属性时，就需要针对该真实系统，围绕这个属性来构造多层次抽象模型。图 2-1 展示了针对同一个系统的两个层次化模型，分别用于不同的目标，目标 A 和目标 B。例如，目标 A 可以是通过层次化模型来分析系统的行为，而目标 B 则通过层次化模型用来分析系统的可信性（dependability）。每个目标的最顶层模型必须要清楚回答该目标所关注的问题，可以通过增加模型层次（即抽象层次）来逐步精化目标所关注的问题，引入更多的细节。但每一步细化都要考虑人类认知能力固有的局限性，不要一下引入过多细节。在抽象层次的最下面是真实系统自身。如果模型结构与系统结构已经对应，则可以充分简化相应的分析；否则，必须首先在模型结构与系统结构之间建立对应关系，导致分析复杂化。

图 2-1   模型的目标和抽象层次

例：对于一个实时计算机系统而言，如果能够预测计算过程中（即从开始计算到计算结束）所执行的计算和通信动作序列，那么就可以建立显而易见的系统行为时间特性预测模型。相反，如果这些计算动作和通信动作的实际执行时间依赖于实时系统的全局行为活动（例如，协调对共享资源如缓存和通信链路等的访问），则不可能通过建立简单模型来预测系统行为的时间特性。

2.3.2   设计的主要挑战

自然科学家一定要在给定的现实世界中观测现象并发现其规律，从而在合适的抽象层次

⊖   也可视情况译为四域模型。这里主要强调对系统的观察抽象，自然形成了层次。

来设计合适的概念对现象进行解释。但是，计算机科学家至少在理论上要轻松得多，他们在设计作为一种人工制品的系统（即建模的主题）时拥有自由度。计算机科学家可以使用简单模型来分析所构造系统的需求和属性，从而明确表达出来作为设计的依据。然而，在计算机科学的许多领域，还是常常无法使用简单模型来表达系统需求和特性。例如，针对带有多个缓存（cache）的现代流水线微处理器，其时序行为就没办法使用简单模型来分析。

设计的主要挑战在于如何在不同抽象层次使用足够简化的模型来描述系统的相关特性（如行为特性），从而构造出能够在给定约束条件下提供所需行为（即服务）的软件/硬件系统（嵌入式计算机系统）。

如前所述，不同的设计目标会导致得到不同的层次化系统模型。这些设计目标诸如行为、可靠性、人机交互、能源消耗、外形尺寸、制造成本或者维护成本等，其中系统行为模型是最重要的设计目标。在实时系统中，行为是计算机系统随着输入、系统状态和实时时间推进而产生的输出动作。输入动作和输出动作可以表示为输入消息和输出消息。本书第 4 章将使用这些概念介绍一个跨领域的实时计算机系统行为模型。

2.4 涌现行为

当子系统间的交互导致在系统层次产生独特的全局特性，且这种特性不会在子系统层次呈现时，就称为出现了涌现行为 [Mor07]。子系统的非线性行为、反馈和前馈机制以及时间延迟都是导致系统出现涌现特性的相关原因。直到今天，涌现现象仍然未能被完全理解，有大量相关研究。

2.4.1 不可约性

涌现特性具有不可约性、整体性和非平凡性，一旦把系统分解成子系统，就看不到这些涌现特性。系统的涌现特性可能会以不可预料的方式或者计划的方式出现。在多数情形下，无法预见或预测系统何时出现什么涌现特性。为了更好地分析导致预期涌现特性产生的系统条件，往往需要在目前最先进的模型表达方式基础上增加相关表达。在某些情况下，可以在更高抽象层次使用新的概念模型来捕捉系统的涌现特性，从而获得出人意料的简化分析效果。

例：亮度和硬度是钻石的涌现特性，它们由碳原子的排列一致性决定，几乎完全不同于石墨的相关涌现特性，尽管二者由相同原子构成。为了简化分析，我们可以把带有典型特征的钻石视为一个新概念，即基本的思考单位，并忽略其内部组成和结构。如果能够把元素（碳原子）间的复杂交互作为一个整体来分析产生的涌现特性（如钻石的亮度），这就是一种简化的分析方法。

2.4.2 基础特性和推导特性

在分析系统的涌现特性时，有必要区分其组件的基础特性和从组件交互中得到的推导特性。

例：容错系统服务的高可靠性（推导特性）是一个涌现特性，是许多不可靠组件（基础特性）相互交互的结果。

组件的基础特性和推导特性在很多情况下可能完全不同。组件交互而产生的推导特性常常会开启全新的科学和工程领域，因而需要新概念来刻画新领域中的核心特性。

> **例：** 飞机的飞行能力特性来自于机翼、机身、发动机和控制等子系统的正确交互，这个能力
> 只在飞机整体这个层次展现，而不会在任何一个独立子系统层次显现。因此飞行能力是个推
> 导特性，它开启了空中交通这个新领域，包括交通规则和法规。例如，空中流量控制这个学
> 科已经完全剥离出了飞机中功能组件的基础特性。

观测视角层次决定了观测者能看到的基础特性和推导特性。当提高观测的抽象层次时，一
个层次的推导特性会变成上一抽象层次的基础特性，因而在更高层次时会出现新的涌现形式。

> **例：** 在宇宙演化过程中，有两个涌现现象为人类发展奠定了基础，具有重要意义：生命的出
> 现和意识的出现（在生命基础上）。人类文化在艺术、科学等方面发展出了一套自有的概念
> 体系，远远高于构成人类大脑的生物性基础特性。

计算机系统的涌现行为虽然无法通过分析的办法加以预测，但是一定能在操作系统层次
被检测到。因而，要想对涌现行为进行控制，就必须使用钩子[⊖]（hook）来监视系统运行时的
实时性能 [Par97, p.7]。2.2.3 节讨论的多路消息传输概念，是对系统行为进行非侵入式观测
的基础。

2.4.3　复杂系统

如果我们不能提供一组足够简单（相对于人类思维的理性分析能力）的模型来解释一个
系统的结构和行为，则该系统就视为复杂系统。除了生命和意识之外，地球气候和天气、全
球经济、活器官以及许多大型计算机系统等都是复杂系统的例子。

本书认为，通过对系统进行详尽的计算机仿真无法从根本上理解复杂系统，只能通过对
系统进行合适的概念化分析和处理才能达到目标。Mesarovic 等人在谈论生物学时也持有相
同的观点 [Mes04, p.19]：

> 他们进一步提出，为了获得对系统生物学的深入理解，研究应该不只是做数字式的数学分析
> 或计算机模型分析（尽管这些也重要）……。类别化的视角使得我们认识到理解系统生物学
> 的核心在于找到生物的组织原则，而不仅仅是构造能在空间和时间方面预测和刻画其演化的
> 描述模型。在寻找生物系统的组织原则过程中，需要人们识别和发现新的概念及假设。

也许未来某个时候，人们可以找到合适的相关概念，从而能够以出人意料的简化方式来
处理当今面对的复杂系统。一旦如此，那么相应的系统就不再被冠以复杂系统这个称号了。

系统生物学关注的是自然系统，而计算机科学关注的是人类开发的计算机系统。在设计
人造系统时，在意识到人类理性思考和问题解决能力具有局限性的情况下，我们采用模型来
对系统行为进行充分的简化分析。所采用的模型应能指导设计过程，避免在模型和人造系统
之间出现结构上的冲突矛盾。

> **例：** 以片上系统（SoC）的 IP 核间通信架构设计为例，有两种基本的设计方案：IP 核共享内
> 存方案，IP 核不共享内存的方案。不使用共享内存的方式一般会使用消息传递子系统来在
> IP 核之间进行消息交换 [Pol07, Lev08]。消息传递子系统把各个子系统相隔离，通过全局通

⊖　hook，即操作系统提供的一种动态机制，可以在操作系统服务运行过程中根据特定事件来触发执行用户程
　　序。——译者注

信来交换消息。因此，在系统中引入了一个新的抽象层次，上层为 IP 核间交互，下层为 IP 核内交互。相比较而言，共享内存方案导致 IP 核内交互和 IP 核间交互混成一体，难以区分和隔离全局和局部关注点，导致系统设计模型复杂化。

2.5 如何开展简约设计

认知科学家研究了学生如何学习和理解不同的任务 [Fel04]，发现不同的任务特征对于理解所需的精力付出往往不成比例。表 2-2 对简易任务和困难任务在特征上进行了对比分析。因此，我们需要针对嵌入式系统设计一个通用的模型来描述其行为，从而避免其设计变成困难任务。应支持在不同层次递归应用该模型，使用同一个建模机制在不同建模抽象层次上构造大系统的模型。

表 2-2 简易任务与困难任务的特征对比（节选自 [Fel04, p.91]）

简易任务特征	困难任务特征
静态：任务属性不会随着时间而改变	动态：任务属性依赖于时间发生变化
离散：刻画任务的变量只有离散的取值	连续：刻画任务的变量是连续型的
可分离：不同子任务间几乎独立。任务之间只有弱的交互	不可分离：不同子任务之间交互多，难以隔离分析一个任务的行为
顺序：可以通过一步一步的顺序分析来理解任务行为	并发：许多并发过程的交互会产生外部可见的行为，难以逐步顺序分析
同构性：组件、阐述方案和表示方案都类似	异构性：存在许多不同的组件、阐述方案和表示方案
机械式：行为受因果关系主导	有机式：行为只能通过诸多反馈机制来刻画
线性：功能关系具有线性特征	非线性：功能关系具有非线性特征
普遍性：阐述方法不依赖于上下文，普遍适用于各种上下文	条件性：阐述方法依赖于上下文，只能适用于特定上下文
正则性：领域特征可以通过高度正则化的原则和规则来描述	非正则性：存在许多上下文相关的规则
直观式：通过可观测的表层属性就能直观理解任务的重要原则和规则	深层式：任务中的重要原则具有隐秘和抽象的特点，无法通过可观测的表层属性来分析理解

在第 4 章论述的实时系统模型就是针对这个目标而设计的模型。通过遵守如下 7 个设计原则可以得到简约设计：

1）抽象原则。把组件（一种硬件 / 软件单元）作为基本的结构和计算单元，设计人员可以通过其提供的精确接口规格来使用一个组件，无须了解组件内部如何运作。为了即便在发生故障的情况下，仍能在接口这个抽象层次来设计和使用组件，组件应该设计成故障限制单元（Fault-Containment Unit，FCU，见 6.1.1 节）。如果一组组件之间形成了层次关系，则不同的组件层次往往对应不同的抽象层次。针对成体系统而言，完全自治的组合系统是一种高层次抽象，它由多个组件集群组成，其行为可以通过网关组件提供的连接接口规格来精确表示（见 4.6 节和 4.7.3 节）。

2）关注点分离原则。该原则强调通过解开系统功能之间的依赖关系来获得简约的设计，分离的功能可以组合在不同的自包含体系结构单元中，得到功能和结构稳定的中间层次模块⊖

⊖ 原文为中间形式（intermediate form），来自于 Herbert A.Simon 的论文 [Sim81]。当从基本单元来组装或集成系统时，要么引入中间模块来层次化集成，要么直接在基本单元层次进行集成。如果中间模块的形式和结构都明确与稳定，前者显然是一种更为简单的方式。——译者注

[Sim81]。这个设计原则有时也称为划分（partitioning）原则 [Ses08]，一个典型例子是严格分离计算活动和通信活动，从而可以独立开发通信系统和计算组件（4.1.1 节）。

3）因果原则：人类的理性分析子系统擅长按照因果链进行推理。因果逻辑推理机制的确定性使得可以在原因和结果之间建立确定的推理链条（5.6 节）。

4）切分原则。该原则建议只要有可能，就应该把难以理解的行为分解成顺序排列的任务结构，从而可以采用串行的逐步分析方法。在每个步骤，只需要分析与当前步骤相关的上下文信息。

5）独立性原则。该原则建议尽量保持体系结构单元（即组件或组件集群，见 1.1 节）的独立性，在满足应用要求的前提下，应尽可能简化它们相互间的依赖。通信系统中，消息发送者行为往往依赖于消息接收者是否正确处理了所接收到的消息。按照独立性设计原则，应设计单一的单向通信原语，这样就可以解除这种依赖关系。该原则在容错系统设计中具有极其重要的地位，能够确保失效发生后，不会发生向后失效传播，从而保证了故障限制单元之间的失效独立性（见 6.4 节）。

6）可观测性原则。如果无法从外部观测到用于体系结构单元之间通信的信道行为，会给理解系统行为带来严重的挑战。按照可观测性设计原则，应在基本消息通信传递原语中增加多路传播，从而能够以不带探针效应的方式观测到任意组件的外部行为（见 12.2 节）。

7）时间一致原则。实时时间推进是嵌入式系统中物理子系统任意行为模型的重要独立变量，该原则提出要为分布式计算机系统建立全局时基，从而在全局时间戳基础上，整个系统范围内事件之间的时序关系（如同时发生关系）和时序距离都能保持一致（见 3.3 节）。如果有全局时间，分布式系统的许多问题都能够得到简化处理（见 14.2.1 节）。

要点回顾

- 人类大脑有两个差异很大的问题解决子系统：直觉经验子系统和理性分析子系统。
- 直觉经验子系统是一个基于情感的前意识子系统，它的特点是快速、自动进行整体处理，对认知资源的需求最少。
- 理性分析子系统受意识控制，根据逻辑法则开展分析活动。它善于处理确定性的关系和因果分析。
- 成年人在其理性子系统中有一个意识化的显式现实模型，而经验子系统则有一个隐式的现实模型。这两个现实模型在不同程度上相互重叠，共同形成了一个人的概念图谱。
- 人在抽象过程中获得知识，特例情况被抽象形成一般性的从属个例，因而一般性知识可以适用于许多特定情况。
- 概念是在一个类别基础上扩充了关于该类别与其他类别关系的一组信念的结果。这组信念把一个新概念与已有概念关联起来，并提供隐含的理论（主观的思维模型）。
- 所谓理解，即一个场景内容表达中涉及的概念和关系与观测者的概念图谱和推理方法充分连接在一起。连接越紧密，表示理解越深刻。理解（以及简约性）因此是观测者与一个场景之间的关系，而不是场景的属性。
- 观测者理解一个模型所需的时间是衡量认知工作量的一个合理度量，因而也可以用来度量模型相对于观测者的复杂性。
- 不论是自然或是人造物理系统，复杂性只能是物理系统模型，而不是系统本身，的一个度量。

- 大系统的复杂性取决于理解这个完整系统所必须分析的模型数量和复杂性。理解所有这些相关模型所花的时间可以作为对大系统认知复杂性的一个度量。
- 系统中子系统之间的不可见信息流会给理解该系统带来显著的障碍与困难。
- 人类解决问题的理性子系统只有有限的资源用于信息存储和处理。
- 为了在有限认知能力情况下处理复杂场景，人们主要使用四类简化策略：抽象、划分、隔离和切分。
- 概念的形成取决于两个原则：效用原则和节俭原则（也称为奥卡姆剃刀原则）。
- 概念的本质，即概念的语义内容，与概念名称相关。在自然语言视角来看，概念与其名字具有相同性（外延），但是不同的人从同一个概念看到的含义则可能会不同（内涵）。
- 变量是一个语言层次的表示单位，能够在给定时刻把一个属性赋给一个概念。因此，变量包括两个部分，固定部分（即变量名）和可变部分（即变量值）。赋值时，把变量值在一个特定时刻赋给变量。
- 变量语义内容不同表达方式的差异是个需要关注的重要问题，特别是对于网关组件，它所连接的两个子系统往往由不同的组织开发，相应的体系结构风格也不同。
- 模型是对现实的精致简化，来支持对特定目标相关的属性进行分析。
- 如果模型的目标不是很清楚，或如果要满足多个分裂的目标，那么无法得到简单模型。
- 递归应用抽象原则可以得到层次化模型。给定一个层次的模型，对此抽象可获得更加一般化的模型，对此精化可得到更加具体化的模型。
- 设计的主要挑战在于如何在不同抽象层次使用足够简化的模型来描述系统的相关特性（如行为特性），从而构造出能够在给定约束条件下提供所需行为（即服务）的软件/硬件系统（嵌入式计算机系统）。
- 当子系统间的交互导致在系统层次产生独特的全局特性，且这种特性不会在子系统层次呈现时，就称为出现了涌现行为。涌现特性具有不可约性、整体性和非平凡性。一旦把系统分解成子系统，就看不到这些涌现属性。
- 如果我们不能提供一组足够简单（相对于人类思维的理性分析能力）的模型来解释一个系统的结构和行为，则该系统就视为复杂系统。

文献注解

Reisberg 所著教材 [Rei10] 对认知领域的研究现状作了很好的概述，本章涉及的诸多相关概念均来自于该书。Epstein 论述了人类解决问题的直觉经验子系统和理性分析子系统的特征 [Eps08]。Boulding 详细阐述了概念图谱这个术语（他称之为镜像），以及所有通信类型中的消息隐喻 [Bou61]。抽象阶梯，作为概念的层次由早川首先提出 [Hay90]。Halford 提出的关系复杂性理论为人类的理性推理能力设定了极限 [Hal96]，而 Miller 则对人类的短期记忆能力极限进行了详尽研究 [Mil56]。Popper[Pop68] 和 Edmonds[Edm00] 分别讨论了建模对于理解物理系统的相关性和局限性。Bedau 著作对涌现行为进行了探讨 [Bed08]。本章的简易任务与困难任务对比分析摘自 [Fel04]，Rumpler 的博士论文研究了嵌入式实时系统的设计理解，Roger Session 的著作《 Simple Architectures for Complex Enterprises 》[Ses08] 提供了诸多用于设计可理解的企业化信息系统体系结构的实践指南。

复习题

2.1　人类解决问题所用的直觉经验子系统和理性分析子系统分别有哪些显著特征？

2.2　分别给出几个由直觉经验问题求解子系统和理性分析问题求解子系统解决的具体任务案例。

2.3　如何定义概念？有哪些原则可以指导形成概念？什么是概念图谱？什么是基础层次概念？

2.4　领域专家有哪些特点？

2.5　"理解一个场景"是什么含义？如何定义认知复杂性？举一个对理解造成障碍的例子。

2.6　有哪些已知的简化策略？

2.7　科学概念有哪些特点？

2.8　什么是消息？什么是协议？

2.9　变量的语义内容指什么？变量的表示部分和语义内容之间有什么关系？

2.10　构造模型的本质是什么？

2.11　解释计算机系统的四域模型。

2.12　什么因素导致一个任务简单或复杂？

2.13　涌现的含义是什么？基础属性和推导属性指什么？

2.14　多处理器片上系统（MP-SoC）采用基于消息的 IP 核通信机制有哪些优点和缺点？

全 局 时 间

概述 本章首先对时间和序进行一般性讨论，对因果序、时间序和提交序的概念及内在关系进行详细的说明，对描述数字时钟行为和质量特性的参数进行探讨。3.2 节沿袭实证主义传统，引入一个无所不知的外部观测者和一个可以为所有相关事件生成精确时间戳的绝对参考时钟。基于这些绝对时间戳，可以推理出全局时基的精度和准确度，并揭示分布式实时系统中时间测量的本质局限。

3.3 节为分布式实时系统引入稀疏时基模型，从而在无须为计算机所生成事件执行协商协议的情况下，就可以为所有节点建立关于这些事件的一致序关系观察。本节介绍的"周期性时间模型"非常适合处理周期性系统（如许多控制和多媒体系统）中的时间推进。

3.4 节涵盖了内部时钟同步的相关内容。首先为准确表达任何同步算法都必须满足的同步条件引入了收敛函数和漂移差的概念。然后给出了一个简单的集中主控式时钟同步算法，并对其控制精度进行了分析。3.4.3 节讨论了更复杂的具有容错特性的分布式时钟同步问题，并指出通信系统中的时间抖动是决定全局时基精度的主要因素。

3.5 节讨论了外同步问题，并对时间网关的作用和外同步错误产生的问题进行了讨论。最后，给出了互联网网络时间协议（NTP）、IEEE 1588 时钟同步协议和 TTA 所定义的时间格式。

3.1 时间和序

本着效用原则和节俭原则（见 2.2.1 节），我们将基于牛顿物理学建立时间模型，因为牛顿物理学模型比相对论物理学模型简洁而且足以应对嵌入式系统中的绝大多数时域现象。在许多工程学科（如牛顿力学）中，时间是决定系统状态变化序列的一个独立变量。物理学中基本常数的定义都与标准时间（物理秒）相关，这就是信息物理实时系统中的全局时基要基于物理秒这个度量标准的原因。

在典型的实时应用中，分布式计算机系统同时执行着多种不同的功能，例如，监控实时实体（取值及其变化率），检测报警条件，向操作者展示观测结果，执行多种控制算法以便为多个不同的控制回路寻找新的设定点（set-point）。这些不同的功能通常在不同的节点上执行。此外，还会引入副本节点作为主动冗余（为系统）提供容错功能。为保证整个分布式系统的行为一致性，必须保证所有节点按照一致的顺序，最好按照受控对象中事件发生的时序（也可参见 5.5 节中的例子）来处理所有事件。一个适当的全局时基将帮助我们在事件时间戳的基础上建立这样一致的时间序。

3.1.1 不同（性质）的序

时间序。连续的牛顿物理学真实时间可以通过有向时间轴模型来描述，其中时间轴由无限时刻（或时间点）集 $\{T\}$ 构成，具有如下特性 [Wit90, p.208]：

1）$\{T\}$ 是一个关于时刻的有序集，如果 p 和 q 是任意两个时刻，则要么 p 与 q 同时发生（*p*=*q*），要么 *p* 超前于 *q*（*p*>*q*），要么 *q* 超前于 *p*（*q*>*p*），三者互斥。我们称这种时间轴上时刻的顺序为时间序。

2）{*T*} 是一个关于时刻的稠密集，这意味着在（任意两个）*p* 与 *r* 之间至少存在一个 *q*，当且仅当 *p* 与 *r* 是两个不同的时刻[⊖]，这里 *p*、*q* 和 *r* 均为时刻。

两个不同时刻间的一段时间轴称为一个时间区间[⊖]。在我们的模型中，一个事件（总是）发生在某个时刻，而不是一个时间区间。如果两个事件发生在同一时刻，则称这两个事件同时发生。时间轴上的时刻关系是全序关系，而事件间的关系却是偏序关系，因为同时发生的事件之间没有序关系。如果我们引入另一个准则让同时发生的事件也能排序，则事件（集合）就是全序的。例如，在分布式计算机系统中，事件发生地节点的标号可以用于表达同时发生的事件之间的顺序 [Lam78]。

因果序。 在许多实时应用中，需要关注一组事件间的因果关系。计算机系统必须能帮助操作者识别导致爆发式警报的首要事件（参见 1.2.1 节）。事件间的确切时序关系可以帮助我们识别首要事件。如果事件 *e*1 晚于事件 *e*2 发生，则 *e*1 不可能是引发 *e*2 的原因。然而，如果 *e*1 发生在 *e*2 之前，*e*1 就有可能（虽然不确定）是 *e*2 发生的诱因。两个事件间的时序关系是这两个事件因果序的必要但不是充分条件。因果序比时间序包含更多的条件。

Reichenbach [Rei57, p.145] 给出了一种不使用时间信息来确定事件因果关系的方法：如果事件 *e*1 是引发事件 *e*2 的原因，则 *e*1 的微小变化（原因标记）将引起 *e*2 的微小变化，但 *e*2 的微小变化则不一定引发 *e*1 的微小变化。

> **例：** 假设有如下两个事件 *e*1 和 *e*2：
>
> *e*1 表示有人进入房间。
>
> *e*2 表示电话振铃。
>
> 考虑如下两种情况：
>
> 情况 1：*e*2 在 *e*1 之后发生。
>
> 情况 2：*e*1 在 *e*2 之后发生。
>
> 以上两种情况中事件均按时间排序。然而情况 1 中的两个事件不见得有因果序，而情况 2 中的两个事件则很有可能存在因果序，因为该人可能是进入房间接电话。

已知告警事件的时序（哪怕是部分时序），如果某个事件确定发生在另一个告警事件之后，则不可能是引起告警的首要事件。随后我们会展示，精确的全局时基可以帮助确定事件集合中的这种"确定之后发生"关系（亦可参见 1.2.1 节中的示例）。

提交序。 分布式通信系统通常提供一个更弱的序关系，即一致的"提交序"[⊜]。给定一组相关事件，通信系统保证所有节点看到的事件提交序都相同。该提交序不一定与事件之间的发生时间序或因果序相关。一些分布式算法，如原子性广播算法，需有一个一致的提交序。

3.1.2 时钟

在古代，人们基于主观判断来度量事件间的时间间隔。随着现代科学的出现，人们发明了多种使用物理时钟度量时间演进的客观方法。

⊖ 用符号描述更准确，$\forall p, r \in \{T\} \land p \neq r, \exists q \in \{T\}: p > q > r$ or $p < q < r$。——译者注

⊖ 原文为 duration，也有持续时间的意思。——译者注

⊜ 即各个节点看到的事件发生顺序，但未必是事件间的真实发生顺序。——译者注

数字物理时钟。数字物理时钟是一个度量时间的设备，它包含一个计数器和一个物理振荡机制，用于周期性地产生事件来增加计数器值。这个周期性事件被称作时钟的微节拍（术语"节拍"将在3.2.1节中引入，表示全局时间产生的事件）。

时间粒度。数字物理时钟的两个连续微节拍间的时间区间称为该时钟的时间粒度（即最小的时间度量单位）。如果要测量一个给定时钟的时间粒度，就一定要有一个时间粒度更小的时钟。在测量数字时钟的时间粒度时，会产生数字化误差。

现实中也存在无时间粒度⊖的模拟物理时钟，如日晷。在随后的章节中，我们只考虑数字物理时钟。在不引起歧义的情况下，有时我们也会把时间粒度简称为粒度。

在随后的定义中，我们使用不同的自然数 1，2，…，n 来标识不同的时钟。如需表示某个时钟的特性，则在微节拍或节拍的上标表示相应的时钟编号，在下标表示微节拍或节拍计数。例如，时钟 k 的第 i 个微节拍表示为 microtick_i^k。

参考时钟。假设有一个无所不能的外部观测者可以看到一个特定环境中所有受其关注的事件（不考虑相对论效应的影响），并且拥有一个频率为 f^z 的唯一参考时钟 z，该时钟与国际标准时间完美匹配，参考时钟的计数器永远与国际时间标准一致。我们称 $1/f^z$ 为该时钟 z 的时间粒度，用 g^z 表示。假设 f^z 的值非常大，如 10^{15} microtick/s，则时间粒度 g^z 的值为 1fs（10^{-15} s）。由于参考时钟的时间粒度如此之小，而数字化误差大致是它的二阶效应⊖，因此在后面的分析中我们将忽略数字化误差。

绝对时间戳。每当无所不能的观测者察觉到一个事件 e 的发生，他将立刻记录此时参考时钟的状态，以标记事件 e 的发生时间，即 e 的时间戳。我们用 Clock(e) 表示使用某个特定时钟 Clock 记录事件 e 发生时间的时间戳。由于 z 是我们系统中的唯一参考时钟，因而 $z(e)$ 被称作事件 e 的绝对时间戳。

给定两个事件的发生时间，则参考时钟在其间发生的微节拍数就是这两个事件的时间间隔。任意给定时钟 k 的时间粒度 g^k 可以通过参考时钟 z 来测量，即在时钟 k 的两个微节拍对应的间隔时间内，使用参考时钟 z 发出的微节拍数 n^k 来表示。

针对发生在参考时钟两个相邻微节拍间的多个事件，即这些事件的发生时间间隔小于参考时钟的时间粒度 g^z，无法通过事件的绝对时间戳来重建它们的时间序。这是时间测量的本质局限。

时钟漂移。物理时钟 k 在微节拍 i 和微节拍 $i+1$ 间的漂移，是时钟 k 与参考时钟的晶振频率在微节拍 i 时刻的比值。时钟 k 在微节拍 i 时的漂移值 drift_i^k 可表示为使用参考时钟 z 所测的时钟 k 实际时间区间与时钟 k 的理论时间区间 n^k（如上所示，基于参考时钟 z 来定义）之比：

$$\text{drift}_i^k = \frac{z(\text{microtick}_{i+1}^k) - z(\text{microtick}_i^k)}{n^k}$$

按照上面的定义，一个好的时钟的漂移值会非常接近于 1。为方便表达，我们定义时钟 k 在微节拍 i 时的漂移率 ρ_i^k 如下：

$$\rho_i^k = \left| \frac{z\left(\text{microtick}_{i+1}^k\right) - z\left(\text{microtick}_i^k\right)}{n^k} - 1 \right|$$

⊖　即给定任意一个时间粒度后，总能找到一个更小的可测量的时间区间。——译者注

⊖　即 10^{-30} 量级，（10^{-15}）^{2}。——译者注

完美时钟的漂移率为 0。真实时钟的漂移率受其工作环境的影响，如环境温度的变化、晶体振荡器的电压变化、晶体的老化等。在其数据手册给出的环境参数的变化区间内，晶振的漂移率应该小于其最大漂移率 ρ^k_{max}。晶振的典型最大漂移率 ρ^k_{max} 应在 $10^{-7} \sim 10^{-2}$ s/s 范围内或更小，这取决于晶振的质量（和价格）。由于每个真实时钟都具有非零的漂移率，自由运行的时钟，即从不进行再次同步的时钟，在运行有限时间后，其累计误差都可能超越给定的任何一个时间区间，即使其在开始运行时进行了精准同步。

例：1991 年 2 月 25 日在第一次海湾战争中，爱国者导弹防御系统未能拦截住来袭的一枚飞毛腿导弹。爱国者导弹上的时钟运行超过 100 小时所产生的时钟漂移（引起 678 米的跟踪误差）被认为是导致跟踪丢失的主要原因。该枚飞毛腿导弹击中美军军营导致 29 死 97 伤。爱国者导弹系统的设计要求是任务时长不大于 14 小时，而在 14 小时内的时钟漂移是可控的 [Neu95, p.34]。

时钟失效模式。数字物理时钟有两种失效：计数器损坏导致计数器值错误，或由于振荡频率过快（或过慢）导致漂移率超出其标称范围（图 3-1 的灰色部分）。

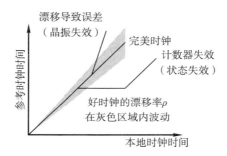

图 3-1   物理时钟的失效模式

3.1.3   精度和准确度

时钟偏移。具有相同时间粒度的时钟 j 和 k 在微节拍 i 时的偏移定义为：

$$\text{offset}^{jk}_i = |z(\text{microtick}^j_i) - z(\text{microtick}^k_i)|$$

时钟偏移表示两个时钟在相应微节拍数下的时间差异，即两个时钟对应参考时钟的微节拍数差异。在不引起歧义的情况下，有时我们也把时钟偏移简称为偏移。

时钟精度。假设有一组由 n 个时钟 $\{1, 2, \cdots, n\}$ 组成的集合，集合中任意两个时钟在微节拍 i 时的偏移最大值称为该时钟集合在微节拍 i 时的时钟精度，用 Π_i 表示。

$$\Pi_i = \max_{\forall 1 \leqslant j, k \leqslant n} \left\{ \text{offset}^{jk}_i \right\}$$

在给定观测时间区间内，Π_i 的最大值称为在该观测时间区间内的时钟精度，用 Π 表示。时钟精度代表了在观测时间区间内，任意两个时钟在相应微节拍数时的最大时钟偏移。时钟精度的值同样也可表示为参考时钟的微节拍值。在不引起歧义的情况下，也把时钟精度简称为精度。

由于任何物理时钟均存在漂移问题，如果不进行周期性再同步，时钟间的差异将随着漂移越来越大。为确保一组时钟具有一定的时钟精度而进行的相互再同步称为内同步。

时钟准确度。时钟 k 相对参考时钟 z 在微节拍 i 时的偏移称为时钟 k 在微节拍 i 时刻的时钟准确度，用 accuracy^k_i 表示。针对给定观测时间区间的所有微节拍，对应的最大偏移称

为时钟 k 的准确度，用 accuracy^k 表示。时钟准确度代表了给定时钟在观测时间区间内对外部参考时钟的最大偏移[⊖]。在不引起歧义的情况下，也把时钟准确度简称为准确度。

为将时钟的偏移限制在以参考时钟为中心的某个区间内（为保证该时钟相对参考时钟具有某种准确度），必须周期性地与外部参考时间进行再同步。这种用外部参考时钟进行再同步的过程称为外同步。

如果一组时钟以准确度 A 进行外同步，则也相当于以最高为 $2A$ 的精度进行了内同步，但反过来却不成立。如果一组内同步的时钟从不与外部时基进行再同步，则该组时钟将逐步漂移，与外部时间的差值越来越大。

3.1.4　时间标准

在过去的几十年中，已经提出了许多不同的时间标准，用于测量任意两个事件的时间差，以及根据某个公认的时基原点（称为纪元原点）建立事件的相对位置（即到原点的距离）。其中两个与分布式实时计算机系统设计相关的时基是国际原子时间（TAI）和天文统一时间（UTC）。

国际原子时间（Temps Atomique Internationale，TAI，法文）是为满足实验室研究对精确时间标准要求而提出的时基。TAI 将秒定义为铯 133 原子特定跃迁辐射的 9 192 631 770 个周期时间长度，这样 TAI 秒与天文观测得到的秒有相同的时长。TAI 是一个计数器型时标，即不会产生任何间断点，而需插入闰秒的时基则有间断点。TAI 的纪元原点定义为格林威治时间（GMT）1958 年 1 月 1 日的 00:00。全球定位系统 GPS 的时基也是 TAI，但其纪元原点是 1980 年 1 月 6 日的 00:00。

天文统一时间（UTC）源于地球自转与太阳相对关系而得到的天文观测。它是墙上时钟的时间基础。本地墙上时钟与 UTC 的偏移取决于其所在时区及是否采用夏时制。UTC 于 1972 年被确定为国际时间标准，替代格林威治时间（GMT）。由于地球自转不是十分平稳，会产生微小偏差，因此 GMT 时间一秒的时长会随时间发生微小变化。1972 年，国际范围内统一遵照 TAI 标准确定了一秒的时长，为了保持 UTC（即墙上时钟时间）与天文现象（如白天和黑夜）的一致性，需要不定期地通过插入闰秒来调整一个小时内秒的数量。因为要插入闰秒，UTC 不是一个计数器型时标，即它会产生间断点。为了解决这个问题，国际上约定 UTC 与 TAI 在 1958 年 1 月 1 日午夜零点具有相同的时间值。从那时起到现在，UTC 已偏离 TAI 约 30 秒。由国际时间局决定在 UTC 中插入闰秒的时间，并公之于众，因此总是可以推出当前 UTC 与 TAI 间的偏移。

> **例**：在 1996 年 3 月的《Software Engineering Notes》[Pet96，p.16] 中讲述了如下故事：
> 伊万·彼得森曾报告了一个在 1995 年新年夜[⊜]由于增加闰秒出现的问题。由于闰秒的加入，计时系统不经意间将日期快进到 1 月 2 日。伊万从美联社广播得知其广播网络的同步依赖于官方发布的时间信号，从错误出现到问题得到纠正，这个故障影响了他们好几个小时。你甚至从来不能指望从国家计时员那里得到正确时间。
> 鲍勃·休伊回应称，在午夜修正时间显然有风险：1）日期递进到 1996 年 1 月 1 日，00:00:00；2）往回拨 1 秒，重置时钟为 23:59:59[⊜]；3）时钟继续运行；4）日期再次发生变

⊖　根据定义，可以严格地整理出 accuracy$_i^k=|z(\text{microtick}_i^k)-n^k|$，accuracy$^k=\max_{\forall 1 \leqslant i \leqslant n}\{$accuracy$_i^k\}$。——译者注

⊜　即公历的 12 月 31 日的夜晚。——译者注

⊜　注意此时日期还是 1 月 1 日。——译者注

化，于是忽然间到了 1996 年 1 月 2 日，00:00:00。难怪会出如伊万所报告的问题！

3.2 时间测量

如果一个分布式系统中所有节点的实时时钟都能与参考时钟 z 完美同步，且系统中产生的所有事件均能用该参考时钟来标记其发生时间，则可轻松测量任意两个事件的时间间隔或重建事件时序，即使通信延迟发生变化导致事件提交序变化。在松耦合的分布式系统中，每个节点都有自己的晶振，因此不可能在不同节点时钟之间建立紧密同步关系。因此在分布式系统中，我们引入弱化的通用时间基准，即全局时间的概念。

3.2.1 全局时间

假定存在一组节点，每个节点拥有自己的物理时钟 c^k 且以粒度 g^k 运行。假定所有的时钟均以精度 Π 进行内同步（3.4 节将给出时钟内同步的方法），即对任意两个时钟 j、k 及所有的微节拍 i，满足

$$|z(\text{microtick}_i^j) - z(\text{microtick}_i^k)| < \Pi$$

则我们可为每个本地时钟 k 选择一个微节拍子集，形成该时钟本地可见的全局时间。为时钟 k 选定的微节拍 i 称为全局时间的宏节拍（或节拍），用 macrotick（或 tick）表示。例如，可将一个本地时钟 k 的每第十个微节拍定为该时钟的全局节拍，即该时钟的宏节拍 t_i^k（见图 3-2）。如果我们不关心一个宏节拍对应的时钟，则可用无上标符号 t_i 来表示。在此基础上，全局时间是一个抽象的概念，它是通过从一组同步本地物理时钟中适当选择的微节拍来近似的。

合理性条件。全局时间 t 被称为是合理的，如果所有本地时钟实现的全局时间都满足以下条件：

$$g > \Pi$$

该条件也称为全局时间粒度 g 的合理性条件。该合理性条件保证了同步误差（Π）被限制在一个宏颗粒（g）之内，即两个（宏）节拍之间的时间间隔。如果一个全局时间满足该合理性条件，则对给定事件 e，系统内任意两个不同时钟观测到事件 e 的发生时间，都有

$$|t^j(e) - t^k(e)| \leqslant 1$$

即任意两个时钟按照全局时间观测到的事件时间戳最多相差一个节拍，这是可以得到的最好全局时间。由于系统中各个时钟不可能实现完美的同步，且无论数字时间的粒度如何，以下事件序列都有可能发生：时钟 j 节拍步进一次，事件 e 发生，时钟 k 节拍步进一次。在此场景中，按照时钟 j 和时钟 k 的事件 e 的时间戳相差一个节拍（见图 3-2）。

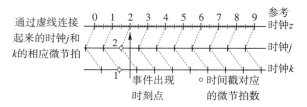

图 3-2 单一事件在不同时钟下的时间戳

一个节拍的差异意味着什么？分布式系统为所有节点构建了合理的全局时间，两个不同节点观测两个事件的时间序会相差一个节拍，我们从这两个事件的时间序差异中能了解到什

么信息?

图 3-3 中描述了 4 个事件,即事件 17、事件 42、事件 67 和事件 69(带有基于参考时钟的时间戳)。虽然事件 17 与事件 42 间的时间间隔为 25 个节拍,事件 67 和事件 69 间的间隔仅为 2 个节拍,但从本地时钟 j 和 k 角度看到的差异都是一个宏节拍时长[⊖]。虽然事件 69 晚于事件 67 发生(参考时钟测量结果),但事件 69 的全局时间戳小于事件 67 的全局时间戳[⊖]。由于同步误差和数字化误差的积累,仅仅凭借全局时间戳相差一个节拍这个信息,无法准确重建两个事件的时间序。但如果两个事件的全局时间戳的差值大于等于 2 个节拍,则可以重建其时间序。这是因为对构建于合理全局时基之上的时钟系统而言,同步和数字化误差的总和永远小于两个节拍的时间长度。

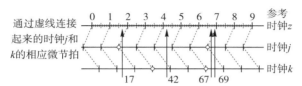

图 3-3   相差一个节拍的两个事件的时间序

时间测量的根本性局限使一个受控物理子系统中的数字计算机模型在时间方面的可信性受到限制。数字物理系统中物理部分的时基是稠密的,而计算机系统的时基是离散的。每当物理子系统中两个事件在小于全局时间粒度的间隔内顺序发生,计算机系统就不可能可靠地重建两个事件的物理时间顺序。走出该困境的唯一方法是提供粒度更小的全局时基,从而使上述时序错误减少 [Kop09]。

3.2.2   区间测量

一个时间区间由两个事件确定,区间的开始事件和区间的终止事件。这两个事件本身的测量互相关联,且都可能受到同步误差和数字化误差的影响。由合理性条件可知,这两个测量误差的累计值小于 $2g$,这里 g 是全局时间的粒度。于是,时间区间的真实长度 d_{true} 可由如下公式来定义:

$$(d_{obs}-2g) < d_{true} < (d_{obs}+2g)$$

其中 d_{obs} 是实际观测到的该区间开始事件与终止事件发生时刻差值,即时间区间观测长度。图 3-4 展示了一个长度为 25 个微节拍长度(相对于参考时钟)的时间区间,其观测值 d_{obs} 会随着观测起始事件和终止事件的节点不同而产生差异。观测节点观测到的事件发生时刻(即相对于全局时间的节拍),在图 3-4 中用小圆圈表示。

⊖ 如图 3-3 所示,事件 17 在时钟 j 看来发生于宏节拍 2 时,在时钟 k 看来发生于宏节拍 1 时;事件 42 在时钟 j 看来发生于宏节拍 4 时,而在时钟 k 看来发生于 3 时。所以,时间序上相差一个宏节拍时长;同样,对于事件 67 和事件 69,时钟 j 和时钟 k 看到的时间序也相差一个宏节拍时长。——译者注

⊖ 事件 67 和事件 69 的全局时间戳即图 3-3 中时钟 j 和时钟 k 坐标轴中的小圆点,在 j 看来事件 67 发生于宏节拍 7 时,而在 k 看来事件 69 则发生于宏节拍 6 时。——译者注

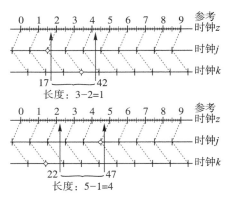

图 3-4   区间测量的误差

3.2.3   π/Δ 优先序

考虑一个有 3 个节点 j、k、m 且建立了全局时间的分布式计算机系统。每一个节点在各自的全局时间时刻点 1、5 和 9 产生一个事件，假设有一个无所不能的外部观测者，则可看到如图 3-5 所示的情景。

三个节点在相同全局时间节拍所产生的所有事件，实际发生时刻（相对于参考时钟）的差异处于小的时间区间 π 中，且 $\pi \leqslant \Pi$（由合理性条件保证），Π 为该分布式系统的时钟精度。发生在不同节拍的任何两个事件的时间间隔均大于等于 Δ（见图 3-5）。外部观测者无法为发生时刻差异小于 π 的事件排序，因为这些事件都被假设发生在同一个全局时刻。而发生在不同节拍的事件则可以被（外部观测者）确认它们的发生顺序。给定一个系统发出的两组事件，若要求外部观测者或另一个系统总能确定这些事件的发生时序，则这两组事件间必须至少要间隔多少个全局节拍？在回答这个问题之前（将在 3.3.2 节中回答），我们需引入 π/Δ 优先序的概念。

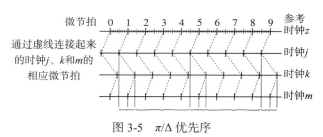

图 3-5 π/Δ 优先序

给定一个事件集合 $\{E\}$ 和两个时间区间长度（即时间间隔）π 和 Δ，且 $\pi << \Delta$，对集合中的任意两个事件 e_i 和 e_j，如果都满足如下条件：

$$[z(e_i)-z(e_j)| \leqslant \pi] \vee [|z(e_i)-z(e_j)| > \Delta]$$

其中 z 是参考时钟，则上述事件集被称为是 π/Δ 优先的，即几乎同时发生的多个事件子集（它们都在 π 时间间隔内发生）之间间隔一个较大的时间区间（区间长度至少为 Δ）。如果 π 的值为 0，则 0/Δ 优先的事件集合中的任意两个事件要么同时发生，要么间隔至少 Δ 时间发生。

假设一个分布式系统建立了合理全局时基（粒度为 g），系统中两个不同节点在相同的全局时刻产生两个事件 e1 和 e2，并由系统中其他节点来观测。由前面的分析可知，由于同步误差的存在，其他节点对这两个事件发生时刻的观测会有差异，但不会大于一个全局时钟节拍时长。

由于同步和数字化误差的存在，两个期望被观测者确认为同时发生的事件，不同观测者所记录的时间戳可能存在两个节拍的差异。为了能够通过事件时间戳建立预期的事件时序，如果要让观测者确认一组事件是否同时发生，则必须确保在这组事件之后有足够的静默时间（即不会发生任何事件）[Ver94]。

3.2.4　时间测量的根本局限

从上面的分析不难看出，采用合理性全局时基且粒度为 g 的分布式实时系统具有以下 4 个在时间测量方面的根本局限：

1）两个不同的节点观测同一个事件，则它们观测到的时间戳总可能有一个全局时钟节拍的差异。两个在时间戳上相差一个节拍的事件不能够仅通过时间戳来重建它们的时序关系。

2）如果两个事件的观测时间间隔用 d_{obs} 表示，则实际时间间隔 d_{true} 将决定于如下公式：

$$(d_{obs}-2g) < d_{true} < (d_{obs}+2g)$$

3）如果两个事件间的时间戳差异大于等于 2 个节拍，则它们的时间序可仅通过事件的时间戳来恢复。

4）如果一个事件集至少满足 0/3g 优先序条件，则集合中事件的时间序总是可以通过它们的时间戳来恢复。

这些关于时间测量的根本局限也是约束物理系统的数字模型可信性的基本局限。

3.3　稠密时间与稀疏时间

例：如果事先已知某一列特定列车每隔一个小时会到达一个车站。如果列车总是准时且所有的时钟都是同步的，则我们仅根据列车在该站的到站时间就可以判断其车次。甚至列车（到达时间）稍微偏离，比如 5 分钟，或者时钟也有稍许的不同步，比如 1 分钟，也不会影响我们判别到达的车次。那么能够让我们通过到达时间区分不同车次的限制是什么呢？

假设集合 {E} 是我们关注的在特定环境下的一组事件。集合 {E} 中的元素可以是所有时钟的节拍，也可以是发送和接收消息的事件。如果这些事件允许在时间轴上的任何时刻发生，我们则称其时基是稠密的。如果这些事件的发生被限制在一些长度为 ε 的活跃区间，而两个活跃区间被一个长度为 Δ 的静默区间所间隔，我们则称其时基是 ε/Δ 稀疏的，或简称为稀疏时基（见图 3-6）。如果一个系统是基于稀疏时基的，则在某些时间区间内不允许发生任何有效事件。仅在活跃区间发生的事件称为稀疏事件。

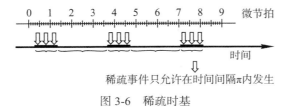

图 3-6　稀疏时基

显然，只有系统对事件具有控制权限，才可以约束一个事件是否可以发生，即这些事件必须在计算机系统的控制范围内 [Dav79]。计算机系统控制范围外发生的事件不受系统控制，因而这些外部事件是基于稠密时基的，不能将其强行变为稀疏事件。

例：在一个分布式计算机系统中，如果能限制只在时间轴的一些区间发送消息，并在其他区间禁止发送，则消息发送事件就变成了稀疏事件。

3.3.1 稠密时基

假设有两个发生在稠密时基上的事件 e1 和 e2，如果它们发生的时间间隔小于 3g（g 为全局时间粒度），则并不一定总能够建立它们之间的时间序，甚至如果不采用协商协议而仅采用不同节点产生的时间戳，都无法在不同观测节点建立关于这两个事件的一致观测顺序。

例：考虑图 3-7 中的场景，两个事件 e1 和 e2 相隔 2.5 个节拍。节点 j 观测事件 e1 发生在节拍 2，节点 m 观测 e1 发生在节拍 1，而 e2 仅由节点 k 观测，并将其观测结果"e2 发生在节拍 3"报告给节点 j 和 m。节点 j 计算出时间戳的差异仅为一个节拍因而得出"这些事件大约同时发生因此无法排序"的结论。节点 m 计算时间戳的差异为 2 个节拍因而得出"e1 必定在 e2 之前发生"的结论。可见节点 j 和 m 对事件 e1 和 e2 发生的时间顺序出现了不一致的观测。

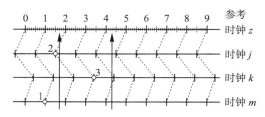

图 3-7   对两个事件 e1 和 e2 的不同观测顺序

协商协议：为了使分布式计算机系统中的所有节点对非稀疏事件的顺序（不一定是事件的真实发生时间顺序）有一致观测，就必须在节点上运行协商协议。协商协议包括两个阶段，在第一个阶段要求分布式系统中节点相互交换各自对系统状态的局部观测信息，然后每个节点比较从其他所有节点发来的状态观测，并记录与自己观测的差异。于是在第一个阶段结束时，每个正常的节点都与其他节点拥有相同的状态观测信息。在第二个阶段，每个节点使用一个确定性算法对所获得的一致观测信息进行处理，从而以共识的方式在稀疏时基上为事件分配相应的活跃区间。由此可见，在无故障的情况下，协商算法需要一轮额外的信息交换，以及用于执行该协商算法的相关资源才可以让所有节点获得对非稀疏事件发生顺序的一致观测。

采用协商算法的代价高昂，无论是通信还是数据处理。最糟糕的是，该算法会在控制回路中引入额外延迟。因此为了在分布式计算机系统中建立一致时序观测，需要寻找一种不会增加额外开销的方法，下节介绍的稀疏时间模型就是这样的一个解决方案。

3.3.2 稀疏时基

考虑一个由两个组件集群组成的分布式系统：集群 A 产生事件，集群 B 观测这些事件。每个组件集群拥有其各自范围内的同步时间（粒度为 g），但这两个同步时基之间并没有建立同步关系。在什么情况下，观测集群 B 中节点不执行协商协议也可以一致地重建出 A 所产生事件的预期时间序?

假如 A 内的两个节点 j 和 k,在同一个集群时间节拍 t_i,即在节拍 t_i^j 和节拍 t_i^k 时发生了两个事件。这两个事件发生的时间最多可能相差 Π,g 是组件集群 A 范围内的时间粒度且有 $g > \Pi$。由于 A 中在同一个时间节拍所发生的事件之间没有顺序关系,因此 B 中节点也不可能为这些同时发生的事件建立时间序。但另一方面,观测集群 B 应总能为发生在不同集群节拍的事件(来自于集群 A)重建时间序。是否只要集群 A 产生的事件集满足 1g/3g 优先序条件,即每一个允许事件发生的集群节拍后都跟有至少 3 个静默节拍,就足以使观测集群 B 可重新构建 A 所产生事件的预期时间序?

如果组件集群 A 产生的事件集满足 1g/3g 优先序条件,则针对此集合中的任意两个事件,如果这两个事件在同一个时间粒度区间内产生(即在 2 个节拍之间的时间区间),则组件集群 B 观测所打上的时间戳会相差 2 个节拍。此时 B 不应为这两个事件排序(尽管它可能,因为有 2 个节拍的差值),其原因是这两个事件产生于(组件集群 A)的同一个时间粒度区间内。如果上述事件集中任意两个事件都在不同的时间粒度区间内产生(即至少相隔 3 个 g),则 B 应该对这两个事件的产生时间进行排序,即便 B 在这两个事件上的时间戳也可能只相隔 2 个节拍。由此可见,组件集群 B 不能通过 2 个节拍的时间差异来决定是否要为相应的事件排序。为解决这一问题,要求 A 产生的事件集必须满足 1g/4g 优先序条件,这样组件集群 B 将不会为时间戳差异小于等于 2 个节拍的事件排序,而只为时间戳差异大于等于 3 个节拍的事件排序,因而可以重建发送者预期的时间序。

3.3.3 时空划分

可以按节拍把全局时钟进行切分,形成如图 3-8 所示的一个时空划分。系统中的节点只能在实心点处产生事件(如发送一个消息),而在空心点处必须保持静默。这个规则使接收者能够在不执行协商协议的情况下建立事件的一致时间序[⊖]。虽然发送者只能在实心点处产生事件(表面上没有充分利用系统资源),如果系统全局时间有足够的时间精度,整个系统的时间性能依然要比执行协商协议的设计快得多。在稀疏时间格的实心点处产生的事件称为稀疏事件。

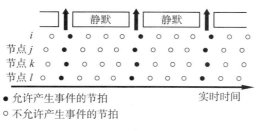

图 3-8 稀疏时基

由于无法对计算机系统控制域之外的事件产生时机进行控制,因此不能限制这些事件一定按照稀疏时基规则来发生,故他们实际按照稠密时基发生,不是这里定义的稀疏事件。由于受控对象或其他对相关事件感兴趣的外部系统不在所建立的系统全局时间范围内,为对受控对象产生的事件形成一致的观测视图,并能被分布式计算机系统的多个节点所观测,就不

⊖ 注意图中两个实心点之间间隔 3 个空心点,满足 1/4g 优先序条件,因此观测者可以不必进行协商就可稳定一致地确定所观测事件的时间序。——译者注

可避免地在计算机系统与它们的接口处使用协商协议。通过该协商协议将非稀疏事件转换为稀疏事件。

3.3.4 时间的周期性表示

工程技术和生物世界的许多过程都具有周期性特征 [Win01]。一个周期性过程的行为具有规律性，即在每一个周期中都会重复发生一组相似的行为模式。

例： 如图 3-9 所示，在一个典型的控制系统中，实时时间被划分为一系列控制周期。每一个控制周期始于读取受控对象的状态变量，进而执行控制算法，并（最终）止于通过计算机系统与受控对象的接口向作动器输出一组新设定点。

在时间的周期性表示中，线性时间被划分为具有相等区间的一组周期。每一个周期用一个圆圈表示，周期内的一个时刻用相位表示，即该时刻相对周期始点的偏移角度。因此在周期性表示中，周期及相位确定了时间线上的一个时刻。在稀疏时间的周期性表示中，圆周用点线而不是实线表示，点的大小（多少）和点间隔距离由时钟同步的精度决定。

在一组连贯的处理和通信动作序列中，如果一个动作执行结束后下一个动作立即开始，则该动作序列就是相位对齐的（如图 3-9 所示）。如果一个 RT 事件（详见 1.7.3 节）中的动作是相位对齐的，则该 RT 事件对应的时间间隔最小[⊖]。

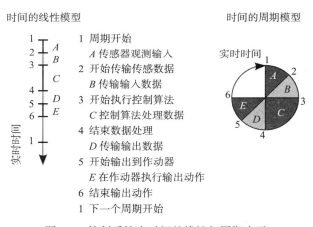

图 3-9　控制系统中时间的线性与周期表示

仔细观察图 3-9 会发现，在这个典型的控制循环中，仅在周期中的 B 和 D 区间需要使用通信服务。显然区间 B 和 D 越短越好，这将缩短控制循环的停滞时间。为了满足该需求，需要在时间触发系统中使用脉冲型流数据模型，即按照最大可能性把可用通信带宽优先分配给区间 B 和 D 中的周期性通信服务使用，只有在该周期的其他时刻才把通信带宽分配给其他请求 [Kop06]。

时间周期性表示的一个扩展是螺旋化表示，该表示引入第三个轴用于描述周期的线性推进。

3.4　内时钟同步

在系统中每个节点的局部实时时钟的漂移率都不相同的情况下，为了保证所有正常节点

⊖　按照定义，动作之间没有任何的停顿，因而整体的时间间隔最小化。——译者注

的全局时间节拍精度依然能够限定在给定值 Π 的范围内，需要针对每个节点的局部时钟进行系统内部的同步，即内时钟同步。是否有合适可用的全局时基，对分布式实时系统的可靠运行至关重要，因此，时钟同步不能建立在所有时钟都正确的基础上，必须要具有容错性。

分布式系统中的每个节点都有自己的本地晶振并按其物理参数以一定的频率产生微节拍。本地晶振微节拍的一个子集称为节拍（或宏节拍——参见 3.2.1 节），也是该节点的全局时间节拍。该全局时间节拍用于触发本地节点的全局时间计数器。

3.4.1 同步条件

为了确保全局时基具有足够的精度，必须要周期性地对每个节点的全局时间节拍进行再同步。

再同步周期称为再同步间隔，用 R_{int} 表示。每个再同步间隔结束时，对所有时钟进行同步，从而使它们之间具有更好的一致性（即全局时间精度得以提高）。收敛函数 Φ 是再同步之后各个节点时间与参考时间之间的偏差。再同步之后，各个时钟又将各自产生漂移直到在下一个 R_{int} 结束之前进行再同步（如图 3-10 所示）。在两次同步之间，各个时钟独立运行。漂移差 Γ 表示任意两个正常工作时钟在再同步间隔 R_{int} 内所产生的最大累计差异，在此期间时钟是自由运行的。漂移差 Γ 取决于再同步间隔 R_{int} 和时钟的最大漂移率 ρ [⊖]：

$$\Gamma = 2\rho R_{\text{int}}$$

一组时钟可以进行同步仅当下列关于收敛函数 Φ、漂移差 Γ 和精度 Π 的同步条件满足：

$$\Phi + \Gamma \leqslant \Pi$$

假设在再同步即将发生之前，各个时钟的偏差达到精度误差 Π 的上限（见图 3-10）。上述同步条件的含义是，同步算法必须让系统中各时钟的值足够接近，以保证在下一次再同步之前（各时钟自由运行），各时钟的发散偏离不会超出精度区间范围。

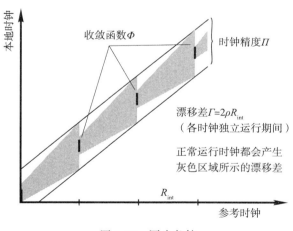

图 3-10 同步条件

拜占庭错误。在由三个节点构成的系统中，下面的例子解释了一个恶意节点如何让其他两个正常节点不能满足同步条件而阻止它们进行同步的场景 [Lam82]。假定系统中有三个节点和一个收敛函数，其中收敛函数的策略是让每个节点的时钟值都取系统三个节点时钟值的

⊖ Γ 强调的是最大累计差异，因此对应的是两个正常时钟向完全相反的方向进行漂移，即一个时钟始终加快运行，另一个时钟则减速运行。从而得到相对偏移为 2 倍的最大偏移。——译者注

平均值。如果时钟 A 和 B 都正常，而 C 是一个恶意的"两面派"时钟，即时钟 C 向其他两个正常时钟传递不同的时钟值，如图 3-11 所示。这样，时钟 A 和 B 永远不会修正自己的时间值[⊖]，并因而使得 A 和 B 的漂移越来越大，最终违反同步条件，导致全局时间精度不能满足要求。

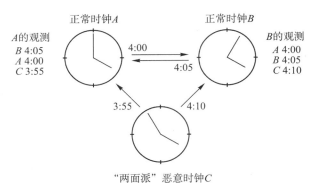

图 3-11　恶意时钟的行为

上述恶意的"两面派"行为也被称为恶意错误或拜占庭错误（参见 6.1.3 节）。在交换同步信息的过程中，拜占庭错误会导致系统内各节点观测到的时钟信息不一致。交互式一致性算法 [Pea80] 作为一类特殊的算法，在各个节点交换各自本地时钟时间信息之外，增加额外的信息交换，使得所有节点都能一致地观测到各个时钟的时间信息。这些额外的信息交换提升了全局时钟的精度但也付出了增加通信开销的代价。其他一些算法在信息不一致的情况下仍能工作，并给出了由于信息不一致带来的最大时间误差上限。在本节稍后的内容中，我们将介绍一个典型的此类算法——容错平均（Fault-Tolerant-Average）算法。[Lam85] 证明了在允许拜占庭错误存在时，时钟同步只有在满足时钟总数 $N \geqslant (3k+1)$ 时得到保证，其中 k 是有拜占庭错误的时钟个数。

3.4.2　集中式主控同步

这是一个简单的非容错式同步算法。指定唯一的一个节点作为集中式主控节点，它周期性地向所有其他从属节点发送带有其时间计数器值的同步消息。从属节点一旦从主控节点接收到新的同步消息，就立即记录该消息的到达时间戳。同步消息中携带主控节点的发送时间值，通过计算与消息到达从属节点时间戳值的差值，并减去已知的消息传输延迟时间，即得到主控节点时钟与从属节点时钟的偏差。基于该偏差信息，从属节点可自行纠正自己的时钟，以保持与主控节点时钟的协调一致。

从主控节点到从属节点的最快消息传输与最慢消息传输间的时间差值决定了集中式主控算法的收敛函数 Φ。这个差值就是传输延迟抖动 ε，即主控节点发送同步消息的时间值事件与所有从属节点收到消息的时间戳间的延迟抖动。

应用同步条件，集中式主控算法的精度可表示如下[⊖]：

$$\Pi_{\text{central}} = \varepsilon + \Gamma$$

⊖　因为 C 也知道 A 和 B 的时钟时间，因此可轻松求 C_A 和 C_B，来满足 $A=(A+B+C_A)/3$ 和 $B=(A+B+C_B)/3$，然后把 C_A 传给 A，C_B 传给 B 以欺骗两个正常时钟。——译者注

⊖　通过把这个精度带入同步条件，立即可得 $\Phi+\Gamma \leqslant \Pi_{\text{central}}(=\varepsilon+\Gamma)$，从而得到 $\Phi \leqslant \varepsilon$。——译者注

集中式主控同步算法通常在分布式系统启动阶段使用。它简单但不具备容错能力。一旦主控节点失效，将导致无法实现再同步，自由运行的从属节点时钟将迅速偏离系统精度区间。该算法有多个改进变种，多主控策略同步是其中一个，它采用一个活跃主控和多个影子主控。如果当前活跃主控出现静默失效，且一个影子主控通过本地超时探测到该失效⊖，则安排一个影子主控取得主控权并接管再同步的控制工作。

3.4.3 容错同步算法

典型的分布式容错时钟再同步通常经历三个阶段。第一个阶段，每个节点通过节点间消息交换来获取（系统中）所有其他节点的全局时间计数器的状态。第二个阶段，每个节点分析收集的信息以发现错误，并执行收敛函数计算出本地全局时间计数器的校正值。如果一个节点发现其通过收敛函数计算出的校正值大于系统规定的精度值，它必须使自身处于无效状态。最后，也就是第三个阶段，节点的本地时间计数器利用校正值进行调整。目前不同的容错同步算法的区别仅在于：从其他节点收集时间值的方法，所使用的收敛函数类型以及将校正值应用于本地时间计数器的方法。

读取全局时间。在一个局域网中，影响同步精度的最重要因素是携带当前时间值的消息从一个节点传输到所有其他节点的时间抖动⊖。如果已知两个节点间信息传输的最小时间延迟，可以在消息传输信道和接口电路里通过一个事先设定好的已知延迟补偿项 [Kop87] 来进行延迟补偿。相较于其他任何因素，延迟抖动最主要取决于系统如何收发和解释同步消息。从系统体系结构高层来看（如站在应用软件层），则调度、操作系统、协议栈使用的消息队列、消息重传策略、介质访问延迟以及接收端的中断延迟和调度延迟等所引起的所有随机延迟会累积在一起，导致同步消息交换的时间计数器状态信息严重偏离实际情况，从而导致时钟同步精度持续退化。表 3-1 给出了不同层次的时间抖动范围估计 [Kop87]。

表 3-1　同步消息的时间抖动估计

同步消息的收发和解释处理层次	时间抖动范围
应用软件层次	500 μs ～ 5 ms
操作系统内核层次	10 ～ 100 μs
通信控制器硬件层次	少于 1 μs

时间抖动小是实现高精度全局时间的重要基础，因此人们已提出了许多用于减小抖动的专用方法。克里斯汀 [Cri89] 提出了在应用软件层使用概率技术来减少抖动：一个节点通过查询 – 应答事务来获得另一个节点的时钟状态，查询 – 应答事务的持续时间由发送方测量。接收到的同步消息时间值用查询 – 应答事务的往返延迟时间的一半（假设延迟分布是在两个方向上相同）来进行校正。时间触发体系结构则采取了不同的方法，专门实现了一个硬件级时钟同步单元，支持对同步信息进行分节和汇聚⊖，从而把抖动降低到只有几微秒。新的

⊖　在该策略中，每个影子主控都会按照事先约定好的再同步周期来监视来自活跃主控的同步消息达到事件，一旦在给定时间内未收到期望的再同步消息，就触发超时事件。——译者注

⊖　原文此处强调的消息是复数形式（messages），意指要针对同步算法中的所有同步消息来考虑该时间抖动。假设系统共有 n 个节点，对于任意一个同步消息，则会有 $n-1$ 个传输，该同步消息的时间抖动为 $n-1$ 个传输所消耗时间的差值的均值。其中最大的那个差值称为最大时间抖动。——译者注

⊜　分节指硬件单元在发送同步消息给所有接收者之前，把发送时刻的时间信息立刻写入消息中的某个节段（segment）；而汇聚（assembly）指硬件单元在收到所有发来的同步消息时自动从消息中提取相应的发送时刻信息进行汇聚和同步处理。——译者注

IEEE 1588 时钟同步标准建议使用硬件辅助的时间戳以限制抖动范围 [Eid06]。

不可能性结果。Lundelius 和 Lynch [Lun84] 给出的不可能性结果强调了延迟抖动 ε 对于内同步的重要作用。根据这一结果，在 N 个节点构成的系统中，其内部时钟的同步不可能获得比下式更好的精度（时间测量单位与 ε 相同），即使假定所有时钟具有完美振荡器，即所有的本地时钟的漂移率是零。

$$\Pi = \varepsilon\left(1 - \frac{1}{N}\right)$$

收敛函数。通过分布式容错平均（FTA）算法可以很好地说明如何构造收敛函数。FTA 算法用于由 N 个节点组成的系统，能够容忍其中 k 个节点具有拜占庭故障。FTA 算法是一个单轮算法，可在信息不一致条件下把因信息不一致导致的全局时间误差限制在一定范围内。每一个节点都计算本节点时钟与系统中 N 个节点时钟的时间差（显然，自身节点之间的时间差为 0），并按大小排序。然后剔除其中 k 个最大的和 k 个最小的时间差（假定一个含有拜占庭故障的时钟值一定比正常波动的时钟值要更大或更小）。根据定义，系统中只有 k 个节点有拜占庭故障，且假设拥有拜占庭故障的时钟报告出来的时钟值一定比正常值要更大或更小，且已被剔除，因此剩余（N−2k）个时间差应该都在精度窗口范围内。FTA 算法就使用这（N−2k）个时间差的平均值作为该节点的时钟校正项。

例：图 3-12 给出了一个具有 7 个节点的系统，其中有一个是拜占庭故障节点。FTA 算法将其中的 5 个可接受的时间差的平均值作为校正项。

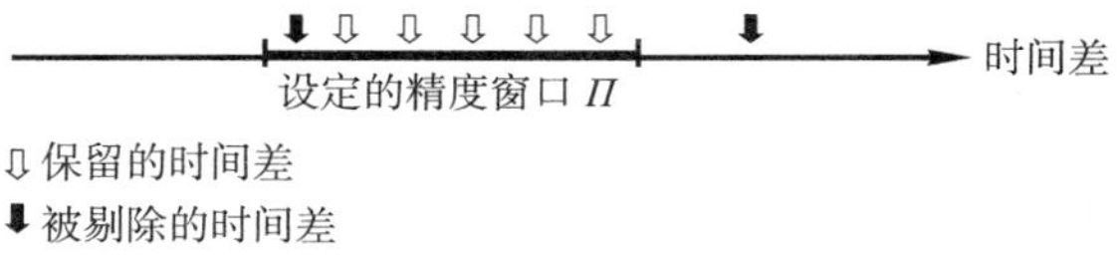

图 3-12 保留和剔除的时间差

针对上面的示例，最坏的场景是如果两个正常节点看到所有的正常时钟全部落在了精度窗口 Π 的两端，并且拜占庭时钟分别落在精度窗口的不同端。在图 3-13 的例子中，节点 j 计算的时间差平均值为 4Π/5，而节点 k 计算的平均值是 3Π/5；这两个节点间由拜占庭故障引发的计算差异为 Π/5。

图 3-13 恶意（拜占庭故障）时钟带来的最坏情况⊖

FTA 的精度。假设一个分布式系统有 N 个节点，每一个节点都拥有自己的时钟（所有时间值都以秒为单位）。N 个时钟中最多 k 个具有拜占庭故障。

⊖ 经和作者沟通确认，原著此图有误，在 k 的观测中，最右边的那个应该是正常时钟对应观测（原文为恶意时钟对应观测）。——译者注

在有 N 个时钟的系统中，单个拜占庭时钟将导致两个不同节点所计算的时间差平均值存在以下差异：

$$E_{\text{byz}} = \frac{\varPi}{(N-2k)}$$

在最坏情况下，一个具有 k 个拜占庭时钟的系统引发的错误项（时间差平均值差异）为：

$$E_{K-\text{byz}} = \frac{k\varPi}{(N-2k)}$$

考虑到同步消息的传输时间抖动，FTA 算法的收敛函数为：

$$\varPhi(N, k, \varepsilon) = \left(\frac{k\varPi}{(N-2k)}\right) + \varepsilon$$

将上述公式带入同步条件公式（见 3.4.1 节）并做一个简单的代数替换，我们得到 FTA 算法的精度公式[⊖]：

$$\varPi(N, k, \varepsilon, \varGamma) = (\varepsilon + \varGamma)\frac{N-2k}{N-3k} = (\varepsilon + \varGamma)\mu(N, k)$$

这里 $\mu(N,k)$ 称作拜占庭误差项，其值见表 3-2。

表 3-2　拜占庭误差项 $\mu(N, k)$

故障节点数 k	总节点数 N							
	4	5	6	7	10	15	20	30
1	2	1.5	1.33	1.25	1.14	1.08	1.06	1.03
2				3	1.5	1.22	1.14	1.08
3					4	1.5	1.27	1.22

拜占庭误差项 $\mu(N,k)$ 会导致全局时间精度受损，其根本原因是拜占庭错误引发不同节点看到不一致的全局时间观测。在真实的环境中，一个同步轮次中至多会发生一个拜占庭错误（甚至这种情况都极少出现）。因此，在一个合理设计的同步系统中拜占庭错误的后果并不严重。

时钟的漂移差 $\varGamma$ 由时钟所用的晶体振荡器（也可简称为"晶振"）质量和再同步时间间隔来确定。如果使用一个标准的石英晶体振荡器，其标称漂移率为 10^{-4} s/s，并且每秒都会执行再同步，那么 $\varGamma$ 值约为 100 μs。晶振的标称漂移率一般由晶振的系统性误差决定，因为晶振的随机漂移率一般要比标称漂移率小两个数量级，因此可以通过使用系统误差补偿方法来减少漂移差 $\varGamma$，最多可补偿两个数量级。

文献 [Sch88] 提出并分析了许多其他用于时钟内同步的收敛函数。

3.4.4　状态校正与速率校正

在基于收敛函数计算出时钟校正项后，可以有两种方法来校正时钟：状态校正和速率校正。前者直接使用校正项来修改本地时钟的时间值；后者则使用校正项来修改本地时钟的运行速率，使时钟在下一个再同步间隔期间加快或减慢，以使该时钟与系统其他时钟更加协调。

⊖ 同步条件公式为 $\varPhi + \varGamma \leqslant \varPi$，如果给定收敛函数和时钟漂移差，则全局时间的同步精度可达到 $\varPhi + \varGamma$。虽然数学上可以让 $\varPi$ 更大，但显然不是工程应该考虑的目标。精度窗口越大，全局时间的准确性越差。把 $\varPhi(N,k,\varepsilon)$ 带入 $\varPi = \varPhi + \varGamma$，简单的数学变化立即可得到相应的 $\varPi$ 表达式。——译者注

状态校正容易实施，但会导致时基不连续这个缺点。如果碰巧向后调整时钟，则时钟将两次到达同一时间，可能导致实时软件内恶性故障的发生（见 3.1.4 节中的示例）。因此，建议实施速率校正策略并限制时钟漂移的最大值，这样可以将一个（再同步）时间区间的最大测量误差限制在给定范围内。用此方法产生的全局时基尽管需要再同步，仍能维持其计时器特性。可以通过数字方法或模拟方法来实现速率校正。如果使用数字方法，则可以改变（时钟）宏节拍中的微节拍数；如果使用模拟方法，则需要调节晶体振荡器的电压。为了避免系统内全体时钟的共模漂移[⊖]，系统内所有时钟应用的速率修正项的平均值应接近于零。

3.5 外时钟同步

外同步是指将系统的全局时间与一个外部的标准时间建立同步关系。为了达到这个目的，系统须访问外部的时间服务器，后者会周期性广播发送时间消息来告知当前的参考时间。系统内需要进行外同步的节点在接收到这个广播的时间消息后必须能够触发一个同步事件（就如手表提示音一样），且必须能够在约定的时间单位内识别相应的同步事件。时间单位的选择必须基于广泛接受的时间计量单位，例如，物理意义上的秒，且必须能够在同步事件与设定的时间原点之间建立关联。访问时间服务器的接口称为时间网关。在容错系统中，时间网关应是一个容错单元（FTU ——参见 6.4.2 节）。

3.5.1 外部时间源

假设时间网关连接到 GPS（全球定位系统）这个外部时间源。GPS 信号接收器的时间精度高于 100ns，且在某种意义上具有权威性的长期稳定性，因为 GPS 是世界范围内用于测量时间推进的标准。或者，外部时间源可以是一个具有温度补偿功能的晶体振荡器（TCXO），其漂移率小于 1 ppm[⊜]（实际漂移小于 1 μs/s）。或者是一个原子钟，如铷时钟，其漂移率在 10^{-12} 级别（实际漂移约为 10 天 1 μs 以内），越昂贵的原子钟性能越好，漂移率也越小。时间网关周期性地广播包含同步事件的时间消息，并提供基于 TAI（国际原子时间）尺度的同步事件时间标定信息[⊜]。时间网关必须根据从外部时间源收到的时间来对其所在系统的全局时间进行同步。这是一种单向因而非对称的同步，如图 3-14 所示。这种同步可以调整时钟的速率，且完全不必担心会产生任何更高层次^㉕的全局时间不稳定后果。

如图 3-14 所示，可以把时间网关顺次连接来实现分布式系统的外同步。通过一个次级时间网关（图中间的那个时间网关），可以把另一个组件集群连接到已经建立外同步的主组件集群，则仍然可以使用该单向同步功能来实现另一个组件集群的外同步。次级时间网关将主组件集群的同步时间作为其外部参考时间来同步次级组件集群的全局时间。

内同步是组件集群内所有成员节点之间的协作行为，外同步则是一个中心控制过程：时间网关强制其下属节点接受其观察到的外部时间，从而形成一致的全局时间。从容错的观点

⊖ 共模漂移指所有时钟都向同一个方向漂移（即都增大或都减小时间值）。如果在速率校正时没控制好导致出现共模漂移，就会出现在一个再同步周期时集体加快所有时钟的运行速率；而在下一个再同步周期时集体降低所有时钟的运行速率，使得全局时间的精度不断颠簸。——译者注

⊜ 这里的 ppm 指百万分之几（part per million）。这里指 TCXO 的漂移率小于百万分之一。——译者注

⊜ 原文为 " information to place this synchronization event on TAI scale "，因为时间尺度必须要能够支持表达同步事件相对于时间原点的位置，故这里的 "information to place …" 译为同步事件时间标定信息。——译者注

㉕ 原文为 "emergent"，意指涌现性的后果，故译为更高层次的后果。——译者注

看，这样的中心控制策略引入了风险：如果发挥中心控制作用的时间网关发送了一个不正确的时间消息，那么它支配的所有同步节点都会出现错误行为。然而，由于时间变化具有的惯性特点，这种风险在外时钟同步中是可控的。一旦组件集群已经同步，则它的容错全局时基可以监控所连接的时间网关。只有当时间网关发来的外同步消息所携带时间值足够接近组件集群角度所观测到的外部时间值，该消息才会被接受⊖。因此，时间网关仅能在一定范围内调整组件集群时钟漂移率。为了保持相对小的时间测量错误，需要强制限制最大共模修正率⊜。组件集群中每个节点的软件都会检查要实施的时钟速率修正幅度是否超过允许的最大修正率。

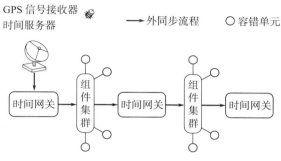

图 3-14　外同步流程

外同步算法的具体实现必须保证即便外同步出现错误，也不能干扰系统内同步的正确操作，即不能破坏系统内部同步产生的全局时间。如果外部的时间服务器出现了恶意行为（如果外部时间服务器是 GPS，这是可能出现的失效模式，尽管概率很小），则会导致出现最坏情况，即导致系统全局时间共模偏离⊜于外部时基至最大允许偏移率。在一个正确设计的同步系统中，这种与外部时基的漂移不会影响系统的内同步。

3.5.2　时间网关

时间网关必须通过如下方式来控制其所连接组件集群中的定时系统：

1）必须用当前的外部时间来初始化组件集群的全局时间。

2）必须周期性地调整组件集群全局时间的速率，使之与外部时间达成一致并使用秒作为时间测量标准。

3）必须周期性地向组件集群中每个节点发送带有当前外部时间的时间消息，以使组件集群中恢复并重新加入的节点可以重新初始化它的外部时间值。

为了完成上述控制任务，时间网关周期性地发送带有速率校正字节的时间消息。为了计算这个速率校正值，时间网关软件首先需从时间服务器和组件集群全局时间获得两个标定事件的发生时间，如时间服务器中一个完整"秒"的确切开始事件和组件集群中全局时间中的

⊖　因为外同步也是一种周期性行为，且一般使用精度很高的外部时间源。所以两个连续同步消息所携带的外部时间值会非常小（这就是所谓的时间变化惯性）。组件集群正是利用了这个先验知识来监控时间网关的行为是否失控。——译者注

⊜　之所以是共模，因为组件集群内所有节点的时钟都按照时间网关给定的同步时间值来修订其运行速率。——译者注

⊜　即系统内所有节点的时钟都会出现这样的偏离，因此内同步无法纠正这样的偏离。——译者注

相对应事件（即全局时间中这个"秒"的确切开始事件），接下来时间网关节点使用其本地时基（微节拍）来测量这两个事件发生时间的差值。然后，使用这个时间差值来计算所需的必要速率调整因子。并确保速率调节范围一定不能超过商定的最大速率校正界限。这个最大速率修正边界不但可以保持组件集群的相对时间测量值的最大偏差低于商定阈值，也可以保护该组件集群不受来自于时间服务器故障的干扰。

3.5.3 时间格式

在过去的几年中，业界已提出了用于外时钟同步的若干种外部时间格式。其中最重要的是在互联网网络时间协议（NTP）中使用的时间格式标准 [Mil91]。此时间格式（如图 3-15 所示）长度为 8 字节并包含两个字段：4 字节的整秒字段（其中秒以 UTC 标准表示）和 4 字节的小数秒部分（以分辨率约为 232 ps 的二进制数表示）。1972 年 1 月 1 日午夜，NTP 时钟被设置为 2 272 060 800.0 s，即自 1900 年 1 月 1 日 00:00 h 以来时间走过的秒数。

最大支持到 2036 年，即 136 年的循环折叠周期

图 3-15　网络时间协议（NTP）的格式

因为基于 UTC（存在秒的切换问题），NTP 时间不具有计数连续性。在 UTC 中偶尔插入的闰秒会破坏时间触发实时系统的连续运行。

还有一种是 IEEE 1588 标准的时间格式 [Eid06]。在这个时间格式中，时间原点开始于固定的 1970 年 1 月 1 日 00:00 h 或可由用户定义。整秒部分根据 TAI 标准进行计数，而小数秒部分的单位是纳秒。这导致时间表示每当到达一个整秒时就会发生突变。

时间触发体系结构（TTA）使用 IEEE 1588 和 NTP 组合的时间格式。整秒部分按 TAI（与 IEEE 1588 相同）方式计数，而秒的小数部分表示为一个整秒的二进制小数（与 NTP 相同）。因此该时间格式具有计数连续性优点，并完全与两个标准时间系统兼容。

要点回顾

- 事件发生在一个时刻，即时间轴上的一个点。持续时间是由两个时刻点确定的时间线区段。
- 分布式系统中一组事件的一致提交序并不一定反映该组事件的时间序或因果序。
- 物理时钟是一个时间度量设备，包含一个计数器和一个物理振荡机制，用于周期性地产生事件来增加计数器值。
- 物理时钟典型的最大漂移率 ρ 应在 $10^{-7} \sim 10^{-2}$ s/s 范围内或更小，这取决于晶体振荡器的质量（和价格）。
- 精度代表了在观测时间区间内，任意两个时钟在相应微节拍时的最大时钟偏移。
- 时钟的准确度代表了给定时钟在观测时间区间内对外部参考时钟的最大偏移。
- TAI 是一个计数器型时标，即不会产生任何间断点，源于铯 133 原子特定跃迁辐射的频率。
- UTC 不是一个计数器型时标，源于地球自转与太阳相对关系而得到的天文观测。
- 全局时间是一个抽象的概念，它是通过从一组同步本地物理时钟中适当选择的微节拍来近似的。

- 合理性条件保证了同步误差永远小于全局时间的一个颗粒（节拍）。
- 假设全局时间是合理的，如果（任意）两个事件的时间戳差值大于或等于 2 个（宏）节拍，则可恢复这两个事件的时间序。
- 如果一个事件集至少满足 0/3g 优先序条件，则集合中事件的时间序总是可以通过它们的时间戳来恢复。
- 如果事件仅在稀疏时基的某些适当选择的时刻点发生，则可以不执行协商协议就能恢复它们的时间序。
- 收敛函数 Φ 是再同步之后各个节点时间与参考时间之间的偏差。
- 漂移差 Γ 表示任意两个正常工作时钟在再同步间隔 R_{int} 内产生的最大偏离值，在此期间时钟是自由运行的。
- 同步条件要求同步算法必须让系统中各时钟的值足够接近，以保证在下一次再同步之前（各时钟自由运行），各时钟的发散偏离不会超出精度区间范围。
- 时钟同步只有在满足时钟总数 $N \geqslant$（3k+1）时得到保证，其中 k 是恶意行为故障时钟的数量。
- 影响同步精度的一个最重要因素是携带当前时间值的同步消息从一个节点传输到系统中所有其他节点产生的延时抖动。
- 当我们使用容错平均算法时，拜占庭误差因子 $\mu(N,k)$ 表示拜占庭错误导致的精度损失。
- 时钟状态校正的缺点是导致时基产生不连续性。
- 内同步是组件集群内所有成员节点之间的协作行为，外同步则是一个中心控制过程：时间服务器强制其下属节点接受其观测到的外部时间。
- 基于 UTC 的 NTP 时间不具有计数连续性。偶尔插入的闰秒会破坏时间触发实时系统的连续运行。
- 为了持续进行外同步，时间网关周期性地向集群内所有节点发送带有速率校正字节的时间消息。

文献注解

SIFT[Wen78] 和 FTMP[Hop78] 项目首次为分布式系统提出了全局时基构造问题。Kopetz 和 Ochsenreiter 开发了专门用于分布式系统时钟同步的 VLSI 芯片 [Kop87]。1991 年 Mills [Mil91] 发表了因特网网络时间协议。Kopetz 首次在 [Kop92] 中给出了稀疏时间模型概念。Eidson 的卓越著作 [Eid06] 对 IEEE 1588 时钟同步协议进行了详细的阐述。内部和外部时钟同步的综合问题在 Kopetz 等人的论文中进行了讨论 [Kop04]。更多关于时间问题的哲学层次分析，建议读者阅读 Withrow 的经典著作《The Natural Philosophy of Time》[Wit90]。

复习题

3.1 时刻和事件的区别是什么？

3.2 消息的时间序、因果序和一致的提交序有何不同？哪种序蕴含着另一个？

3.3 时钟同步如何能帮助我们在一次爆发式警报中找到相应的首要事件？

3.4 UTC 和 TAI 有何区别？为什么用 TAI 作为分布式实时系统的时基比 UTC 更合适？

3.5 给出偏移、漂移、漂移率、精度和准确度的定义。

3.6 内同步与外同步有何差别?

3.7 时间测量的根本局限有哪些?

3.8 事件集满足 ε/Δ 优先序的条件是什么?

3.9 什么是协商协议?为什么我们在实时系统中应尽量避免使用协商协议?在什么情况下不可避免地要使用协商协议?

3.10 什么是稀疏时基?稀疏时基如何能帮助我们避免使用协商协议?

3.11 试举例给出一个由 3 个时钟组成的系统,该系统中的一个拜占庭时钟能干扰(另外)2 个正常时钟,使它们不能达成同步条件。

3.12 给定一个精度可达 90 μs 的时钟同步系统,其全局时间的合理粒度是多少?对于一个 1.1 ms 的时间区间,其观测值的限制有哪些?

3.13 收敛函数在时钟内同步中的作用是什么?

3.14 假设一个系统的延迟抖动为 20 μs,时钟的漂移率为 10^{-5} s/s,再同步周期为 1 s,集中式主同步算法可得到的精度是多少?

3.15 若采用 FTA 算法,拜占庭错误对同步质量的影响是什么?

3.16 假设一个系统的延迟抖动为 20 μs,时钟的漂移率为 10^{-5} s/s,再同步周期为 1 s,若一个系统共有 10 个时钟且其中一个是恶意行为时钟,FTA 算法可获得的精度是多少?

3.17 讨论外时钟同步中出现错误的(可能)后果。同样一个错误对内时钟同步在最坏可能场景下的影响是什么?

实时模型

概述　本章的主要目的是向读者介绍实时系统行为的跨域体系结构模型。在本书的后续部分都将使用这个模型。该模型基于三个基本的概念：计算组件、状态以及消息。可通过递归组合已有组件来构成更大规模的系统，组件间通过消息交换进行通信。只需基于组件接口规格就可实现对组件的复用，而不需要了解组件的内部细节。在设计实时模型过程中，模型的可理解性是最重要的一个要求。

本章的构成如下。4.1 节介绍模型的整体框架，对组件和消息的基本特征进行描述。为达到共同目标而协同工作的相关组件形成一个组件集群。对时域控制与逻辑控制的区别进行了解释。接下来的小节将详细描述组件状态与实时性的紧密关系，强调了明确定义的基状态对于组件的动态再集成所具有的重要意义。4.3 节细化了消息概念并介绍了事件触发消息、时间触发消息以及数据流的概念。4.4 节给出了组件的四个接口：两个操作接口以及两个控制接口。4.5 节介绍了网关组件的概念，它可以将两个不同体系结构类型的组件集群链接在一起。4.6 节介绍组件的链接接口规格。链接接口是组件最重要的一个接口，它关系到如何在一个组件集群中集成组件，并且包含了使用一个组件所需的所有信息。链接接口规格包含三个部分：1）传输规格，包含消息如何传输的相关信息；2）操作规格，关注于组件的互操作性以及如何建立消息变量；3）元层次规格，赋予消息变量某种含义。4.7 节讨论了如何通过组件组合来构造子系统，进而构造出系统，或者进一步如何把多个系统集成构造出成体系系统。在这一节中还介绍了面向可组合性的四个原则并对多级系统的概念进行了阐述。

4.1　模型概述

从外部观测者的角度来看，实时（RT）系统可以被分解为三个相互通信的子系统：受控对象（物理子系统，其行为受物理定律约束）、"分布的"计算机子系统（数字系统，它的行为由在数字计算机上执行的程序约束）、人类用户或操作者。分布式计算机系统中的计算节点通过消息机制进行交互协作，一个计算节点可以部署一或多个具有计算能力的组件。

4.1.1　组件和消息

我们称一个处理单元执行一个算法的过程为一次计算或一个任务。计算由组件负责完成。在我们的模型中，组件是一个完整、独立的软/硬件单元或部件，并仅通过消息交换与其环境进行相互作用。我们将一个组件通过其与环境的接口所产生的输出消息时间序列称为该组件在该接口上的行为。一个组件的预期行为称为服务。非预期行为称为故障。组件内部的结构，无论是复杂还是简单，组件的使用者都既不可见也不关心。

组件包括设计（例如软件）和设计的具体实施（例如硬件，包括处理单元、内存以及 I/O 接口）。实时组件还包含一个能够感知实时时间推进的时钟。在上电后，组件进入就绪（ready-for-start）状态，等待触发信号来启动相关计算。一旦产生了触发信号，组件会立即启动执行相应的预定义计算，读取输入消息以及其内部状态，生成输出消息并更新内部状态等，直到终止时刻（如果有）计算结束。然后组件会再次进入就绪状态等待下一个触发信号。在周期系统中，实时时钟会在下一个周期开始时产生一个触发信号。

这个模型的一个重要原则是把分布式系统中的计算组件与通信设施进行分离。通信设施负责在指定的时间区间内将单向消息从发送组件传输到一个或多个接收组件（多播）。基于消息的单向性，可以应用因果链进行单向推理，消除了发送者对接收者的依赖。确保发送者的独立性是容错系统设计的至关重要的原则，因为它在设计上避免了错误的反向传播，即从一个有错误的接收组件传播到正确的发送组件。

强调采用多播机制是基于以下两个原因：

1）多播可以通过一个独立的观测组件，以非侵入方式观测组件间交互行为，使得可以通过消息感知组件间的交互，避免了那种隐藏交互行为引起的理解障碍（见 2.1.3 节）。

2）在主动冗余的容错设计方案中就需要使用多播机制，从而将每一条消息发送给一组副本组件。

消息的发送时间点称为发送时刻，经过一段延迟后到达接收者，相应的时间点称为接收时刻。消息这个概念蕴含了组件间交互的时域控制和值域两方面内涵。消息的时间属性包括了消息的发送时刻、时间序、间隔时间（例如周期性的、偶发的、非周期重复消息的间隔时间）以及消息传输的延迟。消息可以用来同步发送者和接收者。一条消息包含一个数据域，用来把特定的数据结构从发送者传送到接收者。通信设施无须了解数据域的内容。消息支持数据原子性，即一条消息中的数据要按照原子方式一次性完整的传递给接收者。每个设计良好的消息传递服务都为组件提供了一个简单接口，用于与节点内和节点外的组件进行通信，甚至与组件环境进行通信。基于消息传递服务，可以对组件服务进行封装、重构及恢复。

4.1.2　组件集群

一个组件集群是一组集成的组件，可以完成一个共同目标（见图 4-1）。在集成组件之外，组件集群还必须提供内部通信系统，为其所包含的各个组件提供消息传递服务。构成计算集群的组件需遵守事先商定好的体系结构风格（参见 2.2.4 节中最后一段）。

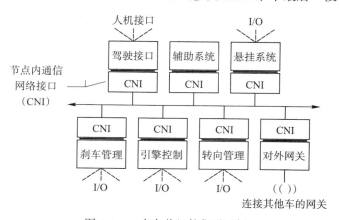

图 4-1　一个车载组件集群示例

例：图 4-1 展示了一个车载计算组件集群的例子，它包含一个计算组件、（驾驶）辅助系统、用于人机接口（对司机）的网关组件、汽车物理子系统以及通过车－车无线通信链路与其他车通信的网关。

4.1.3 时域控制与逻辑控制

让我们来回顾一下第 1 章中图 1-9 轧钢厂的例子，规定人机接口（MMI）组件中的告警监控任务必须监视测量变量间的关系。假设 3 组轧辊施加于钢坯的压力分别为 p_1、p_2 和 p_3，它们由图 1-9 中的 3 个控制组件分别测量并且将测量值传给 MMI 组件，从而检查以下条件是否满足：

> when$((p_1<p_2) \wedge (p_2<p_3))$
> then 状态正常
> else 状态异常，发出压力异常告警

这在用户层看来是一个合理的约束。当轧辊间的压力不满足上述规定条件时，就必须要产生一个压力异常警报。

当系统架构师对这个约束进行细化时，需要设计四个不同的任务（部署于图 1-9 中三个控制节点的测量任务以及 MMI 节点中的告警监控任务）。那么就产生了关于这些任务的激活时间问题：

1）从受控对象状态满足报警条件开始到 MMI 发出报警之间的可容忍最大时间间隔是多少？由于组件间的通信需要花费一定时间，因此这个时间间隔是不可避免的！

2）三个控制节点在对三个压力进行测量时产生的最大可容忍时间间隔是多少？如果不能对这个时间间隔进行合理控制，就可能会产生误警或者错过发出重要的报警。

3）什么时候以及每隔多久需要在 3 个控制节点上激活压力测量任务？

4）什么时候我们必须激活告警监控组件（图 1-9 中的 MMI 组件）上的告警监测任务？

由于上面的约束无法回答上述四个问题，这表明这个约束描述缺乏体系结构层次的精确时域需求[⊖]。时间维度信息未体现在 when 这个语义不完整的语句中。在这个例子中，when 语句试图解释清楚如下两个约束：

1）必须发出警报的时间点。

2）必须监控的值域条件。

因此它将两个独立的问题混在了一起，即系统的时域行为和系统的值域行为。为了明确区分这两个问题，就需要准确定义时域控制和逻辑控制这两个概念。

时域控制关注在实时域中确定必须执行计算（即激活任务）的时刻。可通过分析应用的动态特性来推导相应的时刻点。在上述例子中，决定在什么时刻必须激活压力测量任务以及告警监测任务就是典型的时域控制问题。时域控制与实时时间的推进相关。

逻辑控制关注为了实现所期望的计算，如何根据给定的任务结构和特定的输入数据特征来确定任务的控制流。对于上面的例子，对分支条件的评估以及根据评估结果选择某个分支继续执行就是逻辑控制。执行一个任务（也意味着执行任务实现中的逻辑控制）所需的时间由驱动处理器单元的晶振频率决定，我们将处理器层次的程序执行所需时间称为执行时间。执行时间由给定的（算法）实现所决定，如果更换更快的处理器，执行时间也会缩短。[⊜]

⊖ 需求可分为值域需求和时域需求，前者的典型例子是"传感器采集温度数据"，后者的典型例子是"传感器每 30 ms 采集一次温度数据"。这里强调体系结构层次的需求，指在系统体系结构层次明确相关组件要做什么。——译者注

⊜ 程序的执行时间主要由三个因素决定，算法、处理器性能和所处理的数据。算法越复杂，执行时间则可能越长；处理器性能越高，则执行时间可能越短。数据规模越大，则执行时间越长。算法是最本质的决定因素。——译者注

由于时域控制与实时时间相关，而逻辑控制与执行时间相关，因此必须仔细区分这两种类型的控制（参见 8.3.4 节）。一个良好的设计会将这两种控制问题解耦，在分析应用的时域约束时不必考虑程序内部实现算法的逻辑。一些同步实时语言，例如 LUSTRE[Hal92]、ESTEREL[Ber85] 以及 SL[Bou96] 能够明确地区分逻辑控制和时域控制。在这些语言中，时间的演进被分割为由指定实时间隔组成的（无限）序列，每个间隔称为一个时间步。每一个时间步都开始于实时时钟的一个节拍，以此来启动一个计算任务（逻辑控制）。这些语言的计算模型假设任务一旦被一个实时时钟节拍所激活（时域控制），似乎可以立即完成计算。事实上，这表示一个激活的任务必须在下一个任务触发信号（即实时时钟的下一个节拍）到来之前结束执行，从而触发下一个任务的执行[⊖]。

周期有限状态机（PFSM）模型 [Kop07] 扩展了经典的有限状态机（FSM）模型，后者关注于逻辑控制表达。PFSM 在 FSM 基础上引入一个新的时间维度，用以描述全局稀疏时间的推进，从而可以表达时域控制问题。

如果一个程序段把时域控制和逻辑控制问题混合在一起，那么在不掌握该程序段所在环境[⊖]的行为信息情况下，就不可能确定这个程序段的最坏执行时间（WCET，参见 10.2 节）。这就违反了关注点分离这一设计原则（参见 2.5 节）。

> **例：**信号量等待语句是一种时域控制语句。如果一个程序段既使用了信号量等待语句，又使用了逻辑控制（算法）语句，那么这个程序段的时域行为就同时依赖于执行时间的推进和实时时间的推进（亦可参见 9.2 节和 10.2 节）。

4.1.4   事件触发控制与时间触发控制

在 4.1.1 节中，我们介绍了触发信号的概念，它是一个时域控制信号，表示要在某个时刻来启动某个活动。这种触发信号的来源有哪些？触发信号或者可能与一些重要（标志性）事件的发生相关联——我们称为事件触发控制，或者与时间轴上一个特定时刻的到来相关联——我们称为时间触发控制。

需要关注的重要事件构成了事件触发控制的基础。这些事件可以是特定消息的到达、组件中某个活动的执行结束、外部中断的产生或是应用软件中消息发送语句的执行等。尽管这些重要事件的发生通常具有偶发性，但连续两个此类事件之间应该要有一个最小实时时间间隔，以避免通信系统以及接收者产生过载。我们称具备该特征的事件流为**速率控制事件流**，即相邻两个事件之间的时间间隔不小于允许的最小间隔。

时间触发控制信号由全局时间推进而产生，由于每个组件都可以访问到全局时间，因此都可以获得这样的控制信号。时间触发控制信号具有周期性循环特征。该特征可通过信号的发生周期和相位来表示。周期即两个连续循环起始点之间的实时时间间隔，相位是周期起始

⊖ 这是同步实时语言与通常的命令式编程语言（imperative programming language）的显著区别。在同步实时语言中，可以直接定义具有不同粒度的逻辑时钟，通过逻辑时钟的节拍来驱动任务执行。而在命令式编程语言中，时间流逝是隐含的，程序只能读取和设置系统时间，程序的执行控制由事件触发，即处理器 PC 寄存器取到的指令，每取到一个指令实际对应一个事件。——译者注

⊖ 这里的环境具有两方面含义：程序段被执行或调度的控制行为（通常是操作系统的行为）、程序段访问其所处系统的外部环境的状态变化行为。这两方面行为都会导致程序段执行行为的不确定性，因而无法确定其最坏执行时间。——译者注

点与循环起始点间的差值（参见 3.3.4 节）。我们假设每个时间触发活动都与循环相关联[⊖]。

4.2　组件状态

之所以提出组件状态这个概念，是把实时组件的过去行为与将来行为加以区分。要明确组件的状态，就需要明确地区分过去发生的事件以及将要发生的事件，即必须为需要关注的事件建立一个一致的时间序（参考 3.3.2 节）。

4.2.1　状态的定义

状态这个概念在计算机科学技术文献中被广泛使用，虽然有些时候文献中的状态含义与实时系统背景中的状态含义有些区别。因此需要明确本书所述状态这个概念的含义，我们沿用 Mesarovic [Mes89, p.45] 给出的定义，并将之作为本书后续论述的基础：

> 状态使得一个系统将来的输出由系统将来的输入以及系统当前所处的状态唯一地确定。换句话说，状态能够把过去与现在和将来解耦。一个状态体现了系统在该状态之前的所有历史，获知状态信息就可取代对（系统）过去历史的了解。显然，为了使状态有意义，必须围绕所关注系统来定义其过去和将来。

基于 3.3.2 节中介绍的稀疏时间模型，可以在系统范围内一致性地区分"过去"和"将来"，从而可以在分布式实时计算机系统中定义一致的系统状态。

4.2.2　袖珍计算器案例

为了理解"状态"这个概念的更多细节，让我们来看一个熟悉的袖珍计算器例子。必须在选择运算符之前输入一个操作数，运算符即计算器上表示计算的特定键，如写着三角函数 sine 的按键，可以按下这个按键来执行相应的运算功能；操作数由一组数字组成，每个数字键对应一个数字。计算结束后，把结果显示到计算器显示屏上。如果我们将这个计算看作是原子操作，并且在执行这个原子操作之前或者之后立刻对系统进行观测，则这个简单的计算器系统在观测时刻的内部状态是空的。

现在让我们来观测在运算开始和结束这段时间内的袖珍计算器（图 4-2）。如果可以观测到这个设备的内部组成，那么可以追踪到 sine 函数级数展开过程中产生的、存储于计算器内存的中间结果。假设计算可以在其开始和结束之间的某个时刻被中断，那么程序计数器以及所有存储单元中的内容就构成了这个时刻的状态。在计算结束后，这些存储单元中的内容将不再相关，状态又变为空。图 4-3 描绘了在计算过程中的状态的典型扩展和收缩场景。

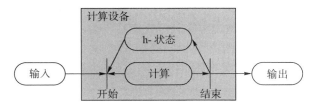

图 4-2　袖珍计算器模型

⊖ 即所有时间触发活动必然都发生在一个循环周期内，这也是对时间触发控制机制的要求。——译者注

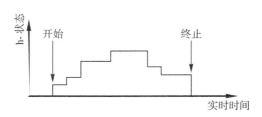

图 4-3   h- 状态在计算过程中的扩展与收缩

现在让我们针对一组数的求和来分析计算器运算时的状态（有时也称为历史状态或者 h- 状态）。当输入一个新的待求和数，必须把之前所输入数的和存储在设备中。假如我们在完成部分数的加和时中断了当前操作并且在另外一台计算器上继续剩下的计算，我们首先必须要在新的计算器中输入之前求和的结果。从用户层次来看，这个状态包含了之前求和的中间结果。在运算结束后，我们得到了最终的求和结果并清除了计算器的内存。状态又变为空了。

从这个简单的例子我们可以得出一个结论：系统的状态规模由我们对系统进行观测的时刻所决定。如果观测的粒度变大，并且观测是在选定抽象层次的原子操作之前或之后的那一时刻进行，那么观测到的状态规模就会变小。

系统在任一时刻被中断时的状态包含了程序计数器以及所有状态变量，为恢复中断前的操作继续执行，就必须要将该状态加载到正常工作的硬件设备^㊀上。如果中断是因为一个组件的失效所造成，且该组件在修复后必须重新集成到运行时系统中，则必须把所有（保存的）状态数据重新装载到被修复的组件中，此时状态规模就是一个需要关注的问题。

如果我们的硬件设备是一个可编程的计算机，我们首先必须在开始计算之前将（相关）的软件，即操作系统、一系列的应用程序以及所有状态变量的初始值，加载进正常工作的硬件设备。我们将需要加载进正常工作的硬件设备的全体软件称为核心映像或者作业^㊁。通常情况下，作业是一个静态的数据结构，即它不会在软件的执行过程中发生改变。在某些嵌入式硬件设备中，作业被存储在 ROM（只读存储器）中，于是软件变成了硬件的一部分。

4.2.3　基状态

为了支持动态地将组件重组进运行时系统，有必要在行为设计中设置一些周期性的重组时刻。在重组时刻，组件的状态空间通过应用特征相关的一组状态变量来定义。我们将重组时刻的组件状态称为基状态（g- 状态），将两个重组时刻点间的间隔称为基状态周期。

基状态通过 g- 状态数据结构来定义。在设计 g- 状态数据结构时，需要针对特定应用进行语义分析，确保数据结构的最小化。为了确定组件重组的周期性时刻，设计者需要分析组件的过去行为与将来行为，确保在相应的时刻这两种行为的耦合度最小^㊂。对于周期性应用（例如控制类的应用以及多媒体应用）来说，确保 g- 状态最小化的重组时刻相对容易确定。

㊀　原文是"virgin hardware"，意指相应的硬件设备保持完好，未被破坏。故此处译为"正常工作的硬件设备"。——译者注

㊁　原文为 job。——译者注

㊂　即要结合系统需要保存的数据和系统行为进行分析，按照时间线展开系统在其生命期内的状态变化，从而找到相应的时刻，使得系统的前序状态（历史）和下一步要迁移的目标状态（未来）之间耦合的数据最少。——译者注

天然的重组时刻就是在一个周期结束后下一个周期开始前的时刻。关于最小化基状态的设计技术将在 6.6 节进行讨论。

除此以外，在重组时刻应该没有活跃的任务，且所有的通信信道都被清空，即没有正在传送的消息 [Ahu90]。设一个节点中运行着一组并发任务，任务间以及任务与该节点环境间通过传递消息进行交互。我们把分析的抽象层次放在任务层次，即任务执行是一个原子性活动（即不可中断），如果这些任务的执行是异步的，则会发生如图 4-4 上部分所描绘的情形，在每个时刻都至少有一个活跃的任务，这意味着没有任何一个时刻适合被选择为该节点的基状态。

而在图 4-4 的下半部分中，存在一个没有任何活跃任务并且所有信道都处于空闲的时刻，即此时刻就是重组时刻，此时的系统状态就是基状态。如果一个节点处于基状态，那么该节点当前状态中对于未来操作不可缺少的所有状态变量都须包含在基状态数据结构中。

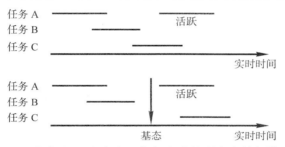

图 4-4　无基状态（上图）与有基状态（下图）的任务执行情况对比

例：在时钟设计中，基状态空间规模与基状态周期长度之间的关系是需要考虑的因素。如果基状态周期是 24 小时，且新一天开始之时设置为重组时刻，那么基状态为空。如果每小时的开始时刻都是重组时刻，那么基状态包含了 5 比特（以表示一天的 24 小时）。如果每分钟（的开始时刻）都是一个重组时刻，那么基状态需要 11 比特（表示一天的 1440 分钟）。如果每一秒都是一个重组时刻，那么基状态需要 17 比特（表示一天的 86 400 秒）。对于一个给定的应用，由其具体特征来决定选择上面哪种重组时刻方案。如果这个时钟可以存储 5 个闹铃并且每个闹铃的精度是 5 分钟，那么每个闹铃的基状态是 9 比特[⊖]（8 比特表示闹铃，1 比特表示闹铃是打开或者关闭）。如果我们假设重组周期是 1 秒并且支持 5 个闹铃，那么基状态消息需要 17 比特。这个基状态可以存储在一个 8 字节的数据结构中。在表示重启操作的消息中，时间域必须被校准，以保证在重启时刻它具有准确的时间值。

表 4-1 展示了基状态恢复与检查点恢复的本质不同之处，检查点用于非实时数据密集型系统发生错误后建立（系统）一致性状态。

表 4-1　基状态恢复与检查点恢复的比较

	基状态恢复	检查点恢复
数据选择	只需针对应用具体特征，选择对系统将来操作必不可少的小数据集来进行恢复	自计算开始以来修改的所有数据都必须被恢复
数据修改	为了确保在未来重组时刻基状态之间的一致性，以及基状态与环境状态的一致性，需要修改基状态中的数据。对于实时系统而言，环境不可能回滚	无须修改检查点数据。通过将（数据）环境回滚到捕获检查点数据的时刻来获得一致性

⊖　经和作者沟通确认，原文有误，应为 17 比特，而不是 62 比特。——译者注

4.2.4　数据库组件

如果一个组件有很多动态数据元素，即在计算（过程）中会被修改的数据元素，且数目大到无法放入一个基状态消息中，则这样的组件称为数据库组件。数据库组件中包含的数据元素可以是状态数据或者是档案数据。

档案数据这个术语表示被收集的数据仅为了归档，并且对组件的未来行为不会有直接影响。档案数据用来记录生产过程中变量的历史（信息）以便在将来对生产过程进行分析。将档案数据尽快地发送到远程存储器站点是一个好的实践。

例：飞机上著名的黑盒子就是一个专门存储档案数据的设备。可以在采集后立即将数据通过卫星链路发送到地面上的存储站点，以避免在发生事故后不得不对黑盒子数据进行恢复的问题。

4.3　消息

消息是我们模型中第三个基本概念。消息是一种原子性数据结构，用来实现通信，即实现组件间的数据传输以及同步。

4.3.1　消息结构

消息从概念上类似于邮政系统中信件的概念。消息由消息头、数据域和消息尾组成。消息头相当于信件的信封，包含接收者的端口地址（即信封上的信箱地址）以及消息如何管理的信息（如挂号信），也可能包含消息发送者的地址。数据域内容则相当于信件内容，包含了与应用相关的消息数据。消息尾相当于信件的签名，包含了接收者可以用来检查数据是否完好以及可靠的信息。可以使用多种不同的消息尾部：最常见的是使用 CRC 域来检查数据域在传输过程中是否被破坏。消息尾部也可包含一个电子签名，用来检查经过认证的内容是否被修改过（参见 6.2 节）。原子性这个概念表示一条消息要么被完整地传递要么不被传递。如果消息被损坏或者只有部分消息到达了接收者，那么整条消息都将被丢弃。

消息在时间维度的概念指消息何时被发送、何时到达接收者以及传输过程用时。我们将发送时刻与接收时刻之间的时间间隔称为传输延时。时间维度的另一方面信息与发送方发送消息的速率以及接收方处理消息的速率相关。如果发送速率受限，我们称之为速率约束（rate-constrained）的消息系统。如果发送速率不受限，则发送者可能让整个通信系统的传输能力或者接收者处理消息的能力产生过载（称之为拥塞）。如果接收者处理消息的速率跟不上消息发送的速率，那么接收者可以向发送者发送一条控制消息告诉发送者降低消息发送的速率（后向压力流控）。也可用另一种简单方式，接收者或者通信系统直接丢弃它们处理不过来的消息。

4.3.2　事件信息与状态信息

动态系统的状态随着时间的推移会发生变化。假设我们周期性地对系统状态变量的变化进行观测，相邻两次观测的时间间隔为 d，如果在两次观测中所有状态变量的值都相同，我们就认为在观测时间间隔 d 内没有发生任何事件（即状态未改变）。根据香农定理 [Jer77]，仅当系统的动态变化间隔长于观测间隔 d 时⊖，该结论才有效。假如某些状态变量在两次观

⊖　原文是"dynamics of the system is slow compared to … interval d"，系统的动态性实际指系统的动态变化间隔。如果是周期性系统，则指状态变化周期；否则指系统的最小变化时间间隔。——译者注

测中发生了变化，我们就认为在相应的间隔时间 d 内至少发生过一个事件。我们可以通过两种方式来报告所发生的事件，即状态改变：发送一条包含事件信息的消息，或者发送一系列包含状态信息的消息。

事件信息指能够反映之前观测状态与当前观测状态之间差异的信息。当前观测时刻被认为是事件发生时刻，虽然这个假设并不完全正确，因为事件可能在两次观测间隔 d 之间的任一时刻发生。可以通过减小间隔 d 来减少发生这种错误的情况，但无法完全消除这种错误，即使我们使用中断的方式来报告事件也无法完全避免这种错误。因为处理器必须在执行完当前指令之后才能感知到代表一个中断的输入信号[⊖]。由于处理器在执行完中断服务程序后需要返回到中断任务继续执行，因此必须要保存现场（即当前状态）和恢复现场，这个延迟的引入是为了尽可能减少现场保存时涉及的状态变量数目[⊖]。如 4.2.3 节所述，系统在执行一个原子操作之前或者之后的那一瞬间有最小的状态空间，对于本例而言，一条完整的处理器指令就是这样的原子操作。

如果一定要获得事件发生的精确时间，在状态发生改变的时候，使用专用的硬件设备立即打上时间戳，从而减少时间上的观测误差。分布式系统通常使用这类设备来实现精确的时钟同步，如纳秒级的时钟同步。

例：针对时钟同步的 IEEE 1588 标准建议使用一个独立的硬件设备来捕获时钟同步消息到达的准确时刻。

所谓的状态信息是包含了当前状态中所有变量取值的信息。如果一条消息的数据域中包含了状态信息，那么将由接收者通过对比两次观测到的状态来确定是否有事件发生。基于两次观测消息得到的事件发生时间具有不确定性，如上文所述。

4.3.3 事件触发消息

如果一个消息的发送由所关注的重要事件来触发，则称该消息为事件触发（ET）消息。例如，应用软件执行一条发送消息指令就是这样的重要事件，可以触发相应消息被发送。

ET 消息非常适合用来传递事件信息。由于一个事件对应着状态的一种特定变化，接收者必须处理每一条单独的消息并且不允许出现复制的事件消息。也就是事件消息必须遵循严格一次性（exactly-once）的语义。事件消息模型是大多数非实时系统遵循的标准信息传递模型。

例：事件消息"阀门必须关闭 5 度"意思是新的阀位是当前阀位（向关闭方向）加上 5 度。如果事件消息被复制或者丢失，则计算机中的阀位状态视图将与环境中的阀位实际状态偏差 5 度。该错误可以通过"状态对齐"得以纠正，即将预期的完整阀位状态信息发送给阀门。

在事件触发系统中，发送者负有监测错误的责任，发送者一定要收到来自接收者的确认消息，明确告知所发送的消息已经正确地到达接收者。接收者无法进行错误检查，因为接收者不能区分"发送者未发送"与"消息丢失"这两种情况的差异。因此控制流必须是双向的，即使数据流是单向的。发送者必须注意时间的流逝，一旦在一个有穷时间间隔内没有收到确

⊖ 即 CPU 必须完成当前正在执行的指令后才能响应中断。——译者注

⊖ 假如 CPU 的设计允许在一个指令执行中间被中断，则中断时需要保存很多微指令层次的状态信息，非常复杂。——译者注

认消息，就判定通信失败。这就是在没有实时时间推进感知能力的情况下，无法构造一个容错系统的原因。

4.3.4　时间触发消息

如果触发一个消息发送的信号由实时时间的推进来驱动，则该消息被称为时间触发（TT）消息。在系统开始运行之前，为每一个时间触发消息分配一个由时长和相位两个参数刻画的周期[⊖]。在消息发送周期开始的时刻，由操作系统自动启动相应的消息传输。TT 消息不需要程序使用发送消息命令。

TT 消息非常适用于传输状态信息。一个包含有状态信息的 TT 消息被称为状态消息。由于新观测到的状态通常会替换掉已有的老状态，因此使用新状态消息就地更新老消息是合理的。读取一个状态消息时不会拿走[⊖]该消息，它会在内存中驻留，直至被一个新的状态消息更新替换。状态消息的语义类似于程序变量的语义，可以被读取很多次而不会被拿走。由于在传递状态消息的过程中不使用队列，因此不会出现队列溢出问题。基于事先已知的状态消息周期，接收者可以独立地检测是否出现状态消息丢失这种错误。由于发送者和接收者可按照不同的（独立的）速率工作，接收者自然无法影响到发送者，因此状态消息支持独立性原则（参见 2.5 节）。

> **例**：一个温度传感器每隔一秒对周围环境的温度进行一次监测。状态消息非常适用于将观测到的温度传输给使用者，从而将其存储在一个称为温度的程序变量中。当用户程序需要知道当前环境的温度时，读取这个温度变量并且知道该变量会在 2 秒后被更新。即便丢失了某一个状态消息，再过一个周期（即最多 3 秒之内）该变量将被更新为最新的温度值。因此，在时间触发系统中，通信系统预先知道新状态消息的到达时间，可以将温度变量与一个标志位相绑定，以告知用户温度变量是否在上一个周期被正确地更新。

4.4　组件接口

采用基于组件的方法来设计一个大型系统一般包括两个阶段：体系结构设计及组件设计阶段（参考 11.2 节中的系统设计）。体系结构设计阶段会给出系统的平台无关模型（PIM）。PIM 是一个可执行的模型，它将系统分割为组件集群和组件，并且为组件链接接口提供了精确的接口规格（包括数值域和时间域）。PIM 的链接接口规格与组件的实现无关，可使用高级的可执行系统语言来描述，例如 system C。可以把 PIM 组件转换成可在最终目标平台上执行的形式，称为该组件的平台相关模型（PSM）。PSM 与 PIM 具有相同的接口特性。在很多情况下，使用合适的编译器就可以自动地将 PIM 转化为 PSM[⊜]。

一个接口的提出应满足"目标单一，且明确定义"要求（即关注点分离原则，见 2.5 节）。

⊖　发送消息是一个具体活动，必须指明该活动的发生时机，通过周期长度和周期中的相位来表示。——译者注

⊖　原文是 consume。所谓 consume a message，是指在读取后就从相应内存地址拿走该消息，因此就无法再次读取该消息了。下面的变量读取对应的"不拿走"也是这个意思。——译者注

⊜　PIM: Platform Independent Model, PSM: Platform Specific Model。这两个概念随着 OMG 组织（对象管理组织）提出模型驱动体系结构 MDA 方法而逐渐为人所熟知。PIM 强调组件的功能或业务，不涉及其运行平台的具体特性，而 PSM 则带入具体平台的特性。举例而言，在 PIM 中，一个组件需要向另外一个组件发送消息，虽然可以在 PIM 中描述消息的数据和时间约束，但不描述消息的具体发送机制。PSM 则把消息的具体发送机制（如使用 CAN 总线）细化到模型中。——译者注

基于此，我们区分出下列四种组件消息接口（见图 4-5）：

- 链接接口（LIF）在一定的抽象层次定义组件提供的具体服务，与组件实现无关。PIM 层次的 LIF 和 PSM 层次的 LIF 相同。
- 技术无关控制接口（TII）用于配置和控制组件的执行。该接口与组件的实现技术无关，在 PIM 和 PSM 两个层次上相同。
- 技术相关调试接口（TDI）提供对组件内部状态的访问方式以支持维护和调试。该接口与组件的具体实现技术相关。
- 本地接口用于组件与外部世界的连接，外部世界即组件所在集群的外部环境。该接口只在 PSM 层声明和描述，尽管其语义已包括在 LIF 中。

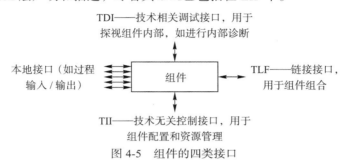

图 4-5　组件的四类接口

LIF 以及本地接口是操作接口，而 TII 和 TDI 是控制接口。控制接口用来控制、监控或调试一个组件，而操作接口用于封装组件的正常操作功能。在详细介绍这四种接口之前，我们先介绍它们的一些共同特性。

4.4.1　接口特性

推送与拉取接口。消息接收组件可用如下两种方式处理新到达的消息：

- 信息推送方式。通信系统发出一个中断并强迫组件立即处理新到达的消息。这种方式相当于把组件的时域行为控制委托给了其外部环境。
- 信息拉取方式。通信系统将新到达消息放在了一个中间的存储区域。组件周期性地查看是否有新的消息到达。时域行为控制依旧在组件内部。

实时系统应尽量使用信息拉取策略。只有当有需要立刻处理的消息，且不能接受信息拉取策略带来的一个周期延迟时，才使用推送策略。在使用推送策略时一定要采取保护机制，确保组件不受外部失效导致的错误中断影响（参见 9.5.3 节）。消息推送策略与独立性原则相违背（参见 2.5 节）。

例：车辆的引擎控制组件在没有和防盗系统集成时一直工作得很好，因为引擎控制系统与防盗系统之间的消息接口设计为采用推送方式。引擎控制组件中运行的是时间关键控制任务，若防盗系统在不合适时刻向引擎控制组件推送消息，从而偶发中断引擎组件的任务，导致引擎控制任务会偶尔错过它的截止期而导致出现失效。可以将接口换为拉取方式来解决这个问题。

基本接口与复合接口。在分布式实时系统中，有大多数情况下发送组件与接收组件之间必须实现简单的单向数据流。我们将数据流和控制流都为单向的接口称为基本接口。在数据流是单向的情况下，如果控制流是双向的，则称该接口为复合接口（图 4-6）[Kop99]。

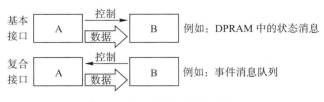

图 4-6   基本接口与复合接口

基本接口本质上比复合接口更简单，因为发送者与接收者之间没有行为依赖关系。我们可以在不考虑接收者行为的情况下研究发送者行为的正确性。这在安全关键系统中尤其重要。

4.4.2   链接接口

组件通过其集群 LIF 来提供服务。组件的集群 LIF 是一种基于消息的操作接口，它用于把集群中的组件连接到一起，因此它也是把组件集成进组件集群的接口。组件的 LIF 是对组件内部结构和本地接口的抽象结果。LIF 的接口规格必须是自包含的，不仅要规定组件的功能属性和时间属性，还要提供其本地接口的语义描述。LIF 不涉及组件的具体实现技术，不会暴露组件及其本地接口的内部实现细节。LIF 不涉及具体技术的特性保证了一个组件通过其基于消息的 LIF 集成其他组件时无须对其他组件做任何修改，不用关心其他组件在计算方面的具体实现技术（如，通用 CPU、FPGA、ASIC）以及本地输入 / 输出子系统的具体实现方式。

> **例：** 设有一个 I/O 组件使用本地的点到点连线接口来连接外部的输入和输出信号。如果为此引入总线系统（如 CAN 总线）来连接各个组件，则无须改变这个 I/O 组件的集群 LIF，只要保证通过集群 LIF 传输的数据在时间属性上相同即可。

4.4.3   技术独立控制接口

技术独立接口（TII）是一个用来配置组件的控制接口，如赋予一个组件以及它的输入 / 输出端口合适的名字，在需要时对组件进行复位、启动和重启操作，并监控组件在运行过程中的资源需求（如功耗）。此外，TII 用来对一个组件进行配置和再配置[⊖]，即将一个特定作业（即核心映像）加载入组件中的可编程硬件。

经 TII 接收的消息要么直接由组件的硬件进行处理（如复位系统），要么直接由组件的操作系统处理（如启动一个任务），要么由组件的中间件进行处理，但不会交给组件上部署的应用软件来处理。因此，TII 与 LIF 具有正交关系[⊖]。这种将组件的专用消息接口（LIF）与系统控制接口（TII）严格区分的实践，简化了应用软件并降低了组件的整体复杂度（参见 2.5 节中的关注点分离原则）。

4.4.4   技术相关调试接口

TDI 是一种特殊的控制接口，它提供了访问组件内部结构以及观测组件内部变量的方

⊖ 再配置（reconfigure）一般指在组件运行时根据情况（一般是出现了无法让组件继续有效运行的事件）把相应的配置数据（这里称为作业）加载进组件。由于是运行时加载，通常都要求再配置能够保持组件的运行状态，从而确保整个系统不会受到再配置活动的干扰。——译者注

⊖ 即经 LIF 接收到的消息只由组件上的应用软件进行处理。——译者注

法。它已广泛应用于大型 VLSI 芯片的测试和调试，与已被 IEEE 1149.1 标准（也称为 JTAG 标准）化的边界扫描接口类似。TDI 是为那些对组件内部结构和状态有深刻理解的人准备的接口。TDI 与组件 LIF 服务的使用者或者配置组件的系统工程师没有关系。TDI 的精确规格描述取决于组件的具体实现技术，即便功能相同，如果使用不同的实现技术，如 CPU、FPGA 或者 ASIC，其对应的 TDI 则不同。

4.4.5　本地接口

本地接口为组件与其外部环境之间建立连接，如工控系统中的传感器和作动器、操作人员或另一个计算机系统。提供本地接口的组件称为网关组件或开放组件，与之相对应，不提供本地接口的组件称为封闭组件。从组件的 LIF 语义规格角度来区分开放组件和封闭组件非常重要，只有封闭组件才能在不了解组件使用环境的情况下完全确定其语义规格。

从组件集群 LIF 的角度来看，在确定其规格时只需了解其时间和语义内容，即只需了解通过本地接口交互的信息的含义，而在组件集群层次有意忽略本地接口的详细结构、名字以及访问机制。本地访问机制的改变，如将 CAN 总线更换为以太网，不会对 LIF 的规格有任何影响，因此也不会对规格的使用者有任何影响，只要不改变 LIF 所处理数据的语义内容以及时间特性（参见 2.5 节抽象原则）。

例：三角函数计算组件是一个封闭组件，它的功能可以被形式化地描述。从温度传感器读取数据的组件是一个开放组件。温度的含义与应用相关，它取决于这个传感器在工控系统中的放置地点。

4.5　网关组件

从组件集群的角度来看，网关组件是连接两个世界的开放组件，组件集群内部世界以及组件集群环境对应的外部世界。网关组件扮演着这两个世界的连接中介角色。它有两个操作接口：面向提供给组件集群内部使用的 LIF 消息接口以及面向组件集群外部环境的本地接口，外部环境可以是工厂物理设备，人机接口或者另一个计算机系统（图 4-7）。从组件集群外部的角度来看，接口的角色恰好相反。之前的本地接口变为了新的 LIF 而之前的 LIF 变为了新的本地接口[⊖]。

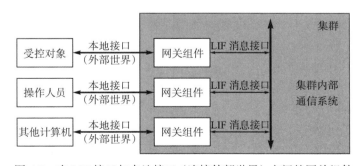

图 4-7　在 LIF 接口与本地接口（连接外部世界）之间的网关组件

⊖　以图 4-7 为例，比如对于其中的计算机系统（我们现在站在图中灰色的组件集群之外），它和相应网关组件之间可以形成一个新的组件集群，此时它与网关组件之间的接口就变成了组件集群内部的接口，按照定义就是 LIF；相应的，那个组件集群向外的接口，即连接到图中灰色组件集群通信系统的接口，则变成了连接到新组件集群外部环境的接口，因而变成了本地接口。——译者注

4.5.1 特性失配

每一个系统都是根据某种体系结构风格开发的。所谓体系结构风格即一组规则和惯例，用来构造概念、表示数据、命名、编写程序、设计组件交互、定义数据语义，等等。体系结构风格刻画了设计模型中所有实体的特性。体系结构风格一般以文档的方式来显式详细说明，但在更多的情况下会作为开发团队成员的共识而隐含存在，大家在开发中遵从，是开发团队中未阐明的内在约定（参见 2.2.4 节最后一段）。

当两个由不同机构开发的系统连接到一个通信信道时，通过该信道交换的消息很可能出现特性不一致情形。如果消息发送者和接收者在数据或者交互协议方面有不一致的特性，则称为特性失配，该问题通常由网关组件来解决。

例：假设消息发送者和接收者对数据的字节序有不一致的解析逻辑，如发送者使用大端方式（即最高有效字节在前），而接收者使用小端方式（即最低有效字节在前）来解析数据，那么必须由发送者、接收者或某个中间系统（即网关组件）三者之一来解决这个特性失配问题。

特性失配通常发生在系统进行交互的边界，而不会发生在经过精心设计的系统内部。在系统内部，所有的组成部分都会遵循体系结构风格的约束和规则，因此通常不存在特性失配问题。因此，特性失配应当由连接两个系统的网关组件来解决，以保持交互的两个子系统体系结构的完整性。

4.5.2 网关组件的 LIF 与本地接口

如上文中所提到的，组件集群中的一组相关组件通过集群 LIF 共享相同的体系结构风格。这意味着在不同组件的集群 LIF 之间几乎不会出现消息特性失配情况。

与之形成对照的是跨越网关组件的消息，它们跨越了两个拥有各自不同体系结构风格的系统。网关组件之间的消息所具有的特性失配、消息结构不兼容、命名不一致以及任何消息表示方式差异都是网关组件要处理的正常问题，而不是异常。因此在不改变消息变量语义内容的前提下将一个体系结构风格产生的消息翻译成另一个体系结构风格的消息是网关组件的主要任务。

通过接口进行交互的两个系统，有时甚至采用完全不同的概念体系来表达现实世界和设计相应的体系结构，即不仅使用不同的名称及表现形式来表达同一个概念（例如 2.2.4 节中的例子），甚至于概念本身的内涵也不同，即语义内容不同。

从给定的组件集群角度来看，网关组件隐藏了外部世界的具体信息（通过本地接口获得，并使用标准化的消息格式来表示），且对所接收的消息进行过滤，即网关组件只保留与本组件集群操作相关的信息，然后通过集群 LIF 接口来提供符合组件集群标准消息格式的相应信息。

本地过程的 I/O 接口是一个重要的外部世界接口特例，它在数字世界与物理世界之间建立了连接。表 4-2 描述了 LIF 消息接口与工控系统过程控制 I/O 接口的区别。

表 4-2　LIF 与本地过程控制 I/O 接口的特征对比

特征	本地过程控制 I/O 接口	LIF 消息接口
信息表示方式	唯一，由给定的物理接口设备所决定	组件集群范围内统一
编码	模拟或者数字，唯一	统一的数字编码
时基	稠密	稀疏

（续）

特征	本地过程控制 I/O 接口	LIF 消息接口
互联方式	一对一	一对多
耦合	紧密，取决于特定的硬件要求和所连接设备的 I/O 协议	松散，取决于 LIF 消息通信协议

例："温度"是某工控系统外部世界的一个过程变量，通过范围在 4 ~ 20 mA 的模拟（量）传感器信号来编码表示，4 mA 代表所选择量程范围的 0%，而 20 mA 代表 100%，即 0 ~ 100℃。这种模拟量编码表示必须要转化为组件集群的体系结构风格所定义的标准温度表示方式，可能是绝对温度[⊖]。

例：让我们以一个重要的接口——人机接口（MMI）为例，来区分网关 MMI 组件的本地接口与 LIF 消息接口（如图 4-8 所示）的不同。在体系结构建模层次，我们并不关心通过本地接口看到的外部世界细节，而仅关注 LIF 消息接口之消息变量的语义内容以及时间属性。比如，针对一个发送给 MMI 组件的重要消息，操作员多少需要一些时间来分析理解该消息，因此 LIF 消息接口预期在一定时间间隔内收到操作者的响应消息。从体系结构建模角度来看，如果其关注目标是操作员与组件集群之间的交互模式，则关于操作员终端上图形化用户接口（GUI）层次的各种繁杂信息表示问题都不是关注点。如果体系结构模型的关注目标是研究特定人机交互中的人为因素，则 GUI 层次的信息表示的方式及属性（例如符号的形状和位置、颜色及声音等）就是需要考虑的问题，不能忽略。

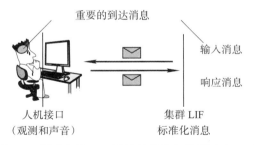

图 4-8　标准化的 LIF 接口与具体人机接口（MMI）

一个网关组件可以连接两个由不同组织设计、体系结构风格不同的组件集群。取决于观测角度，网关组件的两种接口中一边是 LIF 接口，另一边是本地接口。正如上文中所提到的，如果换个观测角度，之前的 LIF 接口就变成了本地接口，而之前的本地接口就变成了 LIF 接口。

4.5.3　标准化的消息接口

为了提高不同厂商所生产组件的兼容性，提高设备的通用性以及避免属性失配，一些国际标准化组织尝试对消息接口进行标准化。例如 SAE J 1587 标准定义的消息规格。自动化工程组织（SAE）在 J 1587 标准中对重型车辆系统应用的消息格式进行了标准化。这个标准为重型车辆应用中的很多数据元素定义了消息名称以及参数名称。除了数据格式，标准也同样覆盖了变量的取值范围以及更新频率。

⊖　原文为"Kelvin"，即开尔文温标的计量单位。1 开相当于 1℃，但以绝对零度为计算起点，水的冰点为 273.15 K。——译者注

4.6　链接接口规格

如 4.1.1 节所述，一个组件通过接口与其环境所交换的实时消息序列定义了该组件在这个接口上的行为 [Kop03]。接口行为因而由通过该接口的所有消息的属性所确定。接口规格包括三个主要部分：消息的传输规格、消息的操作规格和消息的元级规格。

消息的传输规格描述了将消息从发送者传送到接收者所需的全部消息属性。传输规格包含了消息的寻址以及时间属性。如果两个组件通过通信系统连接，传输规格要能够描述通信系统所要求的所有服务。通信系统不知道所传输消息中的数据内容，因此不论所传输数据是多媒体数据（如声音或视频）、数值数据还是其他任何类型的数据，对通信系统都没什么影响。

例：因特网为两个终端系统提供预先定义好的消息传输服务，但并不知道所传输的是什么类型的数据。

为了能够在通信端节点解释消息的数据域，我们需要定义消息的操作规格及元级规格。操作规格为通过 LIF 交互的消息定义了其语法结构，并建立消息变量。为保证组件间的语法级互操作性，必须精确、形式化地定义传输规格以及操作规格。LIF 的元级规格为操作规格中定义的消息变量名赋予具体含义⊖。元级规格建立在用户环境接口模型之上。由于不可能对真实世界中用户环境的所有方面进行形式化描述，元级规格通常不可避免地使用自然语言描述元素，缺乏形式系统所要求的精确性。应用以及应用域的核心概念可以使用领域特定本体来描述。

4.6.1　传输规格

传输规格定义了通信系统用以将消息从发送者传送到接收者的所需信息。接口提供了用来接收到达消息或者放置待发送消息的一组端口。传输规格必须描述下列属性：
- 端口地址以及方向。
- 消息数据域的长度。
- 消息类型（时间触发或事件触发或流数据）。
- 时间触发消息的周期。
- 事件触发消息或流数据的队列深度。

取决于设计决策，这些属性可以与消息相关联，也可以与消息处理端口相关联。

如上文提到的，传输规格还要定义消息的时间属性。对于时间触发消息，时域属性由与每个时间触发消息相关联的周期精确地确定。对于事件触发消息，时域属性则更难定义，特别是当事件触发消息以突发方式到达的时候。因为事件触发消息必须严格遵守严格一次性语义（参见 4.3.3 节），总体来说，消息到达速率不能快于接收者的消息处理速率。局部而言，一组突发到达的消息可缓存到接收队列直到其满为止。如何针对突发的事件触发消息确定合适的队列长度是一个非常重要的问题。

4.6.2　操作规格

从通信角度看，所收到消息的数据域可看成是一个无结构的位向量。在通信系统端节

⊖ 元级规格，也称元规格，即相对于操作规格更高抽象层次的规格。一般而言，元层次的模型为下一层次模型用到的概念定义语义。如用户使用 UML 来定义一个图书馆系统（称为 UML 模型），则定义 UML 语言的模型此时称为 UML 元模型，后者定义了用户建模时用到的概念（如类、用例、状态等）。——译者注

点，操作规格决定了如何把这个位向量转成结构化的消息变量。消息变量是一个语法单元（参见 2.2.4 节），包括一个固定部分和一个可变部分。消息数据域的语法结构在消息结构声明（MSD）中定义。MSD 包括消息变量名（固定部分）及变量取值（可变部分）信息，消息变量名通过自然语言名称指向相关概念，变量取值部分则指出非结构位向量中的哪个部分代表着消息变量的实际取值。除此以外，MSD 还可包括用来检查接收消息中数据有效性的输入断言（即检查数据是否在接收组件能处理的允许范围内）以及用来检查发送消息中输出数据有效性的输出断言。通过输入断言检查的输入数据被称为可接受数据元素。通过输出断言检查的输出数据被称为已检查数据元素。MSD 中数据结构和断言的形式化描述方式取决于所采用的编程环境。

很多实时系统中的 MSD 是静态的，即在系统的生命周期中保持不变。在这些系统中，基于性能的考虑，MSD 不会随消息传输，而是存储在通信各方的内存中，使得相关通信节点可据此来解析消息数据域。

有多种不同方法来建立端口接收到的非结构位向量与相应 MSD 之间的关联：

- 将 MSD 名称绑定到输入端口名称。在这种情况下，一个端口只能接收和处理一种消息类型。
- MSD 名称内嵌在消息数据域中。在这种情况下，一个端口可以接收不同类型的消息。例如 CAN 总线就采用了这种方式（参见 7.3.2 节）。
- 将 MSD 名称与时间触发消息的周期性到达时刻绑定。在这种情况下，一个端口可以接收不同类型的消息而无须在消息数据域中存储 MSD 名称。例如 TTP 采用的就是这种方式（参见 7.5.1 节）。
- MSD 名称存放在可以被接收者所访问到的服务器上。例如 CORBA 就是采用的这种方式 [Sie00]。
- 把 MSD 作为组成部分内嵌到消息中。这是最灵活的一种安排，但是却要付出每条消息就必须包含完整 MSD 的代价。面向服务的体系结构（SOA）就是采用这种方式 [Ray10]。

4.6.3　元级规格

LIF 的元级规格为消息变量赋予了含义，使得两个 LIF 接口在操作层交换消息时建立了语义上的互操作性。它在消息变量的语法单元与用户对接口所提供服务的认知模型之间建立了连接。元级规格的核心定义是 LIF 服务模型，后者为操作规格中的消息变量名定义了相应的概念。封闭组件和开放组件在各自 LIF 元级规格中所定义的概念具有本质上的差异（参见 4.4.5 节）。

因为封闭组件不会与外部环境交互，可形式化描述其 LIF 服务模型。LIF 输入与输出之间的关系取决于封闭组件内部所实现的离散化算法。外部环境输入不会给组件行为带来不可预测性。组件集群采用的离散稀疏时基可以为所有事件提供时序一致性。

因为开放组件会与外部环境交互，其接口规格必须描述来自外部环境和组件本地接口的输入，开放组件的 LIF 服务模型从根本上与封闭组件不同。如果不了解开放组件的使用环境或场景，就只能提供这个开放组件 LIF 接口的操作规格。由于无法严格定义开放组件的外部物理环境，对外部输入的解释取决于人们对其自然环境的理解。用来描述 LIF 服务模型的概念必须要与用户内在概念图谱中习以为常的概念很好地吻合（参见 2.2 节），否则就无法理解相应的描述。

由于我们所关注的系统必须与外部环境进行交互，接下来的讨论主要集中于开放组件的 LIF。一个开放组件的 LIF 服务模型必须满足下列要求：

- 面向用户：LIF 服务模型必须使用典型使用者所熟悉的概念来描述。例如，如果预期用户有一定的工程背景，那么服务模型就应该使用该工程领域内熟知的术语和符号。
- 面向目标：组件用户希望利用这个组件来达到某种目的，即帮助来解决其所关注的问题。LIF 服务模型必须明确所提供的 LIF 接口服务能满足用户的哪些目标。
- 系统级视角：作为 LIF 服务的用户，系统架构师需要考虑提供 LIF 服务的组件与其外部物理环境之间的交互会给系统带来的各种可能影响，而不只关注对组件本身的影响。因为组件内部算法的影响仅仅局限于组件内部，LIF 服务模型不同于描述组件内部算法的模型。

例：让我们来分析一个简单的指示温度的变量。任何变量都有两个组成部分，静态的变量名以及动态的变量值。MSD 包含了静态的变量名（假设变量被命名为 Temperature-11）以及在消息比特流中指示动态变量值的位置。此时，元级规格需要解释 Temperature-11 的含义（亦可参见 2.2.4 节中的例子）。

4.7 组件集成

组件是一个自包含的已确认单元，是构建更大规模系统的组成块。为了能够直接将一个组件组合进一个组件集群中，需要考虑下面的四个可组合性原则。

4.7.1 可组合性原则

1）组件的独立开发原则：体系结构必须能够在值域和时域精确定义组件的 LIF 规格描述。这是组件的独立开发原则必须满足的前提要求，从而可以在复用已有组件时只需关注其 LIF 接口规格。目前的嵌入式系统设计方法能够很好地支持交互消息值域操作规格的设计，但往往在时域属性方面的定义含糊。现有的许多体系结构设计和规格描述技术都没有对时域属性给予足够的关注。需要注意的是，传输规格和 LIF 操作规格独立于开放组件的具体使用上下文环境，而开放组件的元级 LIF 规格则与其使用上下文环境密切相关。因此开放组件的互操作性与开放组件间的交互作用不同，后者假设两个开放组件的元级 LIF 规格相互兼容。

2）保持已有服务的稳定性原则：该原则表示组件已有的服务在集成进更大系统之前，如果经过了独立确认，则在集成后（依然能）保持其稳定性（参见 4.4.1 节中的例子）。

3）交互行为互不干扰原则：如果有两个组件集合，任何两个分属于不同集合的组件之间没有交互，每个集合内部的组件之间存在交互，且共享使用公共的通信系统来实现交互。一个集合内组件的通信行为不能对另一个集合内组件的通信行为产生干扰。如果这个原则不被满足，那么一个集合内组件的集成将取决于另一个集合内组件（功能不相关的）行为的正确性。这种全局性的交互干扰将会危害体系结构的可组合性。

例：某通信系统为多个组件提供共享的单一 FCFS（先到先服务）通信信道，如果所有发送者在某一个时刻同时发送消息，那么称这个时刻为关键时刻。假设该系统需要向一个组件集群集成 10 个组件，且通信系统在关键时刻最多只能处理 8 个组件的消息发送请求。一旦第九个和第十个组件被集成进来，就会发生偶发性的实时性错误。

4）故障情况下的组件抽象保持原则：在可组合体系结构中，必须确保组件的抽象层次，即使在组件出现故障的情况下。必须要支持在不了解组件内部细节的情况下诊断并替换出现故障的组件，这要求可组合体系结构提供一定的冗余度来检测错误。这个原则对组件的实现施加了约束，要求组件间不能有隐含的资源共享。一旦违背该原则，且共享资源发生故障，就会对多个组件运行产生不利影响。

> **例：** 为了能够检测喋喋不休组件的故障，通信系统必须了解每个组件所允许的时域行为信息。如果有组件出现了时域失效，表明其违背了相应的时域规格，那么通信系统会切断这个组件与通信系统的连接，确保继续为系统中正确组件提供实时的通信服务。

4.7.2 集成视角

为了把一个组件集成到大型系统中，有必要把系统原有的组件集群视为一个单一的网关组件，这就是集成视角。集成视角为系统建立了一个新的组件集群，它由各个原有组件集群对应的网关组件构成。从系统原有组件集群的角度来看，相应网关组件的外部（本地）接口变为了新组件集群的 LIF；而从新组件集群的角度来看，原有组件集群对应网关组件的 LIF 变为了新组件集群的本地接口（参见 4.5.2 节）。原有组件集群对应的网关组件只会转换和传递与新组件集群操作相关的信息（即各个原有集群网关 LIF 可接受的信息）。

> **例：** 图 4-1 描述了一个车载控制系统的组件集群。车到车的网关组件（图 4-1 中右下位置的组件）建立了一个能到其他车的无线连接。在这个例子中，有两个层次的集成：1）图 4-1 中描述的将组件集成为集群，2）通过车到车（C2C）网关组件，集成形成"动态的车网系统"。如果站在集群范围内组件集成的角度来看，那么 C2C 网关组件的通信网络接口（CNI）就成为了集群 LIF。如果站在 C2C 层次的集成角度，则集群 LIF 就成为了 C2C 网关组件的本地接口（图 4-1 例子中未加说明，参见 4.5.2 节的最后一段）。

组件和集群的层次化组合产生了不同的集成层次，这是一个非常重要的组件集成特例。在大型系统中，层次化是一个重要的体系结构组织原则。在最底层的集成中，基础组件（即不可分的原子组件）被集成为集群。通过集群中的网关组件，可以把不同集群集成在一起，形成更高层次的集群。递归性的持续这种集成过程，就能得到层次化的系统（参见 14.2.2 节时间触发体系结构中的组件递归集成）。

> **例：** 在 GENESYS[⊖][Obm09，p.44] 体系结构中，共引入了三个集成层次。最底层即芯片级，组件为 MPSoC 中的 IP 核，通过片上网络来集成。在下一个更高层次，芯片被集成为设备。在第三个集成层次中，设备被集成为开放或者封闭系统。封闭系统指的是其系统中的子系统都预先已知，且不会发生变化。而对于开放系统，它的子系统（或者设备）会动态地连接到这个系统或分离出去，从而产生了成体系系统。

4.7.3 成体系系统

有两个原因导致我们对成体系系统（SOS）的关注度不断增加：它可以实现新功能和控制因系统持续演化而增加的复杂度。当前的可用技术（如因特网）使得可以将一些独立开发

⊖ GENeric Embedded Systems，通用嵌入式系统，参见 14.1.3 节对此项目的介绍。——译者注

的系统（遗留系统）连接到一起来构成一个新的成体系系统。将不同的遗留系统集成为一个 SoS 是改善原有服务并提高服务效率和经济性的重要手段。

为了使大型系统提供的相关服务与动态发展的商业环境相适应，有必要对服务器进行不断的适应性完善和修改，会给单一整体系统带来难以掌控的不断增长的复杂性 [Leh85]。解决这种复杂性问题的一个重要技术手段是将一个庞大的整体系统分割为一组近乎自治的子系统，并通过有明确规格定义的消息接口进行连接。只要用户依赖于这些消息接口的相关特性满足用户期望，对这些子系统内部结构的修改就不会对整体系统层面的服务产生任何负面影响。任何对用户所依赖的消息接口特性的修改都必须非常谨慎，需由一个实体来加以协调。该实体通常专门用来监控和协调系统的演化。为了处理这种因系统演化而带来的复杂性增长，人们提出了 SoS 技术，即引入系统结构设计和运用一系列简化设计原则，包括抽象原则、关注点分离原则、子系统交互可观察性原则（参见 2.5 节）。

"由子系统组成的系统"与"由系统组成的系统"的主要区别在于"系统"组成单位的自治程度 [Mai98]。如果系统中各个组成部分的开发都是根据同一个控制计划来安排，且开发过程受同一个开发组织的控制，则该系统为单体系统，称为"由子系统组成的系统"。相反，如果系统中各组成部分的开发由不同开发组织来实施控制，则该系统为协作系统，称为"由系统组成的系统"。表 4-3 对比了单体系统与成体系系统的不同特征。独立自治的组成系统之间的交互作用会产生预料中的行为或者不可预测的涌现行为，如层叠效应 [Fis06]，系统必须检测和控制这种涌现行为（参见 2.4 节）。

表 4-3　单体系统与成体系系统的比较

单体系统	成体系系统（SoS）
由同一个组织对系统各组成部分（即子系统）的开发进行负责和控制。各子系统开发服从统一的集中管理	组成系统是由不同的开发组织控制（开发）的。子系统具有自治性只可能被其他子系统影响而不会被控制
各子系统的体系结构风格统一。属性失配只是意外	组成系统的体系结构风格各不相同。属性失配是正常现象而不是意外
集成所依赖的各子系统 LIF 由同一个组织进行设计和控制	集成所依赖的各组成系统 LIF 由国际标准组织建立，不受任何单一系统供应商的控制
通过分层组合得到多层次集成	各组成系统间通过网状网络结构进行交互，没有明显的集成层次
子系统在设计时就有明确的集成目标，有明确的交互关系定义	各组成系统有各自不同的设计目标，不一定要与 SoS 的设计目标一致。各组成系统之间通过互操作来达到一个共同目标
组成子系统的组件在演化时有协调性	各组成系统的演化独立，不进行协调
涌现行为受控	大部分情况下的涌现行为按预期发生，但有时无法预测

在很多分布式实时应用中，不可能在从"观测本地环境"到"对本地环境进行控制"这个时间间隔内，将时域精确的实时信息送达一个中心控制点。对于这些应用，通过一个单体控制系统来进行集中控制是不可行的。相反，必须通过自治的分布式控制器相互协作来达到预期的控制效果。

例：对于开放道路系统中的车辆行驶控制而言，由于有骑行者及行人对车流的干扰，无法通过一个单体中心控制系统来实现实时控制，这是由于每辆车都在不断产生不同数量的实时信息，且响应时间要求也不同，无法在规定时间内把这些不同的信息传输到中心控制系统并进行及时处理。相反，每辆汽车都应执行各自自治的行驶控制功能，并与其他汽车上的自治控制系统相互协作以共同保持高效率的交通流。在这种系统中，一旦车流密度超过某个临界点，就会产生系统级的涌现行为，导致层叠效应式的交通拥堵。

SoS 所有组成系统必须在系统共同目标上取得共识，建立信任链，并在语义层建立共享本体。必须在元层次设计和建立这些全局特性，并能够在细致管控下持续演化。必须在元层次构造一个新的实体来监控和协调各组成系统的行为[⊖]，以形成共识目标。

SoS 的一个重要特征就是各组成系统的开发和演化相互独立，不进行协调（见表 4-3）。SoS 设计的关注点是各组成系统（单体系统）的 LIF 接口行为。各组成系统之间可以异构，由不同组织使用不同体系结构风格开发。如果这些单体系统通过开放通信信道相互连接，那么就必须要对信息安全性给予最高级别的关注，因为外部攻击者可对系统操作进行干扰，如实施拒绝服务攻击（参见 6.2.2 节）。

[Sel08，p.3] 论述了可演化体系结构的两个重要特性：1）整体框架的复杂性并不随组成系统的加入或移出而增长，2）其他组成系统的加入、修改或移出，不必对某个特定组成系统进行再工程[⊖]。这意味着需要为各组成系统接口的用户所依赖特性（值域及时域）设计精确的规格，并持续进行重新确认。即便一个组成系统进行了演化，只要其接口的被依赖特性保持不变，那么该演化就不会对 SoS 整体行为产生副作用。要给出接口被依赖特性的精确时域规格，就一定要使用基准参考时间，如果能够在 SoS 各组成系统间建立同步的全局时间，将有助于获得精确的时域规格，从而形成了时间感知体系结构（TAA，参见 14.2.5 节）。这样的全局时间可以从全球 GPS 信号中获得（参见 3.5 节）。我们将所有组成系统都访问一个同步全局时间的 SoS 称为时间感知的 SoS。

构造 SoS 的首选互联媒介是因特网，从而形成物联网（IoT）。第 13 章将关注物联网这个主题。

要点回顾

- 实时组件包括设计（例如软件）、设计的具体实施（例如硬件，包括处理单元、内存以及 I/O 接口）和能感知实时时间推进的时钟。
- 一个组件通过其与环境的接口所产生的输出消息时间序列称为该组件在该接口上的行为。预期行为称为服务，非预期行为称为故障。
- 时域控制关注在实时域中确定必须激活任务的时刻，而逻辑控制则关注任务中的控制流。
- 同步编程语言将时域控制和逻辑控制明确区分开来，时域控制与实时时间推进相关，而逻辑控制与执行时间相关。
- 循环特征由周期和相位来表示，与每个时间触发活动相关联。
- 在一个给定时刻，组件的状态由一个数据结构来定义，该数据结构包含了与组件未来操作相关的所有历史信息。
- 为了支持动态地将组件重组进运行时系统，有必要在行为设计中设置一些周期性的

⊖ 这里的元层次意指在各组成系统的功能规格之上，各个组成系统不知道该独立实体（硬件 + 软件）的存在。——译者注

⊖ 再工程（reengineering）指在已有的工程过程和提交物基础上，为了适应需求或者设计要求等变化，而对系统的需求、设计、实现等实施的再次工程化开发活动。——译者注

重组时刻，组件在重组时刻的状态称为组件基状态。

- 消息是用来在组件间通信（即数据传输和同步）的原子性数据结构。
- 事件信息反映了之前观测状态与当前观测状态之间的差异。包含事件信息的消息必须遵循严格一次性语义。
- 状态消息支持独立性原则，因为发送者和接收者可按照不同的（独立的）速率工作且不必担心缓冲区溢出。
- 实时系统应当尽量使用信息拉取策略。
- 基本接口本质上比复合接口更简单，因为发送者和接收者之间没有行为依赖关系。
- 组件通过其集群 LIF 向集群中其他组件提供服务。集群 LIF 是一种基于消息的操作接口，用于把组件集成到集群中。组件的集群 LIF 有意忽略了涉及组件本地接口的详细信息，包括结构、名称以及访问机制。
- 每一个系统都是根据一种体系结构风格来设计开发的，即一组规则和惯例，用来构造概念、表示数据、命名、编写程序、设计组件交互、定义数据语义，等等。
- 当两个由不同机构开发的系统连接到一个通信信道时，通过该信道交换的消息很可能因体系结构风格不同而出现属性不一致情形。
- 网关组件可以解决特性失配问题，并在其集群 LIF 以集群标准消息的形式传入来自外部世界的信息。
- LIF 规格中有三个可区分的部分：消息的传输规格、消息的操作规格和消息的元级规格。
- 在不了解其具体使用环境的情况下，开放组件只能提供操作规格。
- 消息结构声明（MSD）定义如何把消息数据域中的信息结构化为语法表示单元。MSD 建立代表某个概念的消息变量名（即消息变量的固定部分）并且指定非结构化位向量中的哪些部分对应消息变量的变化部分（变量值）。
- 可组合性的四个原则：组件的独立开发原则、保持已有服务的稳定性原则、交互行为互不干扰原则、故障情况下的组件抽象保持原则。
- 在大型系统中，层次化是一个重要的组织原则。
- "由子系统组成的系统"与"由系统组成的系统"的区别更多在于系统组成部分的开发组织而不是所使用的技术。

文献注解

文中所讲述的实时计算模型已经历了 25 年发展，可在很多出版物中看到相关描述。从《 The Architecture of Mars 》[Kop85] 开始到以下的这些出版物：《 Real-time Object Model 》[Kim94]，《 Time-Triggered Model of Computation 》[Kop98]、《 Elementary versus Composite Interfaces in Distributed Real-Time Systems 》[Kop99] 以及《 Periodic Finite State Machines 》[Kop07]。

复习题

4.1 如何定义实时系统组件？组件有哪些基本组成要素？如何描述组件行为？

4.2 将计算组件与通信基础设施分离有什么好处？列举这种分离带来的一些后果。

4.3 时域控制和逻辑控制有哪些不同？

4.4　实时系统中状态是如何定义的？时间与状态有什么关系？什么是基状态？什么是数据库组件？

4.5　事件信息与状态信息之间有什么区别？处理事件消息与处理状态消息有什么不同？

4.6　列出组件的四种接口，并描述接口的特性。为何有意忽略在体系结构层次描述组件的本地接口？

4.7　信息推送接口与信息拉取接口有什么区别？基本接口与复合接口有什么区别？

4.8　请指出体系结构风格这个术语的内涵。什么是属性失配？

4.9　本地 I/O 接口与 LIF 消息接口分别有哪些特征？

4.10　网关组件有哪些职责？

4.11　链接接口 LIF 规格有哪三个组成部分？

4.12　什么是消息结构声明 MSD？ MSD 与消息中的位向量如何关联？

4.13　列举出可组合性的四个原则。

4.14　什么是集成层次？在 GENESYS 体系结构中总共提出了多少个集成层次？

4.15　假设 p_1 和 p_2 是图 1-9 中的前两对轧辊的压力值，轧辊的压力分别由两个控制节点进行测量并发送给人机接口节点来检验下列告警条件：

$$\text{when } (p_1 < p_2)$$
$$\text{then 一切正常}$$
$$\text{else 触发压力失常告警}$$

轧机工作状态可由如下参数来刻画：前后轧辊间的压力值不超过最大值 1000 kp/cm² [kp 是 kilopond（千磅）的缩写]，轧辊压力测量的绝对误差不超过 5 kp/cm²，压力变化速率不超过最大值 200 kp/cm²s。由于不同轧辊压力测量时刻的不精确所造成的误差必须与压力测量的数值误差在同一量级，即整体范围的 0.5%。必须连续监控压力变化，一旦可能要偏离正常范围值，最迟在 200 ms 内必须拉响第一个警报。在确认压力差确实满足警报条件后，最迟 200 ms 内必须拉响第二次警报。

1. 假设系统采用事件触发体系结构。每个节点包含一个本地实时时钟，但没有全局时间。一条消息传输的最短时间 d_{min} 为 1 ms。分析推导三个任务的时域控制信号。

2. 假设系统采用时间触发体系结构。时钟以 10μs 的精度进行同步。时间触发通信系统以 10 ms 为一个周期在 TDMA 方式下工作。一条消息的传输时间为 1 ms。分析推导三个时间触发任务的时域控制信号。

3. 比较上述两种方案产生的计算负载和通信负载。假设某些参数发生变化，如通信系统的抖动值或者 TDMA 周期发生变化，哪种方案会更敏感？

时 域 关 系

概述 实时组件集群的行为必须基于其物理环境和其他协作的集群状态信息的及时性。实时数据只在有限的实时间隔内具有时域精确性。若实时数据在应用特定的时间间隔之外被使用，系统将失效。本章的目标是研究信息物理融合系统（CPS）下不同组件中的状态变量之间的时域关系。

本章介绍了实时实体、实时镜像和实时对象的概念，并建立了实时镜像的时域有效性概念。实时镜像的时域有效性可通过状态估计来扩展。每个实时对象都关联一个实时时钟。实时对象的时钟为对象执行过程提供周期性的时域控制信号，特别的，也为状态估计提供控制信号。实时对象与受控对象相关联，受控对象中有若干实时实体。实时时钟的粒度要足以与相应实时实体的动态变化特性相匹配。本章介绍了关于实时实体的参数化和相位敏感的观测概念，讨论了观测持久性概念，并进一步介绍如何估计动作延迟，即从消息开始传输时刻到该消息持久化时刻之间的时间间隔。

最后一节详细阐述了确定性概念。在使用副本组件实现容错的情况下，确定性是计算的一个必要性质。确定性也有助于测试系统和理解系统的运行行为。如果一组实时对象副本在未来某个时间点上几乎同时访问某个相同状态，则这组实时对象具有副本确定性。失去确定性的主要原因包括发生了容错机制拟屏蔽的失效，以及采用了非确定性设计（在确定性系统设计中必须严格禁止）。

5.1 实时实体

实时实体是与特定目标相关的一个状态变量，它位于计算机系统内部或其环境中，如管道中液体的流量、操作员选择的控制回路设定点、控制阀的预期位置。实时实体包括静态属性和动态属性，前者在实时实体的生命周期中保持不变，后者随着时间推移有所变化。静态属性有名字、类型、值域和最大变化率等。在某个特定时刻的设定值是最重要的动态属性。动态属性的另一个例子是在某个给定时刻下的变化率。

5.1.1 控制范围

每个实时实体都处在某个子系统的控制范围内，该子系统拥有设置该实时实体状态值的权限 [Dav79]。在控制范围之外，只能观测到实时实体的值，但不能修改其语义内容。在选定的抽象层次上，可忽略实时实体值在语法表示层上的转换，它不会改变实体值的语义内容（见 2.2.4 节）。

例： 图 5-1 是图 1-8 的另一种视图，展示了一个小型控制系统，可根据操作员选定的设定点来控制管道中液体的流量。这个例子包括三个实时实体：管道流量（在受控对象的控制范围内）、流量设定点（在操作员的控制范围内）和控制阀预期位置（在计算机系统的控制范围内）。

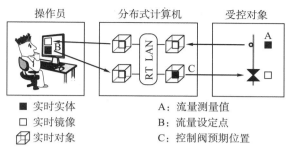

图 5-1 实时实体、实时镜像与实时对象

5.1.2 离散实时实体和连续实时实体

实时实体可以有离散的值集（离散实时实体）和连续的值集（连续实时实体）。设时间从左向右推进，离散实时实体的值集在起始于左事件（L_event）、终止于右事件（R_event）的时间间隔内保持不变，见图 5-2，其中的 L 和 R 分别对应左事件和右事件。

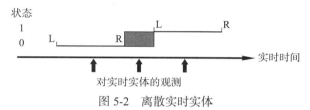

图 5-2 离散实时实体

在右事件和下一个左事件之间的时间间隔内（图 5-2 中的黑色区域），离散实时实体的值集为未定义$^{\ominus}$。相反，连续实时实体的值集在时间轴上始终有定义。

例：考虑车库门，在已定义的"门已关"和"门已开"的两个状态之间，有许多其他的中间状态，既不能归为"门已关"，也不能归为"门已开"。

5.2 观测

观测指获得了实时实体在某个特定时刻的状态信息。观测由一个原子性$^{\ominus}$的数据结构定义，包括实时实体的名称、观测时刻（t_{obs}）和观测到的值。连续实时实体在任何时刻都可观测，而对离散实时实体而言，只有在左事件和右事件之间的时间间隔内才能获得有效的观测（见图 5-2）。

$$Observation=\langle Name, t_{obs}, Value \rangle$$

假设有一个智能传感器节点，它配备有一个物理传感器来捕获物理信号、产生时间戳并将物理信号变换为数字制式单位的数据。消息概念提供了观测消息所需的原子性，因此，对该传感器节点的观测应通过一个单一消息从节点传输到系统的其余部分。

5.2.1 不带时间戳的观测

在没有全局时间的分布式系统中，时间戳只在其创建节点范围内有效。如果没有全局时

$\ominus$　图中有三个表示观测的黑色垂直箭头，最左边和最右边的观测都正好处于左事件与右事件的时间间隔内，而中间的观测则处于中间，属于实时实体值未定义时间间隔，即无法获得观测值。——译者注

$\ominus$　原子性的含义是要么获得了完整观测取值，要么没有获得。——译者注

间，观测者所发送的时间戳对于观测者（即观测消息的接收者）来说无意义。在这种情况下，往往把不带时间戳的观测消息到达接收者的时间看作是观测时间（t_{obs}）。在观测时刻与传输到达接收者时刻之间存在延迟和抖动，导致把接收时间作为观测时间是不精确的。如果通信协议的执行时间具有明显抖动（相比于平均执行时间），且没有可用的全局时基，就不可能在一个系统中精确地确定对一个实时实体的观测时间。这种时间测量的不精确性会降低对实时实体观测的质量[⊖]（见图 1-6）。

5.2.2　间接观测

在某些情况下，不可能直接观测到实时实体的值。例如，无法直接观测钢坯的内部温度，只能通过间接观测获得相应的值。

可以使用三个温度传感器 T_1、T_2 和 T_3 来测量钢坯表面温度在一段时间内的变化（见图 5-3）。然后通过热传导数学模型，基于表面温度的测量结果推导出钢坯内部在观测时间区间内某个时刻的实际温度 T。

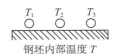

钢坯内部温度 T

图 5-3　实时实体的间接观测

5.2.3　状态观测

当观测到的值包含实时实体的状态信息时，则称为状态观测。状态观测时间指实时实体被采样（观测）的实时时间点。因为状态观测保存的是绝对值，对状态观测的每次读取都是自包含的[⊜]。许多控制算法需要一系列等时间间隔的状态观测，即周期性的时间触发读取观测结果。

状态观测和 4.3.4 节中状态消息在语义上相匹配。因为一般情况下客户端只关心实时实体状态变量的最新值，新读取的状态观测会替换之前的读取内容。

5.2.4　事件观测

事件指实时实体的状态在某个时刻发生的一次变化。因为观测本身也是一种事件，因此不可能直接去观测受控对象中的事件[⊜]，而只能观测受控对象中某个事件引起的结果（图 5-4），即事件发生后所处的状态。如果一个观测中包含新旧状态间的状态取值变化，则称其为事件观测。最佳的事件观测时刻就是该事件的发生时刻。通常，这个观测时间是新状态的左事件发生时间。

⊖ 这里的质量指得到观测值时，与实时实体实际状态的偏差情况。偏差越大，观测质量越差。——译者注

⊜ 这里的"绝对值"指观测结果中不会引用其他任何变量取值，因此仅从状态观测结果就可以获得所有的状态信息，所以又说是"自包含的"。——译者注

⊜ 这里的观测对应名词 observation，指动作意义上的观测所获得的结果。实际上，任何观测必然由某个实体来实施（一般是传感器）。对于该观测实体而言，它获得了一个观测，意味着它自身状态从"未获得观测结果"转变为"获得了观测结果"。因此，一个观测结果只能蕴含"观测实体在观测时刻的状态变化"，而不能包含"被观测实体在观测时刻的状态变化"。——译者注

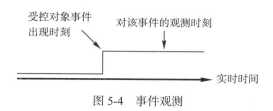

受控对象事件出现时刻

对该事件的观测时刻

实时时间

图 5-4　事件观测

事件观测存在以下问题：

1）从哪儿获得事件发生的准确时间？如果事件观测是事件触发的，则假定中断信号上升沿对应时间是事件发生的时间。对该中断信号进行响应的任何延迟都会导致在事件观测时间戳上产生误差。如果事件观测是时间触发的，则事件可以出现在采样间隔内的任意时刻⊖。

2）由于事件观测的值包含新旧状态间的差异，单一事件观测的丢失或重复会导致观测者状态和接收者状态之间失去状态同步。从可靠性的角度来说，事件观测比状态观测更脆弱。

3）事件观测只在实时实体改变其值的时候才会被发送。如果没有新的事件消息到达，接收者会假设实时实体的值没有发生改变，所以无法确定观测节点失效（如宕机）导致的检测延迟上限。

另外，在实时实体不经常变化的情况下，事件观测在数据效率方面优于状态观测⊜。

5.3　实时镜像与实时对象

5.3.1　实时镜像

实时镜像是实时实体的当前快照。如果一个实时镜像精确表达了相应实时实体在某个时刻下的值域和时域信息，则称该镜像是有效的。实时镜像的时域精确性概念将在下一节详细讨论。一个观测记录了一个事实（即在某个特定时刻对一个实时实体进行了观测），会永久有效。而实时镜像的有效性依赖于时间，会随着时间推进而失效。可通过最新的状态观测或事件观测来构造实时镜像，也可通过 5.4.3 节介绍的状态估计技术来估计。实时镜像可以保存在计算机系统中，也可以在环境（比如作动器）中保存。

5.3.2　实时对象

实时对象是在分布式计算机系统某个节点中运行的容器，用于管理实时镜像或实时实体 [Kop90]。每个实时对象都关联到一个指定粒度的实时时钟。只要一个实时对象所关联的时钟滴答时，就会向该对象发送一个时域控制信号，来激活该对象的处理过程 [Kim94]。

分布式实时对象。分布式系统中的各个节点都可以复制实时对象，得到该实时对象的本地副本，从而用于在本地提供实时对象相关的规定服务。分布式实时对象的服务质量必须符合规定的一致性约束。

例：全局时间是一个典型的分布式实时对象。分布式系统中的每个节点都包含一个本地时钟对象，提供精度为 Π 的同步时间服务（该精度为系统内部时钟同步的一个服务质量属性）。

⊖　即不论事件出现在这范围内的哪个时刻，都可以确保时间戳误差被限定在时间触发的相应采样周期范围内。——译者注

⊜　这里的数据效率指单位时间内观测和传输非相同状态数据的情况。——译者注

任何时候当一个进程读取本地时钟时，获取的时间值与另一个节点上的进程在相同时刻读取其本地时钟时获取的时间值，相差少于一个时钟滴答。

例：分布式实时对象的另一个例子是分布式系统中的成员关系服务。成员关系服务用于生成约定时刻（成员关系确认时间点）下系统所有节点的一致状态（正常运行或失效）信息。当一个节点在成员关系确认时间点生成其状态的一致信息后，经过一段时间系统其他节点会收到这个一致的成员关系信息，这个时间间隔的长度和抖动是成员关系服务的服务质量参数。反应灵敏的成员关系服务有确定的最大延迟，且一般较小。一旦一个节点的相关状态发生变化（如出现失效或者被阻塞[⊖]），经过小于最大延迟的时间后，系统中所有其他节点都会一致地收到这个状态变化信息。

5.4   时域精确性

时域精确性描述了实时实体和其关联的实时镜像之间的时域关系。由于实时镜像保存在实时对象中，时域精确性也可看作实时实体与实时对象之间的关系。

5.4.1   定义

实时镜像的时域精确性根据对相应实时实体观测的最近历史来定义。设一个实时对象在时间 t_i 的最近观测历史为 RH_i，可定义为一个有序的时刻集合 $RH_i=\{t_i, t_{i-1}, t_{i-2}, \cdots, t_{i-k}\}$，其中最近历史的长度 $d_{acc}=z(t_i)-z(t_{i-k})$，称为时域精确间隔或时域精确 d_{acc}，其中 $z(e)$ 是参考时钟 z 为事件 e 产生的时间戳，见 3.1.2 节。假设在最近历史集合中的每个时刻都对实时实体进行了观测，当下式成立时，称一个实时镜像在时间 t_i 上是时域精确的。

$$\exists t_j \in RH_i : \text{Value}（t_i \text{ 处的实时镜像}）= \text{Value}（t_j \text{ 处的实时实体}）$$

对于时域精确的实时镜像而言，在其最近历史的每个时刻都可以对相应实时实体进行观测，形成观测集合，而实时镜像的当前值是该观测集合的一个组成元素。由于观测消息从观测节点传输到接收节点需要一定的时间，实时镜像滞后于实时实体[⊖]，见图 5-5，其中实线为实时实体的取值，虚线为实时镜像的取值。

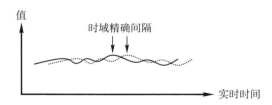

图 5-5   实时镜像相对于实时实体的时间滞后

例：假设温度测量的时域精确间隔是 1 分钟，当实时镜像的当前值最多是 1 分钟之前的观测值时，即实时镜像仍在相应实时实体的最近历史中，则说明该实时镜像具有时域精确性。

时域精确间隔。允许的时域精确间隔 d_{acc} 的长度由受控对象中实时实体的动态特性

⊖ 原文为 join，即在一个进程中通过 join 操作等待另外一个进程执行结束，从而继续后续的执行。其实际效果是当前进程被阻塞。——译者注

⊖ 指实时实体的任何状态变化，都会经过一段延迟后才能在实时镜像的当前值中体现出来。——译者注

确定。在观测实时实体和使用相应实时镜像数据之间的延迟，会导致实时镜像产生误差 error(t)，大致可估计为实时实体值 v 的变化率乘以观测时刻和使用时刻之间的间隔长度（见图 1-6）：

$$\text{error}(t) = \frac{\mathrm{d}v(t)}{\mathrm{d}t}\big(z(t_{\text{use}}) - z(t_{\text{obs}})\big)$$

在实际使用一个实时镜像时，其最大误差如下式所示。

$$\text{error} = \left(\max_{\forall t} \frac{\mathrm{d}v(t)}{\mathrm{d}t} d_{\text{acc}}\right)$$

这个最大误差是 v 的最大变化率与时域精确间隔 d_{acc} 的乘积。在平衡的设计中，这个由时域延迟导致的最大误差在值域上与最大测量误差属于同一个数量级，大致是被测变量在其整个取值范围内的一个百分点。

如果实时实体的值快速变化，则必须确保时域精确间隔要小。设 t_{use} 为把基于实时镜像计算所得结果应用到环境的时刻，结果的精确性取决于实时镜像的时域精确性，即必须满足下述约束条件：

$$z(t_{\text{obs}}) \leqslant z(t_{\text{use}}) \leqslant (z(t_{\text{obs}}) + d_{\text{acc}})$$

其中，d_{acc} 是实时镜像的时域精确间隔。这个重要的条件也可转换如下：

$$(z(t_{\text{use}}) - z(t_{\text{obs}})) \leqslant d_{\text{acc}}$$

相位对齐事务。考虑一个实时事务，由以下相位同步任务组成：发送者（观测节点）上的计算任务，其最坏执行时间为 $\text{WCET}_{\text{send}}$；消息传输任务，其最坏通信延迟为 WCCOM；接收者（作动器节点）上的计算任务，其最坏执行时间为 WCET_{rec}（见图 5-6 和图 3-9）。这种由相位对齐任务组成的事务称为相位对齐事务。

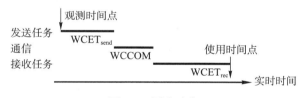

图 5-6　同步动作

在这类事务中，从观测时间点到使用时间点之间的最长时间间隔是发送任务最坏执行时间、最坏通信延迟和接收任务的最坏执行时间总和：

$$(t_{\text{use}} - t_{\text{obs}}) = \text{WCE}_{\text{Tsend}} + \text{WCCOM} + \text{WCE}_{\text{Trec}}$$

接收任务在控制设定点上将数据输出到受控对象的作动器中。若应用的动态特性所需的时域精确间隔 d_{acc} 小于这个总和[⊖]，就须采用状态估计这个新技术来解决时域精确性问题。状态估计技术将在 5.4.3 节中讨论。

例：以汽车发动机控制器（表 5-1）为例来分析其实时镜像所需的时域精确间隔。该发动机的最大转速是每分钟 6000 转（rpm）。这些实时镜像的时域精确间隔之间最大有 6 个数量级以上的差异。很明显第一个数据元素"活塞在气缸中的位置"对应的 d_{acc} 需使用状态估计技术。

⊖　即在最坏情况下，实际使用观测数据时实时实体的值可能已经和观测数据不一致了。——译者注

表 5-1　发动机控制中的时域精确间隔

计算机中的实时镜像数据	单位时间最大改变量	精确度	d_{acc}
活塞在气缸中的位置	6 000 rpm	0.1°	3 μs
加速踏板位置	100%/s	1%	10 ms
引擎负载	50%/s	1%	20 ms
油和冷却液的温度	10%/min	1%	6 s

5.4.2　实时镜像的分类

参数化实时镜像。假设一个实时镜像根据其相关联实时实体的状态观测消息来周期性地更新自己，更新周期为 d_{update}（图 5-7），且假设事务在发送端具有相位对齐特性，如果时域精确间隔 d_{acc} 满足下述条件

$$d_{acc} > (d_{update} + \text{WCET}_{send} + \text{WCCOM} + \text{WCET}_{rec})$$

则称这个实时镜像是参数化实时镜像⊖或相位不敏感实时镜像。

接收者在任何时间都可访问参数化实时镜像，而不必考虑观测消息的到达时间与数据使用时间点之间的相位关系。

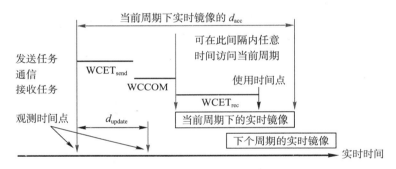

图 5-7　参数化实时镜像

例：处理加速踏板位置的实时事务（包括发送者的观测和预处理，传输到接收者的通信，接收者上的处理以及到作动器的输出）花费时间为：

$$\text{WCET}_{send} + \text{WCCOM} + \text{WCET}_{rec} = 4 \text{ ms}$$

由于其时域精确间隔是 10 ms（见表 5-1），采用小于 6 ms 的消息发送周期就能将该实时镜像参数化。

如果组件被复制，则必须确保所有副本访问的参数化实时镜像具有相同的内容，否则就会丧失副本确定性（见 5.6 节）。

相位敏感实时镜像。假设一个实时事务，在发送端相位对齐，若同时满足下述条件：

$$d_{acc} \leqslant (d_{update} + \text{WCET}_{send} + \text{WCCOM} + \text{WCET}_{rec})$$

$$d_{acc} > (\text{WCET}_{send} + \text{WCCOM} + \text{WCET}_{rec})$$

则称接收端上的实时镜像为相位敏感实时镜像在这种情况下，必须考虑实时镜像的更新时刻和使用时刻之间的相位关系。在上述示例中，超过 6 ms 的更新周期，例如 8 ms，将使

⊖　参数化的本意是修改一个变量取值时使用所传递的增量来修改，而不是直接重置或修改到某个绝对值。这里强调的是，实时镜像的取值可以被周期性地修改，且确保始终具有时域精确性。

实时镜像变得相位敏感。

如果实时任务使用了相位敏感的实时镜像，则对该任务的调度提出了额外约束。因此，相比较而言，使用相位敏感实时镜像的任务与使用参数化实时镜像的任务，对前者的调度更加复杂。在实践中，要尽力保证相位敏感实时镜像数量尽可能少，考虑由 d_{update} 带来的限制，可以通过增加实时镜像的更新频率或部署状态估计模型来扩展实时镜像的时域精确间隔来实现这个目标。然而增加更新频率会给通信系统增加负担，状态估计模型的实现则会给处理器增加负担。设计者需要在优化通信资源和处理器资源的使用之间进行折中考虑。

5.4.3 状态估计

状态估计包括三个行为：在实时对象中构造相应实时实体的模型；使用该模型估计实时实体在将来某个特定时刻的可能状态；使用估计的状态来更新相应的实时镜像数据。实时对象周期性地执行状态估计模型来更新所存储的实时镜像数据。启动模型执行的控制信号来源于实时对象关联的实时时钟滴答（见 5.3.2 节）。使用实时镜像的时刻 t_{use} 是最重要的时刻，即使用实时镜像来计算产生到环境的输出，因此要求此时实时镜像必须与实时实体足够一致[一]。状态估计是延长实时镜像时域精确间隔的一种强大技术，使得实时镜像与实时实体之间有更好的一致性。

> **例：** 假设发动机机轴以 3000 rpm 转速旋转，即 18°/ms。如果机轴位置的观测时刻 t_{obs} 与相应实时镜像的使用时刻 t_{use} 之间间隔 500 μs，可以每转 9° 就应用状态估计来更新实时镜像在其 t_{use} 时刻的状态（即转轴位置）。如果考虑 $[t_{obs}, t_{use}]$ 时间间隔内引擎的角加速度或减速度因素，可进一步提高状态估计的效果。

只有当事先已知支配实时实体行为的规律性过程特征，如可清晰描述的物理或化学活动过程，才能充分建立实时实体的状态估计模型。大多数受人造技术控制的过程，如上述的发动机控制，可归为这一类。然而，如果实时实体的行为由偶然事件决定，就不适合使用状态估计技术。

状态估计模型的输入。 状态估计模型最重要的动态输入是时间间隔 $[t_{obs}, t_{use}]$ 的精确长度。由于 t_{obs} 和 t_{use} 一般是在分布式系统不同节点上记录的时间点[二]，开展状态估计的一个前提条件是系统中通信协议的抖动最小化，或系统有高精度的全局时基。这个前提条件是对现场总线设计的一个重要要求。

如果实时实体的行为可用连续可微函数 $v(t)$ 来描述，有时仅使用其一阶导数 dv/dt 就足以合理估计实时实体在距离观测时刻不远的 t_{use} 时刻的状态：

$$v(t_{use}) \approx v(t_{obs}) + (t_{use} - t_{obs}) \frac{dv}{dt}$$

如果上面这个近似性的简单计算导致状态估计的精确度不够，可在 t_{obs} 附近使用更细致的级数展开。其他情况下，则需要为受控对象运行过程建立更精细的数学模型。计算求解这样的数学模型需要大量的处理器资源。

一 原文为 close agreement，意思指实时镜像要与实时实体的状态足够接近。——译者注

二 t_{obs} 一般是在发送节点记录的时间点，而 t_{use} 则是在接收节点记录的时间点。——译者注

5.4.4 可组合性考虑

假设在一个时间触发分布式系统中，由传感器节点来观测实时实体，传感器会把观测消息发送到一个或多个与环境有交互的节点。其时间间隔 $[t_{obs}, t_{use}]$ 的长度是发送端延迟（即 $[t_{obs}, t_{arr}]$ 的区间长度）和接收端延迟（即 $[t_{arr}, t_{use}]$ ⊖的区间长度）的和，其中假设通信延迟已包含在发送端延迟中。在时间触发体系结构中，所有这三个延迟都是静态和已知的（图 5-8）。

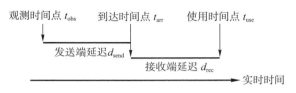

观测时间点 t_{obs}　　到达时间点 t_{arr}　　使用时间点 t_{use}

发送端延迟 d_{send}

接收端延迟 d_{rec}

实时时间

图 5-8　发送端和接收端的延迟分析

因为发送端延迟的任何变化都会导致时间间隔 $[t_{obs}, t_{use}]$ 也发生变化，如果接收端的实时对象采取了状态估计，则必须对此变化进行补偿⊖。如果发送端节点内部的延迟发生了变化，必须对接收端的软件做相应修改，从而补偿相应的延迟变化。为降低接收端和发送端在延迟变化方面的耦合，应该按照两个阶段来设计和执行状态估计：发送端针对时间间隔 $[t_{obs}, t_{arr}]$ 执行状态估计，而接收端针对时间间隔 $[t_{arr}, t_{use}]$ 执行状态估计。这种两阶段状态估计会让接收端以为对实时实体的观测发生于观测消息的到达时刻。观测消息的到达时刻成为关于该观测的隐含时间戳，使得接收端不受发送端调度变化的影响⊜。这种方法有助于接收端对采集到的传感数据进行统一处理，不论是通过现场总线，或者是接收端直接采集获得的数据。

5.5　持久性和幂等性

5.5.1　持久性

持久性是关于到达一个节点的一个特定消息与一组相关消息之间的关系，要求这一组相关消息到达节点的时间都早于这个特定消息的到达时间。当一个特定消息在给定节点上变成持久化消息时，意味该节点确认在该消息发送之前所有相关消息已发送且已到达该节点（或永远不会到达）[Ver94]。

例：考虑图 5-9 的例子，容器中的压力由一个分布式系统监控。报警监控节点（节点 A）从压力感知节点（节点 D）接收一个周期性消息 M_{DA}。在没有明显原因的情况下，如果压力突然变化，报警监控节点 A 会发出报警。假设为了释放压力，操作员节点 B 给节点 C 发送消息 M_{BC} 来打开控制阀门。同时，操作员节点 B 发送消息 M_{BA} 给节点 A，将阀门打开的信息通知给节点 A，使其在观测到预期的压力下降时不发出报警。

⊖ t_{arr} 是观测消息到达接收节点的时间点。因为可能有多个接收节点，因此从每个接收节点来看，$[t_{obs}, t_{use}]$ 会因接收节点不同而不同。——译者注

⊜ 这里的补偿指状态估计模型必须考虑到实际间隔时间的变化，并按照设计预期的间隔时间来估计相应时刻的状态，从而确保与设计所预期的时间特性一致。——译者注

⊜ 发送端的调度变化会导致发送端延迟发生变化。——译者注

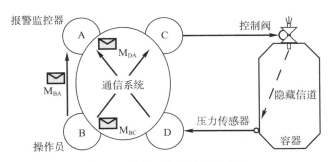

图 5-9　受控对象中的隐藏信道

假设通信系统中协议执行最短时间为 d_{min}，最长时间为 d_{max}，即抖动 $d_{jit} = d_{max} - d_{min}$，则图 5-10 中描绘的场景可能发生。该图中，压力传感器节点发送的消息 M_{DA} 比来自操作员的消息 M_{BA}（将预期的压力下降通知给报警监控节点 A）先到达。受控对象中隐藏信道的传输延迟（从阀门打开到压力传感器采样值发生变化）小于协议执行的最长时间。因此，为了避免节点 A 发出虚警，报警监控节点需要延迟执行所有动作，直到报警消息 M_{DA} 变成持久化消息。

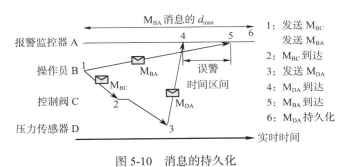

图 5-10　消息的持久化

动作延迟。从一个消息开始传输时刻算起，到该消息在接收端变为持久化消息为止的时间间隔，称为*动作延迟*。接收端必须延迟执行与该消息有关的任何动作，直到该消息变为持久化消息（即拖延动作延迟对应的时间），以避免发生不正确的行为。

不可撤销动作。不可撤销动作是指无法复原的动作。不可撤销动作的执行会对环境产生持久影响。一个例子是对枪支击发机构的激活。尤其重要的是，确保只有在动作延迟过去后，才能触发不可撤销动作。

> **例**：在发出了关键告警后，战斗机飞行员会立即被弹射出飞机（不可撤销动作）。考虑一个场景，相应的告警触发消息尚未变为持久化消息（如图 5-10 的事件 4）。此时，由于设计中未考虑到的隐藏信道[⊖]，会导致飞机坠毁。

5.5.2　动作延迟时长

动作延迟时长依赖于通信系统的抖动和接收端所关注的消息时间特性（见表 7-2）。假设观测者之外有一个全知者，可看到所有需关注的事件。

⊖　即该信道会导致告警消息早于相应的操作员设置消息到达，如果弹射系统不对错误的告警进行延迟处理，就会引发弹射，从而导致飞机坠毁。——译者注

有全局时间的系统。在有全局时间的系统中，消息发送时间 t_{send} 由发送方的时钟测量，可以作为发送消息的一部分，由接收方进行处理。若接收方事先知道通信系统的最大延迟为 d_{max}，则接收方可推理得出消息将在 $t_{permanent} = t_{send} + d_{max} + 2g$ 时刻持久化，其中 g 是全局时基的粒度（见 3.2.4 节中关于 $2g$ 的解释）。

无全局时间的系统。在无全局时间的系统中，接收方不知道消息何时发送。为安全起见，即使消息已经在传输中延迟了 d_{max} 个时间单位，接收方也必须在消息到达后等待 $d_{max}-d_{min}$ 个时间单位。在最坏情况下，从外部观测者来看，在消息可以安全使用之前，接收方必须等待一定的时间：

$$t_{permanent} = t_{send} + 2d_{max} - d_{min} + g_l$$

其中，g_l 是本地时基的粒度。由于事件触发通信系统的（$d_{max} - d_{min} + g_l$）通常比 $2g$ 大得多（其中 g 是全局时间的粒度），无全局时基的系统比有全局时基的系统明显慢得多。在这种情况下，由于我们假设没有全局时基，根本就不可能实现时间触发通信。

5.5.3　精确性时间间隔与动作延迟

实时镜像只有在传输其消息持久化后且镜像具有时域精确性的情况下才可以使用。在不使用状态估计的系统中，这两个条件只有在时间窗口（$t_{permanent}$, $t_{obs}+d_{acc}$）中才会满足。时域精确间隔 d_{acc} 依赖于控制应用的动态特性，而时间间隔（$t_{permanent} - t_{obs}$）与系统的具体实现相关。如果一个实现方案不能满足时域需求，状态估计可能是确保实时系统正确运行的唯一选择。

5.5.4　幂等性

幂等性[一]是关于一组到达同一个接收者的副本消息之间的关系。如果接收端收到一个副本消息和收到多个副本消息后有相同的效果，则称这组副本消息具有幂等性。如果一组消息具有幂等性，通过副本消息就可简单实现容错。不管接收者是收到一个还是多个副本消息，结果相同。

> **例**：假设一个没有同步时钟的分布式系统。节点间只交换无时间戳的观测消息，并将观测消息的到达时间看作是观测时间。假设一个节点观测一个实时实体，如阀门，并将观测结果报告给系统中其他节点。接收端的实时对象使用该观测消息来更新相应实时实体的本地实时镜像。"阀门的位置在 45°（绝对值）"是一个可能的阀门状态消息，接收端会用这个状态来替换阀门实时镜像的旧版本。"阀门移动了 5°（相对值）"则是一个可能的事件消息，该事件消息的内容会被添加到阀门实时对象的状态变量中，从而获得阀门实时镜像的更新。由此可见，状态消息具有幂等性，而事件消息则不具有该特性。因此，事件消息的丢失或重复会导致实时镜像产生永久错误。

5.6　确定性

确定性是计算的一种性质，使得在给定初始状态和所有输入的值域和时域取值情况下，

[一]　幂等性是抽象代数和计算机科学中的一个重要概念。在抽象代数中，若一元运算 f 是幂等的，则一定有 $f(f(x))=f(x)$。二元运算道理相同。在计算机科学中，如果一个程序函数或接口（模块）是幂等的，则使用相同的输入参数，多次执行返回的结果总是相同。——译者注

可以预测计算结果。一个给定的计算要么具有确定性，要么具有不确定性。

例： 考虑车内的容错式电子控制刹车系统。在传感器输入（如刹车踏板的位置、车速等）达到一致后，由三个同步信道来独立处理相同的传感输入。所产生的三个输出都交给四个智能的表决式作动器[⊖]（图 9-8 和图 9-9），分别位于四个制动缸中，用于控制汽车四个车轮的刹车。一旦某个作动器收到一个正确的输出消息，马上打开表决窗口[⊖]。如果三个信道都正常工作，表决窗口的持续时间长度取决于三个信道中通信系统的执行速度和抖动的差值。每个正常工作的确定性信道在表决窗口结束前都会发来相同的结果。如果有一个信道失败，到达的三个结果消息中定然有一个不同于其他两个消息的值（即出现了取值错误），或者在表决窗口内只收到两个相同的结果消息（即出现了超时故障）。通过对表决窗口结束时所收到结果进行多数占优表决，表决器能屏蔽三个信道中任何一个信道的失效。表决窗口的结束点是一个重要事件，在这个时间点表决器执行表决操作将并将表决结果传送到环境中[⊜]。如果计算和通信系统的抖动较大，则表决窗口的结束点就比较远，计算机系统的响应能力就会降低。

5.6.1　确定性的定义

2.5 节介绍了因果原则。因果关系是指连接结果与原因的单向关系 [Bun08]。如果由原因到结果的连接既是逻辑上，也是时域上的蕴含[⊕]，则称具有确定性。我们定义确定性如下：给定物理系统在时刻 t 的初始状态和一系列后续的输入值及输入时刻，如果蕴含了系统后续状态以及未来会产生的输出值和输出时刻，则称这个系统具有确定性行为。这里的时间和时刻指稠密时间（即物理时间）推进。许多物理系统服从的自然规律都具有确定性。然而在物理系统的数字计算机模型中，没有稠密时间。在确定性的分布式计算机系统中，必须假设所有事件，例如，时刻 t 的初始状态观测和在特定时刻的输入都是建立稀疏全局时基（见 3.3 节）上的稀疏事件，即便在有限的时钟同步精度和离散时基下也可以在分布式系统不同节点上精确地描述不同事件的时域特性和关系（如同时性）。这种把物理世界中稠密事件向信息世界（即分布式计算机系统）中稀疏事件的转换，一般通过协商协议（见 3.3.1 节）来实现。但是如果两个事件发生时间间隔小于相应时基粒度，则不可能对这两个事件进行一致地排序，这会减少计算机模型的可信度。

在实时系统上下文中，确定性概念要求可在值域和时域上预测系统的行为。如果忽略时域这个维度，只能得到逻辑确定性——简化的确定性概念。逻辑确定性定义为：给定系统的初始状态和一个输入序列，如果蕴含了系统后续状态及产生的输出，则称这个系统的行为具有逻辑确定性。

日常使用的"确定性"这个词汇，将系统的未来行为表达为系统当前状态的结果。由于在一个不涉及时间的系统中不存在"将来"这个概念，逻辑确定性的含义与日常生活中的"确定性"显然不同。

⊖　即每个作动器都会收到三个结果，从而进行表决获得最终结果来实施物理刹车动作。——译者注

⊖　原文为 acceptance window，即用于从三个通信信道获得计算结果以进行表决的时间窗，这里意译为表决窗口。——译者注

⊜　即作动器实际发生物理刹车动作。——译者注

⊕　逻辑蕴含指一旦原因发生或满足，则一定会出现指定的结果；时域蕴含指一旦原因在某个时刻发生或满足，则在给定的时间范围内一定会出现指定的结果。——译者注

例：在上述刹车系统的例子中，不足以确定刹车动作是否最终会发生，因而无法保证相应的正确性。确保刹车动作在给定的最长间隔时间内一定会发生（对应表决窗口的结束时刻）对于刹车系统行为的正确性很有必要，例如在刹车踏板踩下后 2 ms 以内，一定会启动刹车动作。

因为如下原因，工程师希望组件在行为上具有确定性：

- 初始状态、输入、输出和时间这四者之间的蕴涵关系简化了对组件实时行为的理解（见 2.1.1 节）。
- 两个从相同初始状态启动、接收相同定时输入的副本组件将在相同时间产生相同的结果。如上述汽车刹车系统的例子，如果要确保一个故障信道的结果能被两个正确信道所屏蔽（通过表决方式，见 6.4.2 节），该性质就非常重要。
- 由于每个测试用例的执行效果都可复现，消除了可疑的海森堡 bug（见 6.1.2 节）出现可能性，因此组件的可测试性得到了简化。

确定性是关于行为的一个期望性质。然而给定计算的具体实现，只能在概率意义上来估计计算行为的确定性。

因为如下原因，计算的具体实现可能无法获得期望的确定性：

1）计算行为的初始状态定义不精确。

2）随机物理故障会引起硬件工作失效。

3）时间的概念不清晰。

4）系统（软件）包含设计错误或不确定性设计成分（NDDC）[⊖]，导致在值域或时域中产生不可预测的行为。

从容错的角度看，一旦一个副本信道丧失了行为确定性，就等同于该信道发生了失效，导致相应容错系统失去了屏蔽故障的能力。

为了在容错分布式实时计算机系统中实现副本确定性行为，必须确保：

- 所有涉及的计算都必须有一致定义的初始状态。如果不能建立稀疏的全局时基，从而可以一致性地确定事件时间戳，就无法一致地确定一个事件是否在初始状态下发生，因而就不可能构建一个副本确定性的分布式实时系统。如果没有全局稀疏时基和稀疏事件[⊜]，就不可能一致性地解决分布式系统的同时性问题，可能的结果是导致报告同时发生的多个事件的多个副本消息之间有不一致的时序[⊜]。不一致的时序会导致丧失副本确定性。
- 有两种方式把事件映射^⑳到全局稀疏时基：在系统层面，在产生事件时直接就是稀疏事件；或者在应用层，通过协商协议来一致地将稠密事件映射到稀疏时间间隔。
- 组件之间的消息传输系统是可预测的，即消息分发时刻可预知，在所有信道上接收到的消息时序与发送的消息时序一致。
- 计算机系统和观测者（用户）有一致而精确的实时时间概念。
- 所有涉及的计算都是确定的，即在实现中没有会产生随意性结果或包含不确定性设计成分的程序，并且在预期的表决窗口内可获得最终的计算结果。

⊖ 即 Non-Deterministic Design Constructs，如使用不可靠通信来在模块间传递数据就是一个 NDDC。——译者注

⊜ 先有稀疏时基，才会有稀疏事件这个概念。——译者注

⊜ 即，使用 $k*m$ 个副本消息来报告同时发生的 k 个事件（即有 k 个副本信道）。如果 k 个副本信道中传输的消息时序不同，则出现了这里关注的不一致时序。——译者注

⑳ 原文为 assign，即把把一个事件发生的绝对时刻对应到全局稀疏时基上的有效时刻。——译者注

不满足上述任一条件，容错系统的故障屏蔽能力将会减弱或丧失。

5.6.2　一致的初始状态

用于屏蔽失效的多个副本信道，如果信道本身工作正常，则只有在相同的初始状态下启动信道，并在相同时刻接收到相同输入的条件下，才会产生相同的结果。

根据 4.2.1 节，只有严格一致的区分过去事件和将来事件，才能定义组件状态这个概念。3.3 节介绍的稀疏时间模型就可以一致严格地区分这两类事件，从而可以用来定义分布式系统的初始状态起始时刻。但是如果没有稀疏的全局时间，就难以在分布式系统中为副本组件建立一致的初始状态。

传感器是一种终归会失效的物理设备。为屏蔽传感器的失效，容错系统使用多传感器来直接或间接地测量相同的物理量。使用副本传感器对相同物理量的冗余观测会产生偏离，原因有二：

1）没有完美的传感器。每个真实传感器都有有限的测量误差，限制了观测的精确性。

2）物理世界的量经常是模拟值，它们在信息空间的表示为离散值，会产生离散误差。

因此，需在物理世界和信息空间边界上执行协商协议，确保所有副本信道接收到一致的（严格相同）、经过协商的输入数据（见 9.6 节）。这些协议将在相同的稀疏时间间隔中给所有副本信道输入相同的观测值。

5.6.3　不确定性设计成分

给定初始状态，一个分布式计算可能无法达到预期的目标状态，原因如下：

1）硬件故障或设计错误会导致计算崩溃、产生不正确的计算结果或产生计算延迟，超过了协商协议规定的时间表决窗口。容错设计的目标就是要屏蔽此类失效。

2）通信系统或时钟系统会失效。

3）不确定性设计成分破坏了确定性。由此丧失了确定性，并消除了容错系统的故障屏蔽能力。

NDDC 可能在值域或时域产生不期望的效果。容错系统如果设计上通过比较副本确定性信道的结果来屏蔽失效，则意味着做了一个基本的假设，即不同信道发生失效的行为在统计上相互独立。当设计中采用 NDDC，并导致丧失了行为确定性，这个假设就不成立了，因为每个副本信道都可能使用了相同的 NDDC。这会导致在多个副本信道中出现危险的相关性失效⊖。

下面给出了可能导致丧失值域确定性（即逻辑确定性）的设计成分：

1）随机数发生器。如果计算的结果依赖于随信道不同而不同的随机数，则丧失了值域确定性。通信协议设计中采用随机数发生器来解决媒介访问冲突，例如基于总线的 CSMA/CD 以太网协议，具有不确定性。

2）非确定性的语言特征。采用具有非确定性成分的编程语言，如 ADA 语言中的 SELECT 语句，会导致丧失副本确定性。在何时使用哪种语言成分是个决策问题，编程语言不提供指导，而由程序实现者来决定。因此在两个副本的实现中可能会有不同的选择。

3）主决策点。主决策点是算法中的主分支点，用于决定选择算法中哪个主要动作分支

⊖　原文为 correlated failures，即多个副本信道出现的失效具有相关性，破坏了副本信道失效行为的独立性。——译者注

来执行。如果不同的副本组件在主决策点选择了不同的计算路径，则这些副本的运行状态将由此产生偏离。

例：以超时检测为例，一旦遇到超时，需要决定是继续执行还是回溯。这就是一种主决策点。

4）抢占式调度。如果使用动态抢占式调度，出现外部事件（中断）时，不同副本上的计算所执行的具体指令可能不同。因此，中断处理进程在两个副本计算的中断点上会看到不同的状态。这样在执行到下一个主决策点，相应的两个副本可能会产生不同的决策结果。

5）不一致的消息序。如果两个副本通信信道中的消息顺序不同，则这两个信道可能产生不同的结果。

上述设计成分也会导致丧失时域中的确定性。另外，必须注意到以下设计机制和设计缺点会在时域维度上丧失确定性，即使系统具有逻辑确定性：

1）任务抢占和阻塞。任务抢占和阻塞增加了任务执行时间，甚至可能会延迟到表决窗口关闭后才产生计算结果。

2）重试机制。软件或硬件中的任何重试机制都会增加执行时间，可能会导致一个计算延迟时间太久才能产生结果，即便结果正确。

3）竞争条件。等待这个信号量操作⊖可能会引起执行的不确定性，因为不确定一个进程何时会满足该信号量对应的竞争条件，一旦相应进程可以继续执行，会产生什么输出具有不确定性⊜。对于那些依赖于非确定性的时域决策输出结果来解决访问冲突的通信协议而言，如 CAN，或不确定性程度稍弱的 ARINC 629，也有会导致时域不确定性的竞争条件问题。

在包含 NDDC 的设计中，对于那些会导致丧失副本确定性的决策，可以使用显式协调方法来重建副本确定性，例如，通过区分主导进程和跟随进程的方式 [Pow91]。在可能的情况下，应避免副本间的协调，因为它损害了副本独立性，也需要额外的时间和通信带宽来实现协调。

5.6.4　重获确定性

在逻辑确定的系统中，如果扩大表决窗口的宽度使得截止时间（即在表决窗口结束时结果可用）被错过的可能性减少到一个可接受的低值，则可以避免丧失确定性。这项技术经常用于在宏观层面来重新建立确定性，即使在微观层面仍然无法精确预测时域行为。该技术的主要缺点是增加了产生最终结果的延迟时间，导致增加了控制回路停滞时间和反应式系统的反应时间。

例：尽管微观层次的量子力学过程具有不确定性，但是许多牛顿物理学层次的自然规律却具有确定性。相对于微观层次粒子运动过程的极短持续时间，宏观层次运动涉及的粒子数量巨大，且运动时间跨度巨大，这使得在宏观层次通过抽象机制⊜获得确定性行为具备了可能。因而，在宏观层次几乎不可能观测到不确定行为。

⊖　指操作系统提供的 wait 信号量，它作用于一个共享的数据对象，只有满足该数据对象的竞争条件才能获准继续向下执行。——译者注

⊜　如果进程需要使用实时镜像数据，由于 wait 之后的指令执行时间不确定，因此当继续执行时实时镜像中的数据如何变化具有不确定性，或导致产生的结果也具有不确定性。——译者注

⊜　即只保留宏观层次的行为，而把微观层次诸多粒子的运动行为去掉的结果。——译者注

例：在一个云计算的服务器农场[⊖]内，可以有超过 100 000 个逻辑确定的虚拟机（VM）在任何时刻都处于活动状态，一个 VM 即便出现失效，也可被重新配置并重启，使得在规定的表决窗口内仍然可以获得预期的结果。这类系统在外部层次（见 2.3.1 节的四层次行为模型）来看拥有确定性行为，尽管在下一个信息层次的实现体具有不确定行为。

对于实现层次具有不确定行为的系统而言，在其外部层次（参见 2.3.1 节中四层次行为模型）恢复系统行为的确定性是一个重要的策略，用于在用户层次开发成体系系统的可理解模型。

要点回顾

- 对一个实时实体的观测由一个原子性的数据结构 <Name, t_{obs}, value> 定义，包括实时实体的名称（Name）、观测时刻、（t_{obs}）和观测到的值（value）。连续实时实体在任何时刻都可观测，而对离散实时实体而言，只有在左事件和右事件之间的时间间隔内才能获得有效的观测。
- 当观测到的值包含实时实体的绝对状态信息时，则称为状态观测。状态观测时间指实时实体被采样（观测）的实时时间点。
- 如果一个观测中包含新旧状态间的状态取值变化，则称其为事件观测。最佳的事件观测时刻就是该事件的发生时刻。
- 实时镜像是实时实体的当前快照。如果一个实时镜像精确表达了相应实时实体在某个时刻下的值域和时域信息，则称该镜像是有效的。
- 实时对象是在分布式计算机系统某个节点中运行的容器，用于管理实时镜像或实时实体。每个实时对象都关联到一个指定粒度的实时时钟。
- 对于时域精确的实时镜像而言，在其最近历史的每个时刻都可以对相应实时实体进行观测，形成观测集合，而实时镜像的当前值是该观测集合的一个组成元素。
- 在观测实时实体和使用相应实时镜像之间的延迟，会导致实时镜像产生误差 error(t)。在最坏情况下，最大误差大致可估计为实时实体的值 v 的最大变化率乘以观测时刻和使用时刻之间的间隔长度。
- 每个相位敏感的实时镜像如果被实时任务使用，则对该任务的调度提出了额外约束。
- 状态估计包括在一个实时对象中构造相应实时实体的模型，使用该模型估计实时实体在将来某个特定时刻的可能状态，使用估计的状态来更新相应的实时镜像数据。
- 如果实时实体的行为可用连续可微函数 $v(t)$ 描述，有时仅使用其一阶导数 dv/dt 就足以合理估计实时实体在距离观测时刻不远的 t_{use} 时刻的状态。
- 为降低接收端和发送端的耦合度，应该按照两个阶段来设计和执行状态估计：发送端针对时间间隔 $[t_{obs}, t_{arr}]$ 执行状态估计，而接收端针对时间间隔 $[t_{arr}, t_{use}]$ 执行状态估计。
- 当一个特定消息在给定节点上变成持久化消息时，意味该节点确认在该消息发送之前所有相关消息已发送且已到达该节点（或永远不会到达）。
- 从一个消息开始传输时刻算起，到该消息在接收端变为持久化消息为止的时间间隔，称为动作延迟。接收端必须拖延动作延迟对应的时间，才能执行与该消息有关的任

⊖ 原文为 server farm，即一组服务器构成的集群。——译者注

何动作，以避免发生不正确的行为。

- 实时镜像只有在传输其消息持久化后且镜像具有时域精确性的情况下才可以使用。在不使用状态估计的系统中，这两个条件只有在时间窗口 $[t_{permanent}, t_{obs} + d_{acc}]$ 中才会满足。
- 如果一组消息具有幂等性，不管接收者是收到一个还是多个副本消息，结果相同。
- 确定性是计算的一种期望性质，使得在给定初始状态和所有输入的值域和时域取值情况下，可以预测计算结果。
- 引起副本不确定性的基本原因包括：不一致的输入，各个副本中计算时间推进与物理时间推进之间的差异（有晶振漂移所致），以及 NDDC。
- 在可能的情况下，应避免副本间的协调，因为它损害了副本独立性，也需要额外的时间和通信带宽来实现协调。

文献注解

实时对象的时域精确性这个概念在实时对象模型中提出 [Kop90]。Kim 扩展了该实时对象模型，并分析了使用此模型的实时应用时域特性 [Kim94]。文献 [Pol95] 对副本确定性问题开展了深入研究。文献 [Bun08] 和 [Hoe10] 提供了关于因果性和确定性的哲学层次论述。

复习题

5.1 以汽车发动机控制所需的实时实体为例，描述这些实时实体的静态和动态属性，并讨论与这些实时实体关联的实时镜像的时域精确性。

5.2 状态观测与事件观测有哪些不同？分别给出这两种观测的优缺点。

5.3 事件观测会带来什么问题？

5.4 就时域精确性这个概念给出你的精确定义，什么是最近历史？

5.5 参数化实时镜像与相位敏感实时镜像之间有什么差异？如何构造参数化实时镜像？

5.6 状态估计模型的输入有哪些？讨论在有全局时基和没有全局时基的系统中，如何开展状态估计。

5.7 讨论状态估计与可组合性之间的相互关系。

5.8 什么是隐藏信道？就持久性这个术语给出定义。

5.9 给定一个分布式系统，其 d_{max} 为 20 ms，d_{min} 为 1 ms，针对下面两种情况分别计算其动作延迟：（a）无全局时基，且局部时间的粒度为 10 μs；（b）有全局时基，且其时间粒度为 20 μs。

5.10 动作延迟与时域精确性之间有什么关系？

5.11 就术语确定性给出定义，什么是逻辑确定性？

5.12 举例说明，本地超时事件会导致产生副本不确定性。

5.13 哪些设计机制会带来副本不确定性？

5.14 如何开发副本确定性系统？

5.15 为什么要避免在副本间建立协调关系？

5.16 以图 5-9 中的系统为例，假设节点间通过 AFDX 协议连接，协议的时间参数参见表 7-2，计算该系统的动作延迟。

可 信 性

概述 诺贝尔经济学奖得主汉尼斯·阿尔文[⊖]曾经说过，在技术天堂中不允许有上帝行为的存在，一切都按规定好的蓝图（软件）发展。然而，真实世界不是技术天堂，组件可能会失效，蓝图可能包含设计错误。这是本章的主题。本章介绍故障、错误和失效的概念，并讨论故障限制单元这一重要概念。而后，讨论信息安全（security）概念，并认为信息安全漏洞可能危及安全关键嵌入式系统的安全特性。嵌入式系统与互联网的直接连接便形成物联网（IoT），使得远程攻击者可以搜索漏洞，如果入侵成功，进而可对物理环境实施远程控制。因此，在与互联网连接的嵌入式系统中，信息安全成为设计的主要关注点。接下来本章讨论了异常检测这个主题。异常是一种超出正常范畴的行为，表明某种不寻常场景正在发生。异常检测有助于检测随机失效在早期产生的效果和入侵者尝试利用系统漏洞的活动。异常位于正确行为和失效之间的灰色地带，而错误是不正确的状态，需要立即采取行动以减轻错误的后果。错误检测基于系统预期的状态和行为知识来实现。这种知识来源于先验建立的规律性约束和正确计算行为的已知属性，或来源于对两个冗余信道计算结果的比较。此外还讨论了时域失效和值域错误的不同检测技术。后续两个小节讨论了容错系统设计，可屏蔽由给定故障假设所规定的故障。最重要的容错策略是三模冗余（TMR），要求副本组件行为以及通信基础平台都具有确定性。而后讨论了健壮性，它是在不可预见扰动下仍可确保服务水平可接受的一个系统属性。

6.1　基本概念

Avizienis 等人的研讨会论文 [Avi04] 建立了可信计算领域的基础概念。该论文的核心概念包括：故障、错误和失效（图 6-1）。

图 6-1　故障、错误和失效

计算机系统用于为用户提供可信的服务。用户可以是人也可以是其他计算机系统。当用户可见的系统行为（见 4.1.1 节）偏离了预期的服务，则称该系统出现了失效。失效可能由于系统内的非预期状态所引发，这种非预期状态称为错误。而错误由不良现象引发（称为故障）。

⊖　汉尼斯·奥洛夫·哥斯达·阿尔文（1908 年 5 月 30 日—1995 年 4 月 2 日），瑞典物理学家、天文学家，致力于磁流体动力学和电子工程领域的研究，1970 年诺贝尔物理学奖得主。——译者注

本书使用预期这个术语来表示系统正确的状态或行为。理想情况下，这种正确的状态或行为记录在精确完整的系统规格说明中。然而，有时规格说明本身就有错误或者不完整。因此，为了涵盖规格说明中的错误，我们引入预期这个词来参考建立正确性这个抽象概念。

若将故障、错误和失效这些术语和四种通用模型层次（2.3.1 节）对比，故障指任何模型层次中的不良现象，错误和失效专指数字逻辑层次、信息层次或外部层次的不良现象。若假设存在一个稀疏全局时基，在数字逻辑及以上层次的不良现象都能通过值域中的特定二进制位模式及其在稀疏全局时基上的出现时刻来识别。而在物理层次发生的不良现象则不能通过这种方式来识别。

6.1.1 故障

假设系统由组件构建而成。如果一个故障的发生只影响单个组件的运行，则这样的组件称为故障限制单元（FCU）。多个 FCU 的失效应互相独立，图 6-2 给出了故障的分类层次。

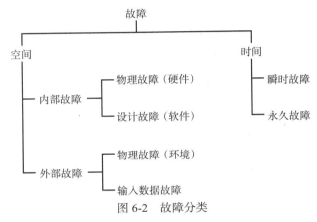

图 6-2 故障分类

按照空间的故障分类。区分与 FCU 内部缺陷相关的故障和与 FCU 外部有害现象相关的故障非常重要。组件的内部故障，即一个 FCU 内部的故障，可以是电子线路的随机破断等的物理故障，或软件 / 硬件内部的设计故障。外部故障可能是物理干扰，例如雷击造成电力供应上的瞬时激增或宇宙粒子的影响等。不正确的输入数据是另一类外部故障。故障限制是一种设计和工程实现方法，以确保把故障的直接后果限制在一个 FCU 内。许多可靠性模型均假设 FCU 的失效是独立的，即单个故障不会影响多个 FCU。在开展系统设计时，必须对这种 FCU 独立性假设进行确认检查。

例：容错系统中 FCU 的物理隔离减少了空间邻近性故障的发生概率，使得单一位置上的故障（例如，在某个位置发生事故产生的影响后果）不会破坏多个 FCU。

按照时间的故障分类。从时间角度来分析，故障可以是瞬时性的或永久性的。物理故障可以是瞬时性的或永久性的，而设计故障（例如，软件错误）都是永久性的。

瞬时性故障只出现短暂时间，之后无须显式修复就会自动消失。瞬时性故障可导致 FCU 状态被破坏的错误，但不会导致物理硬件受损（根据定义）。我们称瞬时性外部物理故障为瞬时故障，宇宙粒子破坏 FCU 状态导致的后果就是瞬时故障。我们称内部瞬时性物理故障为间歇性故障。氧化缺陷、腐蚀或其他尚不能导致硬件永久失效的故障就是间歇性故障（参见表 8-1）。根据文献 [Con02]，大量瞬时故障都是间歇性故障。虽然瞬时故障的失效率一般保持不变，但间歇性故障的失效率却会随时间增加。如果一个电子器件的间歇性失效率不断增大，则预示该电子器件在老化。这提示应对这种组件采取预防性维护——更换故障部件——以避免组件出现永久性故障。

永久性故障指一直在系统中存在，直到采取明确的修复行为才能消除的故障。持续无法正常供电是一种永久性外部故障实例。永久性内部故障可以出现在硬件物理载体中（例如内部电子线路的断裂），或表现为软件或硬件的设计故障。永久性故障出现后所需的系统修复时间称为 MTTR（平均修复时间）。

6.1.2　错误

故障可直接导致组件进入不正确状态。我们称这种不正确的状态为错误，即内存、寄存器或 CPU 电路的触发器中存在错误数据。随着时间的推移，错误可由计算激活，并被错误检测机制检测到或消除。

当计算访问错误状态数据时，就激活了相应错误。从这个时刻起，这个计算本身就变为不正确。当故障影响内存单元或寄存器的内容后，一旦这个内存单元或寄存器被访问，相应的错误将被激活。在错误出现后，可能要经过很长时间才会被激活（期间称为隐藏的错误）。如果故障在电路层影响了 CPU 状态，则会被立即激活，当前的任何计算都被破坏。只要不正确的计算向内存写入数据，相应内存也是错误的。

我们区分两类软件错误，即玻尔 bug 和海森堡 bug[Gra85]。玻尔 bug 是一种软件错误，包含玻尔 bug 的模块可以被特定的输入模式以确定性方式激活和重现相应效果，即总是存在一种特定输入数据模式来激活隐藏的玻尔 bug。海森堡 bug 也是一种软件错误，但只有精确重现输入数据、输入数据时间信息以及与此时间相关的计算机中所有其他活动时，才能重现海森堡 bug。由于重现海森堡 bug 非常困难，所以许多在开发和测试阶段未发现而潜伏到运行阶段的软件错误都是海森堡 bug。由于事件触发系统采用动态的时间控制结构，而时间触发系统采用数据独立、静态的时间控制结构，因此事件触发系统出现海森堡 bug 的概率要比时间触发系统高。

> **例：** 并发系统中的同步数据访问错误是典型的海森堡 bug。只有精确重现需要互斥访问数据的任务之间的时域关系，才能观测到这种错误。

所谓检测到一个错误，是指访问数据并计算后，在值域或时域中发现计算结果偏离了预期结果或用户期望。例如，假设一个故障导致一个数据字节的单个比特被破坏，那么简单的奇偶校验就可以检测到该错误。错误（故障）从出现到被检测到的时间间隔称为错误检测延迟。错误被检测到的概率称为错误检测覆盖率[⊖]。测试是检测系统中设计故障（软件错误和硬件错误）的一种技术。

当一个错误在被激活或检测到之前被新的（正确的）值所覆盖，则称该错误被清除。没有被激活、检测到或清除的错误称为潜在错误。组件状态中的潜在错误会导致数据静默损坏（SDC）[⊖]，这可能会引起严重的后果。

⊖　在平常不严格的说法中，错误检测覆盖率经常指能够检测哪些类型的错误。读者请注意区分这里的概念是针对每个错误都有一个检测覆盖率，指检测出该错误的概率。——译者注

⊖　SDC：Silent Data Corruption，即数据被一种静悄悄的方式损坏，使得程序不知道数据已被损坏，在后续使用该数据时极有可能不会或者检测不到出现的数据损坏，从而导致出现严重后果。——译者注

例：给定一个存储着汽车发动机预期加速这个敏感数据的内存单元，假设该内存单元未采用奇偶校验保护手段，恰好出现了一个位翻转故障。这会导致出现数据静默损坏，这可能导致汽车的意外加速。

6.1.3 失效

失效是发生在特定时刻、表示组件实际行为与预期行为（服务）之间有偏差的一个事件。在本书的模型中，组件行为表示为该组件产生的消息序列，如果产生了非预期（或未预料到）的消息，则表明出现了失效。图 6-3 从四个方面来划分组件失效：

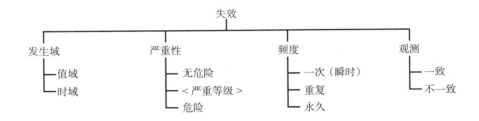

图 6-3　失效分类

发生域。按照失效发生域来划分，有值域失效和时域失效。值域失效意味着组件在提供给用户的接口上出现了一个不正确的值（用户可以是另外一个系统）。时域失效意味着在预期的实时时间区间外才出现相应的值。只有当系统规格包含预期时域行为信息时才会出现时域失效。时域失效可分为时间提前失效和时间滞后失效。为了检测错误、抑制值域失效或时间提前失效的影响后果，带有内部错误检测机制的组件在用户接口上暴露出的失效只能是时间滞后失效（即忽略相应的值域失效或时间提前失效）。我们称这样的失效为忽略性失效。只发生忽略性失效的组件称为失效静默组件。当一个组件首次暴露忽略性失效后就停止工作，称为失效停止组件，相应的失效有时也称为清场失效或崩溃失效。

例：自检测组件具有内部失效检测机制，它在组件提供给用户的接口上只暴露忽略性失效（或清场失效）。可使用两个确定性 FCU 来构造自检测组件，使用自检器来检查两个 FCU 在相同时间产生的两个结果。

例：针对 MARS 体系结构的故障注入实验表明，在观测到的失效中，1.9% ～ 11.6% 是时域失效[⊖]，即在非预期的时刻产生了预期消息。该实验使用独立的时间切片控制器（守护模块），成功检测到了所有这些时域失效 [Kar95, p.326]。

严重性。根据失效对环境的影响，我们区分两种极端情况：无危险失效和危险失效[⊖]（参见 1.5 节）。无危险失效导致的损失与系统正常功能失效导致的损失大致是同一数量级，而危险失效导致的损失要比系统正常功能失效带来的损失大得多，即危险失效可导致灾难事

⊖　故障注入实验一般需要多次注入来观测分析，特别是与时域故障相关的注入实验。这里表示在所有实验中，所观测到的失效中最少 1.9% 是时域失效，最多可达 11.6%。——译者注

⊖　这里的无危险失效（benign failure）也有人译为良性失效，而危险失效（malign failure）也有人译为恶性失效。——译者注

故。我们称会出现危险失效的应用为安全关键应用。一个失效有危险还是无危险，由应用特征决定。在这两个极端之间的失效，我们可为失效赋予一个严重等级，可从诸如失效导致的经济损失或用户体验损失角度来确定。

> **例：** 在诸如数字电视的多媒体系统中，单个像素的失效将在下一周期被复写，这种失效是人无法察觉的。因此，这种失效的严重等级为可忽略。

频度。 在给定的时间间隔内，失效可能只发生一次或重复发生多次。如果只出现一次，称该失效为单次失效。如果系统在出现失效后可以继续正常工作，则称这样的失效为瞬时失效。经常发生的瞬时失效称为重复性失效。永久性失效是一种特殊的单次失效，一旦出现系统就会停止提供服务，直到采取修复动作以消除引发该失效的原因。

观测。 如果多个用户观测一个失效的组件，会有两种情况：所有用户看到相同的失效行为，我们称之为一致失效；不同用户看到不同的失效行为，我们称之为不一致失效。不一致失效在文献中有多个不同的名称：双面失效、拜占庭失效或恶意失效。由于不一致失效会潜在让正确组件难以区分，这种失效通常最难处理（见 3.4.1 节）。在高完整性系统中，必须考虑可能会出现拜占庭失效 [Dri03]。

> **例：** 假设一个系统包含三个组件。如果某个组件处于不一致失效模式中，其他两个正确组件将看到该组件的不同失效行为。在极端情况下，一个正确组件视失效组件的行为正确，而另一个正确组件视失效组件的行为错误，这导致两个正确组件看到不一致的失效组件行为。

> **例：** 稍稍偏离规格（SOS）失效是一种特殊的拜占庭失效。在四层次模型中（参见 2.3.1 节），SOS 失效可以在模拟层与逻辑层之间的接口上出现。对于总线系统，如果发送器的高电平输出电压略低于高电平状态规定的电压水平，有些接收器会假设这个高电平信号是正确的，从而接受这个信号；而其他接收器则认为信号电平不够高，从而不接受这个信号。在信号处于电压或定时时间边界区域时，要密切关注可能会出现 SOS 失效。

错误传播。 如果一个组件内的错误被激活，受到引发错误的故障影响，组件未能限制住错误，导致传播到该组件之外，就发生了错误传播。在简化的假设条件下，如果组件之间、组件与环境之间只通过消息进行交互（没有诸如共享内存等任何其他交互方式），则错误只可能通过包含错误的消息传递来传播。

为了避免错误传播影响其他健康组件（至少在错误发生时还处于健康状态的组件），并破坏组件的独立性假设[⊖]，必须为每个组件构建错误传播限制边界。消息可能有值域错误，如某个消息字段的值有错；或者时域错误，即消息在非期望时刻发送，或者根本不该发送（即忽略性失效）。如果通信系统事先知道一个组件的正确时域通信行为，就可以检测到组件的时域消息失效。因为通信系统不知道消息中字段数据值的内容含义（参见 4.6.2 节），消息接收者需要承担检测所接收消息字段中数据错误的责任。

在周期性系统中，因为组件基状态（参见 4.2.3 节）中包含会影响下一个循环周期行为的当前循环周期信息，需要格外注意组件基状态的出错情况。基状态中的潜在错误会成为下一个循环周期计算的不正确输入，会导致基状态错误数逐渐增多（称为状态侵蚀）。如果基状态为空，就不可能通过基状态把当前循环周期的错误传播到下一个循环周期。为了确保基

⊖ 该假设要求组件之间在行为上相互独立，一个组件不会受到其他组件正确行为或者是故障行为的影响。——译者注

状态的完整性，需要一个独立的诊断组件来专门进行监控。

6.2 信息安全

信息安全涉及计算机系统提供的信息和服务的真实性、完整性、保密性、隐私性和可用性。后续小节中，信息安全对应的英文术语是 security。我们称计算机系统设计或运行中可能导致安全事故的缺陷为漏洞，将成功利用漏洞称为入侵。以下原因清楚解释了为什么信息安全已成为嵌入式系统设计与运行中的主要关注问题 [Car08]：

1）电子控制器被计算机取代。在过去的几年中，硬连线电子控制器已被可编程计算机所取代，而这些计算机上安装着仍有缺陷的操作系统，使得外部可利用软件系统的一些漏洞。

2）嵌入式系统是分布式的。大多数嵌入式系统都是分布式的，通过有线或无线信道互连。外部入侵者可使用这些通信信道访问系统。

3）嵌入式系统连接到互联网。嵌入式系统与互联网的连接使得入侵者可在世界任何地方都能发起远程攻击，并系统地利用任何检测到的漏洞。

截止到今天，在网络空间（如互联网）和物理世界的行为之间通常是人作为中介。人类应该有共同意识和责任心。他们能够辨识有明显错误的计算机输出，且不会基于这样错误的输出在物理世界中开展任何活动。然而在直接连接互联网的嵌入式系统（物联网）中，情况完全不同：连接到互联网的智能对象（如机器人）能直接与物理世界交互。攻击者可通过破坏防火墙，进而破坏嵌入式系统的完整性，从而产生功能安全危害。另外，攻击者可以进行拒绝服务攻击，从而降低重要服务的可用性。信息安全和功能安全[⊖]相互关联，是接入互联网的嵌入式系统中最受关注的问题。

> **例**：假设一个度假屋的主人可以通过互联网远程设置屋中电炉温控器的温度。如果攻击者获得了温控器的控制权，他可以将温度提到很高，从而显著增加能量消耗。如果攻击者攻击临近区域的所有度假屋，会让该区域的总能耗超过控制水平，从而导致该区域停电（摘自文献 [Koo04]）。

标准的信息安全技术立足于良好的安全体系结构，它控制信息在不同关键级别和保密等级的子系统间流动。这种体系结构层次的控制策略依赖于使用密码学方法，如加密、随机数的生成和哈希。使用密码学方法需要额外的能耗和芯片设施，这导致其有时无法在小型（便携式）嵌入式系统中应用。

6.2.1 安全信息流

嵌入式系统中的主要信息安全问题在于实时数据和系统配置数据的真实性和完整性，以及数据访问控制（信息安全控制程度相对较弱）。安全策略必须规定哪些进程有权修改数据（数据完整性）、哪些进程允许查看数据（数据保密性）。可基于 Biba 模型[⊜]构建确保数据完

⊖ 涉及 security 和 safety 这两个术语，前者指信息安全，后者指功能安全。在不引起混淆的情况下，翻译时尽量采取简化易懂方式，都译为安全。读者需要结合上下文来分析和判断"安全"具体指哪个概念。——译者注

⊜ 又称为 Biba 完整性模型，由 Kenneth J. Biba 于 1975 年提出。该模型针对数据完整性，提出了相应的数据访问控制规则，并用状态迁移系统模型来刻画其中的关系。整体来看，Biba 模型主要用来：1）防止未授权方对数据的修改；2）防止授权方超越权限对数据进行修改；3）确保数据内部，以及数据与外部其他数据之间的一致性。——译者注

整性的安全策略，而确保数据保密性的安全策略可由 Bell-LaPaluda 模型[○]得到 [Lan81]。这两种模型均将进程和数据文件按照等级由高到低进行分类。进程可以读取和修改相同等级的数据。相应的安全模型控制来自不同等级读写进程对数据的访问和修改。

Biba 模型关注数据的完整性，这也是混合关键等级嵌入式系统密切关注的特性。从功能安全分析视角，可以依据关键等级对数据文件和进程进行分类（参见 11.4.2 节）。为确保高关键等级进程的完整性，进程不能读取比自身等级低的数据。为确保低关键等级进程不会干扰比自身等级高的数据，Biba 模型要求低关键等级进程不能修改高于其自身关键等级的数据。

Bell-LaPaluda 模型关注数据保密性。可以依据数据的保密等级对数据文件和进程进行分类，从最高机密到无秘密。为确保最高机密等级数据的保密性，必须保证没有非密级别的进程能读取更高等级的数据。为确保最高机密等级进程不会将保密数据发布给非密等级进程，Bell-LaPaluda 模型限制最高机密进程将数据写入低保密等级的数据文件中。

从完整性角度的进程和数据分类一般与从保密性角度的分类结果不同。这两种不同角度的分类差异会导致关注点冲突。在出现冲突时，嵌入式系统应该更多考虑完整性问题。

所选的安全策略必须通过机制建立进程身份的真实性和其所交换数据的完整性。这些机制广泛使用 6.2.3 节中介绍的加密方法。

6.2.2 安全威胁

系统化的信息安全分析首先考虑攻击模型规格。攻击模型提出一种攻击假设，即它列出有哪些威胁，并假设攻击者的攻击策略。然后，猜测攻击者闯入系统的步骤并列举出来。下一阶段，提出防御策略来抵御攻击。但攻击假设可能不完整，聪明的攻击者可利用攻击假设没有覆盖的方法来攻入系统。

典型的攻击者会按照三个步骤实施攻击：访问选定的子系统、搜索和发现漏洞、入侵和控制选定子系统。攻击者可采用主动控制和被动控制两种方式。在被动控制模式下，攻击者观测系统并收集保密信息；而在主动控制模式下，攻击者控制系统的行为使其按攻击者的意图运行。信息安全体系结构必须包含系统行为观测机制，即入侵检测机制，来检测与上述攻击者三步骤相关的恶意攻击活动。同时，体系结构也必须提供防火墙和防御规程来减轻入侵带来的后果，从而确保系统能够生存。

必须通过严格的强制性访问控制过程来阻止对系统的访问，每个人或进程必须认证自己的身份，而这种认证必须由回调（callback）过程进行验证。安全防火墙在限制访问授权用户敏感的子系统中发挥着重要作用。

作为异常检测子系统（见 6.3.1 节）的一个功能，入侵检测机制可以发现攻击者的漏洞搜索行为。异常检测可用于检测随机物理故障的后果，以及恶意入侵者的活动。

设计良好的结构化安全体系结构可以阻止攻击者获得子系统的控制权。为了达到这个设计目标，不同的进程被赋予不同的关键等级，并由基于形式化模型的安全策略来控制这些不同关键等级进程之间的交互。

达到最高信息安全等级不只是技术上的挑战，也需要在高层次管理上投入，以确保用户

○ 由 David Elliott Bell 和 Leonard J. LaPadula 联合提出的数据访问控制模型，用于政府和军事应用数据的访问，特别是美国国防部的多级安全策略 MLS。——译者注

严格遵守根据安全策略规定的组织规则。许多违反安全的行为并不是由计算机系统的技术缺陷导致，而是因为用户不遵守组织的安全策略。

> **例**：Beautementt 等人 [Bea09] 称：许多信息安全事故是由人而非技术失效造成的，这是在研究和实践中取得的广泛共识。研究人员从人机交互（HCI）角度分析发现，许多人为操作失误是因为安全机制对非专业用户来说太难掌握了。

下面列出了一些观测到的安全攻击手段，然而并不意味着没有其他攻击手段。

恶意代码攻击。 恶意代码攻击指攻击者将病毒、蠕虫和木马等恶意代码插入软件中，使得攻击者可以部分或完全控制系统。这些恶意代码在下载软件新版本的过程中静态插入，例如通过恶意的代码维护动作（这是一种内部攻击），也可以在系统运行过程中通过访问被感染的互联网网站或打开被感染的数据而动态插入。

欺骗攻击。 在欺骗攻击中，攻击者伪装成合法用户以获得对系统的未授权访问。互联网上有许多不同的欺骗攻击：将一个合法的 Web 页面（如银行系统的页面）替换为受攻击者控制且看似相同的网页（也称钓鱼网站）、将 Email 中的正确地址替换为虚假地址、入侵者通过截获两个通信者之间的会话获得双方交换消息的中间人攻击[⊖]。

密码攻击。 在密码攻击中，入侵者试图猜测系统的访问密码。有两种不同的密码攻击手段：字典攻击和暴力攻击。当使用字典攻击时，入侵者用常用的密码串来猜测密码。在暴力攻击中，入侵者则系统性地搜索密码的完整字符空间，直到成功入侵。

密文攻击。 在这种攻击模型中，攻击者假定能够获得密文，并试图从密文文本中推断出密文的明文和可能的加密密钥。现代标准化加密技术，如 AES[⊜]（高级加密标准），使密文攻击几乎不可能成功。

拒绝服务攻击。 拒绝服务攻击试图使计算机系统无法为用户提供服务。在任何使用无线通信的场景下，例如无线传感器网络，攻击者可以使用适当频率的高功率信号来堵塞信道，以干扰目标设备与外界的通信。在互联网上，攻击者可以向一个站点发送一组协调好的突发服务请求，使其超载从而无法处理合法的服务请求。

僵尸网络攻击。 僵尸网络（botnet，其中 bot 是机器人 robot 的缩写）是一组受感染的网络节点（例如，成千上万的 PC 或机顶盒），在攻击者的控制下互相合作（然而节点拥有者并不知情）以完成恶意任务。第一阶段，攻击者使用恶意代码感染网络节点，获得控制形成僵尸网络。第二阶段，攻击者向目标网站发起分布式拒绝服务攻击，使其无法为合法用户提供服务。僵尸网络攻击是互联网上最严重的攻击方式之一。

> **例**：日本的一项研究 [Tel09, p.213] 表明平均四分钟就可感染一台互联网上未受保护的 PC，共有大约 50 万台 PC 已被感染。共有大约 10 Gbps[⊕]来自日本 IP 地址的网络流量被僵尸网络所浪费（不包括僵尸网络上的垃圾邮件流量）。

6.2.3　加密方法

在连接互联网（因而成为物联网）的嵌入式系统中，只能通过坚定而灵活地使用加密方

⊖　攻击者与通信两端建立独立联系，并交换其所收到的数据，使通信两端认为他们正在与对方直接对话，但事实上攻击者完全控制着整个会话。——译者注

⊜　由美国国家标准和技术研究所 NIST 在 2001 年采纳并发布的标准，来自于比利时密码学者 Vincent Rijmen 和 Joan Daemen 所提交的草案。——译者注

⊕　每秒传输 1000 兆位。——译者注

法来提供足够的完整性和保密性。与通用计算机系统不同，嵌入式系统的信息安全体系结构必须处理以下两方面额外的约束：

- 时间约束。数据加密/解密一定不能延长时间关键任务的响应时间；否则，加密会降低系统的控制质量。
- 资源约束。许多嵌入式系统都受制于有限的内存、计算能力和能源资源。

基本的加密概念。任何信息安全体系结构都必须提供基本的加密原语，包括对称密钥加密、公钥加密、哈希函数和随机数生成。在安全密钥管理系统支持下，正确使用上述原语可确保数据的真实性、完整性和保密性。

下文中使用术语 hard⊖表明在系统必须提供安全的时间周期内，所采用的加密方法超出了预想攻击者的破解能力。术语强加密用于表明所采取的系统设计、加密算法和密钥选择充分确认攻击者几乎不可能成功攻击系统。

在密码学中，称加密或解密算法为密码。在加密过程中，密码将明文转换成密文。密文保存了明文的所有信息，但如果没有算法和解密所需密钥的相关知识，就无法理解密文内容。

对称密钥加密算法使用相同（或可简单的相互推算）的密钥对明文进行加解密。因此，加密密钥和解密密钥都必须保密。相反，非对称密钥算法使用不同的密钥进行加密和解密，即公钥和私钥。虽然这两个密钥在数学上相关，但难以（hard）从公钥推理出私钥。非对称密钥算法是广为使用的公钥加密技术的基础 [Riv78]。

密钥分配过程称为密钥管理。在公钥加密系统中，系统的安全性取决于私钥的保密性以及公钥和对应私钥所有者身份之间的信任关系。需要通过公认的安全服务器所提供安全网络认证协议来建立这种信任关系。KERBEROS 协议 [Neu94] 是一个网络认证协议，它提供相互认证服务并通过可信安全服务器在开放（非安全）网络中建立两个节点之间的安全信道。

在对称和非对称密码学中，密钥和不可预测数生成都需要随机数。其中，为确保会话密钥的唯一性，不可预测数只能被使用一次（称为 nonce）。在公钥加密中，需要私钥的节点必须从一个 nonce 生成一对非对称密钥，其中一个密钥（私钥）由这个节点来保密存放，而另一个密钥（公钥）则通过开放信道分发出去。必须向安全服务器发送该公钥的一个签名副本，这样其他节点可通过该服务器来检查该公钥和生成该公钥的节点身份之间的可信关系。

为了保密，私钥不能被存储在明文中，而必须封装在一个加密信封中。要拆开该信封，就需要一个非加密的密钥，常称为根密钥。根密钥是建立这种信任链的源点。

由于公钥加密的计算量大大高于对称密钥加密的计算量，因此，公钥加密有时只用于安全分发密钥，而使用对称密钥来加密数据。

加密哈希函数是一个逻辑确定性（见 5.6 节）数学函数，它将一个大的可变输入字符串转换为固定长度的比特字符串，满足如下约束的定长比特串称为加密哈希值（简称哈希）：

- 意外或故意改变输入字符串中的数据会导致相应哈希值的变化。
- 难以（hard）从一个哈希值反推找到对应的输入字符串。
- 难以（hard）找到两个具有相同哈希值的不同输入字符串。

要通过电子签名来建立明文消息的真实性和完整性，就必须使用加密哈希函数。

身份认证。任何知道发送者公钥的一方都可以解密发送者使用其私钥加密的消息。如果

⊖ hard 是困难的意思，这里单独强调这个术语是对困难程度的描述。为了翻译的通达，在下文难以只使用一个中文词来表示 hard 所要表达的含义，因此会根据原文在括号中注明 hard 这个单词。——译者注

能够确认发送者公钥和发送者身份之间的信任关系，则消息接收者就能确定是谁发送的消息。

数字签名。要同时确保明文消息的真实性和完整性，首先把文本作为输入调用加密哈希函数，然后使用文本作者的私钥对哈希值进行加密，得到数字签名。接下来，把该数字签名添加到文本消息中。该文本消息接收者在获得作者发布的公钥之后，一定要检查解密得到的数字签名是否与通过对文本字符串重新进行哈希计算得到的哈希值相同。

私密性。任何人，如果使用接收者公钥来解密一个消息，则可以确定只有这个接收者的公钥才能解密给定的这条消息。这时，称该消息相对于相应接收者具有私密性。

资源需求。密码操作相关的计算量可以用所需的能耗、执行时间和实现硬件的集成门数来表示，这些会随所选择的算法不同而变化。2001 年美国国家标准研究所已选择 AES 算法作为对称加密联邦信息处理标准。AES 支持 128、192 和 256 位的密钥长度。表 6-1 给出了不同的 AES 硬件实现所需的资源估计。从该表可知，设计时需要在执行时间和硅片面积之间进行权衡。

表 6-1　不同硬件的 AES 实现所需资源比较（摘自 Feldhofer 等人 [Fel04a]）

128 位强度 AES 加密⊖	所需的芯片集成门数	时钟周期
Feldhofer	3 628	992
Mangard	10 799	64
Verbauwhede	173 000	10

表 6-1 给出了三种 128 位强度的 AES 硬件实现算法所需的硅片面积（集成门数）和速度（时钟周期）之间的关系。公钥加密算法所需的资源要高于表 6-1 中的数据。目前有一个合作研究工作，目标是在小型嵌入式系统中以合理成本实现公钥加密算法，其核心是实现资源可感知的椭圆曲线加密⊖算法 [Rom07]。该研究直接产生的结果和半导体工业的发展将一起为不远将来在各种小型嵌入式系统中普遍实现加密算法提供相应的技术和经济性基础。

6.2.4　网络身份认证

本小节概要介绍一个网络身份认证协议的例子，它使用公钥加密在新网络节点与其公钥之间建立相应的信任关系。为此，需要一个可信任的安全服务器。假设所有网络节点知道该服务器的公共加密密钥，同时该服务器也事先知道所有节点的公共加密密钥。

若节点 A 想要向一个未知的节点 B 发送一个加密消息，节点 A 需要执行以下步骤：

1）节点 A 构造一个包含以下内容的签名消息：当前时间、节点 A 想要获得节点 B 公钥⊖和节点 A 签名。然后节点 A 使用安全服务器的公钥加密该消息，并通过开放信道将该密文消息发送给安全服务器。

2）安全服务器使用其私钥来解密节点 A 发来的消息，并检查是否之前发过该消息。然后用节点 A 签名的公钥来检查消息的签名，以确认 A 所发消息的内容是否经过认证。

3）安全服务器构造包括用下内容的响应消息：当前时间、节点 B 的地址、节点 B 的公钥、服务器的签名，并用节点 A 的公钥加密该消息，然后通过开放信道将该密文消息发送给 A。

⊖　椭圆加密算法使用公钥加密体制，1985 年由 Koblitz 和 Miller 两人提出。根据公钥密码体制所使用的难题，一般包括三类：大整数分解类、离散对数类、椭圆曲线类。——译者注

⊖　这里的意思是节点 A 通过该消息来表达其意图，即问服务器："节点 B 的公钥是什么？"。——译者注

4）节点 A 用其私钥解密该消息，并检查该消息是否为最新的消息、安全服务器的签名是否经过认证。由于节点 A 信任从安全服务器接收到的信息，因此确认节点 B 公钥经过了认证。从而节点 A 使用该公钥来加密发送给 B 的消息。

使用对称密码学的网络身份认证协议可以为两个节点建立安全信道，之前提到的 KERBEROS 协议 [Neu94] 就是这种协议。

6.2.5　实时控制数据的保护

遍布工厂的分布式传感器周期性地通过开放无线信道将实时传感器采样值发送到控制节点，控制节点计算用于控制阀的设定点。对于这样的实时处理控制系统，我们假设存在一个攻击模型：攻击者会通过向控制节点发送伪造的传感器采样值来企图破坏工厂的正常运行。

为了确保传感器采样值的真实性和完整性，标准的安全解决方案是让具体的传感器节点在其采样值结果中附加其电子签名，接收到传感数据的控制器节点会检查数据中附加的签名。然而，这种方法由于需要生成和检查电子签名，因而延长了控制回路时间。这种延长控制回路时间周期的办法会对控制质量产生负面影响，必须要避免。

实时控制系统的设计挑战在于如何找到一种能检测攻击且又不延长控制回路时间周期的方案。该例子表明，实时性能和信息安全这两方面需求在实时控制系统中无法单独进行处理。

在设计安全协议时必须考虑如下的实时控制系统特征：

- 在许多控制系统中，单一控制阀设定值的破坏不会导致出现严重问题，但一定要避免一系列控制阀的设定值被破坏。
- 传感器采样值只有短的时域精确性（见 5.4.2 节），通常是若干毫秒范围。
- 许多移动嵌入式系统能用的计算和能耗资源都受限。

上述某些特征有助于安全协议的设计，而有些则增加设计的难度。

例：可以把实时数据的签名生成和检查从控制回路独立出来并发执行。其结果是不会延长控制回路周期，但会延长一个或多个控制周期发现入侵。考虑控制系统的上述特征，这种方案是可以接受的。

为了在上述约束条件下有效保护实时数据，需要开展更多的研究。

6.3　异常检测

6.3.1　什么是异常

观测分析现实生活中嵌入式系统的状态空间，会发现有很多例子佐证在预期（正确）状态和错误状态或错误行为模式之间存在一个灰色区域。处于此灰色区域的状态称为异常或不正常状态（见图 6-4）。异常检测关注超出预期范围但又不属于错误或失效的状态或行为模式。导致出现异常的原因有很多：入侵者发现系统中有漏洞、环境中的意外情况、用户错误、传感器降级导致的读数不精确、外部扰动、系统规格变更、由设计或硬件中错误导致即将出现的失效等。异常检测是重要的系统功能，因为异常的发生表明系统出现了非典型情况（例如，攻击者入侵），需要立即采取纠正行动。

实时实体的取值异常有些无法在语法层次被检测到，这时可以使用应用相关的取值约束范围和相互关系来检测。这种使用应用相关知识的异常检测又称为合理性检查。

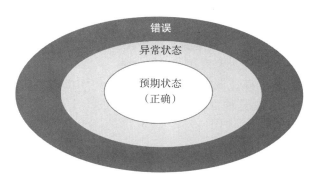

图 6-4 在预期状态和错误状态之间的灰色区域

例：工艺过程的变化惯性（如温度变化）约束了实时实体取值的变化速度，这为合理性检查
提供了非常有效的依据。

可以使用断言来在程序执行过程中进行合理性检查，或者通过验收测试 [Ran75] 在程序
执行结束时进行合理性检查。验收测试是一种有效的值域异常检测方法[⊖]。

为了能够更有效地检测异常，先进的动态异常检测技术会跟踪系统的运行上下文变化，
自主学习系统在特定上下文中的正常行为。在具有周期性行为的实时控制系统中，对实时数
据进行时间序列分析也是一种非常有效的异常检测技术。Chandola 等人 [Cha09] 对异常检测
技术做了精彩的总结分析。

由于以下原因，异常检测子系统应该和功能子系统分离：

- 异常检测子系统应实现为独立的故障限制单元，使得其本身的失效不会直接影响功
  能子系统，也不会受功能子系统失效的直接影响。
- 异常检测是系统中目标明确的任务，必须独立于功能子系统。须有两个不同的工程
  团队分别开发功能子系统和异常检测子系统，以避免出现共模失效[⊖]。

基于 4.1.1 节所介绍的多播消息原语，提供了独立于功能子系统的异常检测手段，使得
可以无探测效应地访问组件的基态。异常检测子系统根据严重程度将观测到的异常进行分
类，并将其报告给离线的诊断系统或在线的完整性监控器。在观测到异常后，一旦判断该异
常会导致功能安全相关事故，完整性监控器可以立即采取纠正动作。

例：在踩下刹车后，车辆仍然保持加速就是一个异常。在这种情况下，在线完整性监控器应
自主地停止车辆加速。

所有检测到的异常都应该被记录到异常数据库中，以便后续的在线或离线分析。对异常
记录的详细程度取决于其严重程度，异常越严重，越须记录更多的异常信息。对异常数据库
的离线分析可以挖掘发现系统中的脆弱点，以便在后续版本中加以修正。

例：在安全关键系统中，必须详细审查观测到的每个异常，直到明白无误地确认导致异常的
最终原因。

⊖ 验收测试指针对需求、业务过程或用户要求对系统或软件进行的测试，其测试结果可以帮助用户或认证部门
确认该系统或软件是否可以接受，即通过验收。大部分情况下，软件的需求规格是验收测试的依据，因此需
要从值域角度开展覆盖测试，可以有效发现相应的异常。

⊖ 这里主要指避免出现因开发团队或个人原因导致的共模失效，如习惯性的使用不恰当的库函数。——译者注

6.3.2　失效检测

只有对观测到的组件行为与其预期行为进行对比分析，才能检测到失效。如果把失效检测设计为系统内置功能，则只有当在系统提供关于预期行为的某种形式的冗余信息时，才可能检测到失效。失效检测覆盖率，即某失效发生后可被检测到的概率，随着系统提供预期行为信息的详细程度提高而提高。极端情况下，如果要保证检测到组件的每次行为失效，就必须设计第二个组件（黄金参考组件）来提供参考行为以进行比较。这实际上是一种预期行为信息的 100% 冗余方案。

计算活动模式的规律性知识可用来检测时域失效。如果已知每秒都必须收到一个计算结果消息，则可以在一秒内检测到消息丢失。如果已知计算结果消息必须在每秒钟这个精确时刻到达，且接收端有一个全局时间，则消息丢失的检测延时由时钟同步精度决定。有时间抖动的系统比没有时间抖动的系统有更长的失效检测延时。更早开展失效检测，所节省时间对于启动安全关键实时系统的缓解（mitigation）动作非常关键。

为了给实时系统找到一个合适的任务调度，必须事先知道所有实时任务的最坏执行时间（WCET，见 10.2 节）。操作系统可以使用 WCET 来监控任务的执行时间，如果任务经历了 WCET 长度时间尚未结束，则检测到了一个时域失效（即超时）。

6.3.3　错误检测

如前所述，错误是一种不正确的数据结构，如不正确的状态或程序。只有在拥有所关注数据结构预期特性的额外信息时，才能检测到其中的错误。该额外信息可以是数据结构本身的一部分，例如 CRC 字段；也可以来自其他数据源，例如使用断言表示的先验知识或提供黄金参考数据结构的独立信道。

编码空间的语法知识。编码空间可分为两个区域，一个区域包含语法正确的编码，另一个区域则包含具备错误检测能力的码字[⊖]。有效码字的先验语法结构信息可用于检测编码错误。码字的海明距离定义为该码字的编码可被检测到的最多错误位数加 1。使用带有错误检测功能的编码例子包括：内存错误检测码（如奇偶校验位）、数据传输中的 CRC 多项式、人机交互界面上的检验数字等。这种错误检测编码是一种非常有效的值域错误检测手段。

例：针对 128 个符号的字母表，使用单字节编码来表示其中的每个符号。由于只需 7 比特来编码表示一个字母，第 8 个比特可作为奇偶校验位，从而能够在由 256 个码字所组成编码空间中区分有效码字和无效码字。这个编码系统的海明距离[⊖]为 2。

冗余通道。如果两个独立、确定性通道各自使用相同输入数据进行计算，可以通过比较计算结果的一致性来检测失效，但不能确定哪个通道的计算结果是错的。故障注入实验 [Arl03] 表明在不同时间重复执行一个应用任务可以有效检测瞬时性的硬件故障。即使这种重复执行技术不能保证所有任务在可用的时间间隔内执行完两次，也可有效增加失效检测的覆盖率。

有多种关于硬件、软件和时间冗余的组合方式来检测不同类型的失效，都要对计算重复

⊖ 码字是编码系统提供给用户直接使用来表达信息的基本单位。如对于 ASCII 编码系统而言，其提的码字包括英文字符、数字等。——译者注

⊖ 即给定一个码字，最多能够检测出其中一个比特错误。——译者注

执行两次。当然，两次计算必须是完全相同[⊖]，否则在两个冗余通道上检测到的差异会比由故障导致的差异还要多。如何通过冗余通道执行完全相同计算来实现容错软件可参见 5.6 节的讨论。

黄金参考。如果把一个通道上的计算看作是黄金参考，即根据定义，该计算具有正确性，我们就能以此为参考来确定另一个通道上的计算结果是否正确。另外一种方案则需要三个通道来进行多数表决，假设三个通道的计算得到了同步，可以发现某一个通道的故障。

例：David Cummings 报告了在 NASA 火星探路者飞船软件上的错误检测经验 [Cum10]:
由于太空中粒子辐射的增强，导致硬件发生不可预测错误的概率变大，同时由于探路者系统本身的高可靠性要求，我们采用了高度"防御"的编程风格，在软件中内置了密集的错误检查，来检测辐射诱发的硬件故障和特定软件 bug 的副作用。团队成员之一的 Steve Stolper 在他负责的软件中有一个简单的算术运算，如果计算机正常工作就会生成一个偶数（如 2、4、6 等）。很多程序员在编程时不会去检查这样简单计算结果的正确性，而 Stolper 为确认这个算术运算结果是否为偶数开展了专门测试。我们把这种测试称为"2+2=5 测试"[⊜]。我们从未想过这个测试会失败。但是，实际我们却看到了 Stolper 测试报告了错误，表明检测到了失效（即产生了奇数）。这种情况只发生了一次，我们在数千甚至数百万次的迭代中尝试，但却从来没有能够重现这个故障。为何出现一次这样的故障是真伤脑筋，尤其在环境良好的软件测试实验室，几乎不存在粒子辐射问题。我们也仔细研究了 Stolper 所写的代码，没有问题。

从这个例子中我们能学到什么教训？依赖单一计算通道永远不可能开发出安全关键系统。

6.4 容错

在开始容错性系统设计之前，首先要给出相关故障假设的精确规格。故障假设了描述容错系统必须容忍的故障类型，并将故障空间分为两个区域：常规故障域（即必须容忍的故障）和罕见故障域（故障假设之外的故障，属于罕见事件）。图 6-5 展示了容错系统的状态空间，中间是正确状态。常规失效使系统进入常规故障状态（图 6-5 的中间圆环，即故障假设定义的状态）。系统的容错机制可以修复常规故障，使系统重新回到正确状态。罕见故障使系统进入故障假设之外的状态（图中最外面的圆环），因而系统的容错机制无法有效处理。即便如此也不能忽视不管，而应该使用决不放弃（NGU）策略[⊕]，使系统回到正确状态。

例：假定有一个故障假设规定在特定时间段内必须容忍单个组件所发生的故障。那么，两个组件同时出现故障就是故障假设之外的情况，是罕见故障。此时应尝试 NGU 策略。NGU 策略假设两个组件同时发生故障纯属偶然，快速重启系统应能将系统恢复到正确状态。为及时启动 NGU 策略，系统必须要能及时检测违反故障假设的情况。分布式容错成员服务就是这样的检测机制，例如时间触发协议（TTP）[Kop93] 所实现的成员关系协议。

⊖ 原文是 replica determinate，即两个通道上的计算就像确定性复印般的一致。——译者注
⊜ 这是对该测试的形象化命名，实际测试是检查该算术运算结果的奇偶性。结果发现了一次在计算机正常工作情况下，产生了奇数结果。——译者注
⊕ 任何故障假设都不可能把系统运行期间可能遇到的故障规定清楚，特别是和外部因素相关的一些瞬时故障。重启系统是一种常见的不放弃策略。NGU 是 Never Give Up（决不放弃）的缩写。——译者注

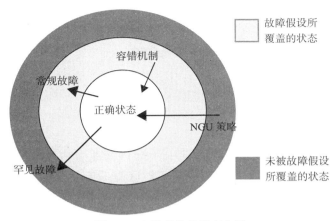

图 6-5　容错系统的状态空间

6.4.1　故障假设

故障限制单元（Fault Containment Unit，FCU）。整理故障假设首先要定义故障限制单元（作为系统的基本失效单元）的规格说明。FCU 的失效独立性由其质量工程来保证。即使 FCU 之间在失效率方面有很小的关联，也可能对系统整体可靠性产生巨大影响。如果一个故障能导致多个 FCU 失效，那么必须仔细分析这种关联性失效的概率，并在故障假设中加以记录。

例：在分布式系统中，包括软硬件的组件可看作 FCU。如针对电源和信号隔离采取了合适的工程措施，就可以假设系统中物理分布的组件以相互独立的方式发生失效。在片上多处理器系统（MPSoC）中，只通过消息交换进行通信的 IP 核也可认为是一个 FCU。然而，由于 MPSoC 中的 IP 核在物理上互相靠得很近（易发生空间邻近性故障），且这些 IP 核共用电源和时钟源，并不能保证 IP 核的失效完全独立。例如，在航空领域，无论 MPSoC 内部实现了何种故障限制机制，MPSoC 总体失效率均假设为 10^{-6} 菲特（FIT）。

失效模式和失效率。描述完 FCU 规格后，接下来描述 FCU 的失效模式以及每个失效模式的估计失效率。这些估计的失效率是可靠性模型的输入，从而计算设计模型的可靠性，并检查是否满足所需要的可靠性。而后，当系统构建完成后，对比分析估计的失效率与运行现场观测到的失效率。从而检查系统设计阶段设定的故障假设是否合理，以及所需的可靠性目标是否能够满足。表 6-2 中列出了工业和汽车领域大规模 VLSI 芯片中典型的硬件失效率（数量级）[Pau98]。

表 6-2　对应失效模式的硬件失效率

失效模式	失效率（FIT）
永久性的硬件失效	$10 \sim 100$
非失效静默的永久性硬件失效	$1 \sim 10$
瞬时性的硬件失效（极大依赖于环境因素）	$1\ 000 \sim 1\ 000\ 000$

⊖　故障限制单元作为基本的系统失效单元，意味着在做容错设计时不进入 FCU 内部，而是把 FCU 作为一个整体去分析其失效模式。同时这也对 FCU 的设计实现提出了要求，即必须确保不同 FCU 之间在失效方面相互独立，否则就则出现了一个 FCU 失效导致另一个 FCU 失效，不满足 FCU 的定义。——译者注

⊖　原文有误，应为 10^{-6} 失效／小时，对应 1000 菲特。参见 1.4.1 节关于 FIT 的定义。——译者注

　　除了失效模式和失效率，故障假设中还必须有专门的章节来介绍运行时的错误和所设计的失效检测机制。这方面主题参见上面的 6.3 节。

　　恢复时间。恢复时间是用以把系统从瞬时失效恢复到正常工作状态所需的时间，它是可靠性模型的一个重要输入。在关注系统运行状态的设计中，恢复时间取决于基状态态周期[⊖]（参见 6.6 节）时间长度和组件重启所花时间。

6.4.2　容错单元

　　为了容忍故障限制单元的失效，需要进一步把 FCU 组合构成容错单元（Fault-Tolerant Unit，FTU）。构建容错单元 FTU 的目标是把单个 FCU 的失效屏蔽在 FTU 内部。如果 FCU 是失效静默组件，则两个这样的 FCU 可构成一个 FTU。如果无法了解 FCU 的失效行为特点，即 FCU 可能会发生拜占庭失效，那么需要四个 FCU，并使用两个独立的通信信道连接起来构成一个 FTU。如果所有 FCU 都有容错的全局时间，且通信网络能限制 FCU 的时域失效，那么三模冗余（TMR）就可以屏蔽一个非静默失效 FCU 所发生的失效[⊖]。TMR 是最重要的故障屏蔽方法。

　　虽然容错机制可屏蔽 FCU 失效，致使在用户接口上看不到相应的失效，但永久性的 FCU 失效仍然会减弱或消除其故障屏蔽能力。因此，至关重要的是把被屏蔽的失效报告给诊断系统，从而来修复故障单元。此外，系统必须要提供专门测试技术以定期检查是否所有 FCU 和容错机制都还在正常运行。术语擦洗指周期性地使用测试技术来检测故障单元，以避免错误积累。

　　例：如果内存中的数据字由纠错码保护，那么必须定期访问检查这些数据字，以发现和纠正错误，避免错误累积。

　　失效静默 FCU。失效静默 FCU 在结构上由一个计算子系统和一个错误检测器（图 6-6）组成，或者由两个 FCU 与一个用于比较两个 FCU 结果的自检器组成。失效静默 FCU 要么输出正确的结果（在值域和时域上），要么不输出任何结果。在时间触发体系结构中，两个有行为确定性的失效静默 FCU 组成一个 FTU。因此，在同一个时刻，FTU 内部的两个 FCU 一起会输出零个、一个或两个正确的结果消息。如果两个 FCU 都不产生消息，则 FTU 失效；如果产生一个或两个消息，FTU 仍能正常工作。接收者必须丢弃冗余的结果消息。由于这两个 FCU 在行为上确定，如果收到两个正确的结果，接收者不管选取哪个消息都可以。如果结果消息是幂等的[⊜]，收到两个重复消息和收到一个消息具有相同的效果。

　　三模冗余。如果一个故障限制单元（FCU）在其链接接口（LIF）上会出现值域失效，且失效概率超出了相应应用领域的容忍程度，可以使用三模冗余（TMR）来检测和屏蔽相应的失效。在三模冗余配置中，使用三个同步的确定性 FCU 构成一个容错单元（FTU），每个 FCU 都由一个表决器和计算子系统组成。任何两个有数据流连接的 FTU 必须使用两个独立的实时通信系统来传输数据，以防止任何一个通信系统可能出现的失效（图 6-7）。所有 FCU 和通信系统必须能够访问容错的全局时基。通信系统必须要对时域错误进行限制，即

　　⊖　参见第 4 章的 4.2.3 节，基状态周期即为两个重组时刻点间的间隔。——译者注

　　⊖　非静默失效 FCU 是对 FCU 失效行为特征的概括，所发生的失效则指在运行过程中实际发生的一次失效，显然也服从非静默特点。——译者注

　　⊜　幂等（idempotent）是抽象代数的一个概念，参见 5.4 节。——译者注

必须了解 FCU 允许的时域行为。一旦 FCU 行为违反其规格说明中明确的时域规格，通信系统将丢弃从这个 FCU 接收到的所有消息，以保护其自身免受过载的影响。如果未发生故障，每个接收消息的 FCU 将收到六个物理消息，其中从每个发送 FCU 收到两个消息（通过两个独立通信系统）$^{\ominus}$。由于所有 FCU 都有确定性行为，三模冗余中行为正确的 FCU 将产生相同的结果消息。表决器比较三个独立计算的结果，然后选择由多数（三个 FCU 中的两个）FCU 计算的结果来检测并屏蔽错误。

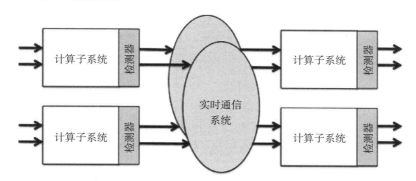

图 6-6　由两个失效静默 FCU 构成的 FTU

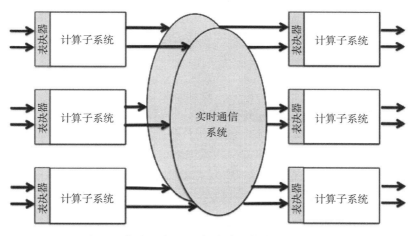

图 6-7　各由三个 FCU 与表决器构成的两个 FTU

在拥有容错的全局时基情况下，根据以上规则配置的 TMR 可以容忍任何 FCU 和任何通信系统的任意失效。

有两种表决策略：精确表决和非精确表决。精确表决会按位对 FTU 中三个 FCU 产生的消息数据字段进行对比。如果其中两个 FCU 消息有完全相同的位模式，则选择其中一个消息作为三模冗余的输出。这里有一个基本假设，正确运行的行为确定性组件副本会产生完全相同的结果。精确表决要求构成 FTU 的三个 FCU 在接收到的输入消息和基状态上严格位相同。如果使用冗余传感器从环境采集数据，必须执行协商协议来确保几个输入消

　⊖　FTU 中有三个 FCU 同时在工作。设 FTU A 给 FTU B 发送消息，则意味 A 中的每个 FCU 都会发送一条消息给 B，由于 A 和 B 之间通过双通道独立通信系统交换消息，因此 B 中的 FCU 实际会从通信系统收到六个物理消息。——译者注

息按位相同。

在非精确表决中，如果从应用角度在相同时间区间内产生两个消息[○]，则认为两个消息语义相同。当不能确保副本组件的行为确定性时，必须使用非精确表决。如何为非精确表决器选择适当的表决时间区间是一项棘手的任务：如果时间间隔太大，错误值会被误认为正确；而如果时间间隔太小，正确值又会被认为是错误的。不论定义哪种准则来确定两个结果相同与否，都是一件困难的事情。

> 例：Lala[Lal94] 报道了在美国空军 F-16 战机电传飞控系统中使用不精确表决的经验，其中使用 4 个松弛同步控制的冗余计算通道，为了既避免虚警，又避免漏警，需要为 4 个信道设置合适的阈值来确定输出消息是否相同，而这实际上为开发工作带来了大量麻烦。

拜占庭故障容错单元。 如果不能对 FCU 的失效模式做假设，也没有容错的全局时基，则必须要有 4 个 FCU 组件才能构成可以容忍拜占庭（或恶意）故障的 FTU。这 4 个组件必须要执行一个协商协议来识别单一组件的拜占庭故障。理论研究 [Pea80] 表明，要识别 k 个组件可能同时发生的拜占庭故障，该协商协议（称为拜占庭协商协议）需满足以下条件：

1）FTU 必须至少包含 $3k+1$ 个组件。

2）每个组件必须通过 $k+1$ 个不相交的通信路径与所在 FTU 中其他组件相连。

3）为检测恶意组件，必须在组件间执行 $k+1$ 轮通信。在一轮通信中，每个组件都要向所有其他组件发送消息。

Hopkins 等人 [Hop78] 给出了一个能够容忍拜占庭失效的体系结构设计示例。

6.4.3　成员关系服务

必须以低延迟方式把一个 FTU 的失效一致地报告给所有其他运行的 FTU，这就是成员关系服务。为一个组件建立成员关系的时间点，称为组件成员关系时间点。从组件成员关系时间点开始，经过一段短的时间延迟后，要向组件集合中所有其他组件一致地通知关于该组件的成员关系。这个延迟时间[○]是许多安全相关应用正确运行的一个重要参数。

在不能满足故障假设的情况下，以一致方式来激活"决不放弃"（NGU）的故障恢复策略也是成员关系服务的另一项重要功能。

> 例：汽车上的智能 ABS（防抱死刹车系统）是一个分布式计算机系统，在每个车轮上都部署一个计算机节点。每个节点上都运行一个分布式算法，根据刹车踏板位置计算分配到相应车轮的制动力（图 6-8）。如果某个车轮上的计算机节点失效或通信掉线，该车轮上的液压制动作动器会自动切换到一个预先设置好的状态，如释放车轮让其自由运动。如果其他节点经过一个短延迟时间（如大约 2 ms 的一个控制周期）获悉该车轮上的计算机失效，就会重新把制动力分配到其他三个正常受控的车轮上，确保汽车行驶仍然受控。然而，如果其他节点没有

○ 如图 6-7 所示，这里的两个消息主要指通过两个独立通信信道获得的消息。根据 FTU 的定义，即有三个 FCU 组成，这两个消息必然是从某个 FTU 中同一个 FCU 发出的。如果这两个消息的数据内容不同，非精确表决不会区分，这也是这种表决存在的问题之一。非精确表决主要关注两个消息的时域特性，即通过确定两个消息是否在同一个时间区间出现来确认这两个消息是否具有相同的语义。本质上，这个时间区间与系统外部环境中实时实体的时域特性有关。——译者注

○ 在这段时间内，其他组件并不知道有组件在加入成员关系，不知道相应组件是否出现了失效，因此就有可能引起其他安全问题。——译者注

在短延迟时间内检测到一个节点的失效，仍然会根据四个车轮正常受控这个假设来分配制动力，就会产生错误并导致汽车行驶失控。

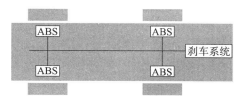

图 6-8　汽车中的智能 ABS 示例

事件触发体系结构。在事件触发体系结构中，只有当出现了所关注的显著事件时，组件才会发送相应的消息。组件保持静默意味着要么所关注事件未出现，要么组件出现了静默失效（如通信掉线或以失效静默方式宕机）。即使假设通信系统完美可靠，事件触发体系结构也无法辨别一个静默组件是否出现了失效。为了解决这个不确定的成员关系问题，事件触发体系结构必须提供一个额外的时间触发服务，例如周期性看门狗服务（见 9.7.4 节）。

时间触发体系结构。在时间触发体系结构中，在发送周期性消息时也发送成员关系信息。我们假设一个失效组件无法提供服务的时间间隔会大于两个成员关系时间点间的最大间隔时间。由于每个接收者事先知道来自发送者的消息的到达时刻，并把收到这样的周期性消息视为发送者组件在成员关系时间点上保持存活的证据 [Kop91]。基于在两个连续成员关系时间点间收到的预期消息，可以推论发送组件在这两个成员关系时间点间的整个时间段内都是活动的（这里有一个假设，即短暂失效的节点在这个时间间隔内没有恢复）。可以在任何时间点上为组件集群中的 FTU 建立成员关系，经过双向信息交换产生的时间延迟后实际建立起成员关系。因为在时间触发体系结构中一个双向信息交互产生的时间延迟事先已知，因此可以确定成员关系服务的时间边界。

6.5　健壮性

6.5.1　基本概念

在嵌入式系统领域，如果一个系统中故障所导致后果的严重程度与故障发生的概率成反比，即频繁发生的故障对系统服务质量只有轻微的影响，则认为这是一个健壮的系统。不论是哪一种故障来源，一旦发生，健壮的嵌入式系统会尽可能快地采取恢复动作以把故障对用户的影响最小化。如 6.1 节所述，故障的直接后果是导致系统运行状态出现错误，即系统进入非预期状态。如果能在错误状态对系统服务质量产生严重影响之前检测到故障并修复，就能增加系统的健壮性。健壮性设计不关注如何发现具体的失效原因——这是诊断子系统的任务——而是关注故障发生后如何快速恢复系统以提供正常服务。

许多实时控制系统和多媒体系统的固有周期性特征有助于开展健壮性设计。由于大多数作动器的物理动力有限，在大多数情况下，一个控制周期内单一的错误输出不会导致物理设定点⊖的突然变化。如果能在下一个控制周期中检测并纠正错误，故障对控制系统只会产生小的影响。多媒体系统也是类似情况。如果某个帧包含一些不正确的像素，或者即使整个

⊖　原文为 set point，指控制系统设定的控制目标，系统的特征量会在控制目标上下波动，控制的目标就是确保波动范围不会太大，尽可能接近设定的目标。——译者注

帧都完全丢失，但如果下一帧恢复正确，这个故障对于用户的多媒体体验只会产生有限的影响。

6.5.2　健壮系统的结构

一个健壮的系统至少包括两个实现为独立 FCU 的子系统（图 6-9），一个业务子系统（FCU 组件），执行计划的操作并控制物理环境，另一个是监控子系统（FCU 组件），检查业务子系统的运行结果和其基状态是否符合用户预期 [Tai03]。

图 6-9　健壮系统结构

在诸如控制系统等周期性应用中，每个控制周期从读取组件的基状态和输入数据开始，然后执行控制算法，最后产生新的设定点和基状态（见图 3-9）。一个控制周期内出现的瞬时故障，即便已经污染了组件基状态，也只能传播到下一个控制周期。在健壮系统中，业务子系统必须在每个控制周期都向外发布其基状态，使得监控子系统可以检查该基状态的合理性，并在检测到严重错误后采取纠正措施，包括重置业务子系统和使用修复的基状态来重启业务子系统。

绝对有必要采用双通道方法来设计安全关键应用，一个通道执行业务计算产生结果，另一个通道（安全监控器）监控业务计算结果的合理性。即使软件被证明是正确的，也不能保证硬件在运行过程不出现瞬时故障。IEC 61508 标准也要求使用这种双通道方法来确保系统的功能安全性，一个通道用于执行正常功能，另一个独立通道则用来确保控制系统的功能安全性（见 11.4 节）。

对于失效安全应用而言，安全监控器的唯一职责就是在出现安全故障后把系统引入安全状态。安全监控器的静默失效会导致丧失安全监控功能，非静默失效虽然导致系统可用性降低，但不会影响系统的安全性[⊖]。

对于失效可运作[⊖]应用，安全监控器的非静默失效则对系统的安全性产生影响。因此，安全监控器自身必须能容错，或者至少具备自检能力以防止出现非静默失效。

6.6　组件重集成

大多数计算机系统的故障都是瞬时的，即它们在短时间内偶尔出现，影响系统运行状态，但不会永久性损坏硬件。如果在发生瞬时故障后，能及时恢复系统服务，大多数情况下该故障不会对用户体验产生严重影响。在许多嵌入式应用中，快速把出现故障的组件重新集

[⊖] 只要出现失效都会导致安全监控器无法发挥正常的安全监控作用，区别在于静默失效导致系统维护人员不知道出现了失效，而非静默失效则不同，使得维护人员可以及时采取措施来维护系统（因为只是失效安全系统，而不是失效可运作系统）。而在系统维护时一般不能提供正常的功能服务，但不会导致出现安全问题。因此说这种失效影响了系统的可用性，而不是安全性。——译者注

[⊖] 即出现失效后，仍然可以继续使用或提供功能服务，参见 1.5.2 节。——译者注

成到系统中是一个非常重要的能力，必须设计合适的体系结构机制来加以支持。

6.6.1　重集成时间点

虽然系统会在不受设计人员控制的任意时刻发生失效，但设计人员可通过一定的机制把修复后的失效组件重新集成到系统，并提前规划重新集成的时间点。如何找到合适的时间点来把修复的失效组件重集成到系统，是实时系统设计的一个关键问题。所谓合适，指在相应的时间点下，组件状态与其环境同步$^{\ominus}$（包括组件集群中的其他组件和物理设备）。由于实时数据会随时间推进而失效，试图回滚到以前的检查点并不可行，因为时间流逝同样也会导致检查点信息无效（见表4-1）。

重新把一个组件集成到系统中需要重新加载组件的状态数据。如果待加载的状态数据规模较小，且能通过单个消息来传输，则重集成就可以得到简化。在完成一个原子操作后的第一个时刻，组件的状态数据规模相对最小，这是组件重集成的最佳时间点。4.2.3节介绍了组件基状态概念，即组件重集成时刻的状态。在诸如嵌入式控制系统和多媒体系统等循环周期系统中，理想的组件重集成时刻是新循环周期的起始点。因此，两个连续重集成时刻点的距离等于控制周期时长。如果修复后的组件在重集成时刻的基状态为空，此时把该组件重集成到系统就很简单$^{\ominus}$。然而，许多情况下，组件在其生命周期中不会出现完全为空的基状态。

6.6.2　最小化基状态规模

当确定了循环周期中的重集成时刻后，必须要分析和最小化在相应时刻的基状态，以简化重集成的过程。

基状态的分析与最小化分两个阶段。在第一阶段，必须对组件内所有的系统数据结构进行分析，确保没有任何隐藏的状态。特别需要注意的是，必须找到所有一定要显式初始化的变量，必须检查重集成时刻所有信号量和操作系统队列的状态。作为一种良好的编程实践，在检测到一个任务中带有基状态信息时，应通过一个特殊的消息来输出检测到的基状态数据，并且当该任务被重新激活后再次读取并输出它的基状态数据以保持同步。基于所读取和存储的基状态，可以将一个组件中所有任务的所有基状态数据封装为该组件专属的基状态消息。

在第二阶段，必须要对所读取和存储的基状态数据进行分析并最小化。如图6-10所示，建议将基状态数据划分为三部分进行分析：

1）第一部分数据为通过传感设备从环境采集的输入数据。如果这些传感器基于实时实体的状态来采集数据，且发送的是实时实体的绝对值（即状态消息），而不是其相对值（即事件消息），那么完整扫描一遍所有传感器就可以得到重集成组件的一组当前镜像，从而重新在组件与外部环境间建立同步关系。

2）第二部分数据为在计算机控制下、可输出到环境中的数据。我们称这组输出数据为重启向量。相当多应用的重启向量可在开发阶段定义。任何时候要重集成一个组件时，把相应的重启向量施加到相应环境中，从而与环境状态建立一致关系。如果不同的处理模式需要不同的重启向量，可在开发过程中为每个模式定义相应的重启向量。

$\ominus$　即组件中关于外部环境实时实体的信息与外部环境实际情况一致。——译者注

$\ominus$　基状态为空表示相应组件没有任何历史运行状态的信息。对于这样的组件，重集成就非常简单，直接集成进来就可以。——译者注

图 6-10　基状态的数据划分

3）基状态的第三部分是除了上述（1）和（2）之外的其他需冗余保存的数据。必须使用组件之外的数据源来恢复这部分数据，如从一个容错系统的副本组件、监控器组件或操作员那里来获得相应的恢复数据。在某些情况下需要将第三类数据转换为第一类，这时可考虑重新设计传感设备。

> **例：**当交通控制系统重启时，可以将重启向量发送到交通信号灯上，使所有交叉路口的信号灯首先变黄，然后变红，最后将主路的信号灯变绿。这是在计算机系统与外部环境之间建立同步的相对简单方法。另外一种更复杂的方法，根据信号灯控制命令日志记录（截止到失效时刻）来重设所有信号灯的当前状态。

在使用副本组件构造 FTU 的系统中，不能从环境中直接获取的基状态数据必须通过基状态消息在 FTU 组件间分发拷贝。在时间触发系统中，发送基状态消息应是组件的一个标准周期性任务。

6.6.3　组件重启

在监控组件（图 6-9）检测到失效后，可按照如下过程重启相应组件：1）监控组件向业务组件的 TII 接口发送一个可信的复位消息，强制进行硬件复位。2）业务组件复位后执行自检，通过检测核心镜像（要执行的作业任务）数据结构中的签名来验证核心镜像的正确性。如果核心镜像有错，必须要从可靠存储空间重新加载该镜像的副本。3）业务组件扫描所有传感器，并等待一个周期以获取环境的所有当前信息。对这些信息进行分析以决定受控对象的工作模式，并选择待施加到环境的重启向量。4）最后，在业务组件从监控组件收到与下一个重集成时刻相关的基状态信息后，它与所在集群中其他组件和物理环境建立同步，并开始执行其任务。硬件性能和实时操作系统特征会影响组件重启的实时性，在收到重启服务消息和收到基状态消息之间的时间间隔可能会显著长于重集成循环周期。一旦如此，监控组件必须对未来的状态进行估计[⊖]，从而为未来的合适重集成点建立相应的基状态。

要点回顾

- 故障被视为错误或失效的原因。

⊖ 因为可能长时间收不到监控组件发来的基状态消息，因此组件在重启后就需要根据所选择的重集成点来估计相应的状态（相对于进行估计的时刻，就是未来状态）。——译者注

- 错误即系统状态与预期（正确的）状态出现了偏差。
- 失效是发生在特定时刻，表示组件实际行为与预期行为（服务）之间有偏差的一个事件。
- 工业级芯片出现永久失效的失效率在 10 ～ 100 菲特之间，而出现瞬时失效的失效率则要比永久失效高多个数量级。
- 信息安全涉及计算机系统提供的信息和服务的真实性、完整性、保密性、隐私性和可用性。嵌入式系统中的主要信息安全问题是数据的真实性和完整性。
- 漏洞是计算机系统设计缺陷或实际运行中出现的问题，会导致产生安全事故。成功找到系统漏洞的行为叫入侵。
- 典型的攻击者会按照三个步骤实施攻击：访问选定的子系统、搜索和发现漏洞、入侵和控制选定子系统。
- 许多信息安全事故是由人而非技术失效造成的，这是在研究和实践中取得的广泛共识。
- 任何信息安全体系结构都必须提供基本的加密原语，包括对称密钥加密、公钥加密、哈希函数和随机数生成。
- 异常是介于正确和错误之间灰色区域的一种系统状态。异常检测是重要的系统功能，因为异常的发生表明系统出现了非典型的情况（例如，攻击者入侵），需要立即采取纠正行动。
- 在安全关键系统中，必须详细审查观测到的每个异常，直到明白无误地确认导致异常的最终原因。
- 如果把失效检测设计为系统内置功能，则只有当在系统提供关于预期行为的某种形式的冗余信息时，才可能检测到失效。
- 故障假设描述容错系统必须容忍的故障类型，并将故障空间分为两个区域：常规故障域（即必须容忍的故障）和罕见故障域（故障假设之外的故障，属于罕见事件）。
- 罕见故障使系统进入故障假设之外的状态，因而系统的容错机制无法有效处理。即便如此，也不能忽视不管，而应该使用决不放弃（NGU）策略，使系统回到正确状态。
- FCU 的失效独立性由其质量工程来保证。即使 FCU 之间在失效率方面有很小的关联，也可能对系统整体可靠性产生巨大影响。
- 构建容错单元 FTU 的目标是把单个 FCU 的失效屏蔽在 FTU 内部。虽然容错机制可屏蔽 FCU 失效，致使在用户接口上看不到相应的失效，但永久性的 FCU 失效仍然会减弱或消除其故障屏蔽能力。
- 在三模冗余配置中，使用三个同步的确定性 FCU 构成一个容错单元（FTU），每个 FCU 都由一个表决器和计算子系统组成。
- 成员关系服务会把每个 FTU 的运行状态一致地报告给所有其他运行的 FTU。
- 在许多嵌入式应用中，快速把出现故障的组件重新集成到系统中是一个非常重要的能力，必须设计合适的体系结构机制来加以支持。
- 健壮性设计不关注如何发现具体的失效原因——这是诊断子系统的任务——而是关注故障发生后如何快速恢复系统以提供正常服务。
- 绝对有必要采用双通道方法来设计安全关键应用，一个通道执行业务计算产生结果，另一个通道监控业务计算结果的合理性。

文献注解

Avizienis 等人在研讨会上发表的论文 [Avi04] 为可信性和信息安全领域建立了核心概念。Chandola 发表的综合性领域调研文章 [Cha09] 对异常检测做了很好的总结分析,而论文 [Sal10] 则对在线失效预测做了深度分析。每年的 DSN 会议(IEEE 和 IFIP WG 10.4 组织)是可信计算领域最重要的研究论文研讨场所。

复习题

6.1　给出术语失效、错误和故障的准确含义,并回答 FCU 有哪些特征。

6.2　VLSI 芯片的典型永久失效和瞬时失效分别有什么样的失效率?

6.3　什么是异常?为何异常检测重要?

6.4　为什么从瞬时故障恢复的时间要短?

6.5　有哪些基本的错误检测技术?从错误检测角度对比分析事件触发系统和时间触发系统。

6.6　健壮性和容错这两个概念有何区别?描述一下健壮系统的结构。

6.7　海森堡 bug 与玻尔 bug 之间有哪些不同?

6.8　分析拜占庭失效的特征,回答什么是稍稍偏离规格(SOS)失效。

6.9　列举一些安全威胁的例子,回答什么是僵尸网络。

6.10　比较分析用于信息安全系统的 Bipa 模型和 Bell-LaPaluda 模型的差异。

6.11　系统性安全分析包括哪几个步骤?什么是漏洞?什么是入侵?

6.12　什么是成员关系服务?列举一个需要成员关系服务的实践例子。影响成员关系服务质量的参数有哪些?如何在事件触发架构中实现成员关系服务?

6.13　故障假设文档需要描述哪些内容?什么是决不放弃策略?

6.14　分析通过副本组件能够屏蔽哪些类型的故障,以及不能屏蔽哪些类型的故障。

6.15　如果使用 TMR 来实现容错,有哪些要求?

6.16　什么是重启向量?请给出一个例子。

实 时 通 信

概述　本章从体系结构视角来讨论实时通信。首先，本章对实时通信系统的需求进行总结分析：包括时间抖动最小的低延迟协议，建立全局时基，位于接收端的快速错误检测，限制通信系统时域错误的传播，从而避免喋喋不休节点阻碍功能正常节点之间的通信。接下来，本章介绍实时通信系统的腰际线模型，其核心是以给定延迟和可靠度把消息从发送者传输到一组接收者的基本消息传输服务（BMTS）。实时系统的可靠性和实时性是一对矛盾，需要交给应用来决定如何折中，BMTS 不应该做任何硬性规定。在 BMTS 之上的协议称为高层协议，用来提供双向消息交换服务，如请求 – 应答服务。相对应的是，BMTS 之下的协议称为低层协议，用来提供基本的消息传输服务。本章接下来讨论流程控制概念、不同类型的流程控制和颠簸（thrashing）现象。从实时视角来看，有三种不同的通信服务：事件触发通信、速率受限通信和时间触发通信。在事件触发通信部分，本章会介绍互联网中常用的以太网协议、CAN 总线协议和 UDP 协议。由于事件触发通信对消息发送者没有设置时间约束，给定通信系统的有限带宽，它无法确保消息传输的延迟和时间抖动范围。速率受限通信协议则规定了延迟和抖动范围，本章会介绍此类协议中的 ARINC 629 和 ARINC 684（AFDX）。最后，本章将介绍时间触发协议 TTP、TTEthernet 和 FlexRay。这些协议要求建立服务于所有通信节点的全局时基。每个时间触发消息都有一个周期，当全局时间正好行进到了一个时间触发消息周期的开始时刻，就会触发该消息的传输。时间触发通信的消息传输具有确定性特点，适合于实现由副本组件提供的容错服务。

7.1　需求

基于前面章节对于实时数据特性的讨论，本章继续讨论分布式实时系统通信设施的体系结构需求，它们与非实时通信服务的需求具有本质上的差异。

7.1.1　实时性需求

实时通信系统与非实时通信系统的最重要差异就是前者要求短的消息传输延迟和最小化的传输时间抖动。

短的消息传输延迟。 分布式实时事务（1.7.3 节）的实时间隔开始于从传感器读取数据，结束于把处理结果输出到作动器，它依赖于系统组件计算所需的时间和组件之间消息传输所需的时间。该时间间隔应尽可能小，从而确保控制循环的停滞时间能够最小化，因而实时通信协议的最坏消息传输延迟可以做到比较小。

最小化的传输时间抖动。 抖动是指最坏传输延迟与最好传输延迟之间的差值。大的时间抖动对通信动作延迟（5.5.2 节）和时钟同步精度（3.4 节）有不利影响。

时钟同步。 环境的实时镜像在其使用时刻必须具有时域精确性[⊖]（5.4 节）。除非能够度

　⊖　即在使用时刻，实时镜像与相应实时实体的实际状态相一致的程度。——译者注

量从实时实体状态的观测时刻（由传感器节点执行）到作动器使用所获得的数据（对受控对象进行控制）时刻的时间间隔，否则无法检查分布式系统的时域精确性是否满足要求。要对该时间间隔进行度量，就要求为所有分布式节点提供精度合适的全局时基。设计通信系统时需决定是否提供这样的全局时间，如果需要，则应用遵从 IEEE 1588 时钟同步标准来建立全局时基，并据此来同步各个分布式节点的局部时间。如果需要容错，则一定要提供两个具有自检能力的独立通道来把终端系统连接到容错式通信设施，并同时使用两个通道来传输时钟同步消息来容忍其中一个通道发生消息丢失故障。

7.1.2 可信性[⊖]需求

通信可靠性。实时通信系统可视具体情况选择多种技术方案来提高通信可靠性，如使用健壮的信道编码，用于前向纠错的纠错编码，使用扩散算法把一个消息复制到多种信道进行传输（如无线通信系统采用的跳频）。许多非实时通信系统通过时间冗余来保障可靠性，即如果消息丢失则重发。使用时间冗余来满足可靠性的折中办法会显著增加时间抖动，因此不应该在 BMTS 中考虑，而应留给应用本身来决定是否采用。

> **例**：肯定确认或重传（PAR）协议在事件驱动的非实时通信中广泛应用。发送者在发出消息后会等待一段时间以接收来自接收者的肯定确认，表示之前的消息已成功发送给接收者；如果出现超时（即在给定时间段内没有收到相应的确认消息），发送者将再次发送之前发送的消息（即重传）。这个过程会重复 n 次（由协议实现设置），如果仍然没有收到肯定确认消息，发送者会收到一个通信永久失效消息。大部分情况下 PAR 协议消息传输的第一次尝试都会成功，然而在个别极端情况下，尝试 n 次都不成功，因此 n 次的传输超时时间加上 n 次的最坏传输延迟时间会导致 PAR 的传输抖动会非常大。因为一次传输超时时间一定大于两个最坏传输延迟时间（一个消耗于消息传输，一个消耗于确认传输），PAR 的抖动时间一定大于最坏传输延迟时间的 $2n$ 倍。

> **例**：一个传感器组件周期性地（如每毫秒）向控制组件发送包括 RT 实体的状态观测消息。在该场景中，如果消息丢失或者被破坏，相对于使用 PAR 协议重新发送先前的状态观测消息，等待一段时间接收下一条新消息更有意义，因为可以获得 RT 实体的最新状态观测。

组件的时域故障限制。即便是多个正确实现的组件，在使用一个共享通道进行通信的情况下，一旦一个组件出现故障导致时域错误且无法限制其传播范围，也不能保持正确的通信。共享通道必须建立时域故障防火墙来限制组件时域故障（出现相应故障的组件称为话痨组件[⊖]）的传播范围，从而使得进行通信的其他组件不会受到该故障组件的直接影响。要实现这个目标，通信系统必须掌握一个组件的预期（允许）实时行为，一旦发现该组件实际行为违背其实域行为规格便将它从网络中断开。如果通信系统不能实现这个需求，故障组件将会阻止正确组件之间的正常通信。

> **例**：一个故障组件如果持续向 CAN 总线发送高优先级的消息，会阻塞其他正确组件的正常通信，导致这些正常组件之间的通信报文完全丢失。

⊖ 对应的英文术语为 dependability。——译者注

⊖ babbling idiot。一个话痨组件，由于有实时性方面的故障，会在分配给它的发送时间窗口之外发送消息，引起网络资源访问冲突。本书在翻译时根据上下文语境需要，有时也把这种组件译为喋喋不休组件，相应的故障译为喋喋不休故障。——译者注

错误检测。通信消息具有原子性，即要么到达目的地，要么没有。为了检查传输过程中消息是否被破坏，每个消息都有一个冗余的 CRC 字段，接收者通过它可以确认消息数据的有效性。在实时系统中，由接收者来检测消息的破坏或者消息丢失是个需要特别关注的要点。

> **例**：基于输出的错误检测。设想一个场景，控制阀上的一个节点从控制器节点接收输出命令。在因线缆被割断而导致通信中断的情况下，控制阀（即接收者）应该进入安全状态，如自动关闭阀门。控制阀（接收者）为了能够进入安全状态，即便在线缆被割断的情况下，也必须能够自动检测通信的丢失。

> **例**：基于输入的错误检测。设想一个场景，一个传感器节点周期性地向控制节点发送传感数据。在因线缆被割断而导致通信中断的情况下，控制节点（即接收者）必须立刻检测到通信的丢失。

分布式系统中的通信协议应能检测其中组件的失效，并使用一致的方式把失效信息报告给系统中其他所有正常工作的组件。这就是成员关系服务功能，它可以迅速且一致地检测实时系统中的组件失效。

端到端确认。在任何需要多个节点协作达到预期结果的场景中，需要对一个分布式动作的成功或失败进行端到端确认 [Sal84]。实时系统中，关于一个通信动作最终成功与否的端到端确认可以由非消息接收者组件发出。发给作动器的消息一定会在相应环境中引发产生所期望的物理效果。传感器组件（显然不同于作动器）负责对所期望的物理效果进行监视，所观测结果就是这种最终的端到端确认，指示发到作动器的消息是否引发所期望的物理效果。

> **例**：图 7-1 展示了一个示例，其中连接到其他节点的流量传感器对输出到控制阀的消息进行端到端确认。

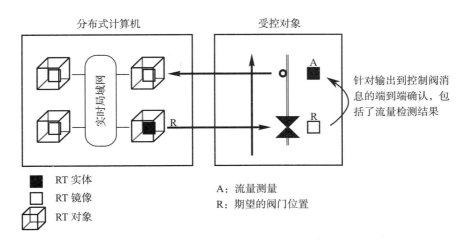

图 7-1　实时系统中的端到端确认示例

> **例**：如参考文献 [Sev81，P.414] 关于三里岛[⊖]二号核反应堆在 1979 年 3 月 28 日发生事故的阐述，一个有错误的端到端协议会引发严重的后果：在导致事故的长长失效链中最重要和最

⊖　美国宾夕法尼亚州米德尔敦附近的一个岛屿。——译者注

具破坏性的失效也许就发生在安装于稳压器中的泄压阀。泄压阀实际没有关闭，然而它的监控灯却保持绿色（意味泄压阀已关闭）。该系统违背了一个基本设计原则，即不能信任作动器一定能完成期望的动作。在收到了控制阀对控制输出信号（即要求关闭控制阀）的接收确认后，设计者假设该确认意味着相应的阀门已关闭。但因为阀门中存在的机电故障，导致这个推理不成立。如果采用了能够从机械方面感知阀门关闭位置的端到端协议，那个灾难性的错误信息就不会出现，也许就可以避免出现相应的灾难性事故。

确定性。基本消息传输服务（BMTS）应具有确定性行为，确保所有通信信道中的消息顺序都相同，并确保通过独立冗余信道传输的副本消息的到达时刻应足够接近。这个属性在5.6 节进行过详细讨论，是采用主动冗余来实现容错必须满足的属性。

例：对于容错通信而言，如果两个独立信道传输相同消息，但消息间的顺序不一致，则系统不再有副本消息确定性，因而就失去了相应的故障屏蔽能力。

7.1.3   灵活性需求

许多实时通信系统都必须支持对系统进行配置。配置会随时间变化。实时通信协议应该能够灵活适应对系统配置的更改，对于那些不受配置变更影响的系统节点，无须更新其软件，也无须对其进行重新测试。任何信道都有有限的带宽，这决定了给定时间内其能够处理的通信量也必然存在一个上限。

拓扑。分布式实时系统的标准通信拓扑是多播结构，而非点到点。不同的系统组件在处理时往往需要一个实时实体的相同镜像数据，如人机接口组件、过程模型组件和监控告警组件。发送给一组接收者的消息要在已知的短时间间隔内到达所有接收者。

通信节点的动态加入。通信系统应该允许动态加入新的通信节点。如果新加入的节点使用被动工作模式，即只接收而不发送消息，这种多播拓扑结构可以把这个新节点加入接收组中。如果新节点采用主动通信模式，即会发送消息，通信设施在不违背已给其他通信节点提供的实时服务质量前提下，应为新加入节点分配必要的通信带宽。

例：车载通信系统必须针对客户需求提供多种节点配置能力。一个用户也许会要求车提供带有记忆能力的天窗和自动座椅，而另一个客户可能想要特殊的空调系统和复杂的防盗系统。车载通信系统要能通过配置来支持所有这些可能的组合，且一旦配置之后，无须重新对系统中的分布式节点进行重新测试。

7.1.4   物理结构需求

实时通信系统采用哪种物理结构由技术需要和经济性两方面因素来决定。

例：部署于恶劣工厂环境中的物理传输系统一定要比温和办公环境中的系统要更加健壮。

物理故障隔离。通信系统应该为部署于不同空间位置的通信节点提供物理故障隔离办法，确保不会因诸如雷击引起共模失效⊖。节点间连接转换电路一定要能够容忍规定的高电压扰动。目前，相较于其他介质信道，光纤信道的物理故障隔离能力最好。

⊖ 如果某个事件发生会导致系统中多个节点都出现性质相同或相近的失效，则称出现了共模失效。——译者注

例：以电传操纵的飞机系统为例，该电传操纵系统中提供故障容错单元的节点应该放置于飞机不同位置，并通过具有良好故障隔离能力的信道连接。即便在高的电压扰动或者飞机因事故（如雷击）导致部分物理器械损坏的情况下，也不会致使电传系统中冗余节点出现耦合失效，从而使得这个安全关键系统功能失效。

电缆成本控制。许多嵌入式系统（如车载或机载嵌入式系统）的电缆及其相关装置的重量和成本都相当可观，通信协议的选择，特别是物理传输层介质的选择都要考虑电缆重量和成本最小化控制要求。

7.2 设计问题

第 2 章强调了需要设计通用模型来描述嵌入式系统的行为，从而避免设计结果中出现复杂任务的特征（见表 2-2 关于复杂任务的特征）。分布式系统中计算组件之间的通信是系统行为的有机组成部分，因此需要在体系结构层次使用简单模型来描述这种通信行为。如果在体系结构层次能够刻画系统中的消息传输实时特性，就无须去描述传输信道实现或高层协议逻辑涉及的细节机理和复杂性。

7.2.1 腰际线通信模型

图 7-2 所示的腰际线模型应能满足上面所述的简单模型目标。该模型的中心，即腰际线部分，是一个体系结构层次的基本信息传输服务（BMTS）。由前面章节的论述可知，BMTS可以高可靠地把消息从发送组件传输到一至多个接收组件，且传输延迟小，时间抖动最小化（见 4.3 节）。为了确保消息发送者不会受到接收者故障的直接影响，BMTS 必须支持单向消息流。

图 7-2 消息传输腰际线模型

网络通信中的数据报服务含义与这里所论述的 BMTS 接近，但是数据报不涉及时域特性需求（如短的传输延迟、最小化传输时间抖动等）。

根据 BMTS 的时域特性，可以把其支持的消息归为如下三类：

1）事件触发消息。一旦发送端发生了所关注的事件，就会构造相应的消息，消息之间没有最小时间间隔要求。无法保证从消息发出到消息到达之间的时间延迟。如果发送者在一段时间内发送的消息数量超出了 BMTS 的处理能力，要么向发送者施加后向压力[⊖]，要么消息会丢失。

2）速率受限消息。消息的产生方式同事件触发消息，但是发送者保证其发送速率不超过规定的最大限制。在给定的故障假设下，BMTS 能够保证以不超过最大的最坏传输延迟来

⊖   即限制发送者的消息发送行为，导致无法发送消息。——译者注

传输消息。传输延迟抖动取决于网络负载，最大不超过最坏情况传输延迟与最小传输延迟的差值。

3）时间触发消息。发送者和接收者事先约定好了消息发出和到达的准确时刻。在给定的故障假设下，BMTS 保证会在指定的时刻将消息发送给接收者，相应的抖动取决于全局时间精度。

基于通信信道的低层协议，可以使用许多不同的手段来在有线或无线信道上实现 BMTS。给定一种 BMTS 实现，主要关注的特征包括传输延迟、抖动、单一消息的单向传输可靠性（即从一个发送者发给一组目标接收者）。

BMTS 为高层协议的实现奠定了基础，如请求 – 应答协议、文件传输协议或其他通过更高层次概念分析而识别的规则式消息交换协议。

> **例**：请求 – 应答协议是一个简单的高层协议，它有两种 BMTS 消息，从发送者到接收者的请求消息，以及从接收者到发送者的应答消息（但从 BMTS 角度看来，是独立的消息）。

7.2.2　物理性能限制

任何一个通信信道在物理上都有带宽和传播延迟的限制。带宽指单位时间内能够在信道内进行传输的比特数，信道物理长度和信道内波（电磁波、光波）的传播速度决定了信号传播延迟，即一个比特从信道一端传输到另一端所花的时间。因线缆中波的传播速度大致是光在真空中传播速度的 2/3 [一]，一个信号在长度为 1km 线缆中的传播延迟约为 5μs。信道位长 [二] 这个术语指单位传播延迟内能够通过信道传输的比特数。

> **例**：如果信道带宽为 100 Mbit/s，信道物理长度为 200m，因信道传播延迟为 1μs，则信道位长为 100 bit [三]。

总线系统的信道由多个分布节点共享使用，对于所采用的任意一个介质访问协议而言，为了确保传输的可靠性，任意两个消息之间必须保持至少一个传播延迟的时间间隔。设信道位长为 bl 比特，消息长度为 m 比特，则介质访问协议的数据传输效率由下面的公式 [四] 所定义：

$$数据传输效率 < \frac{m}{m+bl}$$

> **例**：设想有一个 1km 长的总线，其带宽为 100 Mbit/s，其信道传输的消息长度为 100 bit，信道位长为 500 bit，那么该总线的最佳数据传输效率极限为 100/(100+500) ≈ 16.6%。

如果消息长度小于信道位长，任意介质访问协议所能达到的最佳信道利用率都会低于

[一]　光在真空中的传播速度为 300 000km/s，因此在线缆中的传播速度约为 200 000km/s。——译者注

[二]　本书所定义的信道位长（A）和其他通信专著所定义的有所不同。通信专著中的信道位长（B）定义为一比特（bit）信号在信道中的传播距离，即信号波速除以信号速率。以该例子来说，信道位长（B）则为 $\frac{200\ 000\ \text{km/s}}{100\ \text{Mbit/s}} = \frac{200\ 000\ \text{km}}{100\ \text{Mbit}} = 2\ \text{m/bit}$。不难发现这两个信道位长之间具有确定性的关系，即信道位长（A）= 信道物理长度 / 信道位长（B）。——译者注

[三]　在 1μs 时间内，能够在信道中传输的比特数为 100 Mbit/s*1 μs= 100 Mbit * 10⁻⁶ = 100 bit。——译者注

[四]　右边的 $m/(m+bl)$ 实际定义了上限，含义是恰好控制两个消息间正好有一个传播延迟的间隔，对应可传输 bl 比特。实际上，消息间的间隔时间都要大于传播延迟，因此实际数据传输效率要低于这个理论值。——译者注

50%。在设计协议时务必要考虑这个物理限制。如果一个信道的物理距离长、带宽大，那么用来传输短消息就会浪费信道资源[注]。表 7-1 给出了信道位长，它是信道带宽和物理长度的函数。

表 7-1　信道位长[注]（信道物理长度和带宽的函数）

信道物理长度和传播延迟 (s)	信道带宽（bit/s）和单比特传输所需时间						
	10 kbit 100μs	100 kbit 10μs	1 Mbit 1μs	10 Mbit 100 ns	100 Mbit 10 ns	1 Gbit 1 ns	10 Gbit 100 ps
1 cm – 50 ps	<1	<1	<1	<1	<1	<1	<1
10 cm – 500 ps	<1	<1	<1	<1	<1	<1	5
1 m – 5 ns	<1	<1	<1	<1	<1	5	50
10 m – 50 ns	<1	<1	<1	<1	5	50	500
100 m – 500 ns	<1	<1	<1	5	50	500	5 k
1 km – 5μs	<1	<1	5	50	500	5 k	50 k
10 km – 50μs	<1	5	50	500	5 k	50 k	500 k

例：基于表 7-1 的数据，对于 100m 长、带宽为 1 Gbit/s 的信道而言，要使其信道利用率大于 50%，则可推导出最小消息长度应大于 500 bit。在该场景下，使用该信道来传输只有若干比特的 BMTS 消息就会浪费信道的带宽。

7.2.3　流量控制

流量控制关注如何控制发送者和接收者之间的信息流动速度（通信系统领域有时使用拥塞控制这个术语），使得接收者和通信系统能够跟得上发送者的节奏。在任何通信场景中，最大通信速度由接收者或者通信系统的容量限制来决定，而不是发送者。有如下几种流量控制：

反向压力流量控制。如果通信系统或接收者[注]的负载大到无法处理任何新到达的消息，就需要强迫发送者延迟一段时间发送消息，直到相应的流量超载情况得到缓解。这种流量控制策略称为针对发送者的反向压力流量控制（也有称为背压流量控制）。

例：在 CAN 总线系统中，如果有发送者正在通过总线执行传输动作，则其他节点不能访问总线。运行于正在向 CAN 总线发消息节点端的访问协议对试图往总线发消息的其他节点施加反向压力。

显式流量控制。显式流量控制是一种反向压力流量控制，接收者向发送者发送一条显式的确认消息，通知发送者之前发送的消息已经成功到达接收者，同时接收者准备好接收后续消息。如 7.1.2 节例子所示，显式流量控制中最重要的协议是众所周知的 PAR 协议（支持重传的肯定确认协议）。

反向压力流量控制和显式流量控制都采用了一个有时会无法满足的假设：发送者在接收者的控制半径内，即接收者能够控制发送者的传输速度[注]（见图 7-3）。因为实时系统中物理

⊖　在给定带宽下，距离越长，信道位长就越大。消息越短，信道的利用率就越低。——译者注

⊜　不难发现，表中的数据即根据信道位长定义计算而来，即传播延迟除以单比特传输用时。——译者注

⊕　原文为 sender，即发送者，系有误，实际应为接收者。——译者注

⑳　更准确地来说，接收者想要控制的是发送者的消息发送频度。传输速度涉及消息传输介质的物理属性，接收者和发送者都无法控制。——译者注

过程的推进不受通信协议的影响，这个假设在许多实时场景中都不成立。

图 7-3　实时系统中的显式流量控制

例：1993 年 8 月 8 日，由于飞机对飞行员的命令响应太慢，一架电传攻击性原型机坠毁 [Neu95, p.37]。

尽力而为流量控制。采用尽力而为流量控制的通信系统，会在发送者和接收者中间提供消息缓冲区，如果通信系统无法分配可用的链路来将消息发送到最终接收者，就把消息存储于缓冲区。如果缓冲区已满，则相应的消息会被丢掉。

例：在交换式以太网中，网关在把消息发送给最终接收者之前先放进一个缓冲区。一旦这个缓冲区溢出，会向发送者施加反向压力或者丢掉接收到的消息。然而，消息在缓冲区的滞留时间长度难以预测。

在实时系统中，无法接受不可控的延迟或者消息丢失，因此无法应用尽力而为的流量控制。

速率约束流量控制。在速率约束流量控制下，发送者、通信系统和接收者在通信系统启动前就约定了最大消息传输速率。只要发送者在约定的最大速率内发送消息，通信系统和接收者就会接受并处理发送者发送的所有消息。

隐式流量控制。在隐式流量控制中，发送者和接收者在通信系统启动前约定消息的发送和接收时刻。这要求系统必须提供全局时基。发送者只在约定好的时刻发送消息，只要发送者的行为满足约定要求，接收者则接受发送者所发送的所有消息。通信系统在运行时将不会有确认消息。接收者负责错误检测，通过查看全局时钟来判定是否期望的消息没有到达。因为错误检测延迟由时钟同步精度决定，因而较小。隐式流量控制最适合用于实时数据交换。

7.2.4　颠簸

系统吞吐量随着负载加大会突然降低，这是经常能够观测到的颠簸现象。事实上，这种现象不只在计算机系统中出现。

例：以大城市的交通控制系统为例，在交通流量达到极限点之前，路网系统的吞吐量会随着交通流量的增加而增加。一旦达到该关键点，交通流量的增加会导致吞吐量的降低，换句话说就是产生了交通拥塞。

许多系统的吞吐量和负载之间都具有如图 7-4 所示的依赖关系。其中最上面的负载吞吐量曲线刻画的是理想情况（称为理想曲线），即系统吞吐量会持续随负载增长，直至系统负载饱和（即 100% 吞吐量），之后吞吐量稳定在 100% 水平。中间的那条曲线表示系统吞吐量始终得到有效控制，能够随着负载增加而单调增加，并达到最大吞吐量，这条线称为受控曲线。如果系统的吞吐量增长到某个水平后突然下降，就称该系统发生了颠簸现象，相应的拐点称为颠簸点，如图中最下面的曲线（称为颠簸曲线）。

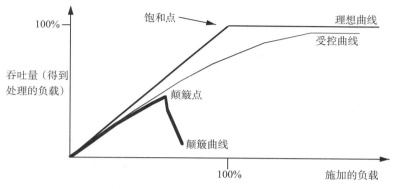

图 7-4　吞吐量 – 负载特征曲线图

实时系统一定不能出现颠簸问题。如果实时系统的设计会导致出现颠簸问题，该系统在处理罕见事件场景（见 1.5 节）时就可能会失效。

引起颠簸问题的设计机制。如果一个设计机制导致系统在处理给定的负载增量时需要超线性比例的资源增量，那么该设计机制就容易引发颠簸问题。下面介绍两个会引发颠簸问题的设计机制案例：

1）请求 - 响应协议（一种 PAR 协议）中的时间约束重试机制：通信系统在不能处理所施加的负载时，请求 - 响应协议会抛出超时异常，产生额外负载[⊖]。

2）操作系统动态调度服务机制：动态调度服务需要一定时间来寻找合适的调度方案。当请求负载达到操作系统的调度能力极限时，寻找新调度方案所消耗时间会以超线性方式增长，从而增加调度开销，并进一步减少应用任务可用的计算资源，引发颠簸问题。

队列管理也有类似的开销增加问题，一样会导致出现颠簸问题。

要想确保显式流量控制策略不会引发颠簸问题，必须要持续监控通信系统的资源需求，一旦系统吞吐量开始下降，就要在系统边界处向发送者紧急实施反向压力流量控制。

例：如果太多用户试图打电话并导致交换机过载，交换机会实施反向压力，向用户话机发送忙音。

但是在实时系统中，并不总是能够允许实施这种反向压力流量控制。

例：以电网监控系统为例，它需要持续对超过 10 万个不同的实时实体和警报进行监控。如果短时间内有大量闪电击中电力传输线，就出现了罕见事件，会引发出现许多关联报警。如果计算机系统此时处于颠簸状态，就不能针对这些警报实施如前所述的显式流量控制。该系统的设计要求必须能够处理同时出现 10 万个不同警报的情形。

⊖　产生的超时异常消息会传输给通信相关方，然后在规定的时间后又会进行重试，因而加剧系统出现的颠簸问题。——译者注

7.3 事件触发通信

图 7-5 在体系结构层次展示了事件触发通信的原理。只要在发送端出现诸如任务结束、中断到达等需要关注的事件，发送者会发送相应的消息。所发出的消息首先在发送端的消息队列暂存，等待基本消息传输服务（BMTS）取出并发送给接收者。所使用的通信信道可以是事件触发信道、速率约束信道或者时间触发信道。消息到达接收端后首先推入相应的队列暂存，直至接收者取出消息进行处理。位于接收端的 BMTS 会使用消息报文中的 CRC 域来检查消息内容是否在传输过程中被破坏。如果发现被破坏，则直接丢弃相应消息。从体系结构角度来看，事件触发通信系统主要关注 BMTS 的最大带宽、传输延迟、延迟抖动和传输可靠性等特征。这些特征都可以使用概率分布来进行参数化描述。

图 7-5　事件触发通信模型

只要通信涉及队列，就必须考虑队列溢出的可能性。如果消息发送速率大于网络的传输处理能力，发送端队列就会发生溢出；如果网络的消息投送速率大于接收端的消息处理速率，接收端队列也会发生溢出。不同的事件触发协议一般会采用不同的方法来处理队列溢出事件。

开放的事件触发通信系统无法确保实时性。如果开放的事件触发系统中每个发送组件都能自主地在任意时刻发送消息，那么这些发送者就可能在同一时刻（称为临界时刻或关键时刻）给同一个接收者发送消息，从而导致连接到接收者的通信信道超载。实际的通信系统一般采用三种策略来处理这种场景：1）系统把接收到的消息立刻存入接收端缓冲区；2）系统向发送者施加一个反向压力；3）或者系统丢弃一些消息。然而，对于实时数据传输而言，所有这三种策略都不能满足实时性要求。

诸如链路层的低层协议能够提高通信链路的可靠性，但代价是增加延迟抖动。尽管 BMTS 层次看不到低层协议，但是低层协议带来的效果，即可靠性增长和延迟抖动变大却会在 BMTS 服务特征上反映出来。事实上，如果在 Internet 中传输 BMTS 消息，没有人知道传输中使用了哪些不同类型的低层协议。

如 4.3.3 节所介绍，在传输事件信息时必须遵守严格一次性语义[⊖]的要求。由于 BMTS 协议并不提供这种保证，必须在发送者和接收者之间建立双向信息流来实现这种语义要求。在事件触发通信模型中，必须在更高层次使用两个或更多独立的（即通信服务角度的独立）BMTS 消息来实现该语义，形成相应的高层协议。

7.3.1 以太网

以太网是最常使用的非实时性协议。最早的以太网基于总线，使用 CSMA/CD（载波监

⊖ 即无论通信系统处于什么状态，相应的事件信息只会被传输一次。——译者注

听多路访问 / 冲突检测）来控制，采用指数回退访问控制⊖策略 [Met 76]。经过多年发展，这种基于总线的以太网逐渐演变为基于交换的以太网，即 IEEE 802.3 标准所定义的网络，它采用星形拓扑结构。以太网交换机采用尽力而为的流量控制策略，它在到最终接收者之前的链路上添加了一个缓冲区。如果缓冲区溢出，则所有发送给相应接收者的后续消息会被丢弃。如果一定要在以太网中实现传输的严格一次性语义，则必须在以太网之上通过两个或更多以太网消息来定义相应的高层协议。时间触发以太网就是这样的一个以太网扩展，它提供确定性的消息传输服务，会在 7.5.2 节介绍。

7.3.2　控制器局域网络

CAN（控制器局域网络）协议是由 Bosch 开发 [CAN90]，基于总线 CSMA/CA（载波监听多路访问 / 冲突避免）的协议，它对发送者采用反向压力流量控制。CAN 消息由如图 7-6 所示的 6 个字段组成。第一个字段是 32 位的仲裁域，包括 29 位的消息标识符（最初的 CAN 消息仅有 11 位的仲裁域，因而只支持最多 2048 个不同的消息标识符）；接下来是 6 位的控制字段和 0 ～ 64 位（可变）的数据字段。前三个字段的内容使用 16 位的 CRC 字段进行保护，确保海明距离为 6。CRC 之后的两个字段（A 和 EOF）用于确认消息数据的正误和结束。

域	仲裁域	控制域	数据域	CRC	A	EOF
位	32	6	0 ～ 64	16	2	7

图 7-6　CAN 消息的数据格式定义

在 CAN 中，CAN 总线的访问受仲裁逻辑控制。它把总线状态设为隐性状态和显性状态，显性状态在传输竞争中会胜出隐性状态。为了做到这一点，要求通信信道的传播延迟必须低于 CAN 总线消息的单比特传输延迟（见表 7-1）。假设 CAN 用 0 表示总线的显性状态，用 1 表示隐性状态。任何时候一个节点如果要向总线发送消息，它首先把仲裁域（即 CAN 消息的标识符）的第一个比特发到通信信道。一旦出现冲突（即多个节点要同时发送消息），仲裁域的第一个比特为 0（即把总线设置为显性状态）的节点会胜出，仲裁域第一个比特为 1（即把总线设置为隐性状态）的节点必须退出竞争。依次针对仲裁域的后续比特应用该竞争仲裁规则，因此仲裁域为全 0 的节点总是能够在竞争中胜出，这也是最高优先级 CAN 消息的比特模式。因而，CAN 消息的标识符决定了消息的优先级。

7.3.3　用户数据报协议

用户数据报协议（UDP）是互联网协议集中的一种无状态数据报协议。它是一种效率高但不可靠的单向消息传输协议，不需要设置传输信道状态，支持在局域网中使用尽力而为的流量控制策略进行多播传输。由于 UDP 不在硬件层来平衡传输延迟和传输可靠性（与此相反的是传输控制协议（TCP）），而是可以由应用根据其需要来进行平衡，因此许多实时应用都使用 UDP。UDP 也用于多媒体流应用。

⊖　在检测到网络冲突后，该访问控制策略迫使相应的发送方退避一段时间（即不能发送消息）。指数方式的回退访问控制是一种退避算法，一个节点的退避时间长度与该节点被检测出的冲突次数呈指数关系。当冲突次数达到一定限制后，一般可强行停止一个节点的发送行为。——译者注

7.4   速率受限通信

速率受限通信为每个通信信道安排了传输质量有保证的最小带宽。在此带宽下，最大传输延迟和最大传输抖动保证小于某个上限。如果发送者（即端系统）发送的消息超出了该最小带宽容量的限制，通信系统会使用尽力而为策略来传输消息；如果这样还无法处理相应的流量负载，将会对发送者施加反向压力流量控制来确保通信系统不会因为发送者（如喋喋不休端系统）的混乱行为而过载。

要提供有保证的通信质量，通信系统必须知道为每个发送者提供多少质量有保证的带宽。该信息既可以作为协议静态参数预先配置给通信控制器，也可以作为配置数据由控制器在运行时动态加载。速率受限通信协议提供了实时性错误的检测和保护功能，防止那些话痨发送者的混乱行为损害系统通信质量。

速率受限协议提供有保证[⊖]的最大传输延迟。一般情况下，整个系统的流量模式要比假设的流量峰值低很多，因此实际传输延迟要比最大延迟低很多（见表 7-2）。因为无法预测消息传输的具体时刻，按照 5.6.1 节的确定性定义，速率受限通信系统仍不是确定性系统。

表 7-2   A380 系统配置的 AFDX 通信系统传输延迟[Mi104]

延迟（ms）	0～0.5	0.5～1	1～2	2～3	3～4	4～8	8～13
流量百分比[⊜]	2%	7%	12%	16%	18%	38%	7%

7.4.1   令牌协议

令牌协议是其中一个早期的速率受限协议，它用来控制对局域网（LAN）的多路访问。在令牌通信系统中，令牌是一种特殊的控制消息，表示传输消息权限。只有拥有令牌，才可以传输消息。令牌系统的响应时间由两个参数决定，掌握令牌时间（Token-Hold Time，THT，通信节点能够拥有令牌的最长时间）和令牌轮转时间（Token-Rotation Time，TRT，令牌一次全轮转所需的最长时间）。TRT 的最大值等于通信节点数目乘以给每个节点分配的 THT，后者决定了给一个节点分配多少有保证的带宽。拥有令牌的节点运行失败会导致丢失令牌，这是令牌系统的一个严重失效。一旦出现这种情况，网络流量会被中断，直到系统中某个节点通过超时检测察觉到系统的静默，从而构造一个新的令牌。令牌系统可以使用总线结构或者环结构。IEEE 802.5 标准定义了令牌环结构，多年以前得到了广泛应用。

7.4.2   最小时间槽对齐协议 ARINC 629

在最小时间槽对齐协议[⊜]ARINC 629[ARI91] 中，对共享总线的访问主要受两个超时参数的控制：同步间隙（Synchronization Gap，SG）参数（控制访问者进入分布式等待区的超时时间）和访问间隙[⑩]（Terminal Gap，TG）参数（控制等待区中访问者获得访问总线的超时时间）。所有网络节点都有相同的 SG 参数，然而却有各自不同的 TG 参数（即每个节点都有

⊖ 此处的意思是保证实际传输延迟一定不会超过给定的"有保证传输延迟"。——译者注

⊜ 指相对于峰值流量的百分比。——译者注

⊜ 原文为 mini-slotting protocol，ARINC 629 的核心是让每个节点等待 mini-slot（即传播延迟）倍数的时长，从而获得总线访问权限。这样整体看来，所有节点为获得网络访问权限都必须等待 mini-slot 的若干倍数。译者经过勘酌，采用此翻译。——译者注

⑩ 也有译为终端间隙，译者认为"访问间隙"更能反映该参数的控制目标。——译者注

自己个性化的定时器设置），但必须是传播延迟（称为最小时间槽）的某个倍数。对于所有网络节点而言，这两个超时参数之间应该满足 SG > Max{TG$_i$} 的关系（i 指任意一个网络节点）。ARINC 629 是一种类似于 Lamport 所设计的面包铺算法 [Lam74] 的等待区协议。首先，如果总线在超出 SG 时间内保持静默，则想要使用总线来传输消息的节点获准进入分布式等待区；然后，进入等待区的节点如果检测到总线静默时间超过其 TG 参数规定的超时值，则该节点获准使用总线来传输消息。ARINC 629 协议在逻辑上保证任意一个节点都不能独占总线，即使该节点拥有最小的 TG 参数（即优先级最高），只有当等待区中所有其他节点都完成了第一个消息的传输，它才能发送第二个消息。对带宽为 2 Mbit/s 的通信信道而言，典型的 TG 参数（由传播延迟决定）会设置为 4 ~ 128μs，而 SG 参数则需要设置成大于最大的 TG 参数。ARINC 629 协议在波音 777 飞机上得到了应用。

7.4.3　航电全双工交换以太网

航电全双工交换以太网（AFDX）是一种基于交换以太网的速率受限协议。尽管 AFDX 在消息格式和物理层遵从以太网标准 IEEE 802.3，但是该协议在虚链路基础上为每个发送者都静态分配了一个可用带宽。虚链路连接一个发送者和一组指定数目的接收者。AFDX 交换机保证：

1）经过虚链路的消息投递顺序与相应消息的发送顺序保持一致；

2）基于虚链路的最小带宽、最大传输延迟和延迟抖动是有保证的；

3）交换机使用多订阅的缓冲区[⊖]，因而不会发生数据丢失问题。

AFDX 交换机的配置表为每个虚链路配置了状态信息来保护网络，使得问题节点无法导致网络出现超载。系统集成单位负责建立虚链路和设置连接参数。AFDX 已通过 ARINC 664 进行了标准化，并在空客 A380 和波音 B787 梦想号上得到了应用。

表 7-2 给出了在 A380 配置下的典型虚链路传输延迟分布 [Mil04]，即延迟抖动。该延迟抖动会引起显著的飞机动作延迟（见 5.5.2 节和其中的复习题 5.16）。

7.4.4　音视频总线

多媒体系统在物理上主要采用单向的点对点连接，这导致需要使用大量的连接线缆及器具。为了减少线缆的使用，开发了特殊的多媒体网络协议。其中一些协议与标准网络协议（如以太网）并不兼容。另一方面，标准交换以太网也无法为多媒体应用服务提供所需的实时性。

用于音视频流传输的通信系统必须能够支持如下的实时服务质量要求：

1）针对诸如唇同步[⊖]或多媒体内容的混合，确保能准确同步在不同物理位置产生的音视频流。同步精度要求控制在微秒范围内。

2）包括传输端和接收端缓冲延迟在内的多媒体数据流最坏传输延迟一定不能超过某个范围。必须能够在毫秒范围内从一个视频流动态切换到另一个视频流。

3）动态分配给某个多媒体流的通信资源在相应流传输期间内必须保持可用。这要求通

⊖　原文为 buffer over-subscription，意思是针对一个消息发送者缓冲区，可以让多个接收者来订阅其消息（因此是多订阅）。实际上，AFDX 会根据虚链路把发送者缓冲区中的消息通过所连接到的多个虚链路来进行转发（进行选择）。——译者注

⊖　唇同步（lip synchronization），在多媒体应用场景中用于把歌手或演讲者的唇部运动与事先录好的歌曲或语音进行同步，使得听众获得接近真实的听觉与视觉体验。——译者注

信系统采用动态资源预约策略。

IEEE 802.1 音视频桥接（AVB）工作组在以太网标准基础上定义了一组协议来满足上述三个要求。

7.5 时间触发通信

在时间触发通信系统中，发送者和接收者事先在周期性地发送及接收时间控制上达成一致，从而能够无冲突地调度时间触发消息的发送。这种周期性通信调度可以使用周期性时间模型来表示（见 3.3.4 节的图 3-9），其中消息发送和接收时刻，消息循环周期（cycle）可使用周期（period）和相位（phase）来表示。在每个周期内，消息总是在相同的相位时刻发送。因为通信系统提前已知这种调度策略，从而可以分配好资源来在恰当时刻传输时间触发消息，不会产生任何中间延迟或者缓冲。

在某种意义上，时间触发通信系统类似于时间控制电路交换（TCCS），在发送者和接收者之间建立时间受控的专门通信信道，用于短时间间隔的消息传输。

例： 受时间控制的电路交换工作效果，就像道路上一组协调统一的信号灯可周期性地形成绿灯波一样。

有如下三种时间控制电路交换方式：

1）避免冲突的时间控制电路交换（CA-TCCS）：该交换系统支持两类消息，已被调度安排的时间触发消息和偶发的事件触发消息。由于交换机事先知道时间触发消息的无冲突调度规则，因而可以调整事件触发消息的发送时间以避开相关的时间触发消息，以避免这两类消息的调度出现冲突。

2）可抢占的时间控制电路交换（P-TCCS）：该交换系统支持两类消息，已被调度安排的时间触发消息和偶发的事件触发消息。当这两类消息出现冲突时，交换机暂停对事件触发消息的调度（被强占），以小的延迟和最小化的抖动来发送时间触发消息。

3）容忍冲突的时间控制电路交换（CT-TCCS）：该交换系统针对无线通信环境的典型特征支持两类消息，已被调度安排的时间触发消息和其他不受控的消息或干扰信号。时间触发通信控制器会在事先计划好的不同时刻通过频率不同的信道发送一个时间触发消息的多个相同副本，目的是确保有副本消息能够发送到接收者，且消息不会被破坏。

在给定故障假设下，按照 5.6.1 节的确定性内涵定义，时间触发通信系统的行为具有确定性。时间触发通信系统采用稀疏时间模型，在所定义的稀疏时基下，确保在相同活跃时间间隔内通过独立信道以多副本方式发送的消息会同时到达接收者，即在未来同一个活跃时间间隔内到达发送者。传输延迟抖动由时钟同步精度控制，一般在亚微秒级别。

时间触发控制要求在控制域中依据单一时间源来定义时间控制信号。该时间源最好是同步的全局时间，也可以是某个提供参考时间的进程周期（该进程自动提供基本周期时间信号）。当使用参考进程来定义时间基准时，必须通过该进程的周期信号来定义系统中所有其他各种周期的时间控制信号。如果系统中所有的时间周期在频域上都具有谐波关系[⊖]，则可

⊖ 谐波关系是定义在频率上的周期性信号关系。以某个频率信号为基准，如果一个信号的频率是该基准频率的正整数倍，则这两个周期信号之间构成了谐波关系。如果系统中的所有周期信号的频率都是基准信号频率的正整数倍，则称这些信号具有谐波关系。有时称原基准信号为 1 次谐波，频率为基准信号频率 2 倍的为 2 次谐波，依次类推。——译者注

以构造出简单的调度策略。

　　例： 如果处于一个同步域[⊖]中两个进程被来自于非同步的不同时间源的不相关控制信号所触
　　发执行，这两个进程的时间相位关系因而会在执行过程中发生变化，并最终导致这两个进程
　　的执行在时间上出现重叠。

　　时间触发通信采用精确的相位控制方法，可以在一个分布式处理周期中紧凑协调控制处
理行为和通信行为，从而确保控制循环的持续时间（停滞时间）最小化（见图 3-9）。在时间
触发消息必须经过级联的交换机进行传输时，也要采取这种紧凑的相位控制。

　　例： 智能电网必须在整个电网范围内保证端到端消息传输的实时性 [Ter11]。时间触发通信
　　可以最大程度减少传输延迟，并支持容错，因而能够在电网大区域内实现紧凑的直接数字控
　　制循环。

7.5.1　时间触发协议

　　时间触发协议（Time-Triggered Protocol，TTP）采用 CA-TCCS 策略，在单一协议中集
成了时间触发通信、时域错误检测、容错的时钟同步服务和成员关系服务，协议开销[⊖]达到
了最小化 [Kop93]。系统集成人员必须事先设置端系统传输信道的参数。在 TTP 之上可以通
过叠加协议来实现事件触发通信。

　　为了实现容错的时钟同步，TTP 使用容错的均值算法（参见 3.4.3 节）来计算每一个消
息到达的实测时间和指定时间的差异，并使用这个差异来度量消息发送者和消息接收者的时
钟差异，从而为每个局部时钟计算出相应的校准因子。

　　TTP 的成员关系服务会把集群中每个节点的健康状态和故障假设违背情况（如果出现）
通知给集群中所有的连接节点，一旦出现未能容忍处理的故障（即违背故障假设），TTP 成
员关系服务确保可以快速激活永不放弃 NGU 策略进行处理。成员关系通过一个成员关系向
量来标识，其比特数和集群中节点数量相同，每一位都对应一个具体节点。如果一个节点处
于正常运行状态，则对应的比特设置为 TRUE，否则设置为 FALSE[⊜]。节点会在周期性的成
员关系时刻发送自己的状态信息。TTP 控制器的状态（C- 状态）由当前时间和成员关系向量
组成[⊗]。为了确保集群内节点在 C- 状态上的一致性，TTP 协议的发送者会对消息内容和该节
点 C- 状态计算相应的 CRC 校验值。接收者则会针对接收到的消息内容和接收者 C- 状态计
算 CRC 校验值。如果接收端的 CRC 值有错误^⑤，要么消息在传输中被破坏，要么发送者和
接收者的 C- 状态不一致。不论如何，这时接收者都会丢弃所接收到的消息，并假定发送者
出现了故障。这个假设也称为自信原则。假定系统中最多只有一个故障节点，该原则确保系
统中的单一故障节点不会破坏其他正常节点的工作。

　　如果上述场景中消息发送者工作正常，且其他消息接收者也成功收到了正确消息，那么

　　⊖　处于同一个同步域中的不同进程，在执行时要建立同步关系，即确保周期和相位的同步。——译者注
　　⊖　此处的开销指为了提供这些服务所需的额外带宽。——译者注
　　⊜　TRUE 为 1，FALSE 为 0。——译者注
　　⊗　对于 TTP 中的成员关系消息而言，除了当前时间、成员关系向量，还包括工作模式信息。——译者注
　　⑤　原文为 negative，意思是 CRC 检测到了错误，即校验值不为 0。——译者注

那个收到消息后得到错误 CRC 的接收者本身一定有故障⊖。如果不加干预，该故障节点会进一步执行有误动作，发送包含有错误成员关系向量的消息。TTP 协议算法必须能够容忍这种故障节点，一旦其他接收节点都处于正常工作状态，那么通过 CRC 检查就能识别有故障的发送节点，并将其从成员关系向量中移除⊖。TTP 通过两个独立的物理信道来传输消息，并在每个网络节点都安装有独立的总线监护来阻止那些喋喋不休节点的破坏行为，即便这样的故障节点⊜只在分配给它的网络访问时间槽内发送消息，并在分配给它的时间槽意外保持失效静默。

从所提供的服务角度考虑，TTP 是一个有很高数据效率的协议，适用于需要在短时间内频繁更新数据内容的应用，其典型代表为工业控制或机器人运动控制应用等。

TTP 已经得到了正式认证，可用于机载系统 [Rus99]。它已经在空客 A380、波音 787 飞机和其他航空及工业控制上得到了部署应用。2011 年，TTP 成为了汽车工程师协会 SAE 的一个标准⊞，目前正在形成 ARINC 标准的过程中。

7.5.2   时间触发以太网

时间触发以太网（TTEthernet）是对交换式以太网标准 IEEE 802.3 的扩展，它一方面支持标准的以太网流量控制，另一方面支持确定性的消息传输 [Kop08]。TTEthernet 端系统可以使用标准的以太网控制器，其交换机会区分两类消息，标准的事件触发以太网消息 (ET 消息) 和确定性的时间触发消息（TT 消息）。ET 消息和 TT 消息的格式与以太网标准完全兼容，二者的区别可以通过标准以太网消息中的类型域或消息头中其他信息（如地址域）来体现。时间触发以太网交换机按照固定的小延迟来传输 TT 消息，且不使用缓冲；而在没有 TT 消息传输的间隔内处理 ET 消息的传输。一旦出现 ET 消息和 TT 消息的传输冲突，则可以使用不同的策略来解决冲突。

入门级时间触发以太网系统可支持 100 Mbit/s 的带宽。它根据标准以太网消息报文中的类型域来识别 TT 消息，并使用 P-TCCS 策略来抢占正在传输的 ET 消息，即会中断正在传输的 ET 消息，从而传输 TT 消息。一旦 TT 消息传输完成，交换机会自动重新传输相应的 ET 消息。入门级时间触发以太网交换机无状态，在启动时不需要任何参数配置。由端系统来决定使用哪种策略以实现无冲突的 TT 消息调度。因为交换机的无状态特性，它不了解端系统的实时性行为是否和预期一致，因此不能阻止端系统的喋喋不休故障行为。

常规以太网交换机有状态，支持进行参数化配置，即所有 TT 消息的周期⊞、相位和字节长度。这种交换机可以阻止端系统的喋喋不休行为。因为交换机事先知道所有 TT 消息的循环周期（cycle），因而可使用 CA-TCCS 策略来进行传输控制，即通过调整 ET 消息的传输时

⊖ 存在一种场景，一个节点收到了多个成员关系消息，且其中对应某个节点的成员关系比特取值一部分为 TRUE，一部分为 FALSE。此时，该节点需要使用多数占优的表决方法决定相应节点的成员关系状态，并以此为基础来构造自己的成员关系向量。——译者注

⊖ 移出的意思是把故障节点在成员关系向量中的相应比特设置为 FALSE。——译者注

⊜ 这里指前一句中的喋喋不休节点。——译者注

⊞ 标准号为 SAE AS6003。——译者注

⊞ period，即消息周期。原文为 periods、phases、the cycles、and the length of all time-triggered messages，按照通信理论，文中的 cycle 实际就是指前面列出的 period(周期) 和 phases(相位)。因此在翻译时，为避免混乱，这里没有翻译 cycle 的含义。——译者注

间来避免和 TT 消息传输的冲突⊖。某些时间触发以太网交换机甚至支持在运行中动态调整消息调度策略。

容错的时间触发以太网交换机提供冗余信道来实现容错系统。容错的时钟同步算法可以建立起次微秒级精度的全局时间。为了实现容错系统，确定性、可容错的时间触发以太网成为相应通信系统的重要选择。

时间触发以太网交换机支持 100 Mbit/s 和 1 Gbit/s 两种传输速度。有些时间触发交换机经过了认证，可用于最高关键级别的应用（见表 11-1）。时间触发以太网正在 ARINC 标准化过程中，已经被 NASA 猎户座探测系统选择来建设通信系统 [McC09]。

7.5.3　FlexRay

FlexRay 是由 FlexRay 联盟制定，用于汽车应用的网络通信协议 [Ber01]。FlexRay 协议实际上是时间触发协议和事件触发协议的混合体。它所使用的时间触发协议带有容错的时钟同步功能（与 TTP 相似），但是没有成员关系服务；而其所使用的事件触发协议与 ARINC 629 的时间槽对齐协议相似，但是不提供等待区支持。FlexRay 系统集成人员必须正确设置系统运行相关参数，并把系统时间划分成两个相连的间隔，一个用于时间触发通信，另一个用于事件触发通信。目前 FlexRay 已在奥迪和宝马的某些车型中得到了应用。

要点回顾

- 分布式实时系统的通信基础设施在体系结构层次的要求是能够确保实时数据在数据使用时保持时域精确性（即当前使用的传感器采样数据和上一时刻采样数据之间的差别被控制在给定范围内，这就要求通信系统的传输延迟变化也必须控制在给定范围内）。
- 消息传输的延迟抖动对系统动作延迟变化范围和时钟同步精度都有负面影响。
- 共享的通信系统必须要检测和限制任何组件的时域故障（如喋喋不休故障），确保组件间的通信不会直接受到故障组件的干扰。
- 通过传感器组件可观测到预期物理动作施加于环境所产生的效果，该观测是对相应物理动作控制消息的最终端到端确认。
- 实时通信系统行为要有确定性，确保所有通信信道中的消息顺序都相同，并确保通过独立冗余信道传输的副本消息的到达时刻应足够接近。
- 分布式实时系统的通信拓扑是多播结构，而非点到点。不同的系统组件在处理时往往需要一个实时实体的相同镜像数据，如人机交互组件、过程模型组件和监控告警组件。
- 从系统体系结构来看，基本消息传输服务（BMTS）处于腰际线模型的中间（腰带处）。BMTS 由低层通信协议来实现，可用于构造面向特定应用的高层协议。
- 当通过 Internet 来发送 BMTS 消息时，无法确定使用了多少和哪些类型的低层协议。
- 如果一个应用要实现严格一次性语义，必须要基于两个或更多 BMTS 消息来实现相应的高层协议。

⊖　因为交换机事先已知 TT 消息的发送时刻点，一旦在接近 TT 消息发送时刻点接收到一个 ET 消息，则交换机立刻把该 ET 消息进行缓存，直到相应 TT 消息发送完毕才传输缓存的 ET 消息。——译者注

- 如果消息长度小于信道位长，不论使用哪种介质访问协议，在该共享信道（如总线）上的最佳信道利用率都小于 50%。
- 隐式流量控制最适合用于实时数据交换。
- 只要通信涉及队列，就必须考虑队列溢出的可能性。
- 实时系统应在应用层来平衡传输可靠性和传输延迟抖动。
- 时间触发通信系统类似于时间控制电路交换（TCCS），在发送者和接收者之间建立时间受控的专门通信信道，用于短时间间隔的消息传输。
- TTP 在单一协议中集成了时间触发通信、时域错误检测、容错的时钟同步服务和成员关系服务，协议开销达到了最小化。
- 假定系统中至多只有一个故障节点，自信原则确保系统中的单一故障节点不会破坏其他正常节点的工作。
- TTEthernet 是对交换式以太网标准 IEEE 802.3 的扩展，并支持标准的（事件触发）以太网消息（ET 消息）和时间触发以太网消息（TT 消息）。

文献注解

在 SAE 标准 J2056/1 "C 类应用需求" 中分析了部署于运载工具中的分布式安全关键实时系统的需求 [SAE95]。NASA 发布了一个报告，分析了安全关键嵌入式系统中总线体系结构的差异 [Rus03]。时间触发以太网的设计考虑发表在 [Kop08] 中。

复习题

7.1 比较实时通信系统和非实时通信系统的需求，最主要的差异有哪些？

7.2 在计算机系统和受控对象之间的接口层，为什么需要与应用相关的端到端协议？

7.3 阐述不同的流量控制策略。如果系统采用了显式流量控制，哪个子系统来控制通信速度？

7.4 针对允许三次重试的高层 PAR 协议，假设其使用的低层协议的最小延迟为 2 ms，最大延迟为 20 ms，请计算 PAR 协议的延迟抖动，并计算发送端的错误检测延迟。

7.5 分别在低负载和峰值负载下比较事件触发通信和时间触发通信的效率。

7.6 什么机制会导致颠簸？如果发生了颠簸，系统应该如何应对？

7.7 设带宽为 500 Mbit/s，通信信道的物理长度为 100 m，消息长度为 80 bit，在总线系统的介质访问层能够达到的协议效率极限是什么？

7.8 如何决定 CAN 系统中哪个节点获准访问总线？

7.9 解释 ARINC 629 协议中的超时事件作用。ARINC 629 总线是否可能出现冲突？

7.10 阐述不同类型的时间控制电路交换机制。

7.11 TTP 协议提供哪些服务？

7.12 什么是自信原则？

7.13 解释时间触发以太网的运行原理。

功耗和能耗感知

概述 以下因素引起了对能耗感知或功耗感知计算持续增长的需求:

- 采用电池供电的移动设备已广泛使用,设备的使用时间依赖于其功耗水平。
- 大规模片上系统的功耗会导致其内部温度升高并形成热点,从而给系统的可靠性带来不利影响,甚至造成芯片的物理损毁。
- 大型数据中心的运行以及散热所需的能耗成本过高。
- ICT 行业领域的碳排放已经引起了普遍关注,其排放量已经达到了航空运输行业的排放水平。

一直以来,计算机系统在单位时间内执行的指令数(如 MIPS 或 FLOPS⊖)是衡量其性能的重要指标。而在未来,计算机系统每消耗一个单位的能量(如 1 焦耳)所能执行的指令数将变得同等重要。

本章旨在建立一个用于理解高效能嵌入式计算的框架。8.1 节介绍用于评估不同任务能耗的简单模型。这相当于告诉读者能量在哪里消耗以及能量消耗的机制是什么。鉴于能耗很大程度上依赖于所使用的工艺(制程)技术,我们以 100nm CMOS VLSI 技术作为参照来评估能耗。8.2 节关注于硬件节能技术,并在接下来的 8.3 节讨论系统结构对能耗的影响。而有关软件辅助节能技术的讨论则在 8.4 节展开。8.5 节我们将讨论电池的能量含量和管理,以及环境能源的回收问题。

8.1 功率与能量

ICT 行业已经成为电力能源的主要消费者。就在编写本书的时候,ICT 行业已经达到与航空运输行业相同量级的碳排放量,并以每年 10% 的量递增。

例: 2007 年全球 ICT 设备消耗的功率总和为 156 GW⊖(约占全球总耗电量的 8%),其中 28 GW(18%)用于 PC 的运行,22 GW(14%)用于网络设备,26 GW(17%)用于数据中心,40 GW(25.5%)用于电视,40 GW(25.5%)用于其他设备 [Her09,p.162]。

8.1.1 基本概念

能量这个概念起源于机械领域,是一种用于描述某个系统做功能力的标量。做功强度则是指单位时间内消耗的能量,即功率。因此能量是功率在时间域上的积分。能量有多种存在形式,如势能、动能、热能、电能、化学能以及辐射能。

关于能量守恒的热力学第一定律指出,在一个封闭的系统内,所有形式能量的总和是恒定不变的。而有关能量从一种形式向另一种形式的转换则服从热力学第二定律,该定律表明

⊖ MIPS 是 Million Instructions Per Second(每秒百万指令数)的首字母缩写,而 FLOPS 是 FLoating-point Operations Per Second(每秒执行的浮点运算次数)的首字母缩写。——译者注

⊖ GW 是功率单位,是 Giga-Watt 的缩写,表示十亿瓦特。——译者注

热能只能部分地转化为其他形式的能量。例如，热能不可能 100% 转换为电能，反之，电能却可以 100% 转换为热能。

能量可以用多种不同的单位来衡量。这里我们使用焦耳（J），它是国际单位制的能量单位。1 焦耳定义为用 1 牛顿的力将 1 千克的物体移动 1 米距离所做的功。同时，1 焦耳也等于 1 瓦特功率的电力在 1 秒内耗散的能量。热能，即热，一般由卡路里或 BTU（英制热能单位）度量。1 卡路里定义为将室温下 1 克水加热升高 1 摄氏度所需的热量。1 卡路里约相当于 4.184J，而 1 BTU 则约相当于 1055J。

> 例：1g 汽油含有的化学能量大约为 44 kJ（千焦）。汽车引擎将大约 1/4～1/3 的化学能转换成机械能，即 1g 汽油提供大约 12 kJ 的机械能，其余的化学能则转化为热能。12 kJ 的机械能足以将一辆质量为 1000kg（即 1t）的汽车举起约 1.2m（其势能，即潜在的能量为 mgh，g 为重力加速度，是 9.8 m/s^2，h 为相对高度（m）），或将汽车从 0 m/s 加速到 5 m/s（即 18 km/h），汽车的动能为 $mv^2/2$（v 为汽车行驶速度）。如果我们通过制动来停止汽车，那么这种动能将通过刹车系统和轮胎转化为热能。在电动汽车中，相当一部分的动能可以转换回电能，并存储在电池内供后续使用。

电池是电能的存储设备。电池两端的电压可以驱动电流在电阻器中流动。在电阻器中，电能被转化为热能。根据欧姆定律，强度为 I 的电流流过电阻为 R 的导线，线路上产生的压降为：

$$U = IR$$

消耗功率为：

$$W = UI$$

其中 W 表示消耗的功率（以瓦特为单位），I 表示电流强度（以安培为单位），R 为电阻（以欧姆为单位）。将一个恒压 U 施加在电阻为 R 的系统，则 t 秒所消耗的能量为：

$$E = tU^2/R$$

其中 E 是以焦耳为单位的能量，t 是以秒为单位的时间，U 和 R 分别表示电压和电阻。

8.1.2 能耗估算

计算设备执行一个程序所需要的能耗可以表示成以下四部分的总和：

$$E_{total} = E_{comp} + E_{mem} + E_{comm} + E_{IO}$$

其中 E_{total} 为总能耗需求，E_{comp} 为 CMOS VLSI 电路执行计算所需的能耗，E_{mem} 表示存储子系统所需的能耗，E_{comm} 表示通信需要的能耗，E_{IO} 表示 I/O 设备（如屏幕）所需的能耗。接下来，我们将对此简单功耗模型的每一项进行具体讨论。以上参数的值紧密依赖于制程（工艺）技术，为了便于读者能够深入理解每一项的重要性，我们基于假设的 100 nm CMOS 技术的硬件（运行电压为 1 V），对其中每项参数的取值范围做出近似估计。

计算能耗。计算所需的能耗 E_{comp} 包括两部分：动态能耗 $E_{dynamic}$，CMOS VLSI 电路执行开关动作所需要的能耗；静态能耗 E_{static}，与开关动作无关的漏电流所需能耗。

晶体管开关动作的动态能耗可以通过如图 8-1 所示的一阶 RC 网络建模。该网络包括电压源 V（以伏特为单位）、电容 C（以法拉为单位）和电阻 R（以欧姆为单位），开关动作发生后，电阻 R 上的电压为时间 t（以秒为单位）的函数：

$$V_{res}(t) = Ve^{-t/\tau}$$

其中 $\tau = RC$，单位为秒，称为 RC 网络的时间常数，刻画了开关操作的速度。

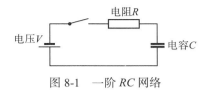

图 8-1　一阶 RC 网络

一个开关操作所需要的总体能耗为电阻上电压 $V(t)$ 和电流 $I(t)$ 的乘积在 0 到无穷大的时间域内的积分[⊖]。

$$E = \int_0^\infty V(t)I(t)\mathrm{d}t = \frac{V^2}{R}\int_0^\infty e^{-2t/RC}\mathrm{d}t = \frac{1}{2}CV^2$$

流入电容的电流在电容器中形成电荷，电容充电不会消耗能量。

我们假设一条处理器指令执行所涉及电路对应的有效电容为 C_{eff}，则项 $C_{\mathrm{eff}}V^2$ 为执行该指令引起的所有输出转换开关控制[⊖]所消耗的平均能量与在开关动作期间从电压源到地的短暂电流消耗的短路能量 E_{short} 之和[⊜]。

$$C_{\mathrm{eff}} = C/2 + E_{\mathrm{short}}/V^2$$

执行一条指令所需要的动态能耗为：

$$E_{\mathrm{dynamic-instruction}} = C_{\mathrm{eff}}V^2$$

执行具有 N 条指令的程序需要的动态能耗为：

$$E_{\mathrm{dynamic-program}} = C_{\mathrm{eff}}V^2N$$

术语 IP 核（Intellectual Property core）是指片上系统（SoC）中有完整准确规格[⊗]的功能单元。一个 IP 核可以是带有本地便签式存储器[⊕]或其他功能单元（如 MPEG 解码器）的完整处理器。我们假定一个 IP 核平均每个时钟周期执行一条指令，其执行频率为 f。则该 IP 核的动态功耗为：

$$P_{\mathrm{dynamic}} = C_{\mathrm{eff}}V^2f$$

例：假定一个程序包含 10 亿条机器指令，该程序执行在工作电压为 1 V 的低功耗 IP 核上，每执行一条指令对应的有效电容为 1 nF（$1\mathrm{nF}=10^{-9}\mathrm{F}$），我们仅仅考虑动态能耗。执行一条指令平均消耗 1 nJ（$1\mathrm{nJ}=10^{-9}\mathrm{J}$）的能量，因此执行该段程序所需要的动态能耗为 1 J。如果该 IP 核的运行频率为 500 MHz，那么其功耗为 0.5 W，程序执行时间为 2 s。

即使晶体管不执行任何开关动作，也会有多种因素导致晶体管的端子之间有稳定的电流流动（漏电流）。[Ped06] 指出，在 100 nm 制程以下工艺中最主要的漏电流为亚门限漏电流

⊖　$I(t) = V(t)/R$，代入即可得。——译者注

⊖　原文是 to switch all output transitions of an average instruction…。处理器的每一条指令在设计上都要使用集成电路中相应的晶体管来实现其门级电路层次的动作。晶体管是一种可变电流开关，所谓输出转换就是通过电子开关来控制晶体管的输出电流，这个开关控制动作要消耗能量。——译者注

⊜　下面的公式就把两边同除以 V^2 的结果。——译者注

⊗　原文为 well-specified。一个功能单元如果是 well-specified 的，即其实际实现的功能在其提供的规格（一般表现为规格文档）中有完整准确的描述。——译者注

⊕　原文为 scratchpad memory，即片上内部高速暂存存储，用于临时存储计算中用到的小规模数据。虽然达到的效果与 cache 类似，但是控制机制不同。cache 由硬件来控制访问，而 scratchpad memory 则由软件进行控制。——译者注

I_{sub}，其值随着门限电压的降低及温度的升高而升高。另一个重要的影响是从栅极流入沟道的沟道电流，尽管它们之间已通过不导电的栅氧化层进行了隔离。量子力学效应导致电子穿过非常薄的隔离层进入沟道，该电流随着工艺尺寸变小而导致的氧化层变薄呈指数级增长。漏电流随着温度的增加而呈指数级增长的现象是低门限电压亚微米器件中需考虑的一个重要问题。漏电流的增加会导致热效应失控，如果不加合适的控制，会进一步引起器件的热损坏。

在亚微米工艺中，静态漏电流导致的能耗可以达到与动态能耗相同的数量级 [Ped06]。从硬件系统的角度看，构造一种能够将某些子系统在不需要的短暂时间段内完全关闭的结构更有益处。我们将在 8.3.3 节中电源门控部分讨论相关内容。

通信能耗。 将比特流从发送端传输到接收端所需要的能耗是高度不对称的。发送端需要产生有足够强度的信号才能够到达接收端，而接收端则仅仅只需要感应到信号到达即可。

发送端发送 k 字节的比特流所需要的能量 E_{tx} 大致可表示为：

$$E_{tx}(k) = E_o + k(E_c + 8E_{tr})$$

而接收端所需要的能量 E_{rx} 大致可表示为：

$$E_{rx}(k) = E_o + k(E_c)$$

其中 E_o 为准备好待发送的消息或接收到的消息所需要的能量，而 E_c 为发送端或者接收端通信控制器电路处理 1 字节所消耗的能量。如果我们假设传输的建立需要 10 条指令，DMA 处理一比特所消耗的能量与一条指令消耗的能量相等，那么在我们的参考体系结构中 E_o 为 10 nJ，E_c 为 8 nJ。除了接收消息需要消耗能量之外，接收端在等待消息到达的待命周期内也需要能量。如果接收 / 待命比值较小[⊖]，则待命状态的能量消耗就比较可观了。

E_{tr} 表示传输一比特所需要的能量。有线通信和无线通信需要不同的传输能量。

对于有线连接而言，E_{tr} 取决于线路的长度 d、单位线路长度对应的有效电容 $C_{effunit}$ 和电压值 V 的平方：

$$E_{tr} = dC_{effunit}V^2$$

片上单位线路长度对应的有效电容大致在 1 pF/cm 级别范围 [Smi97，p.858]。

如果通过片上网络（NoC）来连接片上系统（SoC）的两个 IP 核，那就必须给出网络对应的有效电容值 C_{eff}，并使用 $C_{eff}V^2$ 表示通过网络发送、传输以及接收一个消息所消耗的平均能量。这里所说的网络电容 C_{eff} 取决于 NoC 的实现技术、制程（尺寸）、拓扑以及控制逻辑。我们的简单能耗评估模型考虑了发送端从内存读取数据的能耗、接收端向内存写入消息的能耗以及基于 NoC 的消息传输能耗。我们假设基于 NoC 发送、传输以及接收 32 字节消息需要 500 nJ 量级的能量。

对于无线通信，传输一比特所消耗的能量大概为：

$$E_{tr} = d^2b$$

其中 d 为发送者与接收者之间的距离。上面公式中能量与距离的平方关系是一种近似估计，其必须要针对具体天线的能量特性进行调整。许多便携式设备，如移动电话，发送端会动态调整用于信号发送的能量，以便找到与接收端之间距离的最佳能级匹配。由 [Hei00] 给出的参数 b 的典型值为 100 pJ（bit/m²）。如果我们发送 32 字节的消息，发送端与接收端之间的距离为 10 m，那么传输该消息所需要的传输能量约为 10 nJ/bit 或者每消息 2500 nJ[⊜]

⊖　这里的比值指接收消息的时间长度与待命的时间长度之比。——译者注

⊜　原文是 2500 nJ/bit，系字面错误，应为 2500 nJ/message。——译者注

量级。由于部分回波反射效应，地面通信系统所需要的传输功率会按照距离的 4 次方速率降低。

发送端和接收端之间能量需求的不对称性对基站和能量受限的移动设备之间通信协议的设计具有决定性影响，基站由电力设施供电而能量受限的移动设备由电池供电。

内存能耗。对内存密集型应用而言，访问内存子系统所需的能量可能比计算所需要的能量还要大。内存子系统所消耗的能量由两部分构成。第一部分是空闲内存子系统的功耗与内存子系统上电时间的乘积。该项取决于存储类型和规模，对于 SRAM、DRAM 和非易失性 FLASH 存储是不同的。第二部分为内存访问次数与单次内存访问能耗的乘积。在一个通过 NoC 连接多个 IP 核所组成的 MPSoC 中，存在三种不同的内存访问类型：

- 对 IP 核内便签式存储器的访问。
- 通过 NoC 对 SoC 中各个 IP 核内共享的片上存储的访问。
- 通过 NoC 以及连接到存储芯片的网关组件对片外存储的访问，如大容量 DRAM。

访问这三种不同类型存储所需要的能量也极不相同。其中访问便签式存储器中指令和数据所消耗的能量按照每条指令对应的有效电容 C_{eff} 来计算。需要通过 NoC 传输两条消息才能实现对片上和片外存储的访问：一条包含数据存储地址的请求消息以及一条包含相应数据的应答消息。我们粗略估计，访问片上存储器中的一个 32 字节块需要的能量为 1000 nJ 量级，而访问片外存储器同样规模的数据库大约需要 20 倍于访问片上存储器的能量，即 20 μJ。

I/O 设备能耗。I/O 设备如屏幕、传感器以及作动器的能量消耗取决于具体应用特征（如屏幕的尺寸等），变化较大。

8.1.3　热效应与可靠性

器件的电能消耗会导致器件发热，器件的温度升高取决于其所消耗的能量、器件热容以及器件与环境之间的热传导情况。

例：我们假设一个面积为 100 mm² 的 MPSoC 中包括 32 个基于 NoC 互联的 IP 核。其中一个 IP 核执行如前所述示例的应用程序（8.1.2 节），该 IP 核位于一个面积为 1 mm × 1 mm，厚度为 0.5 mm 的硅片基中。我们假设这个体积为 0.5 mm³ 的硅块与其周边环境绝热，那么该硅块每消耗 815 μJ 的能量将使其温度升高 1℃（硅的密度为 2.33 g/cm³，产生的热量为 0.7 J/(g · ℃)）。因为执行前述假设示例程序会产生 1 J 的热量，将使该硅块的温度升高大约 1200 ℃ 并在硅片基上产生热点。在现实中不可能达到这样的温度，两个物体的温差将导致热量从高温体传导至低温体，从而降低温差。

在 VLSI 器件中，从热点到芯片周边环境的热传导分为两步。第一步，热点的热量传导至硅片基并导致整个硅片温度升高。第二步，热量由硅片封装传导至周边环境。我们更进一步假设整个硅片是热绝缘的，那么执行上述程序，产生 1 J 能量，将导致硅片温度升高大约 12℃。

从热点至整个硅片的热传导以及硅片的确切温度曲线可以通过求解热传导偏微分方程获得。为了探究热点至硅片的热传导现象，我们使用如下简单的热传导模型，温度为 T_{source} 的热源通过截面积为 A、长度为 l 的导热棒联结至温度为 T_{sink} 的冷源，热源与冷源之间的固定热流 P_{heat} 为：

$$P_{\text{heat}} = H_{\Theta}A(T_{\text{source}} - T_{\text{sink}})/l$$

其中 H_{Θ} 为导热棒的导热系数。

例： 假设有一个联结热源和冷源的硅棒，其横截面积为 1 mm²，长度为 10 mm。硅的导热率 H_{Θ} 为 150 W/（m·℃）。如果热源（硅片上的热点）和冷源（硅片的其他部分）之间的温差为 33℃，那么传导的固定热流为 500 mW（程序执行所消耗的动态能量）。如果硅棒的横截面积为 0.25 mm²，那么达到 500 mW 的稳定热流传导所需要的温差为 132℃。现实中温差会小一些，这是因为与这个简单的热流模型相比，通过把热点更好地嵌入硅片的衬底中，获得了更好的导热效果。

我们从这个简单的例子中学到了什么？只有当能量大量消耗在一个很小的区域时才会出现热点。例如，我们假设一个来自宇宙辐射的中子导致一小部分电路产生闩锁效应$^{\ominus}$（可在一个电源周期内得到修正），使得晶体管电源–地之间形成一个临时低阻路径。流进该条路径的电流将导致产生热点并在物理上损坏电路。因此，有必要通过设备来监视器件的电流，并在观测到意外的电流浪涌时迅速（如在 10 μs 内）关闭电源。

硅片和环境之间的温差取决于硅片的功耗以及其封装的导热率 H_{package}。典型的芯片封装对应的导热率为 0.1 ~ 1 W/℃，这取决于封装的几何形状、大小以及所用材料。塑料封装比陶瓷封装的导热率要低得多。环境和硅片之间的温度差可由下式计算：

$$\Delta T = P_{\text{die}}/H_{\text{package}}$$

其中 P_{die} 为硅片的总体功耗。如果流经封装的热流超过 10 W，就需要使用风扇来加速散热。使用风扇散热也有缺点，如需要额外的能量来驱动风扇，风扇运转会产生噪声以及机械风扇有可靠性问题等。如果风扇失效，会导致电路过热而损毁。

硅片衬底的温度升高会对器件的可靠性产生负面影响，并可能导致瞬时和永久故障。衬底的温度升高还会改变晶体管和电路的时序参数。如果违反给定的时序模式，那么器件将会发生瞬时故障和特定于数据的故障。

阿雷尼厄斯（Arrhenius）方程针对硅衬底温度增加会导致故障这一现象，给出了关于故障率上升加速度的粗略估计：

$$AF = \exp\left(\frac{E_a}{k}\left(\frac{1}{T^{\text{normal}}} - \frac{1}{T^{\text{high}}}\right)\right)$$

其中 AF 为失效率加速度因子，k 为玻尔兹曼常量（8.617×10^{-5} eV/K），T^{normal} 为正常衬底温度（以开氏温度表示），T^{high} 为高衬底温度（以开氏温度表示）。E_a 为特定失效机制的触发能量$^{\ominus}$（见表 8-1）。

表 8-1   不同失效机制的触发能量（改编自 [Vig10]）

失效机制	触发能量 E_a（eV）	失效机制	触发能量 E_a（eV）
氧化层缺陷，硅缺陷	0.3 ~ 0.5	掩膜 / 光刻缺陷	0.7
腐蚀	0.45	污染	1.0
组装缺陷	0.5 ~ 0.7	电荷注入	1.3
电子漂移	0.6 ~ 0.9		

$\ominus$ 即在集成电路内部出现的短路现象。——译者注

$\ominus$ 触发硅片内特定失效机制所需的能量，单位为电子伏特 eV。——译者注

从该公式我们可以发现器件的失效率随衬底温度的增长而呈指数增长。

例：如果衬底温度从 50℃（即 323 K）增加到 100℃（即 373 K），假定激活某失效机制所需能量为 0.5 eV，则根据上述公式，该器件的失效率将增长约 11 倍。

8.2　硬件节能技术

8.2.1　器件工艺尺寸缩减

减少 CMOS 器件功耗的最有效方法是缩减器件工艺参数，即让晶体管尺寸更小 [Fra01]。表 8-2 给出了理论上缩小 CMOS 器件对其不同参数的影响。微电子技术的代间[⊖]工艺缩减因子 α 通常为 $1/\sqrt{2}$（约 0.7），使得设计的缩放版面积减少为原来的 1/2，功耗降低 1/2，速度增加 $\sqrt{2}$ 倍，执行一条指令所需的能量（单位指令能耗[⊖]）降低 $2\sqrt{2}$ 倍。注意在表 8-2 中，缩减在理论上对于器件某个区域的功率耗散密度没有影响，且不会增加硅片温度。

例：我们假设一个 IP 核每 2 年会缩减 $1/\sqrt{2}$。在开始的时候，IP 核尺寸为 16 mm²，指令执行速度为 125 MIPS，功耗为 16 W，经过四代缩减的 8 年后，该 IP 核的尺寸为 1 mm²，执行速度为 500 MIPS，功耗为 1 W。执行一条指令所需的能量减少了 64 倍，而时间性能提高了 4 倍。

表 8-2　理想的器件尺寸缩减对器件参数的影响

物理参数	尺度因子	物理参数	尺度因子
沟道长度，氧化层厚度，线宽	α	功耗	α^2
器件电场	1	功率密度	1
工作电压	α	性能（MIPS）	$1/\alpha$
电容	α	性能 / 能耗	$1/\alpha^3$
RC 延迟	α		

器件工艺尺寸的缩减使得把十亿个晶体管集成在一个芯片上成为可能，因此可以将整个系统放在一个芯片上，包括处理器、存储器以及输入 / 输出电路，从而形成片上系统（SoC）。SoC 中计算所涉及子系统在空间和时间上的接近可以显著提高能耗效率。空间局部性可降低开关操作的等效电容，这意味着更低的能量需求以及更快的操作速度。时间局部性可降低高速缓存的缺失率。如果能把不同芯片上的各子系统都集成在一个芯片上，那么芯片间数据交换和控制所需的大量功耗就可以节省下来。

例：据英特尔报道 [Int09]，在其 1996 年设计的第一个万亿次浮点运算超级计算机中，包括 1 万颗奔腾 Pro 处理器，能耗效率为 2 MFlops/ J 或每条指令 500 nJ。10 年后的 2006 年，Intel 的万亿次研究性芯片中包含了基于 NoC 互联的 80 个 IP 核，其能耗效率达到了 16 000 MFlops/J 或每条指令 62 pJ。10 年间能耗性能增加了 8000 倍。假设在 10 年内共有五代工艺改进（规模缩减），相比于上一代，每一代能耗性能的增加不再止于理想化的 $2\sqrt{2}$，而是 4，

⊖　原文为 from one micro-electronic generation to the next，意指从微电子器件从一代到下一代之间的制程规模变化。——译者注

⊖　原文为 energy performance，即能量性能。实际上，能量性能是增加了，而不是降低。参见本章要点回顾部分的第 9 个要点。这里的实际含义是单位指令消耗的能量。

这额外的提高（即高于 $2\sqrt{2}$ 的部分）是通过将所有子系统集成到单一芯片中的结果。

在过去的 25 年中，器件尺寸缩减对其可靠性也产生了非常有益的影响。晶体管的故障率减小速度甚至比单芯片上晶体管数量的增加速度更快，尽管我们在更小的芯片上集成了更多晶体管，但芯片的（整体）可靠性却增加了。业界最先进芯片关于永久失效的平均无故障时间显著低于 100 FIT[Pau98]。

由于物质离散结构和量子力学效应（如电子隧穿）的限制，尺寸缩减不能无限继续下去。晶体管中掺杂⊖数目的减少增加了统计意义上的多变性⊜。噪声的热能限制了供电电压的降幅。如果供电电压高于尺寸缩减对应的理论约定值，则将导致热应力的增加。在亚微米制程中，这些效应已经达到不能再被忽略的地步，会导致芯片瞬时故障率升高。虽然芯片上平均每个晶体管的永久故障率也许还会降低，但仍然无法抵消单颗芯片上晶体管数量的增加所导致的芯片故障率增加。2009 年国际半导体技术路线图⊜[ITR09，p.15] 用一句话概括了这些挑战：鉴于工业界已开始解决 CMOS 工艺缩减的理论极限问题，ITRS 正在进入一个新的时代。

8.2.2　低功耗硬件设计

在过去的几年中，提出了很多硬件设计技术来降低 VLSI 电路的功耗需求 [Kea07]。在本节中，我们会简单概述其中的一些代表。

门控时钟。在许多高集成度芯片中，很大一部分功耗被消耗于分布式的时钟网络。降低时钟网络功耗的一种方法是在不需要时钟的时候将其关闭⑭。门控时钟机制可以将芯片功耗降低 20% 甚至更多。

晶体管尺寸与电路设计。当晶体管与电路的设计优化目标由追求速度转为降低功耗时，可以有效节省能耗。特殊尺寸的晶体管可以降低那些必须提供的开关操作的电容容量。

多门限逻辑。通过使用现代微电子设计工具，能够在同一芯片基上构造具有不同门限电压的多个晶体管。高门限晶体管拥有更低的漏电流，但其速度比低门限晶体管慢。因此，可以通过适当组合这两种类型的晶体管来节省动态和静态功耗。

8.2.3　降低电压和频率

通过观测发现，在每代制程技术的极限特性内，频率与电压之间存在近似线性的依赖关系。如果降低器件的工作频率，电压也可以降低，且不会影响器件的功能 [Kea07]。由于功耗不仅与频率呈线性关系，而且与电压的平方也呈线性关系，降低电压和频率不仅可以降低功耗，而且可以减少计算所需的能量。

例：英特尔 XScale 处理器可以动态地工作在 0.7 ～ 1.75 V 的电压范围以及 150 ～ 800 MHz 的频率范围。其最高能耗是最低能耗的 6.3 倍。

⊖　掺杂（dopant），指渗透入物质中的微量杂质元素，尽管浓度很低，但是会对物质的电子或光学特性产生干扰。——译者注

⊜　原文为 statistical variations，指晶体管在相关物理参数（如开关的上升沿时间）上不稳定，统计方差大。——译者注

⊜　International Technology Roadmap on Semiconductor，简写为 ITRS。——译者注

⑭　这里"不需要时钟"的含义是指不需要时钟所提供的计时信息。——译者注

电压缩放区间为 $<V_{threshold}, V_{normal}>$。当器件尺寸减小时，$V_{normal}$ 会相应下降（见 8.2.1 节），亚微米级器件的电压缩放范围会收窄，电压缩放有效性也会降低。

为实现软件控制的动态电压及频率调节，需要一定规模的附加电路。为减少附加电路的规模，有些设计仅支持两种工作模式：追求高性能的工作模式，目标是将系统性能最大化；追求高能效的工作模式，最大限度地提高能源效率。可以通过软件控制实现这两种模式之间的切换。例如，当连接至电源时，笔记本电脑可以在高性能模式下运行；而采用电池供电时，则可以在高能效工作模式下运行。

鉴于硬件支持对芯片的工作电压和频率进行调整，操作系统可以将电源管理与时间关键任务的实时调度相结合以优化系统的整体功耗。如果任务在给定频率处理器上的最坏执行时间已知，并且其实际执行时间还有一定的松弛度[⊖]，那么可以将频率和电压降低到让任务能够在规定时间内完成执行的水平，从而节省能源。这种集实时与电源管理于一体的综合调度必须在操作系统层面提供支撑。

8.2.4　亚门限逻辑

越来越多的应用期望降低计算量带来系统的超低功耗。以数十亿电子设备（如电视机）中的待机电路为例，当系统在等待某个事件（如遥控器的开机命令或传感网络中的一个重要事件）发生时依然在持续消耗电能。亚门限逻辑技术使用亚微米级器件的亚门限漏电流（通常不希望有的）来实现所需的逻辑功能。这种新颖的技术在超低功耗、低性能器件的设计方面具有潜力 [Soe01]。

8.3　系统体系结构

从降低系统能耗需求角度来看，本节所述的系统体系结构技术是仅次于器件工艺尺寸缩减的最有效技术。

8.3.1　技术无关设计

在高层次抽象中，系统需求采用平台无关模型（Platform-Independent Model，PIM）（亦可参见 4.4 节）来表达。PIM 描述了所需解决方案的功能与时间属性，不涉及任何具体的硬件实现。例如，当我们描述汽车制动系统的功能和时序特性需求时，我们要求在踩下刹车踏板后 2 ms 内启动合适的制动动作。我们称这样的高层次的应用描述与技术无关。PIM 可以用过程式语言（如 System C）描述，并通过相关语言（如 UML MARTE[OMG08]）来附加时域需求信息。系统实现者则可以自由选择他认为最符合目标的实现技术。

下一步，必须把 PIM 转化为可在目标硬件平台上执行的表达形式，从而形成平台相关模型（Platform-Specific Model，PSM）。目标硬件可以是一个带存储的特定 CPU，一个现场可编程门阵列（FPGA），或一个专用集成电路（ASIC）。虽然所有这些实现选择都能够满足 PIM 的功能性需求和实时性需求，但是他们带来的非功能属性却显著不同，如能耗、硅片面积以及可靠性等。图 8-2 粗略地给出了使用上述三种技术来实现一个给定计算所产生的能耗。基于 CPU 的计算由于固有的取指和译码所需额外功耗，而硬连线逻辑则不存在这个问题[⊖]。

⊖　这里有一定的松弛度指任务的实际执行时间比规定的截止期要短许多。——译者注

⊖　CPU 因所需的额外功耗导致其在消耗同样多能量的情况下，获得的处理性能 GOPS（Giga Operations Per Second，每秒执行 G 级操作）明显小于 FPGA 和 ASIC。——译者注

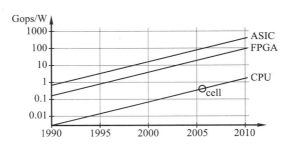

图 8-2 不同实现技术的功率需求（改编于 [Lau06，幻灯片 7]）

技术无关设计可在不重新验证整个系统的条件下更改目标硬件中的某个组件，如用基于 ASIC 的组件来替换基于 CPU 的组件。这种实现灵活性对于采用电池供电的大众市场设备尤其重要，如一个部件的初始版本可以用 CPU 方式实现其功能并测试，而后替换为 ASIC 形成面向大众市场的产品。

技术无关设计同时也可用于解决技术陈旧问题。对于生命周期较长的应用，例如飞机控制系统，其控制系统必须能够提供长期的服务，如 50 年。在这段时间跨度里，原始的硬件技术会变得过时。技术无关设计可以更改硬件以及相关的 PIM 到 PSM 转换，而无须修改与其他子系统的接口。

8.3.2　Pollack 定律

过去 20 年来，我们已经看到了单处理器系统性能的巨大提升。新的体系结构机制，诸如流水线、乱序执行、分支预测以及多级缓存，显著减少了串行程序的执行时间。用户因此投资购买支持高度并行执行环境的软硬件体系结构。然而，这种串行处理器在性能提升的同时，也付出了能耗增加的代价。Intel 的 Fred Pollack 研究了在相同工艺条件下，用以提升整数计算性能的新型微体系结构与上一代微体系结构的面积和功耗对比 [Bor07]。Pollack 发现，从 1986 年的 i386 开始，在英特尔的众多微体系结构中，相对于上一代体系结构，后一代微体系结构的性能提升仅相当于功耗或硅面积增加的平方根。这种关系通常称为 Pollack 定律。

嵌入式系统的一个重要特征就是应用程序的固有并行性，即嵌入式系统一般由许多近乎独立的并行进程构成。为了给这些近乎独立的并行进程建立可行的软件执行环境，需要在串行处理器上实现提供空间和时间分区[⊖]的复杂操作系统。从能耗的角度来看，这又引出了问题。首先，能量被功能强大的串行执行设备所浪费，其次，为了在串行执行计算机上提供并行进程支持，需要浪费一部分能量来提供封装的并行执行环境。

例：根据 Pollack 定律，通过更先进的微体系结构技术所获得的 IP 核速度提升比为 $\sqrt{2}$，而所需要的能量以及硅面积增长却为 2 倍。经历 4 代微体系结构技术演进之后，IP 核尺寸将增加为原先的 16 倍，功耗也增加为 16 倍，而时间性能提升倍数为 4 倍。微体系结构演进将能效降低了 400%。

最近出现的基于片上网络（NoC）实现简单 IP 核互连的片上多处理器系统（MPSoC），将引起嵌入式系统执行环境的变革。考虑到嵌入式系统市场的规模，可以预期未来高效能多

⊖ 原文为 partitioning。所谓空间和时间分区是指操作系统把系统的内存资源和处理器资源进行划分的结果，使得处于不同分区执行的进程之间不能直接交互，因而不会出现直接的故障传播。——译者注

核系统将成为市场主导。这些系统具有巨大的节能潜力。

IP 核间的互连结构是 MPSoC 设计中需要解决的一个重要问题。一般有两种方法：基于消息的通信；大容量的共享存储。Poletti 等人 [Pol07] 对这两种方法的能效展开调查并得出结论：在计算 / 通信比率高[⊖]的应用中更适合使用基于消息的系统，而反之则适合使用共享存储系统。对片上多处理器系统内存模型的比较分析也得出了同样结论 [Lev08]。在许多工业嵌入式系统中，计算 / 通信的高比率表明消息传递是更好的选择。

例： 在当今的高档汽车中往往可以找到上百个电子控制单元（ECU），这些单元之间通过一些低带宽的 CAN 总线互连。将这些 ECU 集成在一个单芯片 MPSoC 上，只需要很少的 NoC 带宽。

消息传递具有共享存储所没有的许多其他优势，如功能封装、故障隔离、错误隔离、对实现无关设计方法的支持以及对电源门控的支持。

8.3.3　电源门控

多核片上系统包含一组由实时片上网络互连的异构 IP 核，良好定义的应用功能可以由专用 IP 核，即组件（见第 3 章）来实现。这样的应用实例包括资源管理、信息安全、MPEG 图片处理、输入 / 输出控制器、外部存储管理等。如果组件之间仅通过消息传递进行交互且不访问共享存储，则有可能在一小片硅中对相应组件进行物理和逻辑封装。当不需要使用该组件的服务时，可以关闭电源，从而节省组件的动态和静态功耗。在通常情况下，组件状态（见 4.2 节）会在掉电后丢失。因此，有必要在组件状态为空的时刻执行断电或者上电操作。如果找不到这个空状态，必须提前保存相应组件的状态。有两种状态保存方式，一种是通过硬件技术，另一种是将包含该组件状态的消息发送给另一个组件以保存并更新状态。

使用硬件的状态保存技术会以透明的方式操作[⊜]，工作量相当可观 [Kea07]。另一方面，健壮的分布式体系结构必须提供组件重启机制，在一个组件因瞬时故障而失效的情况下动态重启该组件（见第 7 章）。重启时必须使用时域精确的状态数据来重置相应组件的状态。这种基于软件的状态恢复机制也可用于电源门控所要求的状态恢复，无须任何额外的开销。

在由片上网络连接的包含多个组件的 MPSoC 体系结构中，电源门控是一种非常有效的节能技术。该技术可以完全关闭不使用的组件[⊜]，不仅节省了动态功耗，而且节省静态功耗。由于在 100 nm 技术下静态功耗大幅提高，电源门控成为一个极其重要的节能技术。

对于许多设备，有必要区分两种主要的操作模式：服务模式和睡眠模式。在服务模式下，设备提供全部服务，主要消耗动态功耗。在睡眠模式下，只提供用于在接收到唤醒信号时能够激活设备的最小功能集，系统主要消耗静态功耗（漏电流）。电源门控技术可以非常有效地减少睡眠模式下的功率需求。当然，也可以采用完全不同的技术来实现睡眠模式，如使用亚门限逻辑，当接收到唤醒信号后立即进入服务模式。在这种情况下，所有在服务模式下使用的组件在睡眠模式下均可以被完全关闭，因而不消耗任何能量。

⊖　比例高意味系统中任务的计算量相对于任务之间的通信要大很多，这意味着在使用基于消息的通信后，消息之间的间隔会比较长，不太容易出现消息拥塞或冲突问题。反之，则不能使用消息通信机制，应使用共享数据机制。——译者注

⊜　这里的透明指组件自身感知不到硬件在自动保存状态。——译者注

⊜　这里的完全关闭是指根本不对相应的组件供电，达到 shut-down 效果。——译者注

8.3.4 实时时间与执行时间

在分布式实时系统中，有必要区分实时时间与执行时间这两个概念的根本区别。这两种时基之间没有密切的关系（见 4.1.3 节，其中时域控制与实时相关，而逻辑控制与执行时间相关）。在 MPSoC 中，实时的时间粒度一般会比芯片级的执行时间粒度大（因而相应的频率也低）一至两个数量级。因为功耗与频率成正比（见 8.1.2 节），全局的实时时钟分布网络所消耗的能量仅仅是全局执行时钟分布网络所消耗能量的一小部分。如下面所述，为整个 MPSoC 建立单一的全局实时时基，并为每个 IP 核建立本地异步执行时基，可以显著节省能量，而且进一步提升芯片的节能潜力。

实时时基使得分布式系统节点能感知到实时时间推进，并为时域控制信号的产生奠定基础（见 4.1.3 节）。本地实时时钟应该根据国际时间标准 TAI[⊖] 递增。如果没有外部时钟用来同步，则由一个参考时钟来建立实时时间，从而形成分布的实时时基。全局实时时钟的粒度依赖于时钟同步的精度，而且随着集成级别的不同而不同。例如，在芯片级，IP 核间通过 NoC 通信，IP 核的本地实时时钟具有比设备级全局实时时基更高的精度（当然也具有更小的粒度），设备间基于局域网络通信（参见第 4 章的时钟同步）。在芯片级，可以通过独立的或集成在 NoC 中的实时时钟分布网络来实现全局实时时钟。

执行时间时基驱动节点上的算法计算并决定着计算（即逻辑控制，见 4.1.3 节）的速度。在大型 SoC 中，全局执行时钟所消耗的能量占整个芯片能量消耗的一大部分。而且，位于 SoC 中心的高频时钟信号具有位置相关的延迟特性，这会导致出现时钟漂移，难以控制。更糟的是，如果所有 IP 核都基于一个时钟信号运行，则不可能单独控制某个 IP 核的电压和频率。因此，将每个 IP 核和 NoC 都设计为同步孤岛是有意义的，每个孤岛[⊜]拥有本地的执行时间时钟信号。如果一个 IP 核的电压也可以在本地进行控制，那么该 IP 核便成为具备本地电压 – 频率缩放以及电源门控能力的封装子系统。在第 4 章概述的体系结构模型中，在 IP 核与 NoC 之间的消息接口出现了多个时钟域的交叉，为了避免元稳定性问题[⊜]，必须在设计时保持足够的细致。

8.4 软件技术

8.1.2 节中的公式 $E=C_{eff}V^2N$ 给出了程序执行所需要的动态能耗 E。该公式中有三个参数，等效电容 C_{eff}、电压 V 以及指令数 N。减小等效电容和减少任务指令数都可以减少完成任务计算所需要的时间。因此在软件层面，面向能耗性能的设计与面向时间性能的设计之间没有内在冲突。

电路电压主要取决于硬件技术，并且在硬件支持动态电压和频率调整的情况下可以由软件控制。等效电容 C_{eff} 可通过空间和时间局部性设计得到降低，特别是在存储系统中。指令数 N，用来计算预期结果，则完全取决于软件。这里的指令数是在系统软件和在应用软件中执行的指令数总和。

⊖ 原文为 TIA，系拼写错误。见 3.1.4 节关于 TAI 的介绍。——译者注
⊜ 每个孤岛拥有自己的独立执行时间时钟，相互间建立时钟同步，形成可同步的孤岛。——译者注
⊜ 在数字电路中，使用特定范围的电压和电流来表达逻辑上的 1 和 0。如果存在一个状态，相应的电压或电流正好处于 1 和 0 所对应电压或电流范围的中间，则称该状态为元稳定状态。这种状态将会导致门电路操作出现错误。在元稳定状态下，数字电路可能无法在规定时间内设置或表达逻辑 1 和 0。元稳定状态问题是异步数字系统或者拥有多个独立时间域系统的本质性问题。——译者注

8.4.1　系统软件

系统软件包括操作系统和中间件。系统软件有两大类目标：灵活的基础架构和最小化能耗，不同的目标组合推动不同方向上的设计发展。以往许多操作系统已经将架构灵活性作为重点设计考虑因素，忽略了能耗性能。在这些系统中，为了完成一个应用级命令（如消息发送指令），需要执行一长串的系统软件指令。

在电池供电的嵌入式系统中，可以根据应用的特定需求对操作系统功能进行离线剪裁来改善系统软件的能效。更进一步，通过采用综合资源管理策略来整体考虑时效性和能耗需求。

任何时候当硬件资源（处理器、内存、缓存）在独立的进程之间发生共享时，隐含的交互（如仲裁、缓存重载、处理器切换等）都会增加能耗，并使得更加难以估计时间与能耗。

对于嵌入式系统来说，如果没有按照普遍接受的体系结构风格进行设计，会导致子系统之间的接口出现许多属性不匹配问题（例如，大端模式与小端模式[⊖]），这些问题必须由系统软件来协调，一般做法是通过所谓的"胶水软件"[○]来适配不同子系统，虽然必要但效率低，在执行时会消耗宝贵的能量。

8.4.2　应用软件

算法设计。以时间性能优化为目标的算法不同于以能耗优化为目标的算法。尽力而为系统把算法的平均执行时间作为优化目标，实时系统则不同，而是以算法的最坏情况执行时间为优化目标。

许多如多媒体或控制类的实时应用，并不一直需要精确结果，好的近似结果已经足够。如何在满足给定功耗约束条件下找到一个好的近似结果，是实时应用中的重要算法研究主题（参见 10.2.3 节的全时算法）。

在云计算中，一些任务在云端（云端服务器采用电力设施供电）处理，一些任务在由电池供电的本地移动设备上运行，如何平衡本地计算的能量需求与往来于云端数据传输的能量需求是一个重要的体系结构设计问题。设计工具必须支持对不同的任务部署策略（即部署到云端还是移动设备端运行）进行对比分析。

算法分析。许多嵌入式应用程序都包含一个计算密集型算法段，称为计算内核。剖析[⊜]算法程序的执行能够找出计算内核所在。如果把计算内核封装为一个自包含组件，该组件把计算内核涉及的所有元素（如处理引擎、内存）集成为一个 IP 核，使得它们在物理空间和时间空间上紧密相邻，可以减少该执行环境的有效电容 C_{eff}，从而节约能源。如果计算内核稳定成熟，可以无修改地适用于多个应用，那么可以将其实现为 MPSoC 上的 ASIC IP 核，这

⊖　大端模式（big-endian）与小端模式（little-endian）是关于计算机按照什么顺序来存储字节的术语。举例来说，对于 3F2A 这个十六进制数而言，需要两个字节来存储表示，大端模式的存储顺序是 3F-2A，而小端模式的存储顺序则是 2A-3F。常用的 Windows、UNIX、linux、Android 和 iOS 都采用的小端模式，而 SPARC 上的 Solaris 则采用了大端模式。——译者注

○　胶水软件或胶水代码是指专门用来适配不兼容的两个软件或两段代码的软件或代码。胶水软件或胶水代码本身不会对满足软件需求提供任何功能。——译者注

⊜　原文为 profiling，即在程序运行时通过运行平台所提供的技术手段获得程序运行时数据（如函数执行时间、申请的内存、I/O 时间等）。Profiling 机制为程序性能优化提供了重要技术手段，可以帮助快速发现性能瓶颈。——译者注

会节省若干数量级的能量消耗。

数据结构。针对特定应用以节能为目标，开展对数据结构的设计优化可以显著降低存储访问的能耗。例如，一个基于二进制计数器实现的严格二进制时间格式，其运行所需要的能量远少于基于公历实现的时间格式所需要的能量。

8.4.3　软件工具

仅次于系统软件，编译器在低能耗系统设计中也扮演着重要角色。能耗感知编译器可以基于指令的能耗情况来选择和生成目标代码指令。鉴于现代处理器的寄存器文件相当消耗能量，从能耗角度来为指令操作分配寄存器也是一个重要的问题。

系统设计者需要在设计的早期阶段借助工具评估功耗情况。必须把这些软件工具集成进设计环境中，并且能够灵活支持对多种目标平台体系结构的分析，从而可以对不同设计方案和策略进行探究分析。

8.5　能源

支持嵌入式系统运行的三类主要能量来源是：电网、电池以及从环境回收的能量。

8.5.1　电池

表 8-3 描述了一些一次性和可充电电池的标称能量含量。可以从电池中获取的实际能量取决于放电模式。如果从电池消耗的功率非常不规则，电池效率就会降低，从电池中获得的实际能量就会小于额定能量的一半 [Mar99]。可充电电池的放电水平会影响电池的寿命，即电池在报废前可充电的次数。

表 8-3　电池容量

电池类型	电压（V）	能量密度（J/g）	质量（g）	能量（J）
AA（一次性）	1.5	670	23	15 390
AAA（一次性）	1.5	587	11.5	6750
纽扣电池 CR2032（一次性）	3	792	3	2376
镍铬电池（可充电）	1.2	140		
铅酸电池（可充电）	2.1	140		
锂离子电池（可充电）	3.6	500		
超级电容		少于 100		
（汽油）		44 000		

如果按照所标称的电化参数来细致控制和使用一个可充电电池，即充电阶段和使用阶段的流入和流出电流均被控制在电化学参数范围内，则该电池的使用效率（即使用时的输出能量比上充电时的输入能量）介于 75% 和 90% 之间。如果一个应用具有高度非规则的能量消耗特性，则必须采用一个中间的储能设备（如超级电容）将流入流出电池的电流平滑化。与传统电容相比，超级电容是一个具有高能量密度的电化学电容，可以用作中间的能量存储设备，从而缓冲短时间内的大功率峰值。

例： 考虑一辆以 30 m/s（108 km/h）的速度行驶的电动汽车（即 8.1.1 节的示例）。汽车突然刹车，在 5s 内停了下来。如果再生式制动器将 450 kJ 的动能转化为电能，其效率为 60%，则会产生持续 5s 的 54 kJ/s 功率峰值，相当于在 400 V 系统中持续 5s 的 135 A 电流。如果电池不能在这么短的时间内吸收这一功率，那么就必须在刹车制动器和电池之间放置一个超级电容，以使能量能够平缓地流到电池中。控制进出超级电容和电池的能量流是嵌入式控制系统的职责。

出于对比目的，我们在表 8-3 的最后一行给出了汽油的化学能容量。尽管最多只有 1/3 的化学能被转换成为电能，汽油的能量密度仍然比大多数电池高出至少一个数量级。

8.5.2　能量回收

能量回收指的是将外界能量（如光电、温差、电场、机械运动、振动、风等）转换为电能，用于驱动低功耗电子设备，如可穿戴计算机或传感网络节点。收集的能量被存放于电池内，并为电子设备提供稳定的电流。

例如，在最优光照条件下，光伏电池可以 15 mW/cm^2 的效率生产电能。小的热电偶可将体热转换为电流，每 5 ℃ 温差可以产生 3 V 40 μW 的电能。压电换能器可以将机械能（如振动或噪声）转换为电能。RFID 标签中的接收电路可以从发送者电场收集能力以抵消自身的电能消耗。一个典型的 RFID 标签功耗为 10 μW（见表 13-1）。

由环境回收能量供电的电子设备几乎可以自治并能在长期无人值守的条件下提供服务。无线传感器节点可以健壮地自治运行，并从环境中回收能量而无须任何电池。无线传感节点可用于很多领域，如工业控制、环境监测、监视、植入人体的医疗器械，等等。开发能从环境获取能量的有效换能器，并设计低功耗电子设备来管理能量回收过程是一个活跃的研究课题。

要点回顾

- 能量被定义为做功能力。功率指做功强度。能量是功率在时间域上的积分。尽管功率与节能紧密相关，但它们并不是一回事。
- 计算设备执行一个程序所需要的能量可以表示成以下四部分的总和：$E_{total}=E_{comp}+E_{mem}+E_{comm}+E_{IO}$，其中 E_{total} 为总能量需求，E_{comp} 为 CMOS VLSI 电路执行计算所需的能量，E_{mem} 表示存储子系统消耗的能量，E_{comm} 表示通信需要的能量，E_{IO} 表示 I/O 设备（如屏幕）所消耗的能量。
- 执行具有 N 条指令的程序需要的动态能耗为 $E=C_{eff}V^2N$，其中 C_{eff} 为执行一条指令的有效电容，V 为供电电压，N 为需要执行的指令条数。
- 漏电流随着温度的增加而呈指数级增长的现象是低门限电压亚微米器件中需考虑的一个重要问题。
- 发送端和接收端之间能量需求的不对称性对基站和能量受限的移动设备之间通信协议的设计具有决定性影响，基站由电网供电而能量受限的移动设备由电池供电。
- 对于内存密集型应用而言，访问内存子系统所需的能量可能比计算所需要的能量还要大。
- 硅片衬底的温度高会对 VLSI 器件的可靠性产生负面影响，并可能导致瞬时和永久故障。大约一半的器件故障是由热应力引起的。
- 减少 CMOS 器件功耗的最有效方法是缩减器件工艺参数，即让晶体管更小。
- 微电子技术的代间工艺缩减因子 α 通常为 0.7，使得设计的缩放版面积降低为原来的

1/2，功耗降低为 1/2，速度增加 $\sqrt{2}$ 倍，能耗性能提高 $2\sqrt{2}$ 倍。

- 把所有子系统集成到单个硅片上形成了片上系统 SoC，导致各个子系统内部晶体管之间的距离显著减少（从而减少信号线路的电容），是节能的主要贡献因素。
- 由于物质离散结构和量子力学效应（如电子隧穿）的限制，器件尺寸缩减不能无限继续下去。
- 如果降低器件的工作频率，电压也可以降低，且不会影响器件的功能，从而节约可观能源。
- 实时时间与执行时间是两个没有密切关联的不同时基。
- 技术无关设计方法使得将功能由软件实现转变为由硬件实现成为可能，从而在能效上获得可观的收益。
- Pollack 定律指出微体系结构从一代演进到下一代，单处理器的性能提升仅相当于功率或硅面积增加的平方根。
- 计算子系统的空间局部性会降低有效电容，因而提升了系统能耗效率。
- 软件对于能效最重要的贡献在于可以减少为得到既定结果所必须执行的语句数量和类型。
- 可以从电池中获取的实际能量取决于放电模式。如果从电池消耗的功率非常不规则，电池效率就会降低，从电池中获得的实际能量就会小于额定能量的一半。
- 能量回收指将外界能量（如光电、温差、电场、机械运动、振动、风等）转换为电能，用于驱动低功率电子设备，如可穿戴计算机或传感网络节点。

文献注解

Benini 和 Micheli[Ben00] 的教科书般调研对高能效电子系统的系统级设计方法进行了很好的概括。Pedram 和 Nazarian[Ped06] 给出了研究亚微米超大规模集成电路的热效应模型。[Fra01] 探讨了器件尺寸的缩减限制问题。[Bor07] 讨论了 Pollack 定律和未来 SoC 体系结构问题。片上系统的节能问题在 [Pol07] 中进行了讨论。

复习题

8.1 解释功率和能量的差异。给出一个功率减小却导致完成计算所需的能耗增加的实例。

8.2 每卡路里或者 kWh 等于多少焦耳？

8.3 给出一个包含 1 000 000 条指令的程序执行所需要的动态能耗，其供电电压为 1 V，执行一条指令的有效电容为 1 nF。

8.4 什么是静态能量？静态能量如何随着温度的变化而变化？

8.5 在本章给出的参考体系结构中，访问便签式存储、片上存储以及片外存储各需要多少能量？

8.6 一个传感节点每秒钟执行 100 000 条指令（供电电压为 1 V，执行每条指令的有效电容为 1 nF），且每秒钟发送一条包含 32 字节的消息给相距 10m 的邻接节点，发送端的电压为 3 V。问传感节点的驱动功率需要多大？两节 AAA 电池的电源可以供应传感节点运行几个小时？

8.7 处理器具有两种运行模式，在时间性能优化模式下，电压为 2 V，频率为 500 MHz。在能耗优化模式下，电压为 1 V，频率为 200 MHz，执行一条指令的有效电容为 1 nF。两种模式下各自的功率是多大？

8.8 锂离子笔记本电池的重量为 380 g。该电池可以为功耗 10 W 的笔记本电脑供应多久的电力？

实时操作系统

概述 在基于组件的分布式实时系统中，系统管理分成两个层次：在组件之间，协调基于消息的通信与资源分配；在组件内部，建立、协调和控制并发任务。本章着重讲述组件内部的实时操作系统和中间件功能。

如果软件的核心镜像不是永久驻留在组件（如 ROM）中，那么必须要通过技术独立接口（TII）提供安全机制来启动组件中的软件⊖。必须提供相应的机制，以在运行时对组件进行复位、启动和控制。组件内软件的执行通常可描述为一个并发任务集。为了确保时间的可预见性和确定性，需要仔细设计组件内任务的管理和组件间的任务交互。恰当地处理时间以及时间相关的信号在实时操作系统中尤为重要。操作系统必须支持编程人员在运行时建立新的通信信道和控制对基于消息的组件接口的访问。需要在组件的中间件层次实现领域相关的上层协议，例如简单的请求–应答协议，由一组基于规则的消息交换组成。最后，操作系统必须提供访问本地进程输入/输出接口的机制来连接组件和物理设备。物理设备中的实时实体具有稠密的值域和时域，但在计算机系统里，却采用离散方法来表示值和时间，因而避免不了由此带来的不准确性。为了减少这些表示不准确性带来的影响，并在计算机系统内建立一致的（但不是完全准确的）物理设备模型，必须在物理世界和赛博世界⊖间的接口层次执行协商协议，这样才能在分布式计算机系统内创建出关于外部世界的一致数字镜像。

组件内部的实时操作系统必须具备时间可预测这个特性。与用于个人计算机的操作系统相比，实时操作系统应该具有确定性，并且支持通过主动的多副本机制来实现容错。在安全关键应用中，操作系统必须经过认证。因为难以对动态控制结构的行为进行认证，所以安全关键系统应尽量避免采用动态机制。

9.1 组件间通信

4.4 节已经介绍了组件的四类基于消息的专门接口（TII、LIF、TDI 和本地接口）。这些接口是实现组件与其环境（其他组件和物理系统）之间进行信息交换的基础，不可混淆使用。为了管理好组件间通信，通用中间件和操作系统要管理好对这四类接口的访问。本节将讨论 TII、LIF 和 TDI 这三个接口，而本地接口将在 9.5 节讨论。

9.1.1 技术独立接口

在某种意义上，技术独立接口（TII）是一个元级接口。通过该接口，可以将软件的核心镜像（作业）和给定的实施载体（组件的硬件）组成一个新的组件。技术独立接口用于配置组件，控制组件内部软件的执行。组件的硬件一定要提供一个专用的 TII，以便将新的软件镜像安全地下载到组件上。要通过 TII 周期性地发布组件的基状态（见 4.2.3 节），以便专

⊖ 原文为 secure boot，含义是这种机制只加载原始的软件代码（如驻留在 ROM 中的代码），从而防止黑客入侵破坏等。——译者注

⊖ 原文为 cyberspace。——译者注

门的诊断组件来检查基状态的内容。直接与组件的硬件相连的 TII 必须支持在组件再集成时间点复位硬件和重启软件，再从复位消息中提取相关基状态并集成进来。在硬件支持的前提下，TII 也可以用来调节组件的电压和频率。由于恶意的 TII 消息可能破坏组件的正确运行，所以必须确保发送到 TII 的所有消息的真实性和完整性。

9.1.2　链接接口

在正常运行期间，组件通过链接接口（LIF）提供服务。从运行和可组合性角度看，LIF 是最重要的组件接口。关于 LIF 的更多讨论见 4.6 节。

9.1.3　技术相关调试接口

在 VLSI 设计领域，为 VLSI 芯片提供一个专门用于测试和调试的接口是一种常见的做法，这种接口称为 JTAG 端口。JTAG 端口已经在 IEEE 1149.1 标准中进行了定义。这样的端口即为技术相关调试接口（TDI），它有助于详细观测组件运行时的内部情况，对于组件设计者，这一点极其重要。它能帮助设计人员监视和改变组件的内部变量，而这些变量无法通过其他接口观测到。组件的本地操作系统应该支持这样的测试和调试接口。

9.1.4　通用中间件

组件内部的软件结构如图 9-1 所示。本地操作系统是与组件特定硬件相匹配的实时操作系统，通用中间件（GM）则位于本地操作系统和应用软件之间。在组件内部，标准化的 GM 负责解释运行控制消息，包括从 TII 接收到的控制消息（如启动任务、终止任务、硬件复位或用相关基状态重启组件）和要在 TII 上发出的消息（如定期发布的基状态）。采用高级语言编写的应用软件，通过 API 来访问两个基于消息的接口：LIF 接口和本地接口。GM 和本地操作系统必须管理 API 的系统调用、通过 LIF 收到的消息和由 TII 消息发来的命令。本地操作系统与给定的硬件相匹配，而 GM 层则提供标准化的服务、处理标准化的系统控制消息、实现上层协议。

例：带时间监视的高层次请求 – 应答协议是位于 API 层的独有协议。它的实现需要用到基本消息传输服务（BMTS）提供的两个或多个独立消息，以及一组本地定时器和操作系统调用。GM 负责实现这个高层协议。它会跟踪所有的相关消息，并协调超时和操作系统调用。

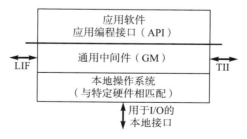

图 9-1　组件内部的软件结构

9.2　任务管理

在我们的模型中，组件的内部软件被视为设计单元，整个组件是最小的故障限制单元。

组件内的并发任务之间是合作关系，而不是竞争关系。由于整个组件是一个基本失效单元[⊖]，所以不能通过设计和实现会消耗大量资源的机制来防止组件内任务间的相互干扰[⊜]。因此组件内部的操作系统应该是一个轻量级操作系统，用来管理组件内的任务执行和资源分配。

任务是指一个串行程序的执行过程。这个过程从读取外部输入数据和任务内部状态数据开始，到产生结果并更新任务内部状态结束。在触发调用时刻没有内部状态的任务称为无状态任务；否则，称为有状态任务。任务管理关注任务的初始化、启动执行、执行监视、错误处理、任务间交互和执行终止。

9.2.1　简单任务

如果一个任务的执行过程中没有同步点，称为简单任务（S-任务），也就是说，简单任务一旦开始执行，就一直运行到结束，假设这期间一直不会被 CPU 调度出去。因为 S-任务在执行过程中不会因为等待任务外部的某个事件而被阻塞，其执行时间不会直接依赖于组件内其他任务的执行过程，可以独立确定其执行时间。S-任务的执行时间可能因任务间的间接交互而延长，例如被更高优先级任务抢占执行。

根据任务激活的触发信号可以将任务分为时间触发（TT）任务和事件触发（ET）任务。系统为每个 TT 任务都分配了一个时间循环（见 3.3.4 节），当全局时间到达新循环的起点时，立即启动任务的执行。而事件触发任务总是在相应的触发事件发生时启动。触发事件可以是其他某个任务的执行完成，或者通过消息或中断机制传递给操作系统的某个外部事件。

在纯时间触发系统里，可以利用离线调度工具为所有任务事先建立相应的静态时间控制结构，并在任务描述表（TADL）里对该时间控制结构进行编码。TADL 实际是组件节点中所有活动的周期调度表（图 9-2），这个调度表考虑了任务之间的前置关系和互斥关系。这样操作系统在运行时就不再需要通过外部协调来确保任务之间的互斥。

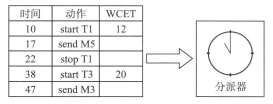

时间	动作	WCET
10	start T1	12
17	send M5	
22	stop T1	
38	start T3	20
47	send M3	

图 9-2　时间触发系统的任务描述表（TADL）[⊜]

当时钟到达 TADL 中某个表项的入口时刻时，将激活分发器（dispatcher）并执行该表项中计划好的动作。如果某个任务被启动了，那么操作系统会把相应的激活时间通知给该任务（该激活时间是集群内的同步时间）。任务结束之后，操作系统会把该任务的执行结果提供给其他相关任务。

在时间触发系统中，S-任务的应用编程接口（API）由三个数据结构和两个操作系统调

⊖　即从分布式系统角度来看，只记录哪个组件发生了失效，而不会进入组件内部来看更下一层的模块单元。——译者注

⊜　如果一种任务保护机制需要消耗大量资源，就会在运行时与任务竞争资源，也许可以避免任务间相互干扰，但相应的保护机制却会对任务执行造成干扰。——译者注

⊜　为了更清楚地展示 TADL 中的表项，其中的"动作"列有意未翻译。start T1 的含义是启动任务 T1，Stop T1 的含义是停业任务 T1，send M5 的含义是发送 M5 消息。其中的 WCET 是最长执行时间。——译者注

用组成。三个数据结构为任务的输入数据结构、输出数据结构和基状态数据结构（如果没有状态，则为空）。两个操作系统调用分别为正常终止（TERMINATE TASK）和错误中止（ERROR）。当一个任务到达其正常结束点时，立即执行 TERMINATE TASK 这个系统调用。当任务遇到了难以处理的错误时，该任务将通过执行 ERROR 这个系统调用来结束自己的运行。

在采用事件触发的系统中，应用场景的演化[⊖]导致任务执行顺序动态变化。每当一个重要事件发生时，相关联的某个任务会被设置为就绪态，系统唤醒动态的任务调度器。调度器将在运行时决定把 CPU 分配给哪个处于就绪状态的任务。下一章会介绍相关的动态调度算法。调度器的最坏执行时间（WCET）会对操作系统的最坏情况管理开销（WCAO）产生影响。

触发 ET 任务执行的重要事件通常包括：

1）来自组件部署环境的事件，即收到一个消息或来自受控对象的中断。

2）组件内部的重要事件，即某个任务已经运行结束或正在运行的任务出现了其他一些状况。

3）时钟运行到指定时刻。这个时刻既可以静态指定，也可以动态指定。

支持非抢占式 S- 任务的事件触发操作系统，只有在当前运行的任务结束后才会再次进行调度决策。这种做法虽然简化了操作系统的任务管理，但却严重限制了系统的响应速度。如果一个重要事件到达前刚好有一个最长的任务被调度执行，该重要事件只能等到这个最长的任务完成后才会被处理。

在抢占式实时操作系统中，每个重要事件的发生都会潜在激活一个新任务，并立即中断当前运行的任务。此时选择执行新的任务还是继续执行被中断的任务，完全取决于动态调度算法的计算结果。在激活任务执行时，如果操作系统把运行中的 S- 任务所需的全部输入数据从全局数据区复制到该任务的私有数据区，那么并发执行的 S- 任务之间就不会有数据冲突。如果存在多个副本组件，则抢占必须十分谨慎。要确保所有副本的抢占点都在同一条语句上[⊖]，否则难以保证副本确定性。

在事件触发操作系统中，S- 任务的 API 除了包括前面针对时间触发系统所介绍的数据结构和系统调用外，还需要增加两个系统调用：ACTIVATE 和 DEACTIVATE。ACTIVATE 用于立即或在将来的某个时间点激活新任务，即让新任务进入就绪状态，而 DEACTIVATE 用于取消已经激活的任务。

9.2.2 触发器任务

时间触发系统的控制权始终保持在计算机系统内。为了识别计算机系统之外的重要状态变化，时间触发系统必须定期监测环境的状态。如果能用一组时域精确的状态变量来反映环境的当前状态，那么就可以用一个时间触发的 S- 任务来根据这些状态变量评估给定的触发条件是否满足，这种时间触发的 S- 任务称为触发器任务。触发器任务运行产生的结果可以作为激活另一个应用任务的控制信号。由于系统按照触发器任务的频率来对外部或内部状态进行采样，所以只有那些持续时间大于触发器任务周期的状态才能确保被时间触发系统观测

⊖ 这里的演化主要指触发组件内任务执行的事件发生时间和顺序会发生变化。——译者注

⊖ 即当任务被抢占时，所有副本组件中的相应任务都正好执行到了相同的语句。——译者注

发现[⊖]。持续时间短暂的状态（如按动按钮）必须保存在存储单元（如接口对应的存储单元）内，以使相应状态的持续时间大于触发器任务的采样周期。周期性的触发器任务会产生额外的管理开销。对于需要由外部环境事件激活的实时处理而言，触发器任务的周期必须小于相应处理的松弛度（即处理的截止时间与实际执行时间之差）。如果实时处理的松弛度非常小（<1 ms），触发器任务带来的开销将变得不可容忍，这时就需要采用中断方式[⊜]。

9.2.3　复杂任务

内部含有阻塞同步语句（例如信号量等待操作）的任务称为复杂任务（C- 任务）。不得不使用等待操作的原因可能是该任务必须一直等待到某个外部条件满足才能继续往下处理，例如，等待另一个任务完成对公共数据结构的更新，或等待来自某个终端的输入等。如果公共数据结构实现为受保护的共享对象，那么在任何特定时刻，仅有一个任务可以更新数据（互斥），其他要访问该共享对象的任务将被相应的等待操作推迟（阻塞），直到当前活动的任务完成其在临界区[⊜]的运行。因此，C- 任务的最坏执行时间是一个全局性问题，直接取决于其他任务的执行进度。这里所说的其他任务，既可能是组件内部任务，也可能是组件环境中其他组件的任务。

无法在不考虑组件中其他任务的情况下独立确定 C- 任务的 WCET。例如，对于一个需要等待输入消息的任务而言，确定这个任务的 WCET 就依赖于组件环境何时发生相应的事件。因此，C- 任务的 WCET 分析不再是单个任务的局部问题，而是系统性的全局问题。一般情况下，仅依靠分析 C- 任务自身的代码，不可能给出这类任务的准确 WCET 上限。

C- 任务的 API 比 S- 任务的更加复杂，操作系统必须另外增加一套全局数据结构和两个系统调用：WAIT-FOR-EVENT 和 SIGNAL-EVENT。全局数据结构用于阻塞点的访问操作，WAIT-FOR-EVENT 用于等待事件发生，SIGNAL-EVENT 表示通知事件已发生。当一个任务执行了 WAIT-FOR-EVENT 之后，该任务进入阻塞状态，在队列中等待。在被等待的事件发生后，这个任务从阻塞状态被释放出来。为了避免永久等待，必须引入一个超时任务来监视阻塞等待队列。若被等待的事件在规定的超时时间内发生了，则超时任务进入休眠状态，否则终止被阻塞的任务。

9.3　时间的双重作用

实时镜像在其使用时刻必须具有时域精确性（见 5.4 节）。在分布式实时系统中，由传感器节点来对实时实体进行观测，由作动器节点实现对实时镜像的使用^⑳，实时实体的观测时刻和应用时刻之间存在一定的时间间隔，只有当该时间间隔可测量时，才可检查实时实体镜像的时域精确性。要做到这一点，需要为所有节点提供一个精度合适的全局时基。若需要容错功能，则必须提供两个独立的具有自检功能的通信信道来把端系统连接到容错通信系统。必须使用两个信道来传输时钟同步消息，以防单一信道出现失效。

每个 I/O 信号都含有两个维度：数值维度和时间维度。数值维度与 I/O 信号的值有关，

⊖　所谓状态持续时间，即状态变量的取值保持不被改变的持续时间。——译者注

⊜　即不使用周期性的触发器任务来扫描状态的变化，而是由相关传感器向系统发出中断来处理状态的变化。——译者注

⊜　根据并发任务控制理论，所有涉及访问共享对象的代码都视为临界区。——译者注

⑳　即使用实时实体镜像数据来对系统进行控制，并可能会影响到外部环境和实时实体的状态。——译者注

时间维度与从环境中获取数值或向环境中释放数值的时刻有关。

例：在硬件设计中，数值维度关注寄存器的内容，时间维度关注触发信号（控制信号），决定何时将 I/O 寄存器内容传输到另一个子系统。

可以从两种不同的时间角度来观测在实时计算机系统环境中发生的事件：

1）从时间作为数据的角度看，事件在时域内定义了实时实体发生数值变化的时刻，精确的实时实体变化时刻是对事件影响进行后续分析的重要输入。

2）从时间用于控制的角度看，事件可能要求计算机系统立即对所发生的事件进行处理。分清时间的这两种不同作用十分重要。大多数情况下，时间作为数据使用就足够了（时间作为数据），要求计算机系统立即采取行动（时间用于控制）的情况并不多见。

例：高山滑雪比赛采用计算机系统来测量完成比赛的时间（即比赛开始和结束的时间间隔）。这个应用把时间作为数据，只要记录开始事件和结束事件的准确发生时间，便足以满足比赛要求。包含开始时刻和结束时刻信息的两个消息被传输到另一台计算机，随后由它计算出两者之差。列车控制系统的情况则有所不同，这种系统把红色警报信号看成火车应当立即停止的信号。这里将立即采取行动作为事件发生的结果，红色告警事件发生后一定要无延迟地立即触发一个控制信号。

9.3.1　时间作为数据

如果一个分布式系统提供了精度已知的全局时基，那么可简单实现时间作为数据这种方案。观测组件必须在每个观测消息中携带时间戳来记录事件发生的时间。这种含有时间戳的消息称为定时消息。定时消息可在以后进行处理，不需要根据消息数据来动态修改时间控制结构。另外，如果现场总线通信协议的通信延迟是已知的常数，那么利用该延迟常数来修正消息到达时间，就可以得到消息的发送时间。

上述关于定时消息的处理也适用于系统的输出侧。假如需要在精确时刻产生输出信号以作用于环境，且时间精度要远小于输出消息的传输抖动，那么可以向控制作动器的节点发送相应的定时输出消息。该节点从消息中读出时间，并在预期的精确时刻向环境发出作动行为。

时间触发系统在可预知的时刻交换消息，消息间有固定的周期间隔。定时消息可以利用这一先验信息来表示相应的时间，将时间值用消息周期的分数来编码，提高数据表示效率。例如，某观测消息的消息交换周期为 100 ms，如果采用 7 位二进制数表示事件发生时刻相对于周期起点的时间差值[⊖]，那么这个表示法能够识别粒度小于 1 ms 的事件[⊜]。表示时间的 7 个二进制位，再加上 1 位来表示事件是否发生，正好可使用 1 字节来编码。在告警监视系统中，会通过一个循环的触发器任务来周期性地查询成千上万的告警，这种紧凑的事件发生时刻表示方法非常有用。触发器任务的周期决定了一个告警事件的最大延迟（时间用于控制），而时间戳的分辨率决定了告警事件在上一个循环周期中的确切发生时间（时间作为数据）。

例：在时间触发以太网中，如果一个周期性消息的数据字段长度为 1000 字节，周期为 10 ms，

　⊖　周期起点的时间增量为 0，每推迟 1/128 个周期的信息，该差值加 1。——译者注

　⊜　原文是粒度优于 1 ms（granularity better than 1 ms），意思是可识别粒度小于 1 ms 的事件，因为（1/128）<（1/100）。事件的时间粒度越小，事件的时间信息就越精确。——译者注

则该消息能携带 1000 个告警事件，最长告警响应延迟时间为 10 ms，告警事件的时间分辨率⊖大于 100 μs ⊜。在传输速率为 100 Mbit/s 的以太网系统中，这些周期性告警消息所产生的系统负载不到网络容量的 1%⊜。即使 1000 个告警事件在同一时刻发生，也不会给通信系统增加负载。然而在一个事件触发系统中，一旦发生告警，如果告警消息的长度为 100 字节，则峰值情况下告警消息的个数多达 1000 个，产生的峰值负载将占到网络容量的 10%，最坏情况反应时间高达 100 ms ®。

9.3.2 时间用于控制

时间用于控制的系统对时间的处理难度要大于时间作为数据的系统，这是因为时间用于控制的系统需要根据数据情况动态地修改时间控制结构。明智的做法是仔细检查应用需求，识别那些必须使用动态任务重调度的场景。

如果某事件要求系统立即采取行动，那么消息传送的最坏情况延迟将成为一个关键参数。在事件触发的协议（例如 CAN）中，多个同时发生的事件可能导致总线访问冲突，解决该问题的方法之一是利用消息优先级。通过分析消息系统的峰值负载激活模式，可以计算特殊消息的最坏情况延迟 [Tin95]。

例：为了对紧急停机请求做出快速反应，要求采取时间用于控制的策略。假设此紧急停机消息的优先级最高，在 CAN 系统中该消息总是能赢得仲裁，则它的最坏情况延迟主要受限于最长消息（约 100 位）的传输时间，因为消息传输过程无法抢占®。

9.4 任务间交互

为了完成一项共同任务，并发执行的多个任务需要相互交互来交换数据。实现数据交换的主要方式有两种：1）通过消息；2）通过可被多个任务访问的共享数据区。

组件内部任务之间的数据交换广泛采用共享数据结构，原因在于这种方式可以有效地实现任务之间的交互。然而必须注意，当多个任务并发地读取或写入数据时，一定要保持数据完整性。图 9-3 描述了这个问题，其中任务 T1 和 T2 访问相同的临界区数据。将程序执行期间访问临界区数据的时间段称为任务的临界段。若任务的临界段重叠，则可能导致意想不到的错误。例如，一个任务正在读取一个共享数据，而另一个任务正在修改该数据，读取方很可能读到不一致的数据。如果多个写入任务的临界段重叠了，数据很可能被破坏。

⊖ 时间分辨率越大，能区分出的时间粒度就越小，可类比显示器的分辨率。——译者注

⊜ 在该例子中，每个字节对应一个告警事件。对每个告警事件而言，用其中 1 位表示是否发生告警，其他 7 位表示告警在刚刚过去的周期中发生的精确时间。因为 7 位可以表示 128 个不同时刻，所以可以按照时间分辨率 100 μs（即 10 ms 的百分之一）来报告告警时间。——译者注

⊜ 10 ms 产生一个消息（约为 1k 字节），则 1s 内产生的传输数据量约为 100k 字节，因此不到整个网络容量的 1%（800 kbit/s : 100 Mbit/s）。——译者注

® 这个最坏响应时间是假设 1000 个告警同时发生，由于此时消息长度仅为 100 字节，即最多只能表示 100 个告警事件，因此就需要最多 10 个消息来表示和传输 1000 个同时发生的告警事件。因最长告警延迟为 10 ms，假设一个告警消息的处理可以在 10 ms 内完成，则对应的最小反应时间为 10 ms × 10=100 ms。——译者注

® 这里的不可抢占是指必须按照消息的字节顺序来传输，后发的消息不可能比早发的消息更早完成传输。——译者注

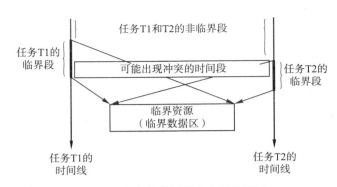

图9-3 任务的临界段和临界数据区

以下三种技术可以用来解决上述冲突问题：

1）协调的静态调度表。

2）非阻塞写入协议。

3）信号量操作。

9.4.1 协调的静态调度表

在时间触发系统中，以任务临界段不重叠的方式构建任务调度表是解决访问冲突的一个非常有效的方法。原因在于以下两点：

1）用于确保互斥效果的机制所引起的系统开销微不足道，且可预测。

2）解决方案（即不重叠的调度表）具有确定性。

任何系统或任务，只要有可能，都应采取这种协调的静态调度表方案。

9.4.2 非阻塞写入协议

然而，如果事件触发任务在执行时存在临界段，就不可能事先设计出无冲突的、协调的静态调度表。非阻塞写入（NBW）协议是一个无锁实时协议 [Kop93a]。在只有单个任务向临界区写入数据的情况下，这个协议可以确保一个或多个读取方的数据完整性。

接下来将以通信系统到主机的数据传输为例，分析 NBW 的运行原理。从通信系统到主机的数据传输需要跨越两者之间的接口，在这个接口上存在一个写入方（通信系统）和多个读取方（组件中的任务）。读取方不破坏写入方写入的信息，但写入方会干扰读取方的操作。在 NBW 协议中，实时写入方绝对不会被阻塞。每当新的消息到达时，写入方会把新收到的消息写入临界区。在读取方读取消息时，如果写入方正在写入一个新版本的消息，读取方取回的消息会包含不一致的信息，那么必须丢弃。如果读取方能够检测出这个干扰，它就可以重新尝试读操作，直到取回一份版本一致的数据。必须指出读取方的重试次数不能是无限的。

NBW 协议要求每个临界区都设置一个并发控制字段（Concurrency Control Field，CCF），由硬件保证对 CCF 的原子访问。CCF 的初值为 0，在写入操作开始之前，写入方将其加 1，写入操作完成之后，写入方将 CCF 再加 1。读取方在启动读取操作之前，首先读取 CCF。如果 CCF 是奇数，那么读取方立即进行重试，因为此时一个写操作正在进行中。当读取操作结束时，读取方还要再次检查 CCF，看其是否在读取操作期间被写入方改写。若 CCF 已被改写，则读取方再次尝试读取操作，直到读到一个未被破坏的数据版本（见图 9-4）。

initialization: CCF := 0;

writer:
start: CCF_old := CCF;
　　　　CCF := CCF_old + 1;
　　　　<write to data structure>
　　　　CCF := CCF_old + 2;

reader:
start: CCF_begin := CCF;
　　　　if CCF_begin = *odd*
　　　　then goto start;
　　　　<read data structure>
　　　　CCF_end := CCF;
　　　　if CCF_end ≠ CCF_begin
　　　　then goto start;

图 9-4　NBW 协议

从以上分析可以看出，如果两次写操作之间的间隔时间远大于读操作或写操作所消耗的时间，读取方的重试次数存在上限[⊖]。在典型的实时任务案例中 [Kop93a]，读取方重试所导致的 WCET 增量只占原 WCET 的几个百分点。

NBW 协议不对写操作进行阻塞限制，因此是一种无锁的同步机制。这种无锁同步机制已经应用于其他实时系统（如多媒体系统 [And95]）。实践证明，采用无锁同步的系统比采用锁同步的系统有更好的性能。

9.4.3　信号量操作

作为一种经典的避免数据不一致机制，在信号量上的 WAIT（等待）操作可以强制多个任务的临界段互斥执行，从而保护信号量所关联的资源。采用信号量操作时，每当一个任务处于它的临界段时，其他任务必须在等待队列中等待，直到该临界段被释放。这是一种显式同步方式。

信号量初始化操作既需要内存又需要占用操作系统处理时间，代价昂贵。当一个进程遇到被阻塞的信号量时，必须进行上下文切换，将该进程放入队列中，使其处于等待状态，直到另一个进程结束其临界段。然后被阻塞的进程被移出队列，并进行另一次上下文切换，重建原来的上下文。如果临界段很小（许多实时应用属于这种情况），那么信号量操作的处理时间可能远大于共享数据的实际读或写时间。

NBW 协议和信号量操作都会导致副本确定性的丧失。当多个副本进程同时访问 CCF 或信号量时，会导致出现竞争条件[⊖]，难以预料系统会如何解决该竞争条件。

9.5　进程输入与输出

变换器是一种嵌入式系统输入 / 输出设备，包括传感器（输入）和作动器（输出），形成了外部环境（物理世界）和计算机（网络世界）之间的接口。在输入端，传感器将机械量或电量（实时实体）转化成数字形式，如果物理量的定义域是稠密的，那么数字表示方法的离散化会不可避免地导致出现误差。一个模拟量（在值域和时域）的任何数字化表示，其最后一位都是不可预测的[⊜]，即使两个独立的传感器观测同一个模拟量，它们的网络世界表示也

⊖　因为两次写操作的间隔时间远大于写或读操作时间，因此该上限只由一次写操作的最长持续时间决定。——译者注

⊖　竞争条件是指多个任务同时访问同一个临界数据的情况，此时让哪个任务获得访问（从而让其他任务进入等待队列）本身具有不确定性。——译者注

⊜　在传感器处于最好的工作状况下，有两个原因导致最后一位不可预测：1）不可能精确同步两次不同的传感器读；2）如果传感器获得的模拟值（在未经 A/D 转换之前）正好处于两个数字量对应范围之间，则最后一位将是随机的。正常情况下，传感器不会始终保持最好的工作状况，模拟采样值可能会突然变化，这时 A/D之后的数字化表示中就有更多位具有不可预测性。——译者注

具有潜在的不一致性。在输出端，作动器将数字值转化成相应的物理信号。

9.5.1 模拟量输入与输出

许多模拟物理量的传感器首先产生标准的 4 ～ 20 mA 模拟信号（4 mA 表示量程的 0%，20 mA 表示量程的 100%），然后通过 A/D 转换器将其转换成数字形式。标准模拟信号之所以用 4 mA 表示量程下限，主要是为了将断线（0 mA）和 0% 测量值（4 mA）区分开来。

如果不采用专门措施，任何模拟控制信号的精确性都会被电气噪声减少大约 0.1%。分辨率超过 10 位的 A/D 转换器，要求对物理环境进行细致控制才能确保信号量的精确性，但这在典型工业应用中是不现实的。一般采用 16 位字长就足以编码表示模拟传感器测得的实时实体值。

从产生实时实体的值到传感器将其表示在传感器与计算机的接口上，这个过程需要一定的时间，时间长度由传感器的传递函数决定。图 1-4 所示的传感器阶跃响应函数给出了传感器的滞后时间和上升时间，近似表达了这个传递函数。当对传感器 / 作动器信号的时域精确性进行分析时，必须考虑传感器和作动器的传递函数参数，如图 9-5 所示。实时实体产生一个值后，经过一段时间计算机才能使用这个值来产生输出动作，传递函数的滞后时间和上升时间也算在这个时间间隔内[⊖]。因此，使用滞后时间较短的变换器有助于增加相应实时实体数据的时域精确性时间间隔。

图 9-5　一个完整 I/O 事务处理的延迟组成[⊜]

在许多控制应用中，模拟物理量的观测（采样）时刻由计算机系统控制。为了减少控制回路的停滞时间，采样时刻、采样数据向控制节点的传输和设定点数据向作动器节点的传输应该相位对齐（见 3.3.4 节）。

9.5.2 数字量输入与输出

数字 I/O 信号在 TRUE 和 FALSE 两种状态之间切换[⊜]。在许多应用中，需要在语义上特别关注两次状态变化的时间间隔，而另一些应用则关注状态切换发生的时刻。

如果输入信号来自一个简单的机械开关，当开关从一个状态向另一个状态转变时会发生随机振荡，振荡结束后开关才能达到新的稳态（图 9-6），这种开关触点的机械振动导致的现象称为触点抖动。既可采用低通滤波器消抖，也可采用更通用的方法即计算机系统软件任务消抖，如消抖子程序。现在微控制器成本低廉，计算机软件消抖法比硬件消抖法（如低通滤波器）更经济。

⊖ 如图 9-5 所示，实时实体产生值之后，需要传感器来采集数据并把相应的数值推送到对应的计算机接口上。传感器消耗的时间显然包括在所述的时间间隔内。——译者注

⊜ 图中的输入时刻和输出时刻分别指传感器采样值推送到计算机系统接口（输入）的时刻，以及计算机系统把输出动作推送到传递给作动器接口的时刻。——译者注

⊜ 这里的 TRUE 表示真值 1，FALSE 表示假值 0。——译者注

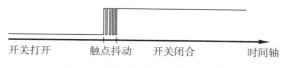

图 9-6   机械开关的触点抖动现象

许多传感器器件能够生成脉冲序列，每个脉冲携带了发生事件的信息。例如，通过车轮转动测量距离。车轮每旋转一周，传感器产生规定数量的脉冲，这些脉冲可变换成行进的距离，脉冲的频率表示速度。当车轮行进至已定义的校准点时，便向计算机发出额外的数字输入信号，将脉冲计数器设置为指定值。实践中，需要尽快将相对的事件值转化成绝对的状态值。

时间编码信号。许多输出器件，例如功率半导体中的绝缘栅双极型晶体管（IGBT），控制信号是脉冲序列，如脉宽调制（Pulse Width Modulation，PWM）。很多用于 I/O 的微控制器都能提供硬件支持来产生这种数字脉冲波形。

9.5.3　中断

中断机制使得计算机系统控制范围之外的设备能够参与计算机内部的时间控制模式管理。虽然中断机制很有效但是也有潜在危险，使用时必须十分谨慎。当外部事件对计算机的反应时间有要求时（时间用于控制），用触发器任务并不能有效地实现，这种情况下就需要使用中断。

对于由外部事件发起的实时事务而言，使用触发器任务机制可能导致它的响应时间延长最多一个触发器任务周期之久。增加触发器任务的频率能减少该延迟，但会导致处理开销增加。[Pol95b] 对周期性触发器任务带来的额外负载进行了分析，该案例中要求的响应时间接近于触发器任务的 WCET。作为一种经验规则，只有当要求的响应时间小于十倍的触发器任务的 WCET 时，才考虑使用中断实现机制。

如果需要知道消息到达的精确时间信息，但并不需要立即采取执行动作，可以采用硬件实现的中断控制时间戳机制。该机制自主运行且不会干扰操作系统层其他任务的控制结构。

例： 在 IEEE 1588 时钟同步协议的硬件实现中，使用了自主运行的硬件机制来为收到的同步消息生成时间戳 [Eid06]。

在中断驱动的软件系统中，中断链上的瞬时错误可能颠覆整个节点的时间控制模式，甚至违背重要的截止时间限制。因此，必须不间断地监视任何两个中断之间的时间间隔，并与规定的最小时间间隔进行比较。

中断情况监视。从图 9-7 中可以看出，每个被监视的中断与计算机内的三个任务相联系 [Pol95b]。第一个任务和第二个任务是计划好的动态时间触发任务（TT 任务），它们决定了中断时间窗大小。第一个 TT 任务使能了中断链，因而开启了允许发生中断的时间窗口。第三个任务是被中断激活的中断服务任务（ET 任务）。每当中断发生时，中断服务任务通过禁用中断链来关闭中断时间窗口，然后取消第二个任务的预定激活状态。假如第三个任务没有在第二个任务开始前被激活，第二个任务将关闭中断时间窗口，并产生一个出错标志来通知应用有中断丢失了。

错误检测需要用到上述两个时间触发任务。第一个任务检测不应该发生的偶发中断，第二个任务检测应该发生却被错过的中断。不同的错误需要不同的处理方法。对受控对象的行为规律性了解得越多，就能将允许发生中断的时间窗口设计得越小，错误检测覆盖率就越高。

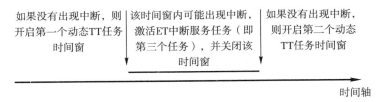

图 9-7   中断时间窗

例：汽车发动机控制器对燃料注入时间点的要求非常严格，燃料注入时间点与汽缸活塞的位置密切相关，必须采用中断机制测量活塞位置 [Pol95b]。活塞位置和曲轴转速的测量需要使用多个传感器，只要曲轴的指定区域经过传感器所在位置，传感器就会产生上升沿信号。发动机的转速和最大角加速度（或角减速度）是已知的，因此可以根据前一个中断动态确定出下一个正确中断必然到达的小时间窗口。如果仅在这个小时间窗口内使能中断逻辑，而在其他时间段内禁用中断，就能减少偶发中断对主机软件时间控制模式的影响。这种偶发中断如果不加检测很可能造成发动机机械损伤。

9.5.4   容错的作动器

在计算机输出接口上产生的信号，最终要通过作动器转换成作用于受控对象的某些物理动作（如打开阀门）。在从测量实时实体值到在环境中实现预期的效果之间形成了一个动作链条，作动器位于这个链条的末端。在容错系统中，作动器必须对从副本通道接收到的输出信号进行最终表决。图 9-8 给出了两个作动器实例，作动器在环境中的作用是确定机械操纵杆的位置，操纵杆的末端是作用于受控对象的任何机械设备（如安装在作用点上的控制阀活塞）。

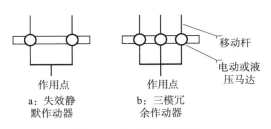

图 9-8   容错作动器示例

在副本确定性体系结构中，正确的副本通道在值域和时域中会产生相同的结果。在图 9-8 所示的例子中，图 9-8a 所示体系结构具有失效静默属性，即所有失效的通道都保持静默；图 9-8b 所示体系结构不具有失效静默属性，即失效的通道可在值域中产生随机行为。

失效静默作动器。在失效静默体系结构中，所有子系统必须支持失效静默属性。失效静默作动器要么产生预期的（正确的）输出动作，要么根本不产生结果。一个失效静默作动器即使不能发出输出动作，也不妨碍失效静默副本作动器的活动。图 9-8a 所示的失效静默作动器包括两个马达，每个马达均具有移动作用点的足够力量。每个马达与计算机系统的两个副本确定性输出通道之一相连接。在移动杆上的任何位置，一个马达出现故障，另一个仍然有能力将作用点移动到预期位置。

　　三模冗余作动器。图 9-8b 所示的三模冗余（TMR）作动器包括三个马达，每个马达分别与容错计算机的三个副本确定性通道之一相连接，任意两个马达的力之和超过第三个马达，任何单一马达都不足以发出超过其他两个的力。这三个通道通过多数表决方式决定作用点的位置，可消除不一致通道的影响。三模冗余作动器实际是通过机械方式的表决器。

　　带专用无状态表决器的作动器。在许多实际应用中，已经加装了冗余的作动器，这时可以通过把物理作动器与微控制器相结合的方式来构建表决式作动器。微控制器有三个输入，用于接收来自三模冗余系统中三个通道的输出，并对收到的消息进行表决，如图 9-9 所示。这个表决器可以是无状态的，即在每个循环结束后表决器的电路都会复位，用来消除瞬间故障所造成的状态累积误差。

图 9-9　关联到作动器的无状态表决器

　　例：在汽车系统中，四个车轮的制动作动器可以使用无状态表决器。表决器能够屏蔽 TMR 通道上可能发生的任意单通道故障。无状态表决器是一种智能仪表。

9.5.5　智能仪表

　　将传感器/作动器和相关微控制器封装成单一物理单元具有持续增长的需求，物理单元提供标准的抽象消息接口来连接到外部世界，并在接口上把测量值通过相连接的现场总线（如 CAN 总线）进行传输。这样的物理单元就称为智能仪表，如图 9-10 所示。

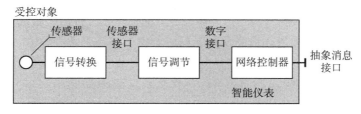

图 9-10　智能仪表的组成结构

　　智能仪表隐藏了具体的传感器接口，它的单片微控制器为传感器/作动器提供所需要的控制信号，进行信号调节、信号平滑和本地错误检测，并向/从现场总线消息接口提供/获取以标准测量单位表示的、有意义的实时镜像。智能仪表简化了生产设备与计算机的连接。

　　例：将集成芯片上的 MEMS[⊖]加速度传感器、适配的微控制器和网络接口封装在一起，就形成了一个智能传感器（智能仪表）。

　　为使测量具有容错能力，在一个智能仪表中可以封装多个独立的传感器。这样，即使其

　　⊖　MEMS 是 Micro Electromechanical System（微型机电系统）的缩写。该例子中的 MEMS 加速度传感器就是把感应加速度的机械部分通过微加工技术植入芯片中，使之成为一个 MEMS 系统。——译者注

中一个传感器出现故障，通过执行仪表内部的协商协议，也能得到一致的传感器采样值。这种方法假设在各自封闭空间内采样获得的测量值之间相互独立。

将现场总线节点与作动器集成在一起，就形成了智能作动设备。

例：汽车安全气囊的作动器必须在适当的时刻点燃炸药，将高压容器中的气体释放到气囊。少量的炸药被直接放置在微控制器硅片上，可以在片内被点燃。这一组件被封装在合适的机械位置上，以便在需要时打开关键阀门。这个包含炸药的微控制器就是一个智能作动器。

现场总线的种类很多，而且没有一个人们普遍接受的现场总线标准。传感器制造商不得不面对这个难题，要为不同的现场总线提供相适应的智能仪表网络接口。

9.5.6　物理安装

基于传感器的实时控制系统的物理安装问题已经超出了本书能涵盖的范围。感兴趣的读者可以参考计算机硬件安装方面的书籍。这里，我们仅介绍其中几个关键性的问题。

电力供应。许多计算机的失效是由电力供应失效导致的，例如，长时间无法供电、电压凹陷（小于 1s 的短暂断电）和电涌（短暂过压）。因此可靠和清洁的电力供应对于任何计算系统的正确运作都极其重要。

接地。设计一套合理的接地系统是一个需要大量相关经验的重要任务。许多计算机硬件的瞬时故障都是由接地系统缺陷导致的。要点是用类似树的方式把所有的单元连接到一个高可靠的实际接地点。必须避免在地线电路内产生回路，否则会引起电磁干扰。

电气隔离。在许多应用中，计算机终端和来自设备的信号之间需要完全的电气隔离。用于数字信号的光电耦合器，或用于模拟信号的信号变压器可以实现电气隔离。

9.6　协商协议

传感器和作动器的失效率比单片机高出许多。关键性的输出动作不能只依赖单个传感器的输入。因此有必要采用多个不同的传感器来观测受控对象，根据这些观测值来检测可能的错误，判断作动器的作动效果，最终获得受控对象物理状态的议定镜像。在分布式系统中，协作节点之间要想达成协商（也称为共识 [Bar93]）必须进行多轮信息交换。信息交换的轮数取决于要达成的协商类型和关于协作节点失效模式的假设。

9.6.1　原始数据、测量数据与议定数据

在 1.2.1 节已经介绍了原始数据、测量数据和议定数据的概念。原始数据是在物理传感器的数字硬件接口上产生的数据；测量数据是对一个或一系列原始数据样本进行信号调节后形成的数据，以标准工程单位表示；而议定数据是指对使用不同技术获得的多个测量数据进行比较后形成的能够正确体现实时实体状态的镜像数据。议定数据构成了控制动作的输入。在安全关键系统中，不允许存在单点失效，议定数据元素不会源自单一传感器。因此，冗余传感器的选择和布设，以及协商算法的设计成为安全关键输入系统开发所面临的重大挑战。接下来将区分两种协商：语法层次协商和语义层次协商。

9.6.2　语法层次协商

假设我们用两个独立的传感器测量同一个实时实体。将两个测量结果从模拟值域转换到

离散值域时，由于存在测量误差和数字化误差，两个原始数值之间难免会略有差别。不同的原始数据造成不一样的测量值。当把受控对象中的事件发生时间映射成离散时间时，数字化误差也会进入时域。即使在无故障情况下，也需要对不同的测量值以某种方式加以协调，从而让控制任务的多个冗余副本获得对实时实体的一致观测。在语法层次协商中，协商算法基于多个测量值来计算议定数据值时不考虑获得测量值的上下文。例如，协商算法简单把一组测量数据的平均值作为协商结果。如果要容忍其中一个传感器的拜占庭故障，就需要增加三个额外的传感器（见 6.4.2 节）。

9.6.3　语义层次协商

如果存在关于受控对象过程参数间关系和物理特性的先验知识模型，且各测量值的含义通过该模型而彼此相关，这时就需要讨论语义协商问题。在语义协商场景中，不需要为传感器做双余度或三余度设计。可以用不同的冗余传感器观测不同的实时实体。使用物理过程模型来汇总这些冗余传感器的读数，从而形成合理的议定数据值，并检测出不合理的错误数据（说明存在传感器失效）。必须使用相应时间点上最可能的估计值来替代所发现的错误数据，可使用一组测量值中内在的语义冗余来计算相应的估计值。

> **例：** 控制一个化工流程的自然规律有很多：质量守恒、能量守恒和一些已知的最大化学反应速度等。这些基础自然规律可以用于检查测量数据的合理性。若哪个传感器读数明显偏离其他传感器，则认为它已经失效。用此刻的估值取代错误值，从而能继续对化工流程实施有效控制。

语义层次协商要求设计者对应用所涉及的控制过程技术有深入理解。通常只有通过由过程技术专家、测量专家和计算机工程师组成的多学科交叉团队协作，才能在合理的成本下完成对实时实体的精确测量。典型情况下，对于每个输出值必须观测 3 ～ 7 个输入值，这样做不仅能够诊断出错误的测量数据元素，而且能够检查作动器是否正确操作。为了观测作动器的预期效果（见 6.1.4 节），必须用独立传感器对每一个作动器的运行情况进行监视。

在工程实践中，测量数据值的语义层次协商比语法层次协商更重要。协商过程最终会产生一系列协调一致的数据值。这些在值域和时域上都一致的数据值会被所有（冗余副本）任务使用，从而实现控制系统的副本确定性行为。

9.7　错误检测

实时操作系统必须提供通用的方法来检测时域和值域的错误，下面描述其中的部分方法。

9.7.1　任务执行时间监视

必须要在软件开发阶段确定实时任务 WCET 的严格上限（见 10.2 节）。在运行过程中，操作系统必须监视任务的 WCET，以便检测瞬时或永久的硬件错误。如果任务未能在WCET 内运行结束，操作系统应终止该任务的执行。错误处理由具体应用负责。

9.7.2　中断监视

错误的外部中断可能破坏节点内部实时软件的时间控制结构。在设计阶段，为了能够估算软件系统必须处理的峰值负载，设计人员必须了解中断的最小到达间隔。在运行阶段，操作系统要通过关中断来确保这个最小间隔，以减少发生错误偶发中断的可能性（见9.5.3 节）。

9.7.3　两次执行任务

瞬时硬件故障可能引起检测不到的值错误。故障注入实验证明 [Arl03]，两次执行任务并进行结果比较是一种检测瞬时硬件故障的有效方法。操作系统能为应用任务的两次执行提供运行环境，而不需要对应用任务本身进行任何改变。因此，可以在系统配置阶段决定哪个任务应该执行两次，哪个任务执行一次就够了。

9.7.4　看门狗

失效静默节点要么产生正确结果，要么不产生任何结果。只有在时域中才能检测出失效静默节点的失效。标准的检测方法是让节点操作系统产生周期性信号，即看门狗（心跳）信号。如果节点能访问全局时间，则应该按照已知的绝对时间点周期性地产生看门狗信号。一旦看门狗信号消失，外部观测器即可断定节点已经失效。

相比较于看门狗方法，质询－响应协议是一个更复杂的错误检测方法。通过周期性地执行该协议，可以检测值域中的部分错误。在这个方法中，外部的错误检测器向节点提供一个输入模式，并期待在指定的时间间隔内获得一个已定义的响应模式。响应模式的计算应该涉及尽可能多的节点功能单元。如果收到的响应模式偏离事先已知的正确结果，则表明节点发生了错误。

要点回顾

- 在基于组件的分布式实时系统中，要区分系统管理的两个层次：1）在组件之间，协调基于消息的通信和资源分配；2）在组件内部，建立、协调和控制并发任务。
- 因为组件的内部软件被视为设计单元，整个组件是最小的故障限制单元，因此组件内的并发任务之间是合作关系，而不是竞争关系。
- 在纯时间触发系统里，可以利用离线调度工具为所有任务事先建立相应的静态时间控制结构，并在任务描述表（TADL）里对该时间控制结构进行编码。TADL 实际是组件节点中所有活动的周期调度表，这个调度表考虑了任务之间的前置关系和互斥关系。这样操作系统在运行时就不再需要通过外部协调来确保任务之间的互斥。
- 在抢占式实时操作系统中，每个重要事件的发生都会潜在激活一个新任务，并立即中断当前运行的任务。如果存在多个副本组件，则抢占必须十分谨慎确保所有副本的抢占点都在同一条语句上，否则难以保证复制确定性。
- C-任务的时间分析不再是单个任务的局部问题，而是一个全局性系统问题。一般而言，不可能给出 C-任务的 WCET 上限。
- 区分时间作为数据和时间用于控制很重要。后者比前者更难处理，因为时间用于控制有时要求根据数据来动态修改时间控制结构。
- 当多个任务并发地读取或写入数据时，一定要保持数据完整性。在时间触发系统中，以任务临界段不重叠的方式构建任务调度表。
- 为了减少控制回路的停滞时间，在时间触发系统中，采样时刻、采样数据向控制节点的传输和设定点数据向作动器节点的传输应该相位对齐。

- 在中断驱动的软件系统中，中断链上的瞬时错误可能颠覆整个节点的时间控制模式，甚至违背重要的截止时间限制。
- 通过在物理作动器上加装一个小的微控制器来得到表决式作动器，它可以处理来自三模冗余系统中三个通道的输入，并对收到的消息进行表决。
- 典型情况下，对于每个输出值必须观测 3 ～ 7 个输入值，这样做不仅能够诊断出错误的测量数据元素，而且能够检查作动器是否正确操作。

文献注解

许多关于通用操作系统的教科书都有介绍实时操作系统的章节，如 Stallings 所著的书 [Sta08]。可以通过年度会议 RTSS（Real-Time System Symposium）和 Springer Verlag 的期刊 RTS（Real-Time Systems）来了解关于实时操作系统的最新研究进展。

复习题

9.1　解释用于 PC 的通用操作系统与用于安全关键实时系统各个节点的实时操作系统之间有哪些区别。

9.2　简单任务、触发器任务和复杂任务的含义分别是什么？

9.3　时间作为数据和时间用于控制这两种职责有什么区别？

9.4　为什么实时操作系统中的信号量操作这一经典机制只是临界数据保护的次优方法？还有其他什么可用的方法？

9.5　如何消除触点抖动？

9.6　何时需要使用中断？杂乱中断会导致什么后果？如何防止杂乱中断对软件的影响？

9.7　设告警监控系统的一个节点必须同时监控 50 个告警。一旦出现告警，必须在 10 ms 内通过 100 kbit/s 的 CAN 总线报告给集群中的其他组件。大致给出使用周期性 CAN 消息（时间触发消息，周期为 10 ms）和使用偶发事件触发消息（每个告警对应一个消息）的两种实现方案，并从如下方面来比较这两种实现方案：无告警场景下和所有告警同时发生场景下的负载，有保证的响应时间，告警节点崩溃性失效的检测过程。

9.8　假设一个作动器的失效率为 10^6 菲特，如果向该作动器加入一个失效率为 10^4 菲特的微控制器以构成表决式作动器，则其失效率为多少？

9.9　原始数据、测量数据和议定数据之间有哪些区别？

9.10　语法层次协商算法和语义层次协商算法之间有何区别？实时应用设计中哪种算法更重要？

9.11　列举实时操作系统应该支持的通用错误检测技术。

9.12　通过两次执行任务可以检测哪些类型的失效？

实 时 调 度

概述 大量已有研究论文都讨论了如何在一个资源有限的系统中，对一组给定任务进行调度，从而使得其中每个任务都满足其截止期要求。本章试图对这些调度研究中与实时系统设计相关的一些重要结果进行总结。首先本章引入可调度性测试概念，用来判断一个任务集是否可调度，并把可调度性测试分为充分测试、精确测试和必要测试三类。只要存在调度方案，最优化调度算法就能找到其中一个调度。对手论证方法表明，一般情况下不可能让在线调度算法达到最优化效果。应用任何调度算法的先决条件，是必须知道所有时间关键性任务的最坏执行时间（WCET）。10.2 节介绍了针对简单任务和复杂任务的 WCET 估算技术。系统如果使用了具有流水线和高速缓存的现代处理器，就很难获得紧致的 WCET 边界。全时算法给出了摆脱这种困境的一种思路，它包含一个可用但质量不佳的估计结果（称为根段）和一个可不断改善已有结果质量的周期性结果（称为周期段）。此类算法利用一个具体任务对应根段的实际执行时间与其截止时间（即 WCET）之间的时间差来提高估计结果的质量。10.3 节涵盖了静态调度的内容。首先介绍了调度周期的概念并给出了一个覆盖整个调度周期的简单搜索树案例。然后用一种启发式算法对搜索树进行检查并找出可行的调度。如果能够找到，那么这个方案也是构造式可调度性测试的结果。10.4 节就动态调度进行了详细说明。首先介绍了如何使用单调速率算法来对一组独立任务进行调度，然后对非独立任务的调度问题进行了分析。之后介绍了优先级置顶协议并且概述了用于优先级置顶协议的可调度性测试方法。最后，本章还谈及了分布式系统中的调度问题以及一些关于不同调度策略（例如反馈调度）的想法。

10.1 调度问题

硬实时系统在执行多个并发任务时，必须保证其中的所有时间关键任务都不会错过它们各自的截止时间。每个任务都需要计算资源、数据资源以及其他资源（例如输入/输出设备）才能运行。调度问题所关注的就是如何分配这些资源来满足所有相关任务的实时性要求。

10.1.1 调度算法的分类

图 10-1 给出了实时调度算法的一个分类 [Che87]。

静态与动态调度。 一个调度器如果在编译时就做出调度决策，则称之为静态（或预运行时）调度器。它以离线方式为运行时分派器[⊖]生成一个分派表。为达到这个目标，调度器须提前掌握目标任务集的所有参数，例如最长执行时间、优先级约束、执行互斥约束以及截止时间。调度表（见图 9-2 中左边表格）包括了分派器在稀疏时基的任何点上进行任务调度决策所需要的全部信息。分派器的运行时开销很小。在静态调度下，系统行为具有确定性。

⊖ 原文为 dispatcher，也有译为调度器，本章的调度器对应术语 scheduler。二者的区别是，scheduler 用于构造或生成调度表，而 dispatcher 则根据调度表来为任务分配相应的资源，实现调度动作。——译者注

一个调度器如果在运行时做出调度决策，从当前就绪[⊖]任务集中选择一个进行调度，则称之为动态（或在线）调度器。动态调度可灵活适应任务执行过程中的场景变化，不过只考虑当前的任务请求。动态调度器在运行时寻找可行调度的开销可能会很大。一般而言，采用动态调度的系统在行为上具有不确定性。

图 10-1　实时调度算法分类

抢占式和非抢占式调度。在非抢占式调度中，当前执行的任务不会被中断，直到任务自身释放所分配的资源。非抢占式调度对于要执行很多短任务场景（相比于任务上下文切换所需时间而言的短）具有合理性。在抢占式调度中，如果有更紧急的任务请求到达，当前的任务可以被抢占，即被中断。

集中式与分布式调度。在动态分布式实时系统中，可以在其中心节点执行所有的调度决策，也可以设计协作的分布式算法来解决调度问题。分布式系统的中心调度节点是一个故障临界点。由于它需要获得所有节点负载情况的最新信息才能做出调度决测，也可能成为通信瓶颈。

10.1.2　可调度性测试

用来确定一组就绪任务能否被调度，以确保每个任务的截止期都能满足的测试称为可调度性测试。可调度性测试又分为精确测试、必要测试和充分测试[⊖]（见图 10-2）。

图 10-2　必要的和充分的可调度性测试

一个调度器被称为是最优的，如果它对任何一个可调度任务集，都能找到可行的调度方案。或者更一般来说，针对给定的一组任务集，如果一个未卜先知调度器（即完全了解未来会发生的请求及时间）能够找到调度方案，最优调度器也能找到调度方案。Garey 和 Johnson[Gar75] 的研究证明，对几乎所有具有任务依赖的情形，即使只有一种公共资源，精确的可调度性测试算法的复杂度也属于 NP 完全问题，难以计算。充分的可调度性测试算法相对而言更简单，代价是对于一些实际上可调度的任务集，可能会给出错误的测试结果。对于必要的可调度性测试而言，如果它判断一个任务集不可调度，那么该任务集就一定不可调度。但如果它判断一个任务集可调度时，实际却有可能不可调度。任务请求时间指请求一个任务执行的时刻。基于任务请求时间，可以区分出两种类型的任务：周期性任务和偶发任

⊖　任务处于就绪状态（ready），表明其可被调度执行。——译者注

⊖　这里的"充分"指一个任务集可调度的充分条件。同理，"必要"指可调度的必要条件；而"精确"则指可调度的充要条件。——译者注

务。该划分对于可调度性测试非常重要。

对于周期性任务而言，如果知道了初始请求时间，那么可以通过周期叠加获悉该任务所有的未来请求时间。假设有周期性任务集 $\{T_i\}$，任务 T_i 对应的周期为 p_i，截止时间间隔为 d_i，执行时间为 c_i。截止时间间隔是从收到任务请求时刻（即任务状态为就绪，可以响应执行的时刻）到它的截止期限之间的时间间隔。时间差 d_i-c_i 称为任务的松弛度 l_i。只要检查任务集中所有任务周期的最小公倍数，即调度周期长度，就可以充分确定任务集的可调度性。

对于一个周期性任务集合，下面的不等式给出了可调度的一个必要条件：

$$\mu = \sum c_i / p_i \leqslant n$$

其中 c_i/p_i 为任务 T_i 的处理器利用率，所有任务的利用率之和（μ）必须要小于或等于可使用的处理器个数 n。这是显而易见的可调度性约束，因为任务 T_i 的利用率 μ_i 表示的就是该任务需要从处理器资源获得服务的时间百分比。

偶发任务的请求时间不可预知。为了能够调度，偶发任务的任意两次请求的间隔必须大于某个最小时间间隔。否则，上文介绍的必要可调度性测试就会失效。如果对一个任务激活的请求时间没有任何限制，则该任务称为非周期性任务。

10.1.3　对手论证

假设一个采用动态调度器的实时计算机系统，它了解过去所有发生过的任务请求，但对将来可能发生的请求一无所知，则当前任务集的可调度性取决于其中的偶发任务会在将来的什么时刻请求服务。

对手论证⊖方法 [Mok93，p.41] 表明，如果周期性任务和非周期性任务之间存在互斥约束，一般情况下，不可能构建一个最优的完全在线动态调度器。对这个对手论证的证明相对简单。

假设有两个互斥的任务，周期任务 $T1$ 和偶发任务 $T2$，任务参数如图 10-3 所示。则满足上面的可调度性必要条件，因为

$$\mu = 2/4+1/4 = 3/4 \leqslant 1$$

只要周期性任务在执行时，对手就会向偶发任务发出服务请求，由于它们之间有互斥约束，偶发任务必须等待周期性任务执行完毕。但由于偶发任务的松弛度为 0，它必然会错过截止期要求。

未卜先知调度器可以预知偶发任务所有将来发出请求的时刻，并且首先调度偶发任务，然后在两个偶发任务激活之间的间隙中安排周期性任务（见图 10-3）。

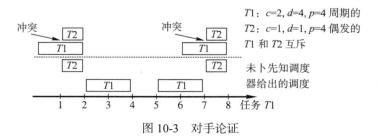

图 10-3　对手论证

⊖ Adversary Argument，是一种用于给出选择性问题下界的方法。从可调度性角度，这里的对手指与"我方（一种任务）"有资源竞争冲突的"对方（另一种任务）"。——译者注

对解决调度问题而言，对手论证方法表明了任务未来行为信息的重要性。如果在线调度器不了解偶发任务的未来服务请求时间，即使处理器能力远大于该任务所需资源，也无法解决动态调度问题。如果能对未来调度请求做出规律性假设，那么可预测硬实时系统的设计就会变得相对简单。循环系统的设计恰好就是这种情况，它限制计算系统只在规定的时间点来识别外部请求。

10.2　最坏执行时间

若要保证在最后期限前完成一项实时事务处理（简称 RT 事务），只有事先已知作为 RT 事务一部分的所有应用任务和通信活动的最坏执行时间（WCET）。最坏执行时间是指从任务激活到任务结束的一个有保证的时间间隔上界。它必须对任务的所有可能输入数据和执行场景都有效，并且应该是一个紧致上界[⊖]。

除了要知道应用任务的 WCET 以外，还必须要知道操作系统管理服务的延迟上限，即最坏情况管理开销（WCAO[⊜]）。WCAO 包括了所有对任务运行时间产生影响但不受任务直接控制的管理延迟（如由上下文切换、调度、中断或阻塞导致的任务抢占所引发的高速缓存 cache 重载，以及直接内存访问 DMA 操作等产生的延迟）。

本节将从非抢占简单任务的 WCET 分析开始，进一步分析可抢占任务的 WCET，然后是复杂任务的 WCET，最后我们讨论关于实时程序时间分析的最新技术进展。

10.2.1　简单任务的 WCET

我们能够想象出的最简单任务就是一个在指定硬件上执行的单一串行任务（S 任务），它不会被抢占也不会请求任何操作系统服务。该任务的 WCET 取决于：

1）任务的源代码。

2）编译器所生成目标代码的属性。

3）目标硬件的参数。

在本节中，我们将结合硬件平台以分析式方法来构建一个简单任务的 WCET 紧致范围，并假定该硬件平台中指令执行时间与指令出现的上下文无关。

源代码分析。第一个问题涉及如何估计高级语言程序的 WCET，此处假设事先已知程序中的基本语言结构[⊜]的最长执行时间，且与上下文无关。一般来说，确定任意一个串行程序的 WCET 是一个无解问题，等价于图灵机停机问题。例如，考虑上面的循环控制入口的简单语句。

$$\text{S: } \textbf{while} \text{ (exp)}$$
$$\textbf{do } \text{loop;}$$

我们不可能预先知道在经历多少次循环迭代后这个布尔表达式 exp 的值会成为 False（如果有可能取此值），从而使得语句 S 执行终止。要想确定一个程序的 WCET，相应程序必须满足如下一系列约束 [Pus89]：

1）循环开始时没有无限制的控制语句。

⊖　因为 WCET 覆盖了任务执行的所有情况，通常无法通过测试获得精确值，只能估计。在估计时，应尽可能让上界接近真实的 WCET，即称为紧致上界。——译者注

⊜　全称为 Worst-Case Administrative Overhead。——译者注

⊜　如变量赋值、函数调用等。——译者注

2）没有递归函数调用。

3）禁用动态数据结构。

WCET 分析仅涉及程序的时间属性。已知程序中每个语言成分执行时的 WCET 上界，一个程序的时域特征可抽象为针对每一条语句的 WCET 上界。例如对于下面的 if 条件语句，其 WCET 上界

$$S：\textbf{if}(exp)$$
$$\textbf{then } S1$$
$$\textbf{else } S2$$

可抽象为：

$$T(S)=\max[T(exp)+T(S_1),T(exp)+T(S_2)]$$

这里 $T(S)$ 是语句 S 的最长执行时间，其中 $T(exp)$，$T(S_1)$，$T(S_2)$ 为相应组成成分执行时的 WCET 上界。上述用来推理程序实时行为的公式称为时间分析模式 [Sha89]。

针对高级语言程序的 WCET 分析必须确定在最坏情况下执行的程序路径，即指令序列。最长的程序路径称为关键路径。由于程序路径的数量通常随着程序规模呈指数增长，如果没有合理的搜索策略来排除那些不可达路径以减小搜索空间，关键路径的搜索会变得十分困难。

编译器分析。接下来的问题是，假设已知上下文独立的机器语言指令的最长执行时间，如何确定赖以生成机器指令的基本语言结构的最长执行时间。为此，必须要分析编译器的代码生成策略，并将源码层次已知时间信息映射到该程序的目标码中，供目标码时间分析工具使用。

执行时间分析。下一步是如何确定指令在目标硬件上的最长执行时间。如果目标硬件上的处理器具有固定的指令执行时间，就可在相关硬件文档中查到硬件指令的执行时间。如果目标硬件是具有流水线执行单元和指令/数据高速缓存的现代 RISC 处理器，那么这种简单的方法就不可用。虽然这些体系结构特性能够显著提升性能，但也在高层次引入了不可预测性。指令之间的依赖关系可能导致流水线冒险，而缓存未命中会导致非常大的指令执行延迟。更糟糕的是，这两种影响并不相互独立。有大量的研究针对具有流水线和高速缓存的硬件，分析程序执行时间。Wilhem 等人发表的优秀综述文章 [Wil08] 概括了目前学术界和工业界中 WCET 分析的研究现状，并介绍了许多可用于 WCET 分析的工具。

可抢占的简单任务。如果一个简单任务（S 任务）被另一个独立的任务抢占，如具有更高优先级的任务需要对一个中断进行响应，那么 S 任务的执行时间会因为如下三个方面因素而延长：

1）中断任务的 WCET（图 10-4 中的任务 B）。

2）操作系统完成上下文切换的 WCET。

3）当发生上下文切换时，处理器重新加载指令和数据缓存所需的时间。

我们将由上下文切换（2）和缓存重加载（3）导致的 WCET 之和称为任务抢占的最坏情况管理开销（WCAO）。WCAO 是一种纯粹的操作系统管理开销，如果禁止任务抢占则可以避免 WCAO。

由任务 B 抢占任务 A 所产生的额外延迟包括任务 B 的 WCET 以及两次上下文切换带来的两个 WCAO（图 10-4 的阴影部分）之和。微体系结构 1 和微体系结构 2 表示缓存重加载带来的延迟。第一次上下文切换产生的微体系结构 2 延迟时间是任务 B 的 WCET 组成部分，

因为假设任务 B 从空的缓存开始执行。第二次上下文切换包括任务 A 的缓存重加载时间，因为非抢占系统不会产生这样的延迟。在很多使用现代处理器的应用中，由于中断任务的 WCET 通常非常短，微体系结构延迟因而成为决定任务抢占代价的重要因素。文献 [Lv09] 研究了如何分析操作系统的 WCAO。

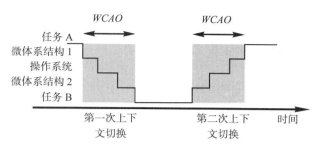

图 10-4   任务抢占的最坏情况管理开销（WCAO）

10.2.2   复杂任务的 WCET

我们现在转向对可抢占的复杂任务（下面称为 C 任务）开展 WCET 分析。C 任务会访问受保护的共享资源，这种任务的 WCET 不仅仅取决于它本身的行为，也取决于其他任务以及其所在节点操作系统的行为。因此，C 任务的 WCET 分析不是针对单个任务的局部问题，而是涉及节点内所有有交互任务的全局问题。

除了由任务抢占（见上节的分析）带来的延迟外，还必须考虑任务间的直接交互所带来的延迟，任务交互源自于所设计的任务依赖（互斥，优先次序）。最近几年，在针对任务直接交互情形下的 WCET 分析取得了一些进展，特别是由任务依赖所引起的任务交互方面，如通过优先级置顶协议控制的受保护资源共享访问 [Sha94]。该话题将在 10.4.2 节关于依赖任务的调度中进行讨论。

10.2.3   全时算法

实际上，任务的最佳执行时间（BCET）和最坏执行时间（WCET）的可确保上界之间的时间差可能很大。全时算法是一种重要的迭代式算法，如果有更多的时间来执行，它可以不断利用这个时间差值提高计算结果质量 [Chu08]。全时算法包含一个根段和一个周期段，根段首先计算出质量满足要求的第一个近似结果，周期段则用于提高先前计算的结果的质量。周期段按照给定的周期不断重复执行直至达到最后期限，即根段计算规定的可确保的最坏执行时间。无论何时达到截止期，都把最新的计算结果发送给用户。在调度全时算法时，必须保证全时算法的根段有时间完成执行，以便有一个具备所要求质量的结果。根段执行之后到截止期之间的剩余时间用于不断优化计算结果。全时算法的 WCET 问题因此被简化为寻找根段 WCET 的可确保上界。WCET 的宽松上界没有太多意义，全时算法会利用 BCET 与 WCET 之间的差值来优化计算结果。

大多数迭代算法都是全时算法，这种算法广泛应用于模式识别、规划以及控制中。

全时算法应具有以下特点 [Zil96]：

1）质量可测性：必须能对计算结果的质量进行度量⊖。

⊖   否则无法通过迭代方式来优化和提高计算结果的质量。——译者注

2）单调性：结果的质量必须是时间的非递减函数[⊖]，每次迭代都应该能提高结果质量。

3）收益递减性：对计算结果质量的改善程度会随着迭代次数的增加而减少。

4）可中断性：在根段计算完成后，算法可以随时被中断，并能提供一个合理的计算结果。

10.2.4   应用现状分析

上述讨论表明，在满足那些限制性的假设条件下，对于不使用操作系统服务的 S 任务而言，可以估计它的合理 WCET 上界。有很多工具可以开展此类分析 [Wil08]。它需要对源代码进行标注，提供两类信息，从而获得程序的合理 WCET 上界：应用程序的特定信息，以确保程序执行能够终止；关于硬件行为的详细模型。

在几乎所有的硬实时应用中，都需要知道所有时间关键任务的 WCET。这个问题在实际应用中通常通过综合多种技术来解决：

1）对体系结构设计采取限制，减少任务间的交互，更好地支持对程序控制结构的先验分析[⊜]。确保只使用最少数量的显式同步操作，这些操作需要上下文切换以及操作系统服务。

2）设计 WCET 分析模型以及对子问题[⊜]的解析分析（例如对源程序解析分析其最长执行时间），使得可以自动生成针对 WCET 分析的有效测试用例集。

3）对子系统（包括任务和操作系统服务）执行时间进行受控测量，收集用以校准 WCET 模型的 WCET 实验数据。

4）实现全时算法，其中只需提供根段执行的 WCET 界。

5）对应用整体开展全面测试，确认是否满足了相关假设要求，测量 WCET 分析值和实测执行时间值之间的差异（构成了安全边界[⊛]）。

当前实际应用的状况并不令人满意。在很多情况下都是通过记录测试中的最小执行时间和最长执行时间来推算 BCET 和 WCET。这种在测试中观测到的上界并不是一个可确保上界。如果工业部门未来能够提供带有私有便签存储器的简单处理器，并构成了相应的片上多处理器系统（MPSoC）组件，则相应的 WCET 的分析问题希望会变得容易一些。

10.3   静态调度

在静态（即运行前确定）调度中，离线计算出一组任务的可行调度表。调度方案必须要考虑所有任务的资源需求、优先级和同步要求，并保证满足所有任务的截止期要求。这种调度方案的求解就是一个构造性的充分可调度性测试过程。可以使用前驱图来描述在不同节点中执行的任务之间的优先关系[⊛]（图 10-5）。

⊖　即只要有更多的时间来迭代计算，质量就会得到提高，至少不会被降低。——译者注

⊜　指无须执行程序，仅使用设计信息（体系结构）就可对程序的控制结构开展执行时间分析。——译者注

⊜　即 WCET 模型中涉及的下一个层次问题。——译者注

⊛　实测值与分析值之间的差异越大，说明基于 WCET 分析值所得到的安全性结果可能越不可信。——译者注

⊛　图中所示是在两个分布式节点（A 和 B）中的任务依赖关系和同步关系。其中执行从 T0 开始（通过给定相应的激励），T0 执行结束之后可以执行 T1 和 T2。执行在 T7 处结束，产生响应结果。任务 T4 需要来自 T2 的消息 M1 才能启动执行，同样 T5 需要等待来自 T3 的消息 M2。——译者注

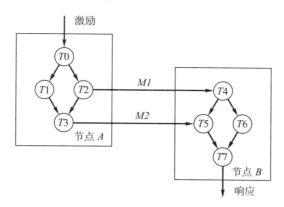

图 10-5　一个分布式任务集的前趋图示例 [Foh94]

10.3.1　基于搜索的静态调度

静态调度通常建立在未来服务请求的时间点具有很强规律性的假设基础上。虽然请求服务的一些外部事件并不受计算机系统的控制，但可以对每一个外部事件类型选择一个合适的采样率来预先建立响应这些事件的周期性循环时间点。在系统设计期间，必须确认一个请求从发出到被系统接受的最大延迟时间与对该请求的最大处理时间之和小于相应服务的截止期限。

时间的作用。静态调度是一种周期性的时间触发调度。时间轴被切分为基本时间单元的序列，即基本周期时间。系统中只有一种中断，即代表一个新基本时间单元开始的周期性时钟中断。在分布式系统中，这个时钟中断的全局同步精度必须比基本时间单元区间小得多。每个事务都是周期性的，且周期必须是基本时间单元的倍数。所有事务周期的最小公倍数就是调度周期。在编译时，必须确定每个调度周期的调度决策时间点，并将其存储在操作系统的分派表中。在运行时，分派器在每次时钟中断后将执行这些预先安排好的调度决策。

例： 如果所有任务的周期都是调和的，即都是以 2 为基的整秒指数倍（指数或正或负），则系统的调度周期等于周期最长的任务的周期。

静态调度可以应用于单处理器系统、多处理器系统或分布式系统、在分布式系统中，除了需预先规划所有节点的资源使用情况外，还必须预先安排好对通信介质的访问。众所周知，在分布式系统中寻找最优调度方案在几乎所有的实际场景中都是 NP 完全问题，即计算上难以处理。但是只要能够满足所有事务的截止期限，即使不是最优的解决方案也已经足够好了。

搜索树。调度问题的解决方案其实就是应用搜索策略在搜索树中找到的一个路径，即可行的调度方案。图 10-6 展示了对应于图 10-5 前趋图的一个简单搜索树。搜索树的每一层级对应一个时间单位，搜索树的深度对应整个调度的周期。搜索将从树的根节点开始（此时调度表为空）。一个节点向外的连接边给出了在当前节点所有可能的调度搜索。从根节点出发到第 n 层节点的一条路径记录了到时间点 n 的调度决策序列。每一条到叶子节点的路径都是一个完整的调度。搜索的目标是找到一个完整的调度表，满足所有前趋关系和互斥约束条件，并能在截止期前完成。从图 10-6 中可以看出搜索树下面的分支（即树的左分支）比上面的分支（即树的右分支）具有更短的总执行时间。

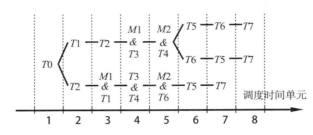

图 10-6   基于图 10-5 前趋图的搜索树

指导搜索的启发式函数。 为了提高搜索效率，有必要通过一些启发式函数来指导搜索。这种启发式函数由两项组成，从搜索树根节点到当前节点（即当前调度点）所经过路径的实际成本以及从当前节点直到目标节点的预估成本。Fohler [Foh94] 提出了一种启发式函数来估计完成前趋图中任务所需的时间，称为 TUR（Time Until Response，响应时间）。假设一个节点中的任务并行度由这些任务对该节点 CPU 资源的竞争关系来决定，那么所有任务的最长执行时间与当前任务和前趋图中上一个任务之间的消息交换时间开销之和就是一个 TUR 下界。如果这个 TUR 不够小到能够按时完成前趋图中的任务，自当前节点向后的所有分支将被剪掉，搜索进行回溯。

10.3.2   增加静态调度的灵活性

静态调度的弱点之一就是假设任务都具有严格的周期性。尽管硬实时应用程序中的大多数任务都是周期性的，一些偶发的服务请求虽然不具有周期性，但也有严格的截止时间要求。对机器发出紧急停车请求就是这样的一个典型例子。我们希望这种请求永远不会发生，两次紧急停车请求之间的平均时间可能非常长。然而，一旦出现了紧急停车请求，就必须要在非常短的时间内进行响应。

以下三种方法可提升静态调度的灵活性：

1）将偶发的请求转换为周期性请求。

2）引入偶发服务任务。

3）改变执行模式。

将偶发性请求转换为周期性请求。 对周期性任务的未来请求时间先验已知，但对于偶发任务，事先只知道其最短到达时间间隔。在服务请求发生之前，无法预知偶发任务的实际请求时间点。偶发任务信息的有限性使得在运行前就进行静态调度有非常大的困难。要求最苛刻的偶发请求是那些要求响应时间非常短的偶发请求，即要求相应的服务处理任务具有很小的计算延迟。

如果一个独立的偶发任务具有松弛度 l，那么就有可能找到该调度问题的解决方案。由 Mok[mok93，p.44] 提出的解决方案就是这样一个方案，它用一个伪周期性任务 T' 来替代偶发任务 T，如表 10-1 所示。

表 10-1   伪随机任务的参数设置

参数	偶发任务	伪周期任务
计算时间 c	c	$c' = c$
截止期间隔 d	d	$d' = c$
周期 p	p	$p' = \mathrm{Min}(l-1, p)$

如果伪周期任务可以调度，这种转换可以保证偶发任务总是能够在其截止期限内完成。伪周期任务可静态调度。具有短延迟的偶发任务将持续地请求相当大一部分处理资源以保证其不错过截止期，尽管它可能很少请求服务。

偶发服务任务。为了减少具有较长的到达间隔时间（即周期）而延迟很短（即计算时间）的伪周期任务对资源的大量需求，Sprunt 等人 [Spr89] 提出了通过引入周期性服务任务来响应处理发生的偶发请求。在服务任务周期内，只要收到了偶发请求，服务任务都将以高优先级为其服务。偶发请求服务将会消耗服务任务的执行时间，但服务任务的执行时间会在下一个周期得到补偿。这样，服务任务可预留其执行时间直到收到偶发请求。系统按照动态方式来调度偶发服务任务，以响应处理偶发请求事件。

模式切换。在大多数实时应用的运行过程中，可以有许多不同的运行模式。以飞机上的飞行控制系统为例，当一架飞机在地面滑行时，它需要一套与飞机飞行时不同的服务。如果只调度特定运行模式下需要的任务，就能提高资源利用率。如果系统运行模式发生切换，则必须对调度方案进行相应的更改。

在系统设计过程中，必须确定所有可能的运行模式和紧急处理模式。对于每种模式，可离线计算出满足所有截止期限的静态调度方案。需要对模式变换进行分析并制定相应的模式更改调度计划。每当运行时请求切换运行模式，相应的模式更改调度将立即启动。我们引用 Xu 以及 Parnas[Xu91，p.134] 的评述作为本节的总结：

为了满足硬实时系统中的时间约束，系统行为的可预测性是最重要的关注点；运行前调度（即静态调度）通常是复杂系统提供可预测性的唯一实践手段。

10.4　动态调度

在重要事件发生后，动态调度算法将在线决定调度执行就绪任务集中的哪个任务。这类算法的区别在于对任务模型的复杂性和任务的未来行为所作的假设不同 [But04]。

10.4.1　独立任务调度

[Liu73] 于 1973 年发表了一个经典算法，用于在单 CPU 上调度一组周期性的独立硬实时任务——单调速率算法。

单调速率算法。单调速率算法是基于静态任务优先级的动态抢占式算法。它对待调度任务集合做了如下假设：

1）任务集 $\{T_i\}$ 中所有任务的截止时间都必须要满足，且任务请求都是周期性的。

2）所有任务相互独立。任意两个任务之间都不存在顺序约束和互斥关系。

3）每个任务 T_i 的截止时间间隔等于它的周期 p_i。

4）每个任务的最长执行时间 c_i 都事先知道并且固定不变。

5）上下文切换所需的时间可以被忽略。

6）具有周期 p 的 n 个任务的利用率之和 μ 满足下面的式子：

$$\mu = \sum c_i / p_i \leqslant n\left(2^{1/n} - 1\right)$$

当 n 趋近于无穷大时，$n(2^{1/n} - 1)$ 趋于 $\ln 2$，即大约为 0.7。

单调速率算法基于任务周期来为任务分配静态优先级。周期最短的任务静态优先级最高，周期最长的任务静态优先级最低。运行时，分派器选择具有最高静态优先级的任务请求来进行响应。

在上述所有假设都满足的情况下，单调速率算法能够保证满足所有任务的截止期限。对于单处理器而言，该算法是最优的。其证明依赖于对任务集在关键时刻行为的分析。一个任务的关键时刻是指在相应时刻下，对该任务的请求将具有最长响应时间。对于整个任务系统而言，关键时刻是对所有任务都同时发出了请求的时刻。从最高优先级的任务开始，逐个论证所有任务的截止期限都能得到满足，即使是在关键时刻。在证明的第二阶段，论证如果关键时刻场景能够处理，则其他任何任务请求场景都可以处理。有关证明的详细信息请参阅[Liu73]。

若所有任务的周期都是调和的，即所有任务的周期都是优先级最高任务的周期的整倍数，则可以松弛上述假设 6。在这种情况下，只要 n 个任务的利用率之和 μ 小于 1，即

$$\mu = \sum c_i / p_i \leqslant 1$$

该算法在单处理器上能够获得接近理论值的最大利用率。

近些年来，单调速率理论得到了扩展，可以处理任务集的截止时间不等于周期的情况[But04]。

最早截止期优先（EDF）算法。 该算法在单处理器上调度系统任务，它是基于动态优先级的最优动态抢占式算法。它也一样设置了如单调速率算法 1 ～ 5 的假设。即使任务的周期并不是最小周期的整倍数，处理器的利用率 μ 也可以达到 1。任何调度事件发生后，具有最早截止期的任务被赋予了最高动态优先级。分派器的运行方式与单调速率算法设定的运行方式相同。

最小松弛度（LL）算法。 在单处理器系统中，最小松弛度（Least Laxity，LL）算法是另一种最优算法。它与 EDF 算法有相同的假设。在任意调度时刻拥有最小松弛度 l 的任务被赋予最高优先级。松弛度 l 定义为截止期限 d 与计算时间 c 的差值。

$$d - c = l$$

在多处理器系统中，EDF 和 LL 都不是最优调度算法，有些任务场景 LL 能调度但 EDF 不能处理，反之亦然。

10.4.2 非独立任务调度

从实践的角度来看，对具有顺序和互斥约束的任务进行调度的研究比对独立任务模型的研究重要得多。通常情况下，并发执行任务必须通过交换信息并访问公共数据资源来协同实现整个系统目标。因此在分布式实时系统中，调度系统的主要活动是观察分析给定的顺序约束和互斥约束，而不是检测异常[⊖]。

为了解决这个问题，[Sha90] 提出了优先级置顶协议。优先级置顶协议用于调度一组周期性任务，它们互斥访问由信号量保护的公共资源。这些公共资源，例如公共数据结构，可被用来实现任务间的通信。

信号量的优先级顶板定义为能锁住该信号量的任务中的最高优先级。假设一个临界区由多个信号量保护，每个信号量都有一个优先级顶板，只有当一个任务 T 的优先级比当前被其他任务锁定的信号量的优先级顶板更高时，它才能获准进入临界区。除非任务 T 处于临界区中并阻塞了更高优先级的任务，它将按所分配的优先级运行。如果 T 处于临界区中，它将继承所有它

⊖ 这句话引申上一句话的表述。既然在分布式实时系统中，并行任务需要通过访问公共数据资源来进行协同，那么在任务运行调度中主要的活动是查看对公共数据的访问顺序，以及执行相应访问的任务之间的互斥关系。——译者注

所阻塞的任务的最高优先级。当 T 退出临界区时，会恢复到它进入临界区之前的优先级。

图 10-7 的例子来自 [Sha90]，说明了优先级置顶协议的工作原理。图中的系统有 3 个任务：$T1$（优先级最高）、$T2$（优先级次高）和 $T3$（优先级最低）竞争进入由三个信号量 $S1$、$S2$、$S3$ 分别保护的三个临界区。

假设每个任务对信号量进行了如下处理步骤⊖：

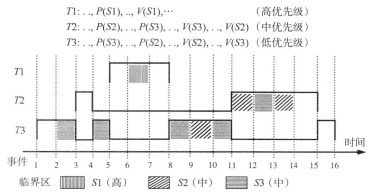

$$T1: .., P(S1), .., V(S1), \cdots \quad （高优先级）$$
$$T2: .., P(S2), .., P(S3), .., V(S3), .., V(S2) \quad （中优先级）$$
$$T3: .., P(S3), .., P(S2), .., V(S2), .., V(S3) \quad （低优先级）$$

事件	动作
1	$T3$ 开始执行。
2	$T3$ 锁住 $S3$。
3	$T2$ 开始执行，并且抢占 $T3$。
4	由于 $T2$ 的优先级低于被锁住的 $S3$ 的优先级顶板，$T2$ 尝试访问 $S2$（即执行 $P(S2)$ 操作）时被阻塞，$T3$ 继承 $T2$ 的优先级并且恢复到临界区中执行。
5	$T1$ 被初始化并且抢占 $T3$。
6	$T1$ 锁住信号量 $S1$。$T1$ 的优先级比所有被锁住的信号量的优先级顶板都要高。
7	$T1$ 解锁信号量 $S1$。
8	$T1$ 完成它的执行。$T3$ 继续以 $T2$ 的优先级执行。
9	$T3$ 锁住信号量 $S2$。
10	$T3$ 解锁信号量 $S2$。
11	$T3$ 解锁信号量 $S3$ 并且恢复到它之前的优先级（即为最低优先级）。此刻 $T2$ 可以锁住 $S2$。
12	$T2$ 锁住 $S3$。
13	$T2$ 解锁 $S3$。
14	$T2$ 解锁 $S2$。
15	$T2$ 完成。$T3$ 恢复它的操作。
16	$T3$ 完成。

图 10-7　优先级置顶协议（取自 [Sha90] 的示例）

优先级置顶协议的可调度性测试。[Sha90] 给出了以下针对优先级置顶协议的充分可调度性测试。假设有一组周期性任务 $\{T_i\}$，相应的周期为 $\{p_i\}$，计算时间为 c_i。我们用 B_i 表示任务 T_i 被较低优先级任务阻塞的最长阻塞时间。若对于任意 i，$1 \leq i \leq n$，下面的不等式都成立，则这 n 个周期性任务组成的任务集 $\{T_i\}$ 是可调度的：

$$(c_1/p_1 + c_2/p_2 + \cdots + c_i/p_i + B_i/p_i) \leq i(2^{1/i} - 1)$$

在上述不等式中，前 i 项考虑了高优先级任务的抢占行为所产生的影响（类似于单调速率算法），最后一项 B_i/p_i 表示所有低优先级任务被阻塞产生的最长阻塞时间。如果一个短周

⊖　由优先级置顶协议可知，$S1$ 的优先级顶板等于任务 $T1$ 的优先级，$S2$ 和 $S3$ 的优先级顶板则为任务 $T2$ 的优先级。其中的 P 和 V 为对信号量的操作，用于进程间的同步控制。——译者注

期任务（即 p_i 小）在运行时很大一部分时间内都被阻塞，则该阻塞项 B_i/p_i 会变得非常大，这将显著降低该任务系统的 CPU 利用率。在这种情况下，就无法通过该充分可调度性测试，[Sha90] 中给出了更复杂的充分可调度性测试分析。优先级置顶协议是一个可预测但非确定性的调度协议的好例子。

例： 由于未采用优先级置顶协议，NASA 的火星探险者机器人曾经遇到过一个被诊断为优先级反转的经典问题。在文献 [Jon97] 中给出了完整描述：

　　一种罕见的情况是，当信息总线线程（高优先级）在等待气象数据线程（低优先级）数据时，在阻塞期间发生了中断，则可能会导致通信任务（中等优先级）在短时间内（再次）被调度。在这种情况下，由于长时间运行的通信任务优先级比气象数据任务的优先级高，因此会阻止气象数据任务的运行，进而导致信息总线线程被阻塞。一段时间后，看门狗定时器时间耗尽，检查到数据总线任务已经有一段时间未执行，于是认为出现了严重错误而重启整个系统。

10.5   其他调度策略

10.5.1   分布式系统中的调度

在控制系统中，实时事务的最长持续时间是影响控制质量的关键参数，因为它直接影响了控制循环的截止时间。在分布式系统中，实时事务的持续时间取决于事务所包含的所有处理和通信操作，是这些操作持续时间的总和。在这种系统中，采用全局调度策略来处理所有这些动作的调度是有意义的。在时间触发系统中，处理动作和通信动作可以按照相位对齐来调度（参见 3.3.4 节），这样在处理动作的 WCET 之后，通信系统可以立刻提供可用的发送时隙来执行通信动作。

如果必须考虑任务之间的顺序依赖以及互斥约束，在事件触发的单处理器多任务系统中通过动态调度技术来保证紧致的截止期限会非常困难。在分布式系统中情况更为复杂，因为必须要考虑对通信介质的非抢占式访问。Tindell [Tin95] 分析了使用 CAN 总线作为通信信道的分布式系统，并使用分析方法给出了一组周期性消息可能遇到的通信延迟上限。然后将这些延迟上限与节点的本地任务调度策略进行综合分析，可以得到分布式实时事务的最坏执行时间。在该分析方法中，对事务抖动的控制是其中一个棘手问题。

对于事件驱动的分布式系统，由于实时事务的最坏执行时间估计结果可能会非常悲观，因此研究人员正在研究动态的尽力而为策略，并尝试使用概率方法来分析调度问题，从而建立最坏执行时间的上界。在硬实时系统中不推荐这种方法，因为罕见事件的概率化表征非常困难。环境中发生的罕见事件（如电网遭遇雷击）可能会导致系统产生高度相关的输入负载（如爆发式警报），但这却非常难以在模型中充分表达。即使对现实系统进行更多的观测，也无法概括所有事件的发生状况，因为顾名思义，这些罕见事件的发生概率很低，不可能经常观测到。

在软实时系统（如多媒体系统）中偶尔错过截止时间是可以容忍的，概率分析方法广泛应用。[Sha04] 对近 25 年来实时调度理论研究进行了精彩的综述分析。

10.5.2   反馈调度

很多工程领域都建立了反馈这个概念。调度系统使用系统的实际行为信息作为反馈，动态调整调度算法以实现预期的系统行为。要应用反馈调度，首先要确定调度系统的相关性能参数，并进行观测采集。在多媒体系统中，在服务器进程之前会有一个队列，队列长度就是这样的一个性能参数。作为一种反馈调度，对队列长度进行持续监测和控制队列写入速度，或减速或加速，使得队列长度保持在预设水平范围内。

通过综合考虑调度问题和控制问题，可以在许多控制场景中获得更好的整体效果。例如，可以根据观测到的物理过程性能，动态调整物理过程的采样率。

要点回顾

- 一个调度器如果在运行时做出调度决策，从当前就绪任务集中选择一个进行调度，则称之为动态（或在线）调度器。一个调度器如果在编译时就做出调度决策，则称之为静态（或预运行时）调度器，它以离线方式为运行时分派器生成一个分派表。

- 用来确定一组就绪任务能否被调度，以确保每个任务截止期都能满足的测试称为可调度性测试。可调度性测试又分为精确测试、必要测试和充分测试。对在几乎所有具有任务依赖的情形，即使只有一种公共资源，精确的可调度性测试算法的复杂度也属于 NP 完全问题，难以计算。

- 虽然周期性任务的未来请求时间是事先已知的，但对偶发任务事先只能知道其请求的最小间隔时间。在请求到来之前，无法预知偶发任务的确切服务执行时间。

- 对手论证表明，如果在周期性任务和非周期性任务之间存在互斥约束，一般情况下，不可能构建一个最优的完全在线动态调度器。对手论证强调了要针对未来行为提供先验信息的重要性。

- 一般来说，确定任意一个串行程序的最坏执行时间（WCET）是一个无解问题，等价于图灵机停机问题。只有在程序员提供了应用程序源代码层次的额外信息，WCET 问题才可能解决。

- 在静态（即运行前确定）调度中，离线计算出一组任务的可行调度表。调度方案必须要考虑所有任务的资源需求、优先级和同步要求，并保证满足所有任务的截止期要求。这种调度方案的求解就是一个构造性的充分可调度性测试过程。

- 单调速率算法是基于静态任务优先级的动态抢占式算法。它假设所有任务都相互独立和具有周期性，且周期等于截止期。

- 最早截止期优先（EDF）算法是基于动态优先级的动态抢占式调度算法。具有最早截止期限的任务被赋予最高的动态优先级。

- 最小松弛度（LL）算法是基于动态优先级的动态抢占式算法。具有最小松弛度的任务被赋予最高的动态优先级。

- 优先级置顶协议用于调度一组周期性任务。它们互斥访问由信号量保护的公共资源。信号量的优先级顶板定义为能锁住该信号量的任务中的最高优先级。

- 根据优先级置顶协议，只有当一个任务 T 的优先级比当前被其他任务锁定的信号量的优先级顶板更高时，它才能获准进入临界区。除非任务 T 处于临界区中并阻塞了更高优先级的任务它将按所分配的优先级运行。在这种情况下，它将继承所有它所阻塞任务的最高优先级。当它退出临界区时，会恢复到它进入临界区之前的优先级。

- 尽力而为调度中的关键问题与输入分布假设有关。在环境中发生的罕见事件可能会导致系统产生高度相关的输入负载，但这却非常难以在模型中充分表达。即使对现实系统进行更多的观测，也无法概括所有事件的发生状况，因为顾名思义，这些罕见事件的发生概率很低，不可能经常观测到。

- 在软实时系统（如多媒体系统）中偶尔错过截止时间是可以容忍的，概率性调度策略取得了广泛应用。
- 只要有更多执行时间，全时算法就可以提高结果质量。它包含一个根段和一个周期段，根段首先计算出质量满足要求的第一个近似结果，周期段则用于提高先前计算结果的质量。
- 在反馈调度中，调度系统使用系统的实际行为信息作为反馈，动态调整调度算法以实现预期的系统行为。

文献注解

从 Liu 与 Layland[Liu73] 开展的关于独立任务调度的开创性工作开始，每年都会有数百篇关于调度的论文发表。2004 年，《 Real-Time System Journal 》发表了一篇关于实时调度理论的综述：《 Real-Time Scheduling Theory: A Historical Perspective 》[Sha04]。Butazzo[But04] 发表的名为《 Hard Real-Time Computer Systems 》的著作覆盖了大多数的调度理论。[Wil08] 是一篇关于 WCET 分析的非常优秀的综述。[Zil96] 中对全时算法进行了介绍。

复习题

10.1　给出调度算法的分类。

10.2　对于单处理器系统上的任务调度，请给出必要的可调度性测试。

10.3　周期性任务、偶发性任务和非周期性任务之间有什么区别？

10.4　为什么很难给出一个程序的 WCET？

10.5　什么是最坏情况管理开销（WCAO）？

10.6　给定独立的周期性任务集合，其周期与截止期限相同：$\{T1(5,8)；T2(2,9)；T3(4,13)\}$（注：$T(x, y)$ 中 T 为任务名，x 为 CPU 执行时间，y 为周期，后同）。
　　（a）计算出这些任务的松弛度。
　　（b）采用必要的可调度性测试，检查此任务集是否可在单个处理器系统上调度。
　　（c）使用 LL 算法在双处理器系统上调度此任务集。

10.7　给定独立的周期性任务集合，其周期与截止期限相同：$\{T1(5,8)；T2(1,9)；T3(1,5)\}$。
　　（a）为什么此任务集在单处理器系统上使用单调速率算法不可调度？
　　（b）使用 EDF 算法在单处理器系统上调度这个任务集。

10.8　总体来说，为什么不可能设计出一种最优动态调度器？

10.9　假设图 10-5 中的任务集运行没有使用优先级置顶协议，在什么时刻会发生死锁？可以通过优先级继承来解决吗？找出优先级置顶协议会阻止任务进入临界区的时刻点。

10.10　讨论一下优先级置顶协议的可调度性测试。阻塞对处理器利用率有什么影响？

10.11　分布式系统中的动态调度存在哪些问题？

10.12　讨论尽力而为分布式系统中的时间性能问题。

10.13　静态调度中时间的作用是什么？

10.14　列出全时算法的一些属性。

10.15　什么是反馈调度？

系 统 设 计

概述 本章关注系统体系结构设计，首先概要介绍什么是系统设计。在对一个具体应用开展设计之前，设计者必须深入了解应用所处领域的各方面知识。控制不断演化的人工产品的复杂度是计算机系统设计中的一个最重要的目标。对需求和约束条件的全面深入分析可限制设计空间，避免分析研究那些不切实际的设计方案。然而在设计实时系统时，任何一种对设计空间有限制且对系统性能有负面影响的结构，都必须进行细致评估以决定是否采用。体系结构设计的一个核心步骤是把系统功能分配到几乎不可再组合的组件集群。组件应高度内聚，并提供简单的外部接口。接下来，本章会讨论多种不同的设计风格，如基于模型的设计和基于组件的设计。对于安全关键系统而言，其设计开始于安全性分析，如故障树分析和失效模式影响分析（FMEA），并定义能够论证软件系统安全性的安全案例。本章还会介绍安全关键系统设计中必须使用的标准，如适用于电子和电器设备设计的 IEC 61508 标准，以及适用于航空类软件开发的 ARINC DO 178B 标准。如何消除大型安全关键系统的设计缺陷（包括软件缺陷和硬件缺陷）是一个巨大的挑战。多样化设计有助于防止或消除设计缺陷。本章的最后一节会从降低系统生命周期整体成本角度来讨论可维护性设计。软件需要具备可维护性来更改设计缺陷，并使软件能适应没有尽头的应用场景演化。如果一个嵌入式系统接入互联网，就必须考虑一个新的威胁，即网络入侵者会实施远程攻击来寻找系统漏洞。接入互联网的嵌入式系统必须提供能够从互联网安全下载软件新版本的功能。

11.1 系统设计概述

11.1.1 设计过程

设计是人固有的创造性思维活动，会重度使用人类的理性思维系统和感性思维系统。不论是建筑设计、产品设计，还是计算机系统设计，虽然它们涉及的领域不同，但是这些设计活动却有一个共同点，即设计者必须找到一个可调和看似冲突的不同目标的方案，以解决通常描述有误的设计问题。最终来看，人们还是使用主观判断来区分好设计和不良设计。

例：以汽车设计为例。汽车是一种复杂的大规模生产产品，它由许多复杂的子系统组成（例如引擎、传动装置、底盘等）。每一个这样的子系统又由几百个不同的组件组成，每一个组件必须满足给定的约束条件：功能、效率、几何形状、重量、可靠性和成本最小化。所有这些组件需要顺畅合作和交互，从而为顾客提供运输服务，以满足顾客对于汽车整体系统观感和使用体验的要求。

在系统目标分析阶段，将明确开发组织目标，并整理施加于拟设计的计算机解决方案的资金和技术约束。如果基于这些信息可以决定继续开展设计，则需要成立项目团队来进行需求分析和体系结构设计。针对如何开展早期[⊖]的系统设计开发，有两种截然不同的经验主义

⊖ 原文专指系统生命周期的第一个阶段，即目标分析阶段。实际下面的两种观点也适用于其他阶段，故这里适当做了泛化，转译为针对早期的设计开发。——译者注

观点：

1）严格逐步推进的方法，在每一个阶段开始之前，上一个阶段的任务必须彻底完成并得到确认（完备设计法）。

2）快速原型方法，在需求分析结束之前就实现解决方案中的关键部分，得到系统原型（快速原型法）。

完备设计方法的理论基础是要求在开展特定解决方案（即怎样实现）设计前，必须对待解决问题（即目标是什么）的所有方面给出详尽和无偏差的规格定义。实施完备设计方法的主要困难在于没有明确的停止规则。对一个复杂问题的分析和理解过程往往没有结束的时候，在开始真正的设计工作之前，总是能够就需求本身提出许多问题。而且，即使分析已完成，系统环境和要求还会发生变化，导致需求场景发生变化。这种情况就会导致产生"越分析，系统设计越混乱"的困境。

快速原型法的理论基础是假设可通过早期的特定解决方案分析来了解问题空间的特征。在开展快速原型设计过程中遇到的困难一定程度上可以帮助设计人员分析需求中是否存在相应的问题。快速原型法面临的一个困境就是这种缺乏规划（ad hoc）的原型实现其实成本很高。因为第一个原型往往只是尝试解决有限的设计问题，在后续设计中通常会被彻底抛弃，而重新开展后续原型的设计实现。

以上两种设计方法都具有其合理性，故我们提出如下折中：在体系结构设计阶段，核心设计人员（架构设计者）应深入了解系统体系结构性质，而不是去关注那些只影响子系统内部的细节问题。如果后续有一些特定问题还不知道如何解决，则应针对其中最困难部分应用快速原型方法，且做好准备一旦找到了期望的解决方案后就应丢弃相应原型。在 Fred Brook 最近的著作中 [Bro10]，他认为设计的概念完整性源自于有一个关键人员来主导设计。

多年以前，Peters 在关于设计的论文 [Pet79] 中就提到，设计本质上是一个棘手的问题。此类棘手问题具有以下特征：

1）棘手问题无法明确表述，也无法从其所在环境中抽象出来。每当试图将棘手问题从其所处环境中独立出来时，抽取出的问题就会失去其固有特征。每一个棘手问题都是独一无二的，难以进行抽象化处理。

2）在没有解决方案的情况下，就无法把棘手问题阐述清楚。规格说明（是什么）和实现（怎么做）之间的差异并不像学术上那样容易区别。

3）棘手问题的解决方案没有停止规则：对于给定的一个解决方案而言，总能找到更好的解决方案。永远都能找到问题去更好地理解需求并得到更好的设计。

4）棘手问题的解决方案没有对与错问题，只有更好或更差的问题。

5）无法为棘手问题解决方案找到确定性的测试：任何时候即使解决方案通过了一个测试，它仍然可能将来以其他方式无法通过该测试。

11.1.2 约束条件的作用

任何设计都处于由已知和未知约束条件所限制的设计空间内。在某种意义上，约束是需求自由度的反义词；约束越多，需求自由度就越小。作为一种好的设计实践，首先应识别问题的约束并区分为软性约束、硬性约束和限制性约束。软性约束是对设计的一种期望，但不具有强制性。硬性约束则具有强制性，设计人员不能忽略此类约束。限制性约束则会限制设计的效果和用途。

例：在建造房屋时，可用的建筑面积是硬性约束，房屋和窗户的朝向是软性约束，而建筑成本是限制性约束。

约束条件限制了设计空间，使得设计者可以不必探究那些在给定环境中不切实际的设计方案。所以，约束条件对设计有益无害。设计中要格外重视限制性约束条件，因为这些条件在评价一个设计给客户带来的价值方面具有指导作用。在设计过程中要精确监控设计是否满足限制性约束。

例：欧盟 ARTEMIS ⊖ 研究计划致力于研究跨领域的嵌入式系统体系结构。在开发过程中，第一步是捕捉和文档化描述体系结构必须满足的需求及约束条件。这些约束公开出版于文献[Art06] 中。

11.1.3　系统设计与软件设计

在计算机应用设计的早期，重点是软件的功能性设计，很少考虑软件的非功能性性质，例如时间性能、能耗效率或容错能力。这种主要关注功能性的设计依然是今天盛行的设计方法，软件设计人员重点关注程序对数据的处理转换，而很少关注时间或能源维的设计。

例：设计智能手机时，电池期望寿命是一个关键约束。如果设计师把重点放在手机功能性上，就极易忽略这个非功能性约束条件。

软件本质上是一个真实或虚拟机器如何运作的执行计划描述。计划本身（在未和机器结合在一起的情况下）没有任何时间特性，不拥有状态（状态依赖于对实时性的精确定义，见4.2.1 节），也没有任何行为。软件只有和目标机器（即运行平台）结合在一起才具有行为。这是我们把组件而不是作业（job）（见 4.2.2 节）视为嵌入式系统体系结构设计的基本组成单位的原因之一。

作业（即与一个机器绑定后的软件）行为的完整功能和时间特性规格要比组件行为的相应规格复杂得多。除了 4.4 节所介绍的四种组件消息接口之外，作业的完整规格还必须包括其适配于目标机器（或虚拟或物理）的 API（应用编程接口）功能和时间特性规格 [Szy99]。如果软件下层的机器是虚拟的，如由其他软件自底而上搭建出来的执行环境（如虚拟机管理程序⊖），那么该虚拟机器的时间特性就依赖于虚拟机管理程序的设计和下层物理机器的硬件性能。但是，由于当今许多复杂串行处理器都带有多级缓冲和预测执行机制，即便没有虚拟机管理程序，要描述清楚这种处理器的硬件时间特性也非常困难。基于实时嵌入式系统领域的 Pollack 定律（见 8.3.2 节），我们推测在嵌入式实时系统领域，性能可预测的串行处理器加上相适应的系统和应用软件一起可形成 IP 核，它将成为未来片上多处理器系统（MPSoC）的组成部分。

一个组件的设计层次行为可以使用不同的技术来实现：

1）通过为可编程计算机设计软件来实现组件功能，其结果是得到一个由本地操作系统、中间件和应用程序模块组成的灵活组件。

2）通过在现场可编程门阵列（FPGA）上开发软件来实现组件功能，其机理是在一组高

⊖　ARTEMIS 是欧盟发起的，专注于跨领域嵌入式计算机技术和系统的研究倡议。——译者注

⊜　英文为 hypervisor，也称为虚拟机监控程序，用来创建、运行和管理虚拟机。hypervisor 所在的计算机称为宿主机，在 hypervisor 中创建运行的虚拟机称为客户机。——译者注

度并行的逻辑单元之间建立互连。

3）通过直接在专用集成电路（ASIC）上开发应用，在硬件层次实现组件功能。

从外部来看，组件所使用的服务实现技术要对组件提供的服务透明，这样才能在改变组件的实现技术时，不会在系统层产生影响。但是，从诸如能量消耗、需要的芯片量、变更灵活性或一次性开发成本等非功能性特征角度来看，使用不同组件实现技术带来的结果差异巨大。在大量应用中，人们更希望首先在体系结构层次设计硬件透明的组件服务，而在后期阶段来决定使用何种技术来实现相应的组件。

例：在大众消费电子产品市场中，一般首先在通用 CPU 上编写软件来实现原型，当产品被大众市场接受之后，再在 FPGA 或 ASIC 上来实现最终的产品。

11.2 设计阶段

设计是一个具有创造性的整体思维活动。人们无法机械地遵循教科书上的一条条设计规则来创造性地开展设计活动。设计是一门有科学支撑的艺术，因而任何试图建立一套完整设计规则和提供一个完全自动化的设计环境的行为均是徒劳。辅助设计工具可以辅助处理和表示设计信息，并能分析出现的设计问题。然而，这些工具永远也代替不了富有创造力的设计者。

理论上，设计过程可以划分为一系列不同阶段：目标分析、需求捕获、体系结构设计、组件详细设计和实现、组件确认[⊖]、组件集成、系统确认和最后的系统交付。然而实践中，几乎不可能按照这种严格顺序相连的阶段活动来开展设计。只有设计正常往前推进到相应的阶段，人们才能够真正理解一个新的设计问题的本质，因此经常需要在不同设计阶段间进行迭代。

本章重点关注体系结构设计阶段，而确认阶段将在第 12 章讨论。

11.2.1 目标分析阶段

每一个合理的设计都有相应的设计目标。目标为设计定义了一个不仅仅包括用户期望和经济合理性的更大上下文，因而必须在需求分析之前开展。目标分析，即分析为何需要一个新的系统以及必须在需求分析之前分析设计的最终目标。目标确定需求，后者进一步限制分析范围，为设计提供了一个具体的方向。因此，为了获得合理的需求，必须要开展严苛的目标分析。

例：获得一辆小汽车的目标是使用它来提供交通服务。由于存在其他交通服务，如公共交通，需要在目标分析阶段考虑这些因素。

在给定技术和经济约束条件的情况下，每个项目都会面对用户期望获得什么和实际能提供什么之间的冲突。对这些技术和经济约束条件的全面理解和记录整理可以缩小设计空间，有助于避免去考虑那些不切实际的设计方案。

⊖ 英文为 validation，意思是基于需求来检查提交物是否满足要求。与确认经常一起出现的概念是验证（verification），意思是针对一个活动，检查活动的输出是否满足活动输入的要求。在工程上，这两个活动都很重要，常常使用 V&V 来表示。——译者注

11.2.2　需求捕获阶段

需求捕获阶段的主要任务就是将系统关键功能的需求和约束条件用文档加以准确描述，从而为项目的经济成本分析提供依据。问题中的诸多无关细节会不知不觉吸引设计人员的注意力，使人们无法看清问题的全貌。许多人发现，相比较起来，人们的精力更容易被那些描述清楚的细枝末节的小问题所吸引，而不是关注于系统的关键问题。这就需要一位经验丰富的设计者来决定哪些是无关痛痒的问题，哪些是关键问题。

每项需求都要有一个验收准则，用来在项目结束时判断系统是否满足了该需求。如果一项需求没有制定明确的验收测试，就无法确定该需求是否得到了正确实现，那么该需求就不可能列为系统的重要需求。针对系统关键功能的设计者总是会对那些假定性的需求进行质疑，并使用逻辑论证方式⊖来检查这样的需求是否对系统目标有贡献。

嵌入式系统领域有许多可帮助系统工程师开展更好设计的标准和工具。其中使用统一方式来表示需求的标准尤为重要，可简化设计者和用户之间的交流。基于 UML(统一建模语言)的 MARTE 扩展⊖（实时嵌入式系统建模与分析）为实时系统需求模型的统一表示提供了广为接受的标准 [OMG08]。

11.2.3　体系结构设计阶段

在捕获到核心需求并形成文档后，接下来的关键阶段是开展体系结构设计。如果一个系统有稳定的中间层次模块，则可以更快地进行集成⊜得到复杂系统 [Sim81]。系统的中间层次模块通过功能单一且稳定的接口来封装，可限制模块之间的交互。在分布式实时系统领域，体系结构设计把系统分解为集群和组件、组件链接接口，以及组件之间的消息通信。

总体而言，引入设计结构固然会限制设计空间，但也可能会对系统性能产生不利影响。所引入的设计结构如果越严格稳固，导致的系统性能损失会越显著。所以，如何找到一个最合适的设计结构是关键，虽然系统性能仍然有所损失，但在其他诸如可组合性®、可理解性、能源利用率、维护性、容错或扩展新功能的难度等期望特性上会有大幅提升。

11.2.4　组件设计阶段

在体系结构设计阶段结束时，每个组件都分配了相应的系统需求，并且在值域和时域都对组件的链接接口（LIF）规格进行了严格定义。之后就进入组件设计阶段，按照组件来并发开展设计、对每个组件实施独立的设计、实现和测试活动。

本地接口（见 4.4.5 节）用于组件与其本地环境（例如受控对象或其他组件集群）之间进

⊖　原文为 rational chain of arguments，即通过逻辑论证链条来证实一个需求是否对系统目标有贡献。逻辑论证是一种推理方式，针对给定的目标，设置一系列论点（argument），并通过证据（evidence）来支持或反驳一个论点，从而获得对一个目标的论证。——译者注

⊖　MARTE 的英文全称为 Modeling and Analysis of Real-Time Embedded System，通过 Profile 机制对 UML 进行的扩展。MARTE 提供了关于时钟、时间和实时性行为的一系列概念和建模元素支持。可以在 www.omg.org 官网上找到关于 MARTE 的技术资料。——译者注

⊜　原文为 evolve from simple systems，字面意思是从简单系统演变成复杂系统。这里的实际含义是通过中间层次模块把简单系统集成在一起形成复杂系统。——译者注

®　composability，如果一个系统具备可组合性，则意味着新集成一个组件进入系统后，新组件的行为不会导致系统中已有组件的功能和性能受影响，同时系统中已有组件的行为也不会影响新组件的功能和性能。——译者注

行交互，它的详细设计不是体系结构设计阶段的任务。体系结构设计阶段关注组件集群链接接口的规格设计，只需了解组件本地接口要做什么，无须涉及其语法规格。组件本地接口的详细设计和实现是组件设计阶段的任务。有时，在针对操作人员设计人机接口时，组件本地接口的设计会成为关键。

选择不同的实现技术，针对设计来实现组件的步骤也会不同。在通用处理器上实现组件功能服务，与在专用芯片 ASIC 上实现组件功能服务在实现步骤上有着本质差异。由于本书的重点在于嵌入式系统的体系结构设计，我们不再对组件实现技术细节展开讨论。

11.3 设计风格

11.3.1 基于模型的设计

本书第 2 章强调了模型对于理解现实世界场景的重要作用。作为一种设计方法，基于模型的设计方法作用于早期设计阶段，建立了针对可执行模型的开发和集成框架，可执行模型用来描述受控对象和控制计算机系统的行为。

在控制系统设计中，当完成系统目标分析后，使用基于模型的设计可获得受控对象（如设备）和执行控制功能的计算机系统的高层可执行模型，从而能够在高抽象层次上研究这些模型的动态交互。

采用基于模型的设计，第一步主要是对受控对象（例如设备）的动态特性进行识别和建立数学模型。如果可能，设备模型应和从实际设备操作过程中收集到的实验数据进行对比分析，以确认相应模型的可靠程度。第二步，首先对相应模型开展数学分析，然后面向设备模型的动态特性对控制算法进行调优和综合⊖。第三步，在仿真环境中把可执行的设备模型和计算机控制系统模型集成在一起，从而检查确认模型间的交互是否正确，并使用模型对控制算法的质量⊜进行研究。尽管仿真分析采用仿真时间（即软件在环仿真⊜，SIL），导致与真实环境下的执行时间特性有差异。但重要的是，设备模型与计算机控制模型之间的通信消息相位关系®与之后实时控制环境中的这两个组件之间的消息通信相位关系一致 [Per10]。一致的消息相位关系确保仿真环境下发生的消息序列和目标系统环境下的消息序列基本一样，确保了仿真的有效性。最后，第四步把计算机控制系统模型转化（可能采用部分自动化方式）为目标可执行环境下的控制系统实现。

对于硬件在环仿真（HIL），由于用以仿真的诸多子系统由最终的目标系统硬件组成，仿真模型必然是在实时环境中运行。

基于模型的设计使得不仅可以分析常规操作情况下的系统性能，也可以研究系统在罕见事件下（如系统关键部件发生故障）的性能。仿真时可以对控制算法进行调优来确保即便在

⊖ 综合对应的原文为 synthesis，带有集成的含义，一般指把多个软件逻辑在硬件平台上进行集成，有时也指逻辑综合。——译者注

⊜ 这里使用模型指使用受控对象模型，从而能够产生控制算法所需的输入数据，来检查控制算法的正确性、实时性和健壮性等质量。——译者注

⊜ 软件在环仿真（SIL）指通过仿真输入来对软件的相关性能指标进行验证和评价。硬件在环仿真（HIL）指相应的软件运行在真实目标硬件平台，而且使用真实的传感器来获得仿真输入。——译者注

® 消息的发生时间可通过周期和相位来表示，如在第三个周期的第二个相位发生了消息。消息间的相位关系表示两个消息在周期中的相对时间位置关系。——译者注

罕见事件发生时受控对象仍能保证安全。而且，基于模型的设计环境还可以支持开展自动化测试或受控对象操作人员的训练。

> **例**：通过模拟器来训练飞行员已经是一个标准规程，在模拟器中模拟产生罕见事故，来训练飞行员熟悉相应的控制措施，那些罕见事故的发生具有不确定性，难以根据需要在飞机实际飞行操作过程中重现。

如何描述设备模型与计算机控制系统模型之间的链接接口（LIF）规格是基于模型的设计所关注的一个关键问题。如4.4.5节所述，LIF接口规格必须从值域和时域两个方面描述通过该接口所传输的消息。接口的语义模型必须可执行，这样可以在高抽象层次对完整的计算机控制系统进行仿真，并支持针对目标控制系统自动生成相应代码。MATLAB设计环境是广泛使用的基于模型的设计工具 [Att09]。

11.3.2　基于组件的设计

在许多工程学科中，都是使用特性已知且经过确认的组件来构造大型系统。组件间通过可靠、易理解和标准化的接口相连。系统工程师了解组件及其接口规格细节的全局特性（即和系统功能相关的特性）；相反，在很多情况下，组件内部设计和实现细节不可见，系统工程师也不关心。使用这种构造性方法来开发系统的前提条件是，经过确认的组件特性不会受到系统集成的影响，即系统具有可组合性。如果采用组件化设计方法来开发大规模分布式实时系统，必须选择支持基于组件的设计平台。

基于组件的设计是一种自顶向下和自底向上相结合的方法。一方面，组件的功能和时域需求由系统功能自顶向下推导得到；另一方面，组件的功能和时域能力由组件规格自底向上来定义和提供。在设计阶段，必须确定组件需求和组件能力相匹配。如果现有组件中没有一个能力可满足相应的需求，就一定要针对该需求开发新的组件。

使用任何基于组件的设计方法，其前提是组件的概念必须清晰定义，组件提供的服务规格能够通过组件接口加以精确描述，并能通过接口使用组件提供的服务。4.1.1节所介绍的软硬件集成单元就是符合这个概念的组件。在许多非实时性应用中，软件单元独立也可形成组件。在对组件的时域和值域特性要求同样严格的实时系统中，如果软件不和具体物理硬件相关联，就无法独立来分析其时域特性，因此一般不使用软件组件概念。应用软件和执行环境（中间件或操作系统）之间的API（应用编程接口）规格的时域特性与应用软件及执行环境紧密相关，几乎不可能简单描述清楚API规格的时域特性。如果理解一个组件接口规格说明的难度与理解组件内部操作的难度相当，那么对组件开展抽象设计就没有任何意义。

软硬件组件的实时能力根本上由驱动其硬件的晶振频率来决定。如8.2.3节所述，降低电压会带来晶振频率的降低（电压与频率缩放）。因此，在执行组件规定的计算时，晶振频率的降低会节约可观的能量消耗，但代价是降低了计算的实时性。平衡实时性要求和能耗要求的资源调度器能够针对应用的实时性需求为组件提供相应的资源，使其获得相匹配的实时能力，从而降低能耗。能耗控制是由电池驱动的移动设备所面临的重要问题，移动设备是嵌入式系统产业市场的重要组成部分。

11.3.3　体系结构设计语言

平台无关模型PIM（即体系结构层次的系统设计）需要一套符号来表示模型中设计的相

关元素，如组件和消息。

2007 年，对象管理组织（OMG）发布了 UML 语言的 Profile 扩展：MARTE（实时和嵌入式系统的建模与分析）规范，支持在体系结构层次描述嵌入式实时系统的规格、设计和分析 [OMG08]。UML-MARTE 的目标是同时针对嵌入式系统的软件部分和硬件部分提供建模支持，它的核心概念在两个包中定义。基础包（foundation package）提供结构模型的概念和表示，依赖包（causality package）提供行为模型和实时模型的概念和表示。在 UML-MARTE 中，动作（action）是系统的基本行为单位，它在给定时间内把一组输入转化为一组输出。系统行为由一系列动作组成，并由触发器启动。UML-MARTE 规范专门使用一个章节来介绍时间特性建模，提供了三种关于时间的抽象概念：1）逻辑时间（也称因果 / 时序），即只考虑事件在时间上的先后顺序，而不考虑事件之间的时间间隔度量；2）离散时间（也称同步时钟），即通过逻辑时钟把连续时间分割为一组连续有序的时间单位，动作只能在一个时间单位中执行；3）实时时间（也称物理 / 实际时间），精确定义和描述实时时间的推进。请见 [OMG08] 来了解更多 UML MARTE 的详情。

AADL（体系结构分析和设计语言）是另一种常用的体系结构设计语言，它由卡内基梅隆大学的软件工程研究所提出，在 2004 年被汽车工程师协会（SAE）确立为标准。AADL 关注大型嵌入式实时系统的体系结构描述和分析。AADL 最为核心的概念是通过接口进行交互的组件。AADL 组件虽然是软件单元，但通过描述该软件单元所绑定的硬件相关属性特征，就可以对组件计算涉及的实时性需求和最坏执行时间（WCET）进行描述。AADL 组件通过连接在一起的接口进行交互，且交互只能通过所声明的接口发生。AADL 同时提供图形化用户接口和语言元素来描述组件的实现，以及把组件组合为更加抽象的包。目前，已有多个工具支持从实时性和可靠性角度分析 AADL 设计模型。请见 [Fei06] 来了解更多 AADL 详情。

GIOTTO[Hen03] 是一种用于时间触发嵌入式系统体系结构设计的语言。GIOTTO 为工程师提供了适中的抽象结构，使得可以在功能模块上标注时间特性，后者可通过控制循环的高层稳定性分析得到。在开发的最后阶段，会把软件模块映射到目标体系结构的模块中，GIOTTO 编译器会把这些时间特性标注信息处理为约束条件。

System C 语言是 C++ 语言的扩展，支持对体系结构设计模型进行硬件 / 软件的无缝协同仿真，并支持逐步对设计模型进行精化，直至到寄存器传输层的硬件实现或 C 语言程序 [Bla09]。System C 非常适合在 PIM 层上设计系统的功能。

11.3.4　对体系结构分解的检查

我们还无法在一个绝对标度[⊖]下衡量体系结构设计的质量。我们最多能设计一套指南和检查单，从而支持对两种设计方案进行相互比较。在工程开始阶段定义特定于项目的设计方案检查单是一个好的工程实践。本节所介绍的指南和检查单可作为定义项目特定检查单的基础。

功能内聚性。一个组件实现的功能应具有自包含性，同时其内部设计应具有高内聚性，对外接口应具有低复杂性。对于系统中的网关组件而言，即处理来自环境的输入 / 输出信号的组件，在体系结构设计层面只需考虑连接组件集群的抽象消息接口（LIF），而不是连接环境的本地接口（参见 4.3.1 节）。下面列出的问题有助于检查组件的功能内聚性和接口复杂性：

⊖　即无法给出一套度量方法来衡量任何一种设计的质量状况。——译者注

1）组件实现的功能是否具有自包含性？

2）组件是否准确定义了其基状态？

3）组件提供的单层错误恢复机制是否足以在任何失效发生后能够重启整个组件？如果组件需要多层错误恢复机制[⊖]才能得到这个目标，这表明组件的功能内聚性不够。

4）是否通过消息接口传递控制信号，或者组件连接环境的接口是严格数据共享接口[⊜]？严格数据共享接口更简单，所以也更受推荐。如果可能，时域控制应尽量保持在所设计的子系统中（例如针对输入获取的设计，拉取方式要优于推送方式，参见 4.4.1 节）。

5）通过消息接口可传递多少不同的数据元素？这些数据元素是不是组件接口模型的组成部分？关于这些数据元素的时间需求有哪些？

6）是否通过消息接口传递时间相位敏感[⊜]的数据元素？

可测试性。因为一个组件只实现一个功能，所以组件必然可以单独进行测试。以下问题可用来帮助评估组件的可测试性：

1）消息接口的时域特性和值域特性是否得到了精确定义，从而能够在测试环境中进行模拟？

2）是否可能使用不带探针效应的方式来观测组件所有的输入 / 输出消息和其基状态信息？

3）是否可以从组件外部设置它的基状态信息，从而来减少所需的测试序列数量？

4）组件中的软件是否在行为上具有确定性，使得使用相同的输入总能得到相同的输出？

5）按照什么过程来测试组件的容错机制？

6）是否有可能在组件中内置有效的自测试？

可信性：下面的问题检查单为评估设计的可信性提供参考：

1）组件一旦出现最严重的失效，对其所在组件集群中其他组件会产生什么影响？怎样检测到这种影响？这个失效如何导致组件集群不能满足其低性能标准？

2）如何保护组件集群中其他组件免受出故障组件的影响？

3）在通信系统完全无法工作的情况下，组件可以使用什么本地控制策略来保持自身处于安全状态？

4）组件集群中其他组件需要多长时间才能检测到其中一个组件的失效？短的错误检测延迟可以极大简化错误处理。

5）组件失效后需要多长时间来重启该组件？设计应关注从任何单一故障，特别是拜占庭故障[⊛][Dri03] 中快速恢复。在不会出现拜占庭故障的情况下，每个组件只需关注自己的工

⊖　所谓多层错误恢复机制，一般指在组件设计不同层次（如应用软件、操作系统和硬件层次）提供针对性的不同恢复机制。——译者注

⊜　接口的一个基本用途是用来传递和共享数据。这里的严格数据共享接口指接口不传递任何控制信号，这使得不同子系统间绝对不会出现控制错误或故障的传播。——译者注

⊜　时间相位敏感的通俗含义是时间顺序关系敏感。——译者注

⊛　拜占庭故障可以是分布式系统执行过程出现的任意一种故障，既可以是缺失故障（如崩溃、未收到请求、未能发出请求等），也可以是处理错误故障（如对一个请求的处理不正确、错误的本地状态，对一个请求发送不正确或不一致的响应等）。拜占庭故障的核心特征具有欺骗性，即系统中的单一组件无法独立检测出来，需要多个组件协同才能检测到。——译者注

作；在同时出现两个或多个独立拜占庭故障的情况下，需要进行昂贵的容错处理，这种情况不太可能发生，如果发生也很难成功恢复。如何评估进行从单一故障进行恢复的复杂性？

6）系统的正常运行功能和安全功能是否在不同组件中实现，使得它们处于不同的故障限制单元（FCU）中？

7）针对可预期的需求改变，消息接口能保持什么程度的稳定性？组件一旦发生变化，有多大概率影响其所在组件集群中的其他组件？影响有哪些？

能耗和功耗。能耗是移动设备的一个关键非功能性参数。功耗控制有助于降低设备的硅片温度，因此降低芯片的计算失效率。

1）每个组件的能耗预算是多少？

2）峰值功耗是多少？功耗峰值如何影响设备的温度和可靠性？

3）一个FCU中不同组件是否采用了不同的电源来降低由电源产生的共模失效可能性？是否有可能通过接地系统来传导共模失效（如闪电冲击）？一个FTU中的多个FCU是否采用了电隔离措施？

物理特征。粗心大意的物理设备安装可能会带来多种共模失效。下列问题可用于检查是否会引入共模失效：

1）是否明确了可更换单元的机械接口？这些可更换单元的机械接口边界是否与诊断接口边界相容？

2）一个FTU（见6.4.2节）中的FCU是否安装在不同的物理位置？这样空间位置接近导致的故障（例如意外情况下的进水、电磁干扰（EMI）和机械损坏等共模外部故障）不会损坏多个FCU。

3）有哪些走线需求？走线带来的电磁干扰或不良触点引起的瞬态故障会引起哪些后果？

4）组件所处的环境条件（温度、震动和灰尘）如何？这些环境条件是否和组件规格所声明的一致？

11.4　安全关键系统的设计

嵌入式系统在许多应用中取得了经济和技术上的成功，即便在计算机一旦失效会带来严重后果的领域也不断得到应用。如果一个计算机系统的失效能够导致灾难性后果，如人员伤亡、大量财产损失，或对环境产生严重破坏，则称这样的系统为安全关键系统（或硬实时系统）。

例：以下是一些典型的安全关键嵌入式系统：飞机中的飞行控制系统，汽车中的电子稳定控制系统，火车的列车控制系统，核反应堆控制系统，诸如心脏起搏器等医疗器械，国家电网的控制系统或与人类交互的机器人控制系统。

11.4.1　什么是安全性

安全性可以定义为系统在给定时间段内正常运行，不发生会导致灾难性后果的失效模式的概率。在文献 [Lal94] 中，安全关键系统运行的 MTTF（平均故障前时间）要求为 10^9 小时，即 115 000 年。因为大规模集成电路 VLSI 的可靠性低于 10^9 小时，所以关注安全性的设计必须采用冗余机制来屏蔽硬件故障。对于安全关键系统而言，仅仅通过测试不能确认系统设计是否满足相应的 MTTF 要求，因为测试充其量只能确认 $10^4 \sim 10^5$ 小时之间的 MTTF [Lit93]。针对系统中关于子系统的实验观测失效率以及系统冗余结构，必须设计规范严格的可靠性模型来确认系统是否达到所要求的安全级别。

支持多级安全的系统体系结构。安全性是一个系统级属性，由系统设计整体决定哪个子系统与系统的安全性相关，哪些子系统即使发生故障也不会给系统安全性带来严重危害。过去，许多安全关键功能都在专门的硬件上实现，与系统其他部分物理隔离。在这种情况下，相对容易从系统设计角度向认证机构确认安全关键功能与非安全关键功能之间不会发生意想不到的相互干扰。然而，随着彼此交互的安全关键功能不断增多，这些功能不可避免要共享系统提供的通信和计算资源。为了解决这个问题，出现了支持多级安全的系统体系结构，它可以集成不同安全级别的应用，且在体系结构层次提供相关机制来防止不同安全级别应用之间在值域和时域上的相互干扰。如果选择在单个 CPU 上以分区方式来支持多级安全应用，则分区管理软件（如 hypervisor）比系统中运行的任意其他软件模块都要有更高的安全级别。

失效安全与失效可运作。如 1.5.2 节所述，失效安全系统指系统在运行中如果出现失效，则能够进入安全状态$\ominus$，确保系统不会出现安全问题。目前，大部分安全相关的工业系统都可归为此类。

例：在大部分场景中，当机器人停止移动就进入了安全状态。对于机器人控制系统而言，在其产生正确的输出（包括值域和时域）或不产生输出（即机器人静止不动）时都是安全的。因此为了确保机器人控制系统的安全性，要对各种错误状态进行检查（见 6.1.2 节）。

许多应用都使用计算机控制系统来优化性能，但为了确保当计算机控制系统出现失效后仍处于安全状态，这些应用仍然保留基础的机械或液压控制系统。在这种案例的应用中，如果计算机系统确保一旦检测到失效立即阻止产生任何输出来污染系统其他部分（称为清场失效，见 6.1.3 节），这种使用机械或液压控制的安全策略就足以保证系统的安全性。

例：汽车的 ABS 防抱死系统会根据路面情况来优化刹车动作。在 ABS 系统出现清场失效的情况下，常规的液压刹车系统依旧可以安全地将车停下来。

有些涉及安全的嵌入式应用，它所处的物理系统要求计算机系统持续对物理过程进行控制来保持系统处于安全状态。一旦计算机系统完全失去对物理过程的控制，会导致灾难性后果。这类应用称为失效可运作系统，计算机系统必须能够持续性地提供不低于可接受安全级别的服务，即使运行期间出现失效。

例：在现代飞机中，由于没有机械的或液压控制备份系统，一旦基于计算机的飞行控制系统完全失效，就会导致飞机出现飞行事故。因此飞行控制系统必须是失效可运作系统。

失效可运作系统要求使用主动冗余技术（见 6.4 节）来屏蔽系统中组件运行时出现的失效。

基于以下的原因分析，未来失效可运作系统会越来越多：

1）提供两套采用不同技术的子系统（即一套基础的机械或液压备份系统来实现基本安全功能，另一套基于计算机的控制系统来优化处理过程）来确保系统安全性，在成本上是难以承受的。航空工业的实践表明，只使用容错计算机系统可以满足系统的安全性需求。

$\ominus$　这往往意味着系统正常的业务功能都已经无法运行了。——译者注

2）如果基于计算机的控制系统和机械安全系统在功能上差别越来越大，且在大部分时间下计算机系统都可用，那么操作人员就不会拥有通过操纵机械安全系统来控制相应过程的经验。

3）一些复杂过程本身就依赖于基于计算机的非线性控制策略，无法由简单的安全性系统来实现。

4）硬件成本的降低使得失效可运作（容错）系统的即时维修不再昂贵，因而在越来越多的嵌入式应用中，失效可运作系统就获得了竞争力。

11.4.2 安全性分析

为了降低由计算机系统失效而导致事故的概率，在实际应用之前，必须对所设计的安全关键系统体系结构进行细致的分析。

损害（damage）是对诸如死亡、疾病、伤害、财产损失或环境破坏等事故中产生的损失的金钱度量。危害（hazard）是可潜在导致或直接触发事故的不期望条件。一旦外部环境满足触发条件，危害就变成了可导致事故的危险状态。危害有严重程度和发生概率两个属性。严重程度与危害所致事故导致的最坏潜在损害有关，可分成多个级别。严重程度和发生概率的乘积称为风险（risk）。安全性分析和安全性工程的目标是识别危害，并提出适当的方法来根除或降低危害，或者降低危害转化为灾难的概率，即风险最小化 [Lev95]。通常，工程上要求将特定危害的风险水平降到足够合理程度（ALARP）。然而，这个表述并不严谨，所谓合理水平取决于工程经验判断。把危害的风险降低到可容忍程度的行为，称为安全功能。功能安全涉及安全功能的分析、设计和实现。IEC 61508 是关于功能安全的国际标准。

例：通过独立的安全监控器来检查受控对象是否进入危害状态是一种风险最小化控制技术。如果进入了危害状态，则强制把受控对象的状态转变到安全状态。

下面将介绍两种安全分析技术：故障树分析和失效模式影响分析。

故障树分析。故障树以图形化方式来展示组件失效及其组合关系所导致的特定系统失效，即事故。故障树分析是普遍接受的方法，用于识别危害并提高复杂系统的安全性 [Xin08]。故障树分析首先从系统层开始识别非预期的失效事件（故障树顶事件）。接下来，在子系统层识别那些会导致顶事件的失效条件，按照这个方法继续向下分析直至识别出基本的失效，通常是组件失效模式（可视化为椭圆符号）。故障树中使用菱形符号来表示待分析部分，可以使用 AND 或 OR 符号来连接不同的失效条件。典型的，使用 AND 连接符来描述系统的冗余或安全机制。

例：图 11-1 描绘了一个电熨斗故障树，其顶事件是在使用电熨斗时被电击（即触电）。该顶事件取决于以下两个条件的同时满足：熨斗的金属部分有高电压（危害状态）、用户直接或间接接触了金属部分（即用户要么直接接触了熨斗的金属部分，要么就是接触了贴着电熨斗的潮湿衣服）。如果电熨斗内接触金属部分的导线绝缘设施出现了故障（如绝缘线破损），且接地电流检测器（用来检测金属部分是否有高电压这个危害状态）出现故障，就会导致金属部分带上高电压。

可以使用数学方法来对故障树进行形式化分析。给定底层组件的失效概率，故障树的顶事件发生概率可以用标准的组合方法进行静态计算。

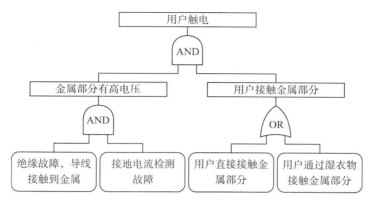

图 11-1　电熨斗用户触电故障树

系统热备份和冷备份、共享资源池，以及失效出现次序和依赖关系共同决定系统状态，需要使用更精细的建模技术来进行分析。不能使用组合方法进行分析的故障树称为动态故障树，可以将它转化为马尔可夫链，从而使用数值计算方法来分析。目前已经有一些非常好用的安全性设计分析工具，如 Mobius[Dea02]，可以协助设计工程师评估给定设计的可靠性和安全性。

失效模式影响分析。失效模式影响分析（FMEA）采用自底而上策略，系统性分析组件的可能失效模式来检查设计中的薄弱部分和阻止系统出现运行失效。开展 FMEA 分析，需要一组经验丰富的工程师来为每个组件识别所有可能的失效模式，并在系统和用户交互接口层次分析每个失效对系统服务产生的影响后果。所识别的失效模式可以使用如图 11-2 所示的标准表格来记录整理。

组件	失效模式	失效影响	失效概率	关键等级

图 11-2　FMEA 表格

有不少工具支持开展 FMEA 分析。最初，这类工具的主要目标是通过引入定制化的电子表格来减少维护保存分析文档的负担。近来，这类工具开始尝试协助进行推理分析，在全系统上开展 FMEA 分析 [Sta03]。

FMEA 是对前面所介绍的故障树分析技术的补充。故障树分析从不期望的顶层事件开始，一直向下分析到引起该失效顶事件的组件失效；FMEA 则从组件开始向上分析，研究组件失效对系统功能的影响。

可信性[⊖]建模。为分布式系统建立可信性模型的目的是分析系统未来行为的可靠性。系统体系结构设计是个合适的起点，据此来构造结构框图形式的可靠性模型，其中的框是系统组件，框之间的连接代表组件之间的依赖。在框中标注组件的失效率和维修率，其中发生瞬时故障后的维修率与基状态周期密切相关[⊖]，因大部分故障都是瞬时故障，因此维修率需要特别关注。如果组件失效率之间存在依赖关系（例如处于同一硬件单元内的多个组件因位置相同而引起的故障），组件失效就具有了相关性，会对系统整体可靠性产生巨大影响，需要

⊖　原文为 dependability，翻译为可信性较为普遍，但也有译为可靠性的。——译者注

⊖　基状态周期决定了组件重启或者恢复的周期，故与组件维修率密切相关。——译者注

细致分析和评估。在容错设计中，需要特别关注备份组件在失效上的相关性。有许多软件工具可用来评估设计的可靠性和可用性，例如 Mobius 工具 [Dea02]。

可信性分析可以确定每个功能对于所关注系统任务的关键等级，这又进一步决定了应当给予实现了相应功能组件的重视程度。

表 11-1 给出了关于功能关键等级的例子，从适航[⊖]角度对机载计算机系统做了五级划分。

表 11-1　关键等级表 [改编自 ARI92]

关键等级	功能失效影响
A	导致飞机出现灾难性失效的条件
B	导致飞机出现危险 / 严重失效的条件
C	导致飞机出现需要关注的失效的条件
D	导致飞机出现轻微失效的条件
E	对飞机操作性能或驾驶员操控不产生影响

11.4.3　安全案例

安全案例[⊜]由一组条理清晰、记录详细的命题组成，针对给定的系统设计，使用逻辑分析证据和实验证据来论证系统的安全性。安全案例的目的在于让独立的认证机构确信相应的软件有足够的安全性，可以部署运行。但安全关键计算机系统的安全案例应该包括哪些内容仍是一个有很多争议的话题。

安全案例框架。安全案例必须阐明为什么故障几乎不可能引起灾难性的失效。安全案例中使用的论证命题会对项目后期的设计决策产生重要影响。因此，应在项目早期阶段规划安全案例框架[⊜]。

安全案例的核心是对系统运行期间可能产生的灾难性危害和故障进行严格分析，灾难性危害指那些会引起诸如伤害人类、财产损失或环境破坏等灾难性后果的危害。安全案例必须证明已采取了足够的措施（工程措施和过程措施）来把风险降低到社会可接受的水平，同时安全案例也必须论证为什么排除了一些其他可能的措施（可能由于经济或程序上的原因）。随着项目实施推进，不断收集到支撑安全案例的相应证据，包括管理相关证据（即展示项目遵循了所有规定的流程）、设计相关证据（即证明遵照相关流程开展的设计），以及从测试阶段和目标系统或相似系统操作阶段收集的测试与操作相关证据。由此可见，需要随着项目进展不断补充和细化安全案例文档。

安全案例把来源独立的各种证据综合起来向认证机构论证系统满足了安全要求。在选取证据时，应遵循如下原则：

1）确定性证据优于概率性证据（见 5.6 节）。

2）定量证据优于定性证据。

3）直接证据优于间接证据。

4）产品证据优于过程证据。

⊖　英文为 airworthiness。适航是关于评价一个技术产品或者一个飞机型号是否具备了进入民用航空技术产品市场或者进行商业飞行活动的资质。一旦通过适航，就会获得适航证。——译者注

⊜　英文为 safety case，针对一个给定目标来论证系统的安全性。——译者注

⊜　即确定应该有哪些层次的论证命题来支撑具体的安全论证目标。——译者注

外部原因和内部原因都可导致计算机系统失效（见 6.1 节）。外部原因通常与运行环境（例如机械压力、外部磁场、温度、错误输入等）及系统规格说明有关。导致系统失效的两个主要内部原因是：

1）由随机的物理故障导致的计算机硬件失灵。6.4 节介绍了许多利用冗余技术来检测并处理硬件故障的方法。安全案例必须要论证所使用容错机制的有效性，如使用从故障注入获得的证据（见 12.4 节）。

2）由软件和硬件组成的系统设计会有设计缺陷。不论在科学界还是工程界，清除设计缺陷并确认系统设计（包括软件和硬件）满足设计目标都是一项巨大的挑战。任何一项确认技术单独都无法提供相应的证据来证明计算机系统满足那极高的可信性需求。

虽然使用一些标准化容错技术可以消除随机硬件故障引起的后果，如三模冗余中的冗余组件，但是目前依旧没有一项标准化技术，能够消除在软件和硬件设计中引入的错误。

体系结构特性。 对所有安全关键应用的一个共同要求是不能一有故障就导致系统出现灾难性失效。对于失效安全应用而言，这意味着必须要在短时间内检测出计算机系统中每个可能导致安全问题的关键错误，并在错误影响到系统行为前把系统强制转入安全状态。对于失效可运作应用而言，即便其中任何一个组件出现了这样的故障，也要保证系统必须提供安全服务。

故障限制单元。 系统设计必须要在体系结构层次证明任何一个故障只会影响所设定的故障限制单元（Fault Containment Unit，FCU），且可以在 FCU 边界检测到相应的故障。如何把系统划分为一个个独立的 FCU 是极其重要的设计问题。

经验表明，分布式系统的设计中有许多关键点可导致系统所有组件出现共模失效：

1）由单一来源提供时间，如中心时钟。

2）在资源共享的通信系统（如总线系统）中，不断发送错误消息的组件会干扰正常组件之间的通信。

3）电源系统或接地系统中的单一故障[⊖]。

4）在所有组件中使用同一份有设计错误的硬件或软件。

设计缺陷。 支持审查和设计评审的规范化软件开发过程可以发现和消除在初始开发阶段引入的软件设计缺陷。测试提供的经验式证据[⊖]本身无法证明软件安全性是否满足极高的可信要求，必须要结合结构化策略[⊜]来就系统的故障限制单元划分论证其安全性。可以使用形式化分析证据以及相似系统的历史版本安全性观测证据来进一步增强该论证的可信度。安全关键组件在实际应用中的失效率数据为系统体系结构可靠性模型提供了输入，从而评估系统是否可以高概率方式屏蔽组件的随机失效。最后，多样性设计[㉕]在减少共模设计缺陷方面也可以发挥重要作用。

可组合的安全性论证。 可组合性是另一个重要的体系结构特性，有助于设计具有说服力

⊖　这里的单一故障（single fault）也有单点故障的意思，即一旦出现，就会导致系统出现失效。——译者注

⊖　本质上测试是在输入空间中选择极其有限的样本来检测软件中隐藏的缺陷，指导输入样本选择的策略基本是经验式的，如等价类划分、边界值等。因此，称测试获得的软件质量状况数据为经验式证据。——译者注

⊜　原文为 structural arguments，构造安全案例的一种方法，即使用结构化方法来构造命题，从而把一个大的安全目标或命题分解为一系列下一层次的安全命题。——译者注

㉕　原文为 diverse mechanisms，即在设计中采用多样性机制来解决某一个问题，并通过表决等机制来综合基于不同机制的软件模块所产生的结果。——译者注

的安全案例（参见 2.4.3 节）。假设分布式系统的组件可分为两组：A 组组件参与实现了安全关键功能，B 组组件不参与安全关键功能的实现。如果可以在体系结构层面上证明 B 组组件的任意故障均不会影响 A 组组件的正常运行，那么，就可以在安全案例分析中忽略 B 组组件。

11.4.4   安全标准

随着嵌入式计算机越来越多地应用在安全关键系统中，诸多领域都发布了专门的嵌入式系统设计安全标准。由于不同的安全性标准事实上阻碍体系结构设计和开发工具的跨领域重用，这是在开发跨领域系统时特别需要关注的问题。建立标准化、统一的方法来支持安全关键计算机系统的设计和认证是解决之道。

下面将介绍两个已经获得广泛关注的安全标准，它们在嵌入式系统安全性设计方面有实际应用。

IEC 61508。1998 年，国际电工委员会（IEC）为电器 / 电子设备以及可编程电子设备（E/E/PE）设计的安全性制定了一套标准，即 IEC 61508，功能安全标准。该标准适用于任何使用计算机技术的安全相关控制系统或保护系统。它囊括了软件 / 硬件设计、按需操作的安全系统（也称为保护系统），以及连续运行的安全相关控制系统的方方面面。

例：核反应堆的应急关闭系统是一个按需操作的安全保护系统，它根据指令要求启动运行。

例：化工厂中保证连续化学反应过程中各项参数稳定和安全的控制系统也是一个安全相关控制系统。

IEC 61508 标准的核心是为安全功能的精细化、规格化说明与设计提供规范和指南，从而在实践中将安全风险等级降到足够合理程度（ALARP）[Bro00]。安全功能应在独立的安全通道中实现。在给定系统范围内，安全功能被赋予安全完整性等级（SIL）（见表 11-2）。确定 SIL 等级的主要依据是系统保护动作的可容忍失效概率，以及安全相关控制系统的每小时失效概率。

表 11-2   安全功能的安全完整性级别确定表

安全完整性级别	平均每个保护指令的可容忍失效概率	平均可容忍的每小时失效概率
SIL 4	$[10^{-5}, 10^{-4})$	$[10^{-9}, 10^{-8})$
SIL 3	$[10^{-4}, 10^{-3})$	$[10^{-8}, 10^{-7})$
SIL 2	$[10^{-3}, 10^{-2})$	$[10^{-7}, 10^{-6})$
SIL 1	$[10^{-2}, 10^{-1})$	$[10^{-6}, 10^{-5})$

IEC 61508 标准对硬件的随机物理故障、硬件和软件的设计缺陷以及分布式系统的通信失效进行了分析。标准的第 2 部分阐述了如何使用容错设计来满足安全功能的可信性要求。为了降低在软硬件设计中引入缺陷的机会，该标准建议遵循规范化的软件开发过程，并设计运行时机制来消除或缓解残留设计缺陷所能引起的后果。值得注意的是，该标准不建议把动态再配置⊖机制应用到安全层级高于 SIL 1 以上的系统中。IEC 61508 是许多特定领域安全性标准的基础，例如汽车领域标准 ISO 26262，为机械或非公路设备（off-highway）工业制定的 EN ISO 13849 标准以及为医疗设备制定的 IEC 60601 和 IEC 62304 标准。

⊖ dynamic reconfiguration，指在系统运行时改变系统的配置（软件配置或硬件配置）。——译者注

例： 文献 [Lie10] 介绍了一个案例，介绍如何根据 ISO 26262 标准来确定汽车刹车踏板电子系统（EGAS）中功能任务和监控任务的安全完整性等级。如果经过了安全认证的监控任务检测到系统的不安全状态并能保证把系统状态调整为安全，且该监控任务与功能任务保持独立（即互相不会影响），则不需要对相应的功能任务进行认证。

RTCA/DO-178B 和 DO-254。 在过去几十年间，安全相关计算机系统已经在航空领域得到了广泛部署，这使得航空领域在设计和使用安全相关计算机系统方法方面积累了丰富经验。标准 RTCA/DO-178B（机载系统和设备认证中关于软件的考虑）[ARI92] 和标准 RTCA/DO-254（机载电子硬件的设计质量保证指南）[ARI05] 为机载安全相关计算机系统中软件和硬件的设计与验证提供了相应的规定和指南。这两份标准的起草委员会成员包括几家大型航空工业公司、航线运营公司以及空管机构的代表。因此，这两份标准的内容可以反映国际上对安全系统开发方法的一致意见，具有合理性和实践可操作性。国际上也通过在几个大型项目中应用 RTCA/DO-178B 标准，如波音 777 飞机以及其后续机型的软件设计，获得了该标准的宝贵应用经验。

RTCA/DO-178B 的基本理念是把软件开发分成两个大阶段：计划阶段和计划执行阶段。计划阶段的主要任务是定义安全案例，确定软件项目研制期间必须要遵守的各个过程活动，并明确需要编写哪些文档。计划执行阶段的主要任务是落实计划阶段所制定的过程活动，并检查和确认是否得到了严格遵守。软件的关键等级由软件相关功能的关键等级决定，后者在安全分析阶段得到确认，其关键等级依据表 11-1 规定来确定。软件关键等级越高，就越要求严格遵守定义的软件开发过程。为便于操作实施，DO-178B 标准针对软件设计、验证、文档编写和项目管理活动定义了相应的表格和检查单，并根据软件关键等级定义了需要满足的具体目标。如果软件关键等级较高（如 A 级或 B 级），则执行审查过程的相关人员必须与开发组织相独立。对于最高级别的关键等级 A 而言，标准推荐使用形式化方法[⊖]，但并不强制。

为了减少设计缺陷，IEC 61508 和 RTCA/DO-178B 这两个标准都定义了严格受控的软件开发过程，希望通过开发过程控制来消除设计缺陷。从认证的角度来看，针对软件产品的评价要比软件开发过程的评价更加具有说服力，但是我们必须认识到基于测试的软件产品评价存在根本性局限 [Lit93]。

近年来，RTCA 发布了 DO-297 标准：《综合化模块化航空电子系统（IMA）开发指南与认证考虑》。该标准针对商业飞行器中模块化航电系统认证需要，明确了设计方法学、系统体系结构和分区方法的重要性和认证考虑。该标准还讨论了时间触发分区机制对于安全相关分布式系统设计的贡献。

11.5 多样性设计

许多大型计算机系统的可靠性分析使用系统在领域中的应用数据，结果显示相当一部分（且数量在持续增长）的系统失效是由软件设计缺陷引起，而不是硬件故障。随机性的硬件物理故障可以使用冗余设计来加以屏蔽（见 6.4 节），但目前尚缺乏有效方法来解决软件设计缺陷问题。因为软件老化[⊖]不是一个物理过程，用以解决硬件故障的技术并不能直接应用来

⊖　为了指导形式化方法的应用，DO-178B 标准的更新版（DO-178C）专门提供了相应附件。——译者注

⊖　软件老化的英文术语是 software aging，指长时间运行的软件在运行过程中会出现性能衰减、故障率或失效率增加等现象。引起软件老化的原因有很多，但普遍认为设计缺陷是主要原因。——译者注

解决软件领域的问题。

软件缺陷通常是设计缺陷，其根本原因是软件设计的复杂性没有得到有效管理。文献 [Boe01] 总结分析了常见的软件缺陷。因为复杂 VLSI 芯片的硬件功能大多都通过 ROM 中的微代码实现，安全关键系统必须要考虑硬件出现设计缺陷的可能性。如果分布式系统所有节点都部署相同的软件，则一个软件设计缺陷就会在所有节点都重复出现，这个问题需要进行深入考虑。一个故障限制单元中的节点如果采用相同硬件和使用相同软件，则会发生由软件或硬件微程序设计缺陷引起的共模失效。

11.5.1 多版本软件

为了解决软件的不可靠问题，可以使用下面三个策略：

1）提高软件系统的可理解性，手段是应用概念上完整的系统结构和简化的编程实现。这在一定程度上是本书强调的最重要策略，在多个章节中都有涉及。

2）使用形式化方法开发软件，从而获得逻辑严格的软件规格。一旦如此，在现今的技术有效性范围内[⊖]，就可能对高层的形式化规格（使用相应的形式化语言来描述）和具体的实现进行一致性验证。

3）使用多版本技术来设计和实现软件。即便出现了设计缺陷，多版本技术也能保证软件仍可提供具有一定安全等级的服务。

这三个策略不仅不冲突，还互为补充。可理解性和结构清晰（策略 1）是应用其他两个策略技术（即形式化验证技术和多版本技术）的先决条件。对于安全关键实时系统的开发，应遵循和使用这三个策略来把设计缺陷降低到可接受水平，以满足系统的超高可靠要求。

多样性设计方法有一个基本假设，使用不同编程语言和不同开发工具的不同程序员不会犯相同的编程错误。一系列相关受控实验都对这个假设进行了检验，然而只有部分实验支持这个假设 [Avi85]。多样性设计可以提高系统的整体可靠性，然而它不能证实来自于相同规格的多版本软件中的缺陷之间的不相关性 [Kni86]。

针对大型软件系统实际使用数据的详细分析表明，相当高比例的系统失效都由系统规格缺陷引起。为了获得更好的质量，多版本软件应为不同的版本采用不同的规格。这会增加表决算法的设计复杂性[⊖]。然而，非精确的表决策略在实践中的应用效果并不好 [Lal94]。

那么，多样性软件设计方法在安全关键实时系统开发中应具有什么样的地位？下一节关于容错的火车信号灯系统案例分析给出了很好的说明。该信号系统已部署于欧洲多个火车站来增强火车服务的安全性和可靠性。

11.5.2 失效安全系统案例

由阿尔卡特开发的火车信号灯系统 VOTRICS[Kan95] 是在安全关键实时工业系统中应用多样性设计的一个案例。安全运行是火车系统最重要的关注点，火车信号灯系统的目标是收集车站铁轨的状态数据，即火车在铁轨上的当前位置、运动，以及轨道道岔位置，并据此来设置信号灯状态和切换轨道道岔，从而确保火车能够按照操作员设置的时刻表安全通过车站。

⊖ 原文为 within the limits of today's technology，即现今技术所限制的范围内。——译者注

⊖ 如果多个软件是基于相同规格而实现的，那么给定输入，三个软件应该给出唯一的输出结果，否则就一定有软件出现了失效。如果是基于不同的规格来实现的，就需要推理在给定的输入下，不同的规格是否会产生的相同的输出。毫无疑问，这增加了表决算法的设计复杂性。——译者注

VOTRICS 系统由两个独立的子系统组成。第一个子系统（子系统 A）从车站操作员接收指令，从轨道采集数据，并计算确定道岔的应有位置和相应的信号灯状态，从而使得火车能够按照时刻表来安全通过一个车站。该子系统使用三模冗余 TMR 体系结构来容忍单个硬件故障。

第二个子系统（子系统 B）称为安全包，它监视车站的安全状态。该子系统访问系统的实时数据库和子系统 A 输出的指令。它动态地对从传统铁路管理部门的"守则簿"中推导出来的安全约束进行评估。一旦该子系统无法动态验证子系统 A 输出作用于系统后的安全性，它可以屏蔽子系统 A 进行信号切换的输出指令，或者启动整个车站的应急关闭系统，即把所有信号灯都设置为红灯来停下所有火车。安全包子系统也使用了 TMR 硬件体系结构。

该系统的 TMR 体系结构采用了实质上独立的两个软件版本，即基于完全不同的软件规格。子系统 A 从操作需求为起点梳理软件规格，而子系统 B 则以既定的安全规则为基础来定义规格。该措施避免了软件规格层次的共模缺陷。同样，系统实现也采用了完全不同的多版本技术。子系统 A 的开发采用标准化的编程规范，而子系统 B 的开发则使用了专家系统技术。如果基于规则的专家系统不能在规定时间内给出"系统是安全的"结论，则默认违背了安全约束（即认为系统不安全）。因此，分析该专家系统的 WCET 就显得不那么必要了（事实上会非常困难）。

该系统已在不同的火车站运行了多年，未报告有未被检测到的不安全状态。因为子系统 A 的失效会被子系统 B 立刻检测出来，因此子系统 B 所执行的独立安全验证具有正向的安全增强效果。

基于该案例和从其他系统中获得的经验，我们可以得到安全关键系统的一个通用设计准则，即每个安全关键功能的执行都必须通过另外一个基于多样性设计的独立通道进行监控。在单一通道系统中实现的功能难以保证其安全关键特性。

11.5.3　多级系统

上节介绍的多样性设计技术也可应用于由两层计算机系统控制的失效可运作应用，如图 11-3 所示。上位计算机系统提供完整的系统功能，并能检测到大部分运行时错误。如果上位计算机系统失效，经过独立和差异化设计、提供部分功能的下位计算机系统将接管。下位计算机系统所提供的精简功能一定要能确保系统的安全性。

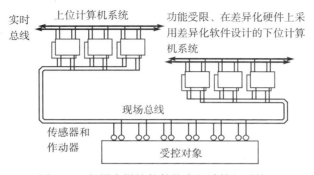

图 11-3　部署多样性软件的多级计算机系统

图 11-3 中的计算机系统体系结构在航天飞机上进行了部署应用 [Lee90, p.297]。在使用相同软件的 TMR 系统上部署有多样性软件的第四个计算机，一旦因为设计缺陷导致整个

TMR 系统发生关联性失效, 这第四个计算机系统将发挥作用。多样性设计方法已在诸多安全关键实时系统中得到了应用, 如空客的电传系统 [Tra88] 和铁路信号系统 [Kan95]。

11.6 可维护性设计

一个产品的全部成本不只是最初的采购成本, 还包括运行成本、跨越产品生命期的维护成本, 以及最终当产品结束使用时的销毁或处置成本。可维护性设计的目标是降低产品生命期内的预期维护成本。维护成本甚至高于产品的最初采购成本, 且受产品设计和维护策略的极大影响。

11.6.1 维护成本

为了更好分析维护活动所产生的成本, 需要区分两种类型的维护活动: 预防性维护和应急式维护。

预防性维护 (又称为计划性或日常维护) 指提前计划好、周期性发生的维护活动, 需要暂时关闭设备或机器以进行维护。基于组件失效率随时间增长的经验和异常检测数据库所给出的分析结果 (6.3 节), 预防性维护会识别出那些近期即将失效的组件, 并加以替换。为了有效实现计划性维护策略, 需要额外的设施来持续收集组件运行数据, 并使用统计技术来发现临近失效的组件。

应急式维护 (又称为响应式维护) 指当一个产品不能继续提供服务时启动的维护活动, 因此本质上该维护活动不具有计划性。除了直接的维修成本, 应急式维护成本还包括维护服务在位成本 (确保维护团队在出现失效事故时能够立刻进行响应) 和从产品出现失效到维护活动修复活动完成期间服务不可用导致的损失。如果产品不可用期间不得不关闭装配生产线, 服务不可用成本甚至要远高于最初的采购成本和失效组件的修复成本。

例: 尽可能减少使用应急式维护活动的概率是设备管理者的目标, 理想情况是不发生应急维护。

例: 在航线运营公司, 非计划性的飞机维护活动意味航线停运和承担乘客的额外住宿成本。

维护时是否考虑永久硬件失效或软件错误也会影响维护成本。维护永久硬件失效需要物理上替换损坏的组件, 连同其他仍然可用的部分一起安装上去。如果有合适的系统支撑框架, 可通过互联网远程下载软件新版本来解决软件故障问题, 这样只需要最少的人工干预或者根本不需要人工干预。

11.6.2 维护策略

开展可维护性设计首先要明确产品的维护策略。维护策略设计依赖于系统组件分类, 依赖于如何平衡产品的维护性、可靠性和成本, 以及产品的预期使用方式。

组件分类。从维护角度来看, 必须区分两类组件: 逐步老化失效的组件、随时可能会失效的组件。对于逐步老化的组件, 一定要明确能反映老化程度的物理参数, 持续监视这些参数的变化以确认组件的物理老化程度, 从而决定是否在下一次计划性维护时进行替换。

例: 轴承的温度或震动是能够反映其老化程度的重要参数, 通过监控可在实际损坏之前获得有价值的老化程度信息。某些制造设备甚至安装有超过 10 万个传感器来监控其中各种物理部件的老化参数。

　　如果无法确定反映老化程度的参数，或者无法通过相应参数来度量老化程度，可采用另外的保守维护技术——降级使用相应组件，即把来自外部环境的负载压力降到最低。在降级使用一段时间后，按照计划的维护周期来统一替换相应的组件。但是，这种维护技术的成本往往非常高。

　　对于随时可能会失效的组件，如电子组件，无法预估其什么时间会发生失效。这类组件可采用 6.4 节所述的容错技术以避免采用应急式维护，转而采用预防性维护。

　　可维护性与可靠性折中。该折中的结果是在产品设计中采用现场可更换单元（FRU）。FRU 是一种可以在出现失效时现场进行替换的单元。为了有效诊断 FRU 出现的失效，理想情况下，FRU 应由一到多个故障限制单元 FCU（见 6.1.1 节）组成。为了确定 FRU 备件的规模和成本，一方面需要对维护活动进行成本分析，另一方面则需要考虑 FCU 结构对产品可靠性的影响。为了减少维修时间和成本，FRU 周边的机械接口通常设计成便于连接和断开的方式。然而这种机械接口设计（如可插拔接口）比固定连接的接口（如焊接连接）设计有高得多的故障率，因此使用 FRU 结构通常会降低产品的可靠性。不可维护的产品一般具有最高的可靠性，许多消费级产品就采用这种设计优化可靠性，一旦产品损坏，就必须整体替换。

　　期望的使用方式。一个产品的期望使用方式决定了产品失效是否会带来严重后果，如大型装配生产线的停工会导致可观的经济损失。在生产线停工场景下，需要从经济损失角度来考虑采用容错系统，从而屏蔽⊖电子设备出现的自发性永久故障来保证生产线继续可用。在下一个计划维护中会替换掉永久失效的电子设备，系统的容错能力就得到了恢复。因此，硬件容错设计使得可以采用低成本的计划性维护，而不是昂贵的应急式维护。此外，一方面电子设备成本持续降低，而另一方面应急式维修期间的人工成本以及无法进行生产带来的损失会持续增高，因此许多电子控制系统都采用容错设计。

　　许多家庭都部署了基于互联网的智能设备，形成了智能系统环境。这些系统所采用的维护策略必须保证非专家用户也能够替换破损部分。这要求提供一个精细化的故障诊断子系统来诊断哪个 FRU 出现了问题，并自动通过互联网订购相应零部件。一旦收到新的零部件，没有经验的客户也能够轻松替换，从而以最小的代价来恢复系统的容错能力。

　　例：苹果 iPhone 手机采取的维护策略是完整替换破损的硬件设备（即手机），这样就无须运营用户手机硬件维护部门。其中软件错误则通过从苹果 iTunes 应用商店⊖半自动地下载新版软件来加以修复。

11.6.3　软件维护

　　软件维护是指在不断改变和演化的环境中，为了提供有用服务而采取的相关软件活动。这些活动包括：

- 修复软件错误。开发没有错误的软件是困难的事情。如果软件在现场使用期间检测到了其中的隐藏错误，就需要加以修复，并发布一个新的软件版本给客户。
- 修复系统漏洞。如果一个系统连接到互联网，那么入侵者有很高的概率发现系统漏

⊖　原文为 mask，即一旦检测到某个硬件设备本身出现了永久故障，就把它从生产线隔离，让它不会干扰其他硬件设备的正常运行，保证生产线仍然运行。——译者注

⊖　应该是 App Store，即苹果应用商店。iTunes 是苹果的一个多媒体播放设备。——译者注

洞，从而攻击和破坏系统，导致无法提供可靠的服务。

- 适应系统需求规格的演化。成功的系统会影响并改变其应用环境。改变的环境会进一步对系统提出新的要求，系统必须能够适应，确保继续为用户提供服务。

- 增加新功能。随着时间推移，需要在系统中增加新功能，形成新版本，从而确保系统能够继续发挥作用。

把嵌入式系统接入互联网是喜忧参半之举。喜的是，可以通过互联网提供相关服务，并远程下载软件新版本；忧的是，互联网的引入使得攻击者能够探查系统漏洞。

连接到互联网的嵌入式系统必须提供安全的软件下载服务 [Obm09]，这对于维持软件的远程维护能力至关重要。这种安全下载服务必须使用强大的加密方法来确保入侵者不能获得对硬件设备的控制，也不能下载入侵者提供的软件。

例：某调制解调器生产厂商在黑客发现其产品漏洞之前，已经在全世界销售了 1 万台。然而，该生产商之前在设计时未提供远程安全下载服务，因此无法远程下载和安装漏洞修复版本。

要点回顾

- 在 Fred Brook 最近的著作中 [Bro10]，他认为设计的概念完整性源自于有一个关键人员来主导设计。

- 设计约束对设计空间做出限制，并帮助设计人员避免考虑那些在给定环境中不现实的设计方案。因此，设计约束是能帮助设计人员的朋友，而非敌人。

- 软件本质上是一个真实或虚拟机器如何运作的执行计划描述。计划本身（在未和机器结合在一起的情况下）没有任何时间特性，也不会有状态和任何行为。这是我们把组件而不是作业视为嵌入式系统体系结构设计的基本组成单位的原因之一。

- 目标分析，即分析为何需要一个新系统，以及必须在需求分析之前分析设计的最终目标。

- 对一个大问题的分析和理解永远不会完整，总是能够在开展真正设计之前对需求提出更多需要考虑的问题。短语 "没完没了的分析" 就是描述这种危险状况。

- 基于模型的设计方法建立了针对可执行模型的开发和集成框架，可执行模型用来描述受控对象和控制计算机系统的行为。

- 基于组件的设计是一种自顶向下和自底向上相结合的方法。一方面，组件的功能和时域需求由系统功能自顶向下推导得到；另一方面，组件的功能和时域能力由组件规格自底向上来定义和提供。

- 安全性可定义为系统在给定时间段内正常运行，不发生会导致灾难性后果的失效模式的概率。

- 损害（damage）是诸如死亡、疾病、伤害、财产损失或环境破坏等事故中产生的损失的金钱度量。危险是可潜在导致或直接触发事故的不期望条件。因而，一旦外部环境满足触发条件，危害就变成了可导致事故的危险状态。

- 危害（hazard）有严重程度和发生概率两个属性。严重程度与危害所致事故导致的最坏潜在损害有关，可分成多个级别。危害严重程度与危害发生概率的乘积称为风险（visk）。

- 安全性分析和安全性工程的目标是识别危害，并提出适当的方法来根除或降低危害，或降低危害转化为灾难的概率，即风险最小化。
- 安全案例由一组条理清晰、记录详细的命题组成，针对给定的系统设计，使用逻辑分析证据和实验证据来论证系统的安全性。安全案例的目的在于让独立的认证机构确信相应的软件有足够的安全性，可以部署运行。
- 尽可能减少使用应急式维护活动的概率是设备管理者的目标，理想情况是不发生应急维护。
- 把嵌入式系统接入互联网是喜忧参半之举。喜的是，可以通过互联网来提供相关服务并远程下载软件新版本；忧的是，互联网的引入使得攻击者能够探查系统漏洞。

文献注解

有许多关于设计的书，大部分都来自于建筑设计领域。Jones 所著的《 *Design Methods, Seeds of Human Futures* 》[Jon78] 从多学科交叉视角来看待设计问题，使得计算机科学家能够顺畅阅读，Christopher Alexander 所著的《 *A Pattern Language* 》[Ale77] 也是一本这样的书。Eberhard Rechtin 所著的《 *Systems Architecting, Creating and Building Complex Systems* 》[Rec91] 和《 *The Art of System Architecting* 》[Rec02] 介绍了许多从经验观察到的设计指南，这些为本章的撰写提供了重要的材料。在论文 [Lee02] 中讨论了嵌入式系统软件设计的问题。Gajski 所著的《 *Embedded System Design* 》[Gaj09] 论述了硬件综合和验证方面的主题。

复习题

11.1   对比分析完全设计与增量式开发的优点和缺点。

11.2   棘手问题有哪些特征？

11.3   为什么组件（即硬件/软件单元）是系统的基本构造单元？在讨论实时系统设计的语境中，使用软件组件这个术语会带来哪些问题？

11.4   论述有哪些类型的设计限制约束。为什么在项目设计开始之前要深入分析这些约束？

11.5   基于模型的设计和基于组件的设计是两种不同的设计策略。二者有什么区别？

11.6   UML MARTE 和 AADL 中定义了哪些概念？

11.7   体系结构设计阶段产生哪些结果？

11.8   从功能内聚性、可测试性、可信性、能耗、功耗和物理安装几个视角建立一个设计评价检查单。

11.9   什么是安全案例？安全案例偏好使用哪些证据？

11.10   阐述故障树分析和失效模式影响分析这两种安全分析技术。

11.11   IEC 61508 这个安全标准的核心是什么？

11.12   什么是 SIL？

11.13   多样性设计有哪些优缺点？

11.14   分析可靠性和可维护性之间的折中。

11.15   为什么需要对软件进行维护？

11.16   为什么一旦嵌入式系统接入互联网，安全下载服务就变成了一个核心服务？

系 统 确 认

概述 本章介绍系统评估技术。这些技术用于向设计人员、用户或者权威认证机构确认完成了开发的计算机系统是否可以安全部署到目标环境中来运行。在 12.1 节，我们首先在概念上对确认与验证之间的差异进行分析。确认的目标是检查非严格的用户意图模型⊖和被测系统（SUT）行为之间的一致性，而验证的目标是处理给定（严格）的规格说明和被测系统之间的一致性。规格说明中的错误会导致无法在确认与验证之间建立连接关系⊜。本章接下来将介绍作为一种主要确认技术的测试所面临的挑战。测试的核心问题是运行结果的无干扰可观测性和输入的可控性，这也是可测性设计的目标。在多数情形中，系统仅有很小一部分输入空间可被测试用例覆盖。在选择测试用例时应考虑能否支持该假设：如果所选择的测试用例执行结果正确，那么系统能正确处理相应输入域上的所有输入。数字系统由于其输入具有离散而非连续的特点（一个比特的反转会导致原本正确的结果出现错误），这种由软件在局部输入处理上的正确性来归纳推理软件在整个输入处理上的正确性就不见得可靠。软件对一个测试输入的处理结果是否正确由测试预言来判断。测试预言的自动化生成是测试领域的另一个挑战。基于模型的设计（如通过把设备模型和计算机控制器模型综合起来研究闭环的设备控制系统性能）是达到测试预言自动化目标的重要途径。给定完整的形式化设计模型，可以使用形式化方法来检查所关注的系统属性是否在所有的模型状态下都满足。模型检测技术在过去的若干年来已趋于成熟，能够处理工业规模的系统。对于容错系统而言，只有对其输入空间进行扩展以涵盖所要容忍的故障，才能够评估其故障屏蔽机制的正确性。本章最后一节会介绍物理方式的故障注入和软件方式的故障注入。由于任何物理传感器或作动器最终都会失效，故障注入设计的目标是确认即使某个特定传感器或作动器出现了失效，系统是否仍然能够安全运作。

12.1 确认与验证

实时计算机系统开发成本的核心部分（高达 50%）用来保证系统实现符合设计目标。对于要求认证的安全关键应用而言，这部分开发成本甚至更高。

在开发嵌入式计算机系统时，有必要区分三种不同的系统表示方式 [Gau05]：

1）非严格的用户意图模型。这种表示方式用来明确嵌入式计算机系统在给定的真实应用环境中发挥哪些作用。在嵌入式系统开发领域，该模型描述计算机系统的输入和输出之间的关系，一般输出会在物理环境中产生相应的效果⊜。在大部分情况下，不可能严格描述系统真实场景中涉及的方方面面信息，用户意图模型通常使用非严格的文档来描述其中的部分信息。

⊖ 本书采用用户意图模型（model of the user's intention）这个术语，相当于常用的用户需求模型。——译者注
⊜ 即 SUT 也许与规格一致，但并不满足用户意图模型。——译者注
⊜ 即输出导致物理环境状态发生变化，如启动加热棒进行加热。——译者注

2）系统规格模型。使用自然语言或形式化语言来捕捉和描述的系统规格模型，它从系统开发人员或开发团队视角来描述客户的意图和系统开发商的义务。

3）最终系统。即经过系统开发后所形成的系统，从测试角度就是被测系统 SUT，它所执行的功能应满足用户意图模型中的约定。

验证关注（严格的）系统规格说明和 SUT 之间的一致性，而确认关注用户意图模型与 SUT 之间的一致性。如果不能在（非严格的）用户意图模型和（严格的）规格说明之间建立关系，就无法在验证和确认之间建立连接关系。我们把开发阶段中规格说明设计期间发生的错误称为规格说明错误，而称把给定规格说明实现为 SUT 阶段发生的错误为实现错误。理论上，验证可以简化成按照严格的规范过程来实施[⊖]，但确认必须在真实环境中检查系统的行为是否满足用户意图模型。即使系统属性已经被严格验证，但仍然不能确认规格说明是否刻画了系统在用户环境下的各种预期行为，即没有规格说明错误。有时规格测试这个术语用来检查规格说明是否是与用户意图模型相一致 [Gau05]。

确认、规格测试和验证是三个相辅相成的质量保证手段。测试是主要的确认方法，而形式化分析是主要的验证方法。

在测试过程中，从系统输入域精心选择输入来运行实时计算机系统，并从值域和时域两个方面来区分正确或错误的运行结果。如果测试用例选择恰当且执行结果正确，我们通常假设可以通过归纳法来论证程序在全输入空间所有输入点上都能正确运行。然而数字系统中单个比特的变化会给系统行为造成严重的后果，实际上无法做这种归纳。纯粹从概率角度来看，如果当操作测试[⊖]持续一段时间 d 未发现失效，则可以认为被测系统的平均失效前时间（MTTF）比相应时间段 d 要大 [Lit93]。这意味着实践中不可能通过操作测试建立超过 $10^3 \sim 10^5$ 小时的 MTTF。然而，即便这个数量级也要比安全关键系统所需的 10^9 小时 MTTF 低得多。

形式化方法的主要缺点是没有在非严格的用户意图模型和用来评估系统正确性的严格规格说明之间建立连接关系。此外，形式化分析只能把与系统运行相关的部分特性进行形式化表示，从而进行检查。

12.2　测试面临的挑战

SUT 输出的可观性和测试输入的可控性是任何测试活动都会关心的核心特性。

对于非实时系统而言，测试和调试监视器提供了可观性和可控性支持。监视器在测试点处暂停程序的执行流程，使得测试者能够观测和改变程序变量的取值。然而，这种方法并不适用于分布式实时系统，原因有以下两点：

1）在测试点暂停程序执行会引入时间延迟，进而改变系统的时域行为，使得系统中已有的错误被隐藏，并会引入新的错误。这种现象称为探针效应，应在实时系统测试中加以避免。

2）分布式系统有许多控制轨迹[⊜]。暂停一个控制路径的执行会给受此控制路径影响的控

⊖　即按照规范步骤，仅依据正式的规格说明来设计测试和检查 SUT 是否满足。——译者注

⊖　操作测试（operational test）是可靠性测试的一种，按照软件实际或预期的用户操作方式来选择测试用例。——译者注

⊜　loci of control，可译为控制点或控制轨迹。这个概念最初来源于心理学领域，由 Julian Bernard Rotter 提出。这里的控制轨迹概念与心理学无关，表示控制变量之间存在多种数据流和控制流。一个模块的执行即受到其内部控制变量的影响，又收到模块外部控制变量的影响。——译者注

制流带来时域扰动，从而可能导致出现新的错误。

12.2.1 可测试性设计

可测试性设计指为了便于对系统进行测试，在框架和机制方面开展的设计。以下技术可用于改进系统的可测试性：

1）把系统分解成可组合的子系统，各个子系统在值域和时域方面都提供规范和可观测的接口。在此基础上，可以独立来测试每个子系统，并能限制系统集成对涌现行为测试的影响。时间触发系统体系结构之所以在基本消息传输服务（见 4.3 节）方面提供多播机制，就是为了让各个子系统在体系结构任意层次都能提供不带有探针效应的输出可观性。

2）建立静态的时间控制结构⊖，使其独立于输入数据，从而以隔离方式来测试时间控制结构。

3）引入粒度适当的稀疏时基可以降低输入空间的时间维度。这个时基的粒度应在支持应用的前提下足够大。稀疏时基的粒度越小，时域的潜在输入空间就越大。可以通过减小输入空间规模或增加非冗余的测试用例来提高测试覆盖率，即整个输入空间被测试覆盖的比例。

4）在周期性重集成时刻⊖通过消息来发布一个节点的基状态。其他的独立组件可以在不产生探针效应的前提下观测到该基状态。

5）通过设计使得软件具有确定性行为，即一个组件如果给定相同的输入消息就会产生相同的输出消息。

因为所具有的确定性属性和静态控制结构，时间触发系统比事件触发系统更易测试。

12.2.2 测试数据的选择

在测试阶段，测试仅能覆盖计算机系统潜在输入空间的一小部分。测试者面临的挑战是如何找到一个有代表性的有效测试数据集。如果系统在该测试数据集上能够成功执行，将给系统设计人员以信心：系统可以在所有输入上都正确工作。本节会介绍一些测试数据的选取方法：

随机测试数据选择。不考虑任何程序结构或操作剖面，随机方式选择测试数据的方法。

基于需求覆盖的测试数据选择。该方法依据需求规格说明来选取测试数据。对于每个给定的需求，设计一组测试用例来检查系统实现是否满足相应的需求。该方法实际有一个潜在的假设，即所依据的需求是完整的。

基于覆盖准则的测试数据选择。根据系统内部结构来设计相应的测试数据来满足相关的覆盖准则，如覆盖程序中所有的语句和所有的分支。这种准则式的测试数据选择方法在针对组件内部实现代码的单元测试（又称为白盒测试）中有最好的效果。

基于模型的测试数据选择。该方法基于被测系统模型和物理设备模型来选取测试数据。测试结果的正确性往往可以基于物理过程的某个性能参数加以判断，测试数据可以从模型中自动选择生成。

例：考虑按照汽车引擎模型来对汽车引擎控制器进行测试。该引擎模型已经对照真实引擎的

⊖ 时间控制结构是关于任务调度所需的信息，参见本书 9.2 节。——译者注
⊖ 参见 6.6 节的组件重集成。——译者注

操作做过广泛确认，因而可假设是正确的。控制器中实现的控制算法决定了引擎的性能参数，如能源效率、扭矩、污染排放等。通过观测引擎的实际性能参数，可以检测由控制器软件错误行为引起的引擎异常。

基于操作剖面的测试数据选择。该方法基于被测系统在给定应用环境中的操作剖面，往往会漏掉对罕见事件的测试。

面向峰值负载的测试数据生成方法。强实时系统必须能在由负载假设和故障假设所规定的所有条件下提供所规定的实时服务，即使在由罕见事件引起的峰值负载下也能提供相应的实时服务。测试应充分考虑峰值负载场景，它会给系统施加极高的负载强度。系统行为测试必须结合峰值负载场景。如果系统在峰值负载下能够正确处理各种输入，则在正常负载情形下也不会有什么问题。由于在真实操作或运行环境中难以产生罕见事件和峰值负载，因此峰值负载测试在基于模型的测试环境中实施效果最好。

面向最坏执行时间（WCET）分析的测试数据生成。为了通过实验来确定任务的 WCET，需要分析任务的源代码来生成相应的测试数据集，目标是获取任务的最坏执行时间。

容错机制。因为故障不属于正常输入，容错机制是否正确发挥作用非常难以测试。因此，必须提供一种能在测试阶段激活相应故障的机制。例如，可以使用软件或硬件实现的故障注入来测试容错机制的正确性（见 12.5 节）。

循环系统。如果一个系统具有循环行为（许多控制系统都具有该特点），循环周期特定阶段的事件会在时域中重复出现。因此，对于许多循环系统，针对单个循环中发生的所有事件进行测试就可以充分测试系统的行为。

然而上面介绍的测试数据选取准则只是部分。Juristo 等人研究分析了多种不同测试数据选取准则的效果 [Jur04]，结果显示组合使用多种准则比单独使用一种准则效果更好。

一般使用测试覆盖来衡量测试数据集的质量。测试覆盖度量描述一个测试数据集合覆盖被测系统（SUT）的程度。常见的测试覆盖准则包括：

1）功能覆盖——是否每个功能都被执行了？

2）语句覆盖——是否源代码中每条语句都被执行了？

3）分支覆盖——是否代码中的每个分支指令都被执行了？

4）条件覆盖——是否每个布尔条件都完全得到了检查？

5）故障覆盖——是否针对故障假设所关注的每个故障都对容错机制开展了相应的测试？

12.2.3　测试预言

针对所选择的测试用例集，需要确定 SUT 在给定测试用例上的执行结果是否可接受。这种方法一般称为测试预言（test oracle）。任何测试自动化都需要设计一个带有算法[⊖]的测试预言，通过它可以有效降低测试成本。

实践中，测试用例的执行结果是否符合使用自然语言表达的用户意图模型通常由人来做判断。基于模型的设计和基于模型的测试技术可以部分解决这个问题。

11.2 节介绍的结构化设计对组件的平台无关模型（PIM）和平台相关模型（PSM）进行

⊖ 这里带有算法的含义是通过算法来判断 SUT 在给定测试用例上的执行是否正确。一般而言，测试预言基于 SUT 的某种模型来推理 SUT 在给定输入下的预期结果，从而与输入的实际结果进行对比以判断 SUT 对相应输入的处理是否正确。——译者注

了区分。PIM 层次的接口行为可执行模型（值域和时域）可作为判据来确定 PSM 层次的测试结果是否正确，有助于检测系统中的实现错误。因此，构造测试预言的挑战不在于 PSM 层模型，而是 PIM 层模型。由于 PIM 在设计初期构造，如果能在软件开发生命周期早期发现 PIM 中的缺陷，就可以减少纠正相关缺陷所消耗的成本。

组件的 LIF 规格说明（见 4.4.2 节）应包含输入断言和输出断言。输入断言限制了组件的输入空间并且将组件在设计中未加以处理的输入数据排除在外。输出断言可以立刻检测发生在组件内部的错误。输入断言和输出断言可视为由测试预言控制的灯，一旦检测到错误就亮起红灯 [Bar01]。因为 PIM 不涉及系统的资源约束，在 PIM 上可广泛使用输入断言和输出断言来发现和修复 PIM 层系统规格说明中的问题。在把 PIM 转换成 PSM 阶段，为了得到高效的目标机器代码，可从 PIM 中移除部分输入断言和输出断言。

时间触发系统采用静态时间控制，因此可以在 PSM 层次直截了当地自动检测出程序执行出现的错误。

12.2.4　系统演化

多数成功的系统都会随时间逐步演化。系统新版本会更正之前存在的不足，并增加新的功能。确认（测试）系统新版本时必须考虑如下两个要点：

1）回归测试。检查确认新版本必须支持的前序版本已有功能没有被修改，依然能够正确运行。

2）新功能测试。检查确认在新版本中新加入功能得到了正确实现。

通过在新版本上执行用于之前版本的测试数据集，回归测试得以自动实施。在旧版本中检测到的异常（见 6.3 节）可以用来设计新的测试用例，从而给新版本施加额外的测试压力。Bertolino[Ber07] 列出了在测试设计中必须回答的六个问题：

1）为什么要做这次测试？是为了发现遗留的设计错误，或者为了达到系统发布前要求的可靠性，再或是为了评价系统的人机交互接口是否可用？

2）如何选择测试用例？测试用例选择方法有多种：随机选择，按照操作剖面来选择，针对特定的系统要求（如核反应堆的关闭场景），或基于程序内部结构的选择（见 12.2.2 节）。

3）需要多少测试才充分？可以根据测试覆盖分析和可靠性考虑来推导必须执行多少测试用例才能达到相应的充分目标。

4）测试执行的是什么？该问题需要回答：被测系统是一个模块，亦或是在模拟环境下的系统还是在真实目标环境中的系统？

5）从哪里观测一次测试结果？该问题的回答取决于系统结构，以及以不干扰系统运行方式观测子系统行为的可能性。

6）在产品生命周期的哪个阶段进行测试？在产品生命周期早期阶段，测试只能由人工方式在实验室环境下进行。真实的测试只有在系统部署到目标环境中才能实施。

12.3　基于组件系统的测试

基于组件的嵌入式应用设计是本书的关注点，它要求采用合适的策略来确认（测试）组件化系统。组件是一个封装并隐藏了其设计细节的软硬件单元，通过基于消息的 LIF 接口来提供服务。组件提供者知道组件内部结构，可以据此来设计有效的测试用例，而组件用户则将组件看成黑盒，必须通过给定的接口规范来使用和测试组件。

12.3.1 组件提供者

组件提供者独立于具体使用上下文来看待一个组件，关注组件是否在所有可能的使用场景下都能正确运行。在本书定义的组件模型中，用户使用情景可以通过参数化的技术无关接口（TII，见 4.3.3 节）来描述。组件提供者必须针对 TII 接口所涵盖的所有可能输入来测试组件功能的正确性。组件提供者可以看到实现源代码，并通过技术相关接口 TDI（见 4.4.4 节）来监控组件内部的执行，而组件使用者一般不使用 TDI 接口。

12.3.2 组件使用者

组件使用者关心组件在给定应用的具体使用场景（表现为具体参数的组合）中的性能。组件使用者假定提供者已对接口模型所描述的组件功能进行了测试，在此基础上聚焦于组件集成测试和组件集成产生的涌现行为测试（组件提供者的测试则不会关注这些）。

组件使用者首先必须确认组件已有属性（即组件提供者在发布前通过对组件进行独立测试所确认的特性）不会被组件集成所破坏。组件集成框架在该阶段会发挥重要作用。

事件触发系统必须在组件的入口[⊖]提供队列来缓存等待处理的用户输入请求。针对用户的实时处理能力以及通信系统的传输能力无法及时处理组件的输出结果，而在组件出口处提供相应的输出缓存。由于每个队列都有溢出的可能性，需要相应的流控机制来处理跨组件的输入和输出。测试阶段必须要针对队列溢出情况检查组件处理的有效性。

组件集成后相互之间的交互行为能引发涌现行为（所计划或非预期的）。除非把系统作为一个整体进行分析，否则无法在其他任何更简化层次上分析预测系统的涌现行为 [Dys98, p.9]。该定义明确说明由组件使用者而非组件提供者来检测和处理系统涌现行为。Mogul[Mog06] 列出了计算机系统中许多由组件交互出现的涌现行为案例。人们对于涌现行为的发生机制并不太清楚，仍然是当前的研究主题（参见 2.4 节）。

12.3.3 组件通信

在系统集成阶段，货架组件（COTS）或应用专属组件通过各自链接接口（LIF）相互连接。必须要对通过 LIF 接口传递的消息进行细致测试。在 4.6 节，我们介绍了三个层次的 LIF 接口规格：传输层 LIF 规格、操作层 LIF 规格和语义层 LIF 规格。可以在这三个层次上开展测试。必须精确描述传输层和操作层的测试，从而可以按照机械方式执行测试，而元层次（即语义）的测试一般需要人的介入[⊜]。基本消息传输服务（BMTS）的多播能力（见 6.1 节）使得可以采用无探针效应的方式来观测通信组件之间的信息交换。

在 11.3.1 节介绍的基于模型的设计方法中，可以同时构造物理设备行为和计算机系统控制算法的可执行模型。在 PIM 层次，这些由组件实现的行为模型可以在仿真环境中集成，从而观察和研究组件之间的交互。对于控制系统，可以在运行时监控闭环系统的性能（即控制品质），并可寻找优化的控制参数设置。系统仿真通常在一个与目标系统有数量级时间差异的环境中运行。为了提高相对于目标系统的仿真逼真度，PIM 层次系统组件与控制器组件之间的交互消息相位关系应该与最终实现（即 PSM）中的相应相位关系保持一致。确保相位关系保持不变可以避免不受控和非预期消息相位关系所造成的微妙设计错误 [Per10]。

⊖ 组件入口（entry）和组件出口（exit）指在组件外部，为组件接口配置相应的缓冲队列。——译者注

⊜ 这里的语义与系统的功能语义相关，需要人来进行分析和判断。——译者注

12.4　形式化方法

形式化方法这个术语指使用数学和逻辑手段来表示、探究以及分析计算机软硬件的行为、规格说明、设计和文档的方法。那些雄心勃勃的项目会使用形式化方法来形式化地证明一个软件正确地实现了规格说明。John Rushby[Rus93, p.87] 总结了形式化方法的益处：

形式化方法可以为认证考虑提供重要证据，但是它不能"证明"有着显著逻辑复杂度的工件满足它的设计目标，但有限元计算方法可以"证明"一个翼展设计是否会发挥作用。认证必须使用多种来源的证据，最终还是依赖掌握相应信息的工程判定和经验。

12.4.1　形式化方法的实际使用

如果要对现实世界现象进行形式化分析，需要采取以下步骤：

1）第一步，建立概念模型。使用非形式化的自然语言来准确描述待研究的真实世界现象，形成概念模型。

2）第二步，模型的形式化。把待研究问题的自然语言表达转换成有确切语法和语义的形式化规格语言表达。此步骤引入的所有假设、遗漏或误读将会反映在模型中，会限制从模型中所推导结论的有效性。结合建模语言和模型表达内容，可以区分模型的不同语义严格程度[⊖]。

3）第三步，分析形式化模型。通过形式化模型来分析待研究的问题。在计算机系统中，我们基于离散数学和逻辑学建立相应的分析方法。而在其他工程学科，则可能需要基于不同的数学分支建立分析方法，如基于微分方程来分析控制问题。

4）第四步，解释分析结果。在最后一步，分析结果必须要结合现实世界来加以解释，并应用到现实问题中。

上述四个步骤中，只有第三步可以完全自动化[⊖]执行。第一、二和四步需要人的参与和人的直觉经验，因此这三个步骤和人的其他活动一样容易出错。

一个理想和完整的验证环境应以规格说明（使用形式化规格语言编写）、实现（使用形式化定义的实现语言编写）和系统执行环境参数为输入，以机械化方式检查规格说明和实现之间的一致性。上述第二步必须确保所有的假设和目标机器的体系结构机制（如硬件指令集的属性和执行时间）与相应的计算模型（使用实现语言来描述）相一致。最后，验证环境本身的正确性也要经过验证。

12.4.2　形式化方法的分类

Rushby[Rus93] 根据严格程度将计算机科学中使用的形式化方法分为以下三个等级：

1) 使用离散数学概念和符号的形式化方法。级别 1 形式化方法常常使用离散数学及逻辑（如集合论、关系和函数）中的符号和概念来替换需求和规格说明中带有歧义的自然语言表达成分。就像许多数学分支所采用的办法，该级别形式化方法一般采用半形式化的人工办法来推理分析规格说明的完整性和一致性。

⊖　模型的语义严格程度由模型的逻辑基础决定。如使用 UML 表达的模型通常比使用 PVS 表达的模型在语义严格程度上稍弱。——译者注

⊖　原文为 mechanized。12.5 节的后续文本中多处使用 mechanical 或 mechanically，都翻译成自动化，即计算机可以按照机械的方式来完成一项工作。——译者注

2）使用形式化的规格语言并有自动化支持工具的形式化方法。级别 2 方法使用形式化规格语言，有固定的语法，能够自动分析规格说明中相关问题的特性。但是，该级别形式化方法不可能得到可自动化的完备形式化证明。

3）使用完全形式化规格语言，并带有综合支持环境，能进行自动化定理证明或证明检查的形式化方法。级别 3 方法使用精确定义的语言，能够直接在逻辑上进行解释分析，并使用一组支持工具来对系统规格说明进行自动化的分析。

12.4.3　形式化方法的益处

级别 1 方法。该级别方法使用了精简的数学符号，要求设计者必须清楚表达需求和假设，避免自然语言带来的歧义。熟悉使用集合论和逻辑中基本概念是工程教育的一部分，规范化使用级别 1 方法能够提高项目团队和工程组织内的交流效果，并强化文档质量。由于大多数严重缺陷都是在生命周期早期阶段引入的，级别 1 方法在早期的需求获取和体系结构设计阶段应用效果最明显。Rushby[Rus93, p.39] 认为在生命周期早期使用级别 1 方法可带来如下好处：

- 在系统开发初期阶段，当需要明确机械控制系统和计算机系统之间的相互依赖关系时，级别 1 方法带来的最大好处是让软件工程师和其他学科工程师之间能够开展有效且到位的交流。
- 离散数学中广为熟知的概念（如集合、关系）为人们思考问题提供了一套精确且抽象的语言体系。在项目早期阶段使用语义准确的符号有助于避免歧义和误解。
- 在规格说明上开展简单的自动化分析就能够检测出其中的不一致和内容缺失缺陷，如未定义的符号或未初始化的变量。
- 相比于使用带有歧义的自然语言，使用级别 1 语言让早期阶段的需求评审更加有效。
- 使用半形式化符号时，在描述模糊想法和不清晰概念上的困难有助于揭示哪些问题尚需进一步分析研究。

级别 2 方法。这是一类喜忧参半的方法，引入了难以使用的繁琐形式化内容，但又不能自动生成机械式证明。许多致力于形式化分析实时程序时间属性的规格说明语言都可归为此类。级别 2 方法为构造完全自动化的形式化验证环境奠定了重要中间步骤，为学术研究所关注。

级别 3 方法。只有这个级别的方法才能发挥形式化的全部作用。然而，目前用于验证的工具系统尚不完整，无法从高层规格说明到硬件体系结构的各个层次对整个系统来进行验证。该级别方法提供了在硬件功能之上的中间抽象描述。使用该级别方法对分布式实时系统的关键功能（如时钟同步的正确性）进行严格分析，可以发现细微的设计缺陷，提供有价值的系统设计分析。

12.4.4　模型检测

在过去的几年中，级别 3 方法中的模型检测验证技术已经成熟到可以用于安全关键系统设计认证的分析和支持 [Cla03]。给定规格说明的形式化行为模型和必须满足的特性，模型检查器可以自动检查该特性是否在模型的所有状态下都满足。如果模型检查器发现了违背情况，就会生成相应的具体反例。模型检测面临的主要问题是状态爆炸。过去几年来，人们提出了一系列巧妙的形式分析技术来处理状态爆炸问题，使得可以使用模型检测技术对工业规模系统进行验证。

12.5　故障注入

故障注入是一种通过软件或硬件有目的地向系统执行状态中引入故障的技术，用来确认系统在故障条件下的行为是否满足需求。在故障注入实验中，目标系统接受两种类型的输入：注入的故障和输入数据。故障可看作用于激活故障管理机制的另一种类型输入。有必要对故障管理机制进行细致的测试和调试，因为相当数量的系统失效是由故障管理机制中的缺陷引起的。

在评估可靠系统的过程中，使用故障注入来实现如下两个目标：

1）测试和调试。在正常操作中，故障是很少发生的罕见事件。因为需要出现故障才能够激活容错机制，如果不能人工注入故障，将难以对容错机制进行测试和调试。

2）可靠性预测。故障注入实验可获得用于对容错系统可靠性进行评估的相关数据。为了实现该目标，必须事先了解系统在计划的运行环境中会出现的预期故障信息，包括故障类型和故障的位置分布。

表 12-1 对比分析了这两种不同用途下的故障注入。

表 12-1　针对测试和调试与可靠性预测的故障注入对比 [Avr92]

	测试和调试	可靠性预测
注入的故障	从故障假设描述中提取的故障	运行环境中预期出现的故障
输入数据	用以激活所注入故障的输入数据	从运行环境中采集的输入数据
结果	容错机制的操作和运行有效性信息	容错系统的预期可靠性信息

技术上既可以向特定的计算状态注入故障（即软件实现的故障注入），也可以在物理硬件层注入故障（即物理故障注入）。

12.5.1　软件实现的故障注入

软件实现的故障注入通过软件工具把错误注入计算机内存中，来模拟硬件故障或软件设计缺陷在运行时产生的效果。为了激活特定的故障处理任务，可以随机地往内存注入故障，也可以使用预先设置好的策略来注入故障。

相比较于物理故障注入，软件实现的故障注入有如下的潜在优势：

1）可预测性：故障注入工具可以按照要求在指定时刻向内存空间中的指定位置注入故障。因此，可以在值域和时域两个方面来重现每个注入的故障。

2）可达性：软件实现的故障注入可以覆盖大规模集成芯片中的每个内部寄存器，而基于外部引脚的故障注入只能局限于芯片的外部可见引脚。

3）比物理故障注入省力：无须修改硬件，可以通过软件工具来实现故障注入实验。

12.5.2　物理故障注入

在物理故障注入过程中，计算机硬件的正确操作会干扰所注入的物理故障，使得不能出现所期望的有害物理现象（即硬件故障）。接下来将介绍 ESPRIT 研究项目（可预测的可信计算系统，PDCS $^\ominus$）中针对可维护实时系统（MARS $^\ominus$）体系结构所实施的一组硬件故障注入实

$\ominus$　PDCS 为 Predictably Dependable Computing Systems 首字母缩写。——译者注
$\ominus$　MARS 为 MAintainable Real-time System 的首字母缩写。——译者注

验 [Kar95, Arl03]。

MARS 系统故障注入实验的目的是评估 MARS 系统节点的错误检测覆盖率。两个相同节点如果收到相同的输入，则应该产生相同的结果。对其中一个节点采用故障注入（称为 FI 节点），另一个节点作为参考节点（golden 节点）。只要在 FI 节点检测到所注入故障导致的效果，并且 FI 节点自行关闭，或 FI 节点产生一个能被检测到的错误消息，就可认定 FI 节点已检测到错误。如果 FI 节点产生一个不同于 golden 节点的结果消息，且没有任何关于错误指示信息，那么就出现了一个失效静默故障。

为了分析不同物理故障注入技术的效果，三所科研机构使用三个不同的故障注入技术（见表 12-2）来进行对比实验。位于哥德堡的查尔姆斯理工大学对 CPU 芯片使用 α 粒子辐射技术来注入故障，直到系统出现失效。位于图卢兹的系统结构分析实验室（LAAS）使用引脚级故障注入，在特定精确时刻把电路板上的等电位线传输信号改变为预先定义的状态。维也纳工业大学则根据 IEC 标准 IEC 801-4 对整个电路板使用电磁干扰（EMI）辐射来注入故障。

表 12-2   不同物理故障注入技术的特点

故障注入技术	重离子辐射	引脚级	电磁干扰
空间可控性	低	高	低
时间可控性	无	高 / 中	低
灵活性	低	中	高
可再现性	中	高	低
物理可达性	高	中	中
实时性	中	高	低

这三个机构都进行了多轮次测试（每次测试由 2000 ～ 10 000 次实验组成），并组合使用了不同的错误检测技术。实验结果归纳如下：

1）在开启了所有的错误检测机制的情况下，所有实验都未检测到失效静默故障。

2）要达到大于 99% 的错误检测覆盖率，三种故障注入方法都需要使用端到端的错误检测机制并确保每次实验任务重复运行两次。

3）在重离子辐射实验中，需要对实验重复执行三次才能确认是否真的检测到了相应的错误。即在两次重复执行基础上，使用前两次重复执行的已知结果再执行一次。对于 EMI 注入实验和引脚级故障注入实验，则不需要第三次重复执行。

4）要达到大于 99% 的覆盖目标，所有三个实验都需要总线监控单元来观测总线上的状态变化。它可识别并屏蔽最严重的失效节点，即话痨节点。

可以通过文献 [Arl03] 来进一步了解关于 MARS 的故障注入实验细节，以及在相同系统上开展软件实现故障注入的对比分析。

12.5.3 传感器和作动器失效

传感器和作动器作为物理世界与计算机世界的交互接口，和其他任何物理设备一样最终都将失效。传感器和作动器通常不会突然失效不工作，而是表现为瞬时性功能异常，或逐渐偏离正确操作，且常常是在极端的物理条件（如温度、振动）下出现失效。未检测到的传感器失效会给计算任务提供错误的输入，会导致不安全的错误输出。因此，现在任何工业领域嵌入式系统都必须要检测或屏蔽传感器和作动器产生的失效。必须通过故障注入实验来测试嵌入式系统是否具备这种能力，要么是软件实现的故障注入，要么是物理故障注入。

作动器将在计算机空间中产生的数字信号转换成系统运行环境中的物理动作。只有通过一个或多个传感器来观测相应物理动作的预期效果，才能观测和检测到作动器的错误操作。这种针对作动器失效的系统检测能力也需要通过故障注入实验来进行测试（参见 6.1.2 节的例子）。

对于安全关键应用而言，这些故障注入测试的过程和结果必须要仔细记录，这些信息是安全案例的组成部分。

要点回顾

- 实时计算机系统开发成本的核心部分（高达 50%）用来保证系统实现符合设计目标。对于要求认证的安全关键应用而言，这部分开发成本甚至更高。
- 验证关注（严格的）规格说明和 SUT 之间的一致性，而确认关注用户意图模型与 SUT 之间的一致性。如果不能在用户意图模型和（严格的）规格说明之间建立关系就无法在验证和确认之间建立连接关系。
- 如果纯粹从概率角度来看，要想得到大于给定小时数的系统平均失效前时间（MTTF）估计，只能对系统实施大于相应时间的测试。
- 如果测试中引入的探针会改变被测对象的行为，则称出现了探针效应。
- 可测试性设计提供了一个便于测试的系统框架，使得测试输出不会有探针效应，也可以在体系结构任意层次注入测试输入数据。
- 测试者面临的挑战是如何找到一个有代表性的有效测试数据集，如果系统在该测试数据集上能够成功执行，将给系统设计人员以信心：系统可以在所有输入上都正确工作。测试的另一个挑战是如何设计一个有效的自动化测试预言。
- 过去几年来，人们提出了一些巧妙的形式化技术来处理状态爆炸问题，使得可以使用模型检测技术对工业规模系统进行验证。
- 故障注入是为了通过硬件或软件手段来激活故障，从而观测系统在相应故障条件下行为的一种技术。在故障注入实验中，目标系统接受两种类型的输入：注入的故障和输入数据。
- 传感器和作动器作为物理世界与计算机世界的交互接口，和其他任何物理设备一样最终都将失效。因此，现在任何工业领域嵌入式系统都必须要检测或屏蔽传感器和作动器产生的失效。

文献注解

在综述文章《Software Testing Research: Achievements, Challenges, Dreams》中，Bertoloni [Ber07] 对软件测试现状和面临的一些开放性研究挑战做了精彩的综合分析。John Rushby 在研讨会上所做的研究报告"Formal Methods and the Certification of Critical Systems"[Rus93] 对形式化方法在安全关键系统认证方面的作用做了分析。

复习题

12.1   确认和验证之间的区别有哪些？

12.2   测试数据选择有哪些不同的方法？

12.3　什么是测试预言？

12.4　组件提供者和组件使用者如何测试组件化系统？

12.5　讨论使用形式化方法来研究真实世界问题所必须采取的步骤。其中哪些步骤可以形式化，哪些不可以？

12.6　在 12.4.2 节，相继介绍了三个不同级别的形式化方法。解释每个级别方法的原理，并讨论应用这些方法的成本和收益。

12.7　什么是模型检测？

12.8　什么是"探针效应"？

12.9　如何改进设计的"可测试性"？

12.10　在对有极高可靠性要求的系统进行认证的过程中，测试的作用是什么？

12.11　故障注入实验的意图是什么？

12.12　比较硬件故障注入和软件故障注入方法的特点。

Real-Time Systems: Design Principles for Distributed Embedded Applications, Second Edition

物　联　网

概述　将实物连接到互联网上，就可以实现远程访问传感器数据，远程控制实物世界。通过融合从其他来源获取的数据，如来自 Web 的数据，嵌入式系统能提供超越系统原有服务的融合服务。这正是物联网（IoT）发展的愿景。作为物联网的基础模块，智能对象是对连接到互联网的嵌入式系统的另一种称呼。另一个同样致力于融合不同数据源以提供增量服务的技术是 RFID（射频识别）技术。作为对日常商品普遍使用的光学条形码的扩展，RFID 技术在商品上附加一个低功耗智能电子标签，使得可以在一定距离内自动获取物品的信息编码。通过向电子标签增加更多的智能处理，贴有智能标签的实物就成为一个智能对象。物联网的新颖之处不仅在于它是一种颠覆性的技术，还在于智能对象的广泛部署。

本章首先介绍物联网发展的愿景。然后，详细说明驱动物联网发展的动力，包括内在的技术推动力和外在的技术吸引力。技术推动力来自于从物联网发展看到的巨大的 ICT 产品新市场和服务，技术吸引力则来自于使用物联网的许多经济领域。物联网可潜在增加生产力、提供新的服务，例如，为老龄化社会提供新的生活方式。13.3 节侧重于物联网要走向大规模市场应用所必须先解决的技术问题。13.4 节介绍 RFID 技术，它可以看作物联网的前身。无线传感器网络将在 13.5 节介绍，它可以把智能对象连接起来并建立自组织的 ad-hoc 网络，从而从环境收集数据。广泛部署的智能对象可以从环境收集数据，并对物理环境施加远程控制，因此对各种系统的功能安全和信息安全以及我们的生活隐私都带来了潜在的严重挑战。

13.1　物联网的愿景

在过去的 50 年里，互联网从一个小的、只有几个节点的科研网络，极速扩张成为一个覆盖全世界、服务数十亿用户的巨大网络。电子设备的进一步小型化和低成本化使得互联网能扩展到一个新的维度：扩展到实物对象形成智能对象。例如，在日常实物用品上附加一个小型电子设备，可提供针对该实物的局部智能，并通过互联网连接到网络空间。这个小型电子设备——作为计算组件，连接并消除了物理世界和信息世界的鸿沟。因此，智能对象就是一个信息物理融合系统或嵌入式系统，包括一个实物（物理实体）和一个计算机组件，用于处理传感器数据和提供到互联网的无线通信。

> **例：**设想一个智能冰箱，可以追踪冰箱中存放了哪些食物及其有效期，如果发现食物供应不足（低于某个最低限制值），它将自动向隔壁的杂货店下一个订单。

物联网的新颖性不在于智能对象的基本功能，现在已有很多嵌入式系统可连接到互联网，而在于预计数十亿甚至数万亿的智能对象会带来的规模效应，会产生新颖的技术和社会问题。例如，智能对象的真实性识别、智能对象的自治管理和自组织网络、故障诊断和维护、环境感知和目标导向的行为，以及隐私入侵。必须特别关注智能对象施加于物理世界的自治行为（或多或少）可能会危害人类以及物理环境。

低功耗无线通信的出现，使得不必使用物理连接就能与一个智能对象进行通信。可移动智能对象可以在物理空间来回改变位置，并保持它们的身份识别。全球定位系统（GPS）信号广泛可用，使得智能对象可以感知位置和时间，并根据其所处使用环境来提供相应的服务。

我们可以设想一个自主智能对象，它能访问某个特定领域知识库——类似于 2.2 节中介绍的概念图谱，并拥有推理能力，从而可以在特定应用领域推理自己的状态和行为。基于智能对象的能力水平 [Kor10]，可区分活动可感知、策略可感知、过程可感知的各类智能对象。

例：一个按次计费智能工具是一个活动可感知智能对象，它收集关于使用时间和强度的数据，自动传输到计费部门。策略可感知智能工具会知道它处于哪种使用用例中，并确保对它的使用不会超出合同所规定的用例。一个过程可感知的智能工具可以推理它所处环境，并指导用户在给定的场景中最优化地使用自己。

根据物联网发展愿景，将会演变发展出智慧地球，那时我们周围许多日常用品在网络空间中都拥有唯一身份标识，拥有智能，并能融合多个来源的信息。在智慧地球上，世界经济系统和相应的支持系统将运行更加稳定和有效。但是，由于一部分人能够获得信息并能够控制信息，而另一部分人不能，普通市民的生活将受到这种权力关系改变的影响。

13.2　物联网的发展动力

什么是推动物联网发展的力量？那就是技术领域的两个方面：技术推动力和技术吸引力。技术推动力源于关于当前和未来信息通信技术（ICT）的发展，因而物联网会形成一个巨大的新市场。物联网将有助于消耗现有和未来新工厂的产能，在 ICT 行业提供新的就业机会，并为 ICT 技术的进一步发展做出贡献。

本节主要关注技术吸引力。在我们的经济、社会和生活中，通常哪些领域将受益于物联网的大规模发展？下面的分析做不到详尽——我们只是根据目前的理解，重点介绍物联网技术的大规模发展将对某些领域产生的重大影响。

13.2.1　统一的访问

互联网通过广泛、多样的通信信道，实现了全球异构端系统之间的互操作。物联网应该把这种互操作扩展到所有异构的智能对象。从降低认知复杂性的角度来看（见第 2 章），物联网能够发挥非常重要的作用：为物理世界中的所有物体建立一个统一的访问模式。

13.2.2　物流

物联网的第一个商业应用，就是其前身技术 RFID（射频识别——见 13.4 节）在物流领域的应用。随着一些大企业决定基于 RFID 技术来管理它们的供应链，低成本 RFID 标签和 RFID 扫描器得到快速发展。在供应链管理中，使用 RFID 技术可获得许多可量化的优势：商品的运输可以得到实时追踪，货架空间可以得到更有效的管理，库存控制得到优化，尤其是参与到供应链管理的人力显著减少。

13.2.3　节能

到今天，在我们经济和生活的不同领域中，嵌入式系统已经在节约能源方面做出了贡献。汽车引擎的燃油效率得到了提高，家用电器的节能率提升，能量在转换中的损失降低，这些都是嵌入式系统技术在节能方面的一些例子。物联网设备的低成本和大规模部署为节能创造了新的机遇：在个人住宅的空气调节和照明控制上，可通过安装智能网格来减少能量传输损耗，通过安装智能计量器来更好地协调能量的供给和要求。我们生活的非物质化转变，比如用虚拟会议代替现实会议，通过互联网递送信息来取代实物性的报纸、音乐和视频载体，可节约大量的能源。

13.2.4　物理空间信息安全与功能安全

物联网技术的一个重要技术吸引力是来自物理空间的信息安全[一]与功能安全领域。针对建筑物、住宅以及基于物联网监测的公共场所，基于物联网的自动化访问控制会提高物理空间的信息安全水平。智能护照和基于物联网的身份识别（如，酒店的智能钥匙或智能滑雪缆车票）简化了控制检查，并增加了物理空间信息安全，同时减少了人力参与。一旦处于危险的交通场景，比如结冰的道路或事故，车到车和车到道路基础设施的通信将提醒司机，这样可减少事故的发生概率。

物联网技术可以帮助发现假冒商品或者疑似未授权的配件，这样的商品或配件在一些应用领域会成为功能安全隐患，如航空和汽车工业领域。

另一方面，上述两个方面的安全应用也会侵入个人隐私保护，这取决于政策制定者来划定合理的分界线，既兼顾个人隐私权利，又能满足公众对生活环境的安全要求。它取决于科学家和工程师能够提供的技术，以帮助有效实现相应的政策。

13.2.5　工业

除了使用 RFID 技术来对商品的供应链和管理进行流程化追踪，物联网在减少运维和故障诊断成本上也发挥着重要的作用。使用计算机观测和监测工业设备运行状况，不只能在故障发生之前发现异常，从而降低运维成本，还提高了设备系统的安全性（见 11.6 节）。

智能对象还可以监视自己的操作[二]，一旦诊断发现部分磨损或物理故障，就会启用预防性或自发性维护。在环境智能领域，自动故障诊断和简易维护绝对是物联网技术大规模部署应用的先决条件。

13.2.6　医学

在医疗领域，物联网技术预期有广阔的发展空间。依靠智能植入技术，健康监测（心率、血压等）和药物配给的精确控制将是两个有潜力的应用。作为衣物的部分，体域网可以监视病人的行为，并在发生紧急情况下，发送报警信息。药物上的智能标签可以帮助患者在正确的时间里服用正确的药物，从而强化服药遵从性[三]。

例：心脏起搏器可通过蓝牙连接将重要的数据传输到衬衣口袋里的移动手机。手机就可以同步分析数据，并在出现情急情况时呼叫医生。

　　⊖　这里的物理空间信息安全指物理空间产生的信息，如一个人当前是否在某个房间中，有可能通过物联网泄露出去，从而造成信息安全问题。——译者注
　　⊜　这里的"还可以…"是相对于智能对象能够对环境的状态变化进行监视。——译者注
　　⊜　drug compliance，指病人遵从医嘱来服药的程度。——译者注

13.2.7　生活方式

物联网可带来生活方式的改变。智能手机发挥着浏览器作用，来观测智能对象，并针对我们实际看到的实物按照上下文从数据库提取相关信息，从而提供增强现实信息。

13.3　物联网的技术问题

13.3.1　集成到互联网

取决于计算能力和可用的能源，智能对象可以直接或间接通过基站集成到互联网。如果智能对象可用能源非常有限，应该选择间接集成方式[⊖]。通过使用特定于应用的能耗优化协议，可以把智能对象连接到其附近的基站。基站没有能耗约束，可以像一个标准的 Web 服务器那样工作，为访问已连接的智能对象提供相应的网关服务。

> **例**：RFID 系统中的 RFID 阅读器充当基站作用，用来扫描本地的 RFID 标签。也可以把阅读器连接到互联网。在传感器网络中，可使用一到多个基站从传感器节点收集数据，并把数据转发到互联网上。

近期，一些大公司针对如何把低能源供应的智能对象直接连接到互联网问题组成了一个联盟，来研发相应的技术解决方案和标准。互联网工程任务组（IETF）创建了一个工作组（称为 6 LowPan），面向基于 IPv6 网络协议的低功率无线局域网，研究用于集成 IPv6 标准和 IEEE 802.15.4 近场无线通信标准的高能效解决方案。

确保基于物联网系统的功能安全性和信息安全性是一项艰巨的任务。许多智能对象都通过严密的防火墙规则来隔离常规的互联网访问，避免入侵者获得智能对象的访问控制权。物联网的功能安全和信息安全这个重要主题将进一步在本章的最后一节讨论。

13.3.2　命名和标识

物联网的发展愿景是要将数十亿智能对象通过互联网连接起来进行通信，因而需要一个细致规划的命名体系结构来标识每一个智能对象，并为智能对象建立访问路径。

每个名字都需要一个命名的上下文环境，从而可以对名字进行解析。采用递归式的命名上下文规范可形成层次化命名结构——与互联网中的命名约定保持一致。如果希望无须参考特定的命名上下文，就可以对一个名字进行全局解释，则需要建立一个通用的全局性命名空间上下文。这也是 RFID 社区所采用的方法，为每个智能对象实体分配一个电子产品代码（EPC）（见 13.4.2 节）。这种方法比以前的光学条形码有更大的目标，光学条形码仅限于为一类对象分配唯一的标识符。

独立对象。当使用名字来指称一个独立对象时，需要区分下面三个不同的对象名称：

- 唯一对象标识符（UID）：对一个特定对象实体的物理标识。RFID 社区分配的电子产品代码（EPC）就是一个 UID。
- 对象类型名称：一组对象的名称，概念上这组对象具有相同的属性。通过光学条形码表示的名称就是对象类型名称。

⊖　"直接连接"指直接连接到基站，需要周期性地频繁与基站进行通信，能耗大。如果智能对象佩带的电池容量有限，应该通过其他智能对象连接到互联网，这样就可以采用能耗可控的连接和通信方式。——译者注

- 对象角色名称：为给定使用上下文中的对象角色命名。在不同的时间内，同一对象可以具有不同的使用角色。一个对象可以具有多个角色，而一个角色也可以由多个对象来承担。

例：针对拥有相同类型名称的所有对象，假设它们在属性上相同并不一定成立。考虑这样一种情况，针对一个产品中经过了批准的组成部件，如果它存在一个拷贝，但是未经批准，虽然这两部件类型相同，可见属性也相同，但是拷贝件的价格却要便宜一些，这两个不同对象实际并不相同。

例：办公室钥匙是对一类能够打开办公室门的物理对象的角色命名。一个门锁对应一个钥匙类型，配套的任何一把钥匙都是该类型的实例化对象。如果办公室换了门锁，则需要不同类型的实例化对象来承担办公室钥匙这个角色。如果一个特定的办公室钥匙还可以打开实验室的门，那么这把钥匙就扮演了两个角色，办公室钥匙角色和实验室钥匙角色。办公楼物业管理有一把特权钥匙，可以打开任何办公室，因此这个特权钥匙和配发的钥匙扮演同样的角色。

组合对象。每当大量对象集成到一起形成组合对象（即新的整体）时，这个新对象会在其组成的对象之上拥有涌现特征，因而需要一个新的身份标识。组合对象需要一个新名字来表达其涌现出来的新概念（见 2.2.1 节）。

例：乔治·华盛顿的斧头是一个来历不明的故事，这个著名的器物——乔治·华盛顿的斧头（组合对象）的头部更换了两次，把手更换了三次 [Wik10]。

提供涌现服务的组合对象需要一个独立的 UID$^{\ominus}$来标识其自身，几乎不可能把它自身的 UID 与其组成对象 UID 相关联。组合对象也必须提供其特有的名称、UID、对象类型名称和对象角色名称。由于组合对象在下一个集成层次可看成一个原子单元，必须要能够按照递归方式建立起其名字空间。

上面段落中介绍了多种对象名称，哪一个应该作为访问点与互联网建立通信？在多层次的组合对象中，如果其每个组成成分对象都可以通过互联网随时随地访问，则通信的复杂度会很高，难以管理。

显然，为所有智能对象引入扁平的名字空间（如 EPC 所作的命名规定）只是第一步。在物联网领域，需要更多的研究来设计合适的名字空间体系结构。

13.3.3　近场通信

除了已经建立好的 WLAN（无线局域网络），要为物联网建立短程节能 WPAN（无线个人局域网络），从而能在短距离内通过节能的无线方式访问智能对象。IEEE 802.15 标准工作组为 WPAN 网络制定了标准。在所有网络中，蓝牙网络和 ZigB 网络符合 802.15 标准。

最初，提出蓝牙是为了替换 RS232 的有线通信信道 [Bar07]。IEEE 802.15.1 对蓝牙进行了标准化，定义了完整的 WPAN 体系结构，包括一个信息安全层。在物理层，通过跳频传输技术，在 1m（类 3，最大传输功率为 1 mW）到 100m（类 1，最大传输功率为 100 mW）

$\ominus$　UID 对应的英文是 Unique Identifier。标准 ISO-8824 使用数字形式定义了 OSI 对象标识，包括两个部分，组织身份标识和组织内的局部身份标识。组织身份标识在全局层次上唯一标识一个组织，如企业、学校等，而组织内的身份标识则在相应组织内具有唯一性。——译者注

的距离范围内可达到 3 Mbit / s 数据传输速率。蓝牙允许多个设备通过一个适配器进行通信。

ZigBee 联盟由多家公司组成，开发了一个比蓝牙更简单、更节能和更便宜的安全 WPAN 协议 [Bar07]。ZigBee 用基于 IEEE 802.15.4 标准的高层通信协议为低功耗数字无线电提供网络服务。ZigBee 设备需要一节寿命至少有一年多的电池。

作为 ISO/IEC 14443 贴卡标准的延伸，NFC（近场通信技术）标准 [Fin03] 是一种短程无线高频通信技术，用于 20cm 距离内设备间的数据交换。它与现有智能卡、阅读器和其他 NFC 设备技术兼容，从而兼容已经使用在公共交通和支付现有非接触式的基础设施。NFC 的主要目的是用于手机。

13.3.4　物联网设备能力与云计算

接入互联网的智能对象可以使用云（通过互联网提供服务的大型数据中心）提供的服务。智能对象和云端的分工，在相当大的程度上根据隐私和能耗因素来决定 [Kum10]。如果在本地执行一个任务需要的能耗比把任务参数发送到云端服务器需要的能耗要高，那么应考虑把该任务放在云端进行远程处理。然而，也要其考虑其他因素来决定把任务放在智能对象还是云端进行处理：智能对象的自治性、响应时间、可靠性和信息安全性。

13.3.5　自治组件

预计会有大量的智能对象部署在我们的环境中，需要一个无须人工频繁交互的自治系统来管理这些对象。这种自治管理必须涵盖网络服务发现、系统配置与优化、故障诊断与错误恢复，以及系统适配与演化。需要在多个层次上开展自治管理，从底层的细粒度组件管理，到上层的粗粒度大规模组件集或大系统的管理。

图 13-1 显示了一个用于自治组件的 MAPE-K [ⓧ]（带知识库支持的监控、分析、规划、执行）通用体系结构 [Hue08]。一个自治组件包括两个独立的故障限制单元（FCU），即受监管组件和自治管理器。受监管组件可以是一个单独的组件、一个组件集群或者更大系统的一部分。自治管理器由分析监控器（观测和分析受监管组件的行为）、规划模块（用于设置和评估达到所要求状态的多种计划）以及接口（使得自治管理器可通过这个接口来影响受监管组件的行为）组成。自治管理器维护一个知识库以及其中的静态和动态条目。静态条目是在知识库设计时事先提供的知识，描述知识库的目标、信条和通用结构；而动态条目则是在组件运行过程中动态插入，以捕获具体场景相关的参数。通过使用多播通信原语，使得自治管理器可以无探针效应地观测受监管组件的行为及其与环境的交互。

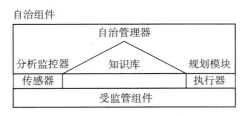

图 13-1　自治组件模型（改编自 [Hue08]）

作为一种最简单的工作方式，自治管理器可以识别对象及对象变化（事件），并赋予它们某些已知的概念（见 2.2.1 节），然后根据事件 – 条件 – 动作规则来选择相匹配的动作。如果适用的动作不止一个，它就使用效用函数来选择其中效用最高的动作来实现预期目标。在更高级的工作方式下，自治管理器使用某种可自动推理的认知体系结构，通过对过去决策的效果进行评估，并结合学习来提高决策能力 [Lan09]。

13.4 RFID 技术

在很多情况下都需要简便快速地识别物体，例如，在商店、仓库、超市等。为此，在物理对象上贴一个光学条形码。在读取光学条形码时，要注意摆好对象的位置，从而条形码扫描器可以直接把一束可见光投到条形码上。

13.4.1 概述

为了能够自动识别对象而无须人的协助，人们设计了电子标签（称为 RFID 标签），使得 RFID 阅读器可以在近距离内自动读取电子标签的信息。RFID 阅读器不需要向电子标签投射可见光。RFID 标签中存储了关于所关联对象的特定电子产品代码（EPC）。由于需要为每个实体对象贴上 RFID 标签，RFID 标签的成本是该技术面临的一个主要问题。过去几年来，受益于国际标准化组织（ISO）对 RFID 技术的标准化，以及 RFID 技术的大规模发展，RFID 标签的成本已经显著降低。

RFID 阅读器可以作为连接到互联网的网关，把对象标识连同读取时间和对象位置（即阅读器位置）一起发送给远程计算机系统，后者管理着各种实体对象状态的大型数据库。如此这套系统可以实时追踪对象的位置。

> **例**：电子滑雪通行证是一个 RFID 标签，对应的阅读器内置在滑雪缆车的门上，可以直接查询是否可进入缆车。基于读取的对象标识，系统会把该滑雪通行证拥有者的照片显示给操作人员，如果操作人员不干预，门会自动打开。

13.4.2 电子产品代码

相对于表征一类产品的光学条形码（即所有同种产品的盒子有相同的条形码）而言，一个 RFID 标签对应的 EPC 表征一个对象实例（即每个盒子上有一个唯一标识符）。EPC 的设计目标是为地球上每个可识别物体分配唯一的身份标识（UID），即为物联网中的每个智能对象分配唯一的名称。

EPC 由国际组织 EPC global 来管理。为了确保 EPC 能够标识数量巨大的物体，EPC 设计为由多个字段组成，并使用一个头字段来说明其余字段的结构。典型 EPC 的长度为 96 比特，包含以下字段：

- 头字段（8 比特）：定义了后续所有字段的类型和长度。
- EPC 管理器（28 比特）：指明负责确定对象类别和序列号的实体（通常是制造商）。
- 对象类别（24 比特）：指明一组对象的类别编码（类似于光学条形码）。
- 对象标识号（36 比特）：在对象所属类别范畴内的对象序列号。

EPC 是独一无二的产品标识，但不包含任何有关产品的属性。两个有相同属性的物体，但由两个不同的制造商设计，会有完全不同的 EPC。通常，EPC 可作为键值，在产品数据库中搜索相应的产品记录。产品记录中包含相应产品属性的所有必要信息。

13.4.3 RFID 标签

RFID 标签中的最重要数据是与相应物理实体相关联的 EPC 数据。工业部门已开发和标准化了许多不同的 RFID 标签。基本分为两大类：*被动 RFID 标签*和*主动 RFID 标签*。

被动 RFID 标签。被动标签自身没有配备电源，它们从 RFID 阅读器电场所释放的能量中获取所需能源，从而运行相应功能。最新一代被动标签的正常运行所需能量低于 30μW，其成本低于 5 欧分。除了存储唯一性的 EPC（电子产品代码）外，被动 RFID 标签还存储产品的相关属性信息。由于 RFID 标签阅读器提供的能量水平低，以及 RFID 标签的低生成成本，被动 RFID 标签采用的协议不符合标准的 Internet 通信协议。考虑到被动 RFID 标签的诸多约束，特别设计了被动 RFID 标签和 RFID 阅读器之间的通信协议，且已经成为 ISO标准（例如 ISO 18000-6C [⊖]，即众所周知的 EPC global Gen 2），并受到多家制造商的支持。表 13-1 中给出了典型的低成本被动 RFID 标签的参数。

表 13-1　典型低成本被动 RFID 标签的参数（改编自 [Jue05]）

存储	128 ～ 512 位只读存储
内存	32 ～ 128 位易失可读写内存
门数	1 000 ～ 10 000 个门电路
运行频率	868 MHz ～ 956 MHz（UHF）
读周期数	10 000 个时钟周期
扫描距离	3m
性能	每秒 100 次读操作
标签能量来源	阅读器通过无线射频信号提供的能源
能耗	10μW

主动 RFID 标签。主动标签自带电源，如一节电池，相比较于被动标签，主动标签能提供更多服务。主动标签的寿命由其所配电池决定，通常以年为单位。主动标签的发送和接收距离要比被动标签更远，通常是几百米，可通过传感器监控其环境（比如温度、压力），有时也支持标准的 Internet 通信协议。在某种意义上，一个主动 RFID 标签就是一个小嵌入式系统。ISO 标准 18000-7 在 433 MHz 范围内为主动标签的通信指定了相应协议和参数。如何在睡眠模式下减少主动 RFID 标签的能耗是当前研究的主题。

13.4.4 RFID 阅读器

RFID 阅读器是把 RFID 标签连接到互联网的网关组件。RFID 标签和互联网有不同的体系结构风格、命名约定和通信协议。从互联网端来看，RFID 阅读器就像一个标准的 Web 服务器，遵守所有的 Internet 标准。从 RFID 端来看，RFID 阅读器遵循着 RFID 通信协议标准。RFID 阅读器须解决两端差异带来的所有属性不匹配问题。

13.4.5 RFID 的信息安全性

每当我们把计算机连接到互联网，就会出现必须加以解决的敏感信息安全问题 [Lan97]。

⊖　该标准对空口频率、硬件和软件体系结构构做了标准化定义，使得阅读器和标签厂家可以依据标准设计开发可互操作的产品。——译者注

6.2 节列举了基于加密方法的标准信息安全技术，如加密、随机数生成和哈希方法。加密方法的执行需要能源和芯片支持，并不是所有智能对象都满足这个要求，如低成本 RFID 标签。尽管人们常说随着微电子设备越来越便宜，物理对象在不远的将来将不再使用那些计算能力受限的 RFID 标签，这种观点忽略了简单 RFID 标签的价格因素。如果低成本 RFID 标签已经部署到数十亿美元的零售产品中，即便为标签增加 1 欧分成本来提供加密功能，也不会被采纳。

物联网的信息安全威胁可以分为三组：1）破坏信息真实性的威胁，2）因为物联网产品的广泛部署而产生的隐私威胁，3）拒绝服务威胁。我们假设绝大多数的物联网设备通过无线方式连接到网络。无线连接总是带有严重的漏洞可供利用，它为对方大开方便之门，可以静悄悄地观测网络流量。

身份验证。物联网有个基本假设：一个电子设备（如 RFID 标签）在网络空间里表征一个独一无二的物理实体，并且由一个可信赖的权威在电子设备和实体间建立信息连接。对于电子标签而言，这个假设很轻松被否定。扫描和复制一个不受保护的标签相对容易，标签只不过是一串码，可以毫不费力地被复制。

把电子标签粘贴到另一个物理实体（如伪造产品），就破坏了标签与其真正所标识实体之间的连接，因为标签是相应实体在网络空间的代表。这类攻击必须在智能对象的物理设计层次上加以解决，网络安全方法无法处理。

在使用低成本 RFID 标签来标识物体的情况下，已知用来确保标签所代表实体真实性的技术实际效果都非常有限。一个标签就是一个串码，可以被任何阅读器读取，也能复制克隆标签。即便使用了数字签名，也不能防止标签克隆。在中间人攻击场景中，攻击者模仿正确标签，可能会打破阅读器和标签之间建立的关联。通过访问产品数据库可以检测是否有克隆标签，即检查 EPC 的唯一性是否被违背，但这并不能消除克隆。

例：通过产品数据库能够识别出携带克隆标签的赝品，并发现真正艺术品的位置与标签阅读器所处位置不同。

防篡改标签是应对物理标签被盗的一个解决方案，当受信任的权威把防篡改标签粘贴到相应的物理实体后，一旦有人把标签撕下来，就会在物理上破坏该标签。为了确保有价物品的真实性，人们提出了物理单向函数（POWF）[Pap02]。使用带有随机三维微结构的透明光学设备⊖是一个 POWF 例子，该光学设备会按照防篡改方式粘贴到相应的物品上。由于无法在生产过程中控制相应的随机微结构，所以不可能生产出两个相像的 POWF。当在特定角度下通过激光来扫描该光学设备时，可以看到相应 POWF 会产生其特定的比特流数据。扫描角度不同，读取到的比特流特征也会不同。可以把 POWF 的比特流存储到产品数据库中。因为 POWF 带有随机的物理特性，且其特性不能由数学函数表示，攻击者难以克隆 POWF。POWF 不是一个可以被复制或重建的网络空间组成成分。

隐私。关于 RFID 的隐私，主要关注如何防止使用未经授权的阅读器去非法读取标签中的信息。由于低成本 RFID 标签没有保护措施，可以使用通用的标签阅读器去读取数据，一旦未经授权的阅读器读取数据并非法跟踪物理实体的位置，就会给攻击者提供有价值的信息。如果攻击者使用带有大功率天线输出的阅读器（暴力阅读），可以显著拓展阅读范围半

⊖ 现在广泛采用的光学防伪标签是一个低成本的简化版，人眼在特定角度下可以读取其中的信息，然后由人来判断信息的真实性。——译者注

径。通过标签中的 EPC 代码和其他属性数据可以关联到携带标签的个人身份，进而整理出相应的个人资料[○]。由于低成本标签不具有加密能力，无法对阅读器进行身份验证，只要有阅读器发起读取行为，就能获得相应数据。为了阻止对标签数据的非法读取，一旦标签进入个人消费领域，就可以在进入点（如销售点）让标签永久失效。标签失效可以有效强化消费者隐私保护。然而，如果标签支持失效功能，可用性又出现了脆弱性问题。

例：通过分析一个人携带的标记药物（即带有 RFID 标签），攻击者可以推断出这个人的健康状况信息。

例：如果——就像有人所建议的那样——汇票带有 RFID 标签，攻击者通过隐秘阅读器就能在携带者未察觉的情况下获悉其所携带的金额。

例：在商业场景中，攻击者使用隐秘阅读器周期性监视竞争对手超市中的库存商品情况。

另一个隐私保护加强技术不但能阻止，还能检测非法阅读。消费者可以携带一个特殊监控标签来检测非法阅读，并把检测到的非法阅读提醒携带者。监控标签把隐秘的非法阅读行为转换为公开可知的阅读行为，从而暴露隐藏的攻击者。

拒绝服务。拒绝服务攻击试图让一个计算机系统对用户而言不可用。在任何无线通信场景中，例如一个 RFID 系统或传感器网络，攻击者可以用在适当频率下的大功率信号去阻塞网络，从而干扰目标设备的通信。在互联网上，攻击者可以协调一致的[○]突然向一个站点发送一批服务请求，使得相应站点超载，从而使其无法处理合法的服务请求（见 6.2.2 节的僵尸网络）。

有些 RFID 标签使用了隐私增强机制，可以将标签转成睡眠模式或永久失效。攻击者可以利用 RFID 的这个功能来干扰正常的服务操作。

例：超市里的自动收银台会使用 RFID 阅读器来读取 RFID 标签，从而获知顾客购物车中的商品。如果攻击者禁用某些 RFID 标签，RFID 阅读器就无法识别相应的商品，也不会在结账单上加入相应的商品。

13.5　无线传感器网络

微机电系统（MEMS）领域的最新进展，包括低功耗微电子和低功耗通信使得可以构建小型的集成智能对象，即传感器节点，它由一个传感器、一个微控制器和一个无线通信控制器组成。传感器节点可以通过接收到的各种物理、化学或生物信号来测量其所处环境的属性。传感器节点资源有限，通常通过一小节电池或通过环境信号来供能，节点计算能力有限、内存小，通信能力也有限。

为了监视和观测所关注现象[○]，要在传感区域内或有规划或随机地部署大量（从几十到数百万不等）的传感器节点，从而形成了临时性（ad hoc）的自组织网络，这就是无线传感器网络（WSN）。WSN 针对所关注现象收集相关的数据，并通过临时性的多跳[○]通信信道把数

○ 导致事实上发生隐私泄露，攻击者可以利用个人资料去关联更多相关信息。——译者注

○ 指攻击者协调多个计算机（往往是僵尸网络的组成节点）来向目标站点发送服务请求。——译者注

○ 如一个城区的大气污染现象。——译者注

○ 跳是一个形象说法，即一个传感器节点把接收到的数据传输给另一个节点，直至最终传输给基站节点。采用多跳机制的根本原因是 WSN 中各个节点都只有有限的通信能力，无法直接和基站进行通信（比如因为距离较远）。——译者注

据传播到一个或多个连接到互联网的基站。

在把一个传感器节点部署到传感区域后，该传感器节点依赖自身和其自组织能力开展工作。首先，它必须检测其相邻节点并和它们建立通信关系。在第二个阶段，它必须了解已建立通信关系的节点之间是如何连接的，即节点的拓扑结构，从而建立起寻址到基站的多条通信信道。一旦一个活动节点出现失效，它必须重新配置相应的网络。

无线传感器网络可以有很多应用场景，如远程环境监测、监视、医疗、环境智能和军事应用。无线传感器网络的效用取决于所有活动传感器节点的集体涌现智能，而不是任何特定节点的作用。

只要有不低于最小数量的节点处于活动状态，且保持着到基站节点的连通性，传感器网络就可正常工作。在基于电池供电的传感器网络中，网络的生命周期取决于电池容量和节点能耗。当一个传感器节点失去了能源供应，它将停止运转，不再向其相邻节点转发信息。因此，节能是传感器网络中至关重要的问题。如何设计传感节点、通信协议和用于传感器网络的系统及应用软件，主要由能源效率和成本这两个因素来决定。

最近，有研究尝试使用 RFID 系统基础设施来构建基于低成本 RFID 传感器节点的自治互连系统 [Bha10]。这些 RFID 传感器节点不配备电池，它们从环境信号或者 RFID 阅读器发出的电磁辐射来获能源供应。这种技术可能产生出长久有效、低成本和普适的传感器节点，将为嵌入式应用带来革命性的变化。

要点回顾

- 根据物联网发展愿景，将会演变发展出智慧地球，那时我们周围许多日常用品在网络空间中都拥有唯一身份标识，拥有智能，并能融合多个来源的信息。
- 电子产品代码（EPC）是独一无二的产品标识，用于为所有物理智能对象命名。它比以前的光学条形码有更大的目标，光学条形码仅限于为一类对象分配唯一的标识符。EPC 由国际组织 EPC global 来管理。
- 组合对象也需要自己的 UID，这个 UID 和该对象组成成分的 UID 只有松散关系。组合对象也必须提供其特有的名称、UID、对象类型名称和对象角色名称。由于组合对象在下一个集成层次可看成一个原子单位，必须要能够按照递归方式建立起其名字空间。
- 智能对象和云端之间的分工，在相当大的程度上根据能耗因素来决定。如果在本地执行一个任务需要的能耗比把任务参数发送到云端服务器需要的能耗要高，那么应考虑把该任务放在云端进行远程处理。
- 智能对象的自治管理必须包括网络服务发现、系统配置与优化、故障诊断与错误恢复，以及系统适配与演化。
- RFID 阅读器可以作为连接到互联网的网关，把对象标识连同读取时间和对象位置（即阅读器位置）一起发送给远程计算机系统，后者管理着各种实体对象状态的大型数据库。
- 物联网的信息安全威胁可以分为三组：1）破坏信息真实性的威胁，2）因为物联网产品的广泛部署而产生的隐私威胁，3）拒绝服务威胁。
- 为了避免非法阅读，标签必须能够验证阅读器的身份。
- 攻击者很难克隆物理单向函数（POWF），因为它带有随机的物理特性，且其特性不能由数学函数表示。POWF 不是一个可以被复制或重建的网络空间组成成分。

- 在把一个传感器节点部署到传感区域后，该传感器节点依赖自身和其自组织能力开展工作。首先，它必须检测其相邻节点并和它们建立通信关系。在第二个阶段，它必须了解已建立通信关系的节点之间是如何连接的，即节点的拓扑结构，从而建立起寻址到基站的多条通信信道。一旦一个活动节点出现失效，它必须重新配置相应的网络。

文献注解

欧盟于 2009 年发布了关于物联网战略研究路线图 [Ver09]，讨论了物联网发展愿景，以及 2020 年及其以后的相关研究问题。《RFID 手册》[Fin03] 是非常棒的参考手册，对研究射频识别技术有参考价值。2010 年 9 月的那期 IEEE 论文集 [Gad10] 是关于 RFID 技术的专刊。

复习题

13.1　物联网的发展愿景是什么？有哪些必须解决的紧迫技术问题？

13.2　物联网发展的驱动力有哪些？

13.3　什么是智能对象？

13.4　介绍智能对象的命名规则。什么是 UID、类型名称、角色名称或组合对象的名字？

13.5　分析有哪些不同的近场通信标准。

13.6　物联网和云计算之间有什么关系？

13.7　描述一下自治组件的 MAPE-K 模型。

13.8　RFID 阅读器有哪些功能？

13.9　低成本 RFID 标签有哪些典型参数？

13.10　什么是电子产品代码（EPC）？它和到处使用的光学条形码有什么关系？

13.11　什么是物理单向函数（POWF）？它会在哪里使用？

13.12　RFID 领域有哪三类主要信息安全威胁？

13.13　如何把传感器节点部署到传感区域？

13.14　描述一下传感器节点有哪些自组织能力。

时间触发体系结构

概述 作为本书的最后一章，将对本书内容进行概括性总结。本章将通过一个具体的案例来展示如何把前面 13 章所讨论的不同概念综合成一个连贯一致的框架，即时间触发体系结构（TTA）。TTA 是维也纳工业大学历时超过 25 年的研究成果，大量的硕士生和博士生参与其中并做出了贡献。我们也要感谢来自全世界其他同行学者的贡献，特别是 IFIP WG10.4 工作组⊖，他们提供了关键性的反馈和建设性建议。首先，该研究的动机是希望对实时性、同时性和确定性等概念获得深入的理解。在后续阶段，随着工业部门的参与，开始考虑这些概念如何适应工业部门现实面对的技术和经济约束。今天看到的这种一致的框架来自于多轮次的研究迭代，以及在理论分析和实践需求之间的密切交互。

本章首先简要介绍 TTA，通过来自工业部门的一个例子来介绍时间触发技术的影响。接下来，14.2 节概要介绍 TTA 涉及的体系结构风格，即驱动体系结构设计的关键原则。TTA 的设计原则关注可信性和健壮性，包括复杂性管理、递归组件概念和基于单一机制的一致通信。体系结构风格在 14.3 节会具体化为体系结构服务。受限于篇幅，本书无法介绍这些服务的细节，读者可参考其他文档来获得更多信息，如介绍 GENESYS 项目及成果的书 [Obm09]。14.4 节介绍最近的一个研究项目，使用 TTA 来设计片上系统（SoC），它使用片上时间触发网络来连接 TTA 中组件——IP 核。我们希望其中某些创意能够在将来被工业部门所采用，为支持大规模可理解、可信实时系统提供一个成本可控的执行环境。

14.1 TTA 的历史

本节简要回顾时间触发体系结构的起源和发展历史，分析其基础研究、技术研究和工业创新应用之间的互相依赖。TTA 的发展经验表明，一项激进型技术创新在工业部门部署应用往往要花费超过 10 年时间。这对研究资助单位是个提醒，短期研究项目不会产生根本性的创新结果，只会对现有技术的边界做些改进。

14.1.1 MARS 项目

在 20 世纪 80 年代，工业中实时系统的开发处于一种称为 ad hoc⊜的特别状态，没有强大的概念基础，主要凭有经验的实践人员的直观理解来开发系统。在广泛的联调阶段，有经验的程序员精细调整实时系统的各种参数，如任务优先级和通信超时等。即使是对软件做小的改变或增加内容，都会引起问题，导致对许多系统参数进行重新调整和重新测试，成本高昂。因为那时的系统设计没有建立在稳固的理论基础上，系统一旦遇到不经常发生的罕见事件，就会面临性能无法满足要求的风险。如第 1 章所述，实时系统在罕见事件场景下的性能可预测特性对许多应用都具有举足轻重的意义（参见 1.2.1 节中的电网停电案例）。

⊖ 该工作组关注可信计算与容错（dependable computing and fault tolerance），更多信息可访问 http://www.dependability.org/wg10.4/——译者注

⊜ 临时安排的，未事先加以计划和细致规划的做事方式。——译者注

1979 年，柏林工业大学启动了 MARS（MAintainable Real-Time System，可维护实时系统）项目研究，旨在为分布式实时系统设计维护建立概念基础、构造方法和新的体系结构框架 [Kop85]。在 1982 年该项目第一个原型的评审期间，大家清楚意识到还需要在概念和实验层次开展更多基础性研究来更好地理解如下问题：

- 为分布式实时系统构造合适的时间模型和容错的全局时基。这个分布的实时时基不能依赖于某个单一时钟，是构造可信实时系统的核心。
- 需要分析状态、确定性和同时性概念及其在容错系统开发中的作用。
- 实时通信协议如何提供实时保证和错误检测，并确保延时抖动最小。
- 提供建立体系结构单元失效静默机制的有效方法，从而以成本可控方式建立能够屏蔽故障的系统结构。

1983 年，MARS 项目从柏林工业大学转移到维也纳工业大学继续研究，由奥地利科技部和欧盟委员会联合资助。在接下来的几年内，研究重心转向了探究容错时钟同步和实时通信协议中的基础问题。为了支持面向分布式系统的容错时钟同步研究，开发了超大规模芯片原型和时钟同步单元（Clock Synchronization Unit，CSU）[Kop87]。CSU 在 MARS 项目第二个学术原型系统中得到了应用，支持开展故障注入实验 [Kar95,Arl03]。在发布了使用该原型的一个控制应用（滚动球）视频后，该原型获得了学术界和资助部门的注意。相应的视频可以在网上下载观看 [Mar91]。

14.1.2　工业 TTA 原型

在接下来的一些年内，学术原型和工业部门构造实时系统的强烈兴趣使得该研究获得了一系列面向技术的研究项目支持，主要由欧盟资助。在这些项目支持下，开发了第一个得到汽车工业大力参与，工业级可应用的时间触发体系结构原型，并使用了 TTP 协议。基于该工业应用原型实现了一个容错的电子刹车系统，并在小汽车中进行了应用。在电子刹车系统原型联调阶段，实际所用时间比预期时间减少了一个数量级，其中基于全局时基的组件接口规格发挥了决定性作用。该原型系统的成功应用为工业部门建立了关于时间触发体系结构技术的信心。1998 年，维也纳工业大学成立了技术转化公司 TTTech 来进一步开发和市场化时间触发技术。现在，TTTech 公司已经在一系列著名公司项目中部署应用了时间触发技术，如空客的 A380、波音的 787（梦想飞机）、奥迪 A8 汽车和 NASA 猎户座探索项目 [McC09]。

14.1.3　GENESYS 项目

认识到嵌入式计算的战略重要性，欧盟与工业部门、学术部门和国家政府联合在 2004 年形成了欧洲技术平台 ARTEMIS 项目（Advanced Research and Technology for EMbedded Intelligence and Systems，针对嵌入式智能和系统的高级研究和技术）。ARTEMIS 项目的目标通过研究跨领域的嵌入式系统体系结构和相应的设计方法和设计工具，来显著提高嵌入式系统的功能性、可信性和成本有效性。在其第一阶段，一个由来自工业和学术合作伙伴的专家组成的工作组捕捉和定义跨领域系统体系结构的需求和约束 [Art06]。接下来，由来自 20 个工业和学术伙伴专家组成的共同体提交了 GENESYS（GENeric Embedded SYStems，通用嵌入式系统）项目申请，并得到了欧盟框架计划支持。该项目的目标是针对所定义的需求开发出一个体系结构蓝图，并能够应用于工业领域和多媒体处理领域。GENESYS 项目的体系结构蓝图开发受到了时间触发体系结构中概念和经验的极大影响。该蓝图发表为可以通过网络访问的著作 [Obm09]。在本书撰写过程中，INDEXYS 和 ACROSS 是两个在研的 ARTEMIS 项目，目标是实现 GENESYS 所定义的体系结构。

14.2 体系结构风格

体系结构风格描述表征体系结构的设计原则和结构化规则（参见 4.5.1 节）。原则是关于所关注领域中广为接受的一些重要见解描述。原则是形成操作规则（即体系结构服务）的基础。

14.2.1 复杂性管理

如第 2 章所述，针对嵌入式系统不断增长的认知复杂性——简洁性的反义词，如何管理复杂性正逐渐获得得越来越多的关注。TTA 体系结构风格的提出在很大程度上就是为了控制大规模嵌入式系统的这种认知复杂性，支持构造可理解的系统。

2.5 节介绍了可理解系统的 7 个设计原则，每一个都是 TTA 体系结构风格的组成部分。其中第七个关于时间一致性的设计原则，对于 TTA 来说具有特别的重要性。嵌入式计算机系统必须要和物理世界进行交互，而后者的状态变化由物理时间推进。因此，物理时间是控制模型（cyber-model）的首要组成元素。该模型是计算机赖以对物理世界进行控制的基础。TTA 架构的基础是为整个分布式系统的每个节点提供一个容错的稀疏全局时基，从而简化系统的设计。在 TTA 中，该全局时基可以用来：

- 为控制空间（cyber space）内所有相关事件建立一致的时间序，并为分布计算机系统解决同时性问题。一致的时间序是定义分布式系统一致状态的前提，当一个新（且修复）的组件必须重新集成到运行系统中时就要确保相应状态的一致性。
- 构造具有确定性行为的系统，易于理解并可以避免出现海森堡 bug，从而支持使用冗余方式来直接实现故障屏蔽。
- 监控实时数据的时域精确性，从而确保在时域精确的数据基础上对物理世界采取控制动作。
- 同步来自于不同源的多媒体流数据。
- 在物理过程状态变化速度超出了计算机系统处理能力的情况下，全局时基可以用来进行状态估计，从而在使用相应数据时仍能保证实时数据的时域精确性。
- 为基于组件的设计方法提供准确描述接口时间特性的手段。组件重用严格依赖于其接口规格的准确性，其中包括时域行为的准确性。
- 为时间触发消息（TT 消息）的传输建立无冲突、由时间控制的通信信道。TT 消息的传输延迟小且抖动最小化，能够减少分布式的相位对齐控制循环中的控制停滞时间，这对于智能电网的自动化处理系统尤其重要。
- 在一个时间粒度单元内检测到消息丢失问题。短的错误检测时间对于任何试图增加系统可用性的行为都至关重要。
- 避免消息重传并增强安全（security）协议所提供的服务。

针对上面可通过容错的稀疏全局时基来达到最佳实现效果的服务，我们认为一致的全局时基是实时系统设计解决方案的一部分，而不只是问题域需求本身的一部分。

14.2.2 面向组件

第 4 章介绍了组件这个概念，它是时间触发体系结构中的基础结构元素。TTA 组件是一个自包含的硬件／软件单元，只通过消息交换方式与其外在环境进行交互。组件也是一个设计单元和故障限制单元（FCU）。组件提供基于消息的链接接口（LIF），要在时域和值域上对接口的规格进行精确定义，对组件的具体实现技术透明。使用者在获得了组件接口规格后就可以使用组件的服务，无须了解组件的内部实现。TTA 的时间触发集成框架确保跨越多个组件的实时处理具有确定的端到端时间特性。在时间关键的实时处理中，组件计算和通过时间触发通信系统的消息传输在时间相位上能够对齐。

TTA 有一个设计原则，在不改变一个组件的 LIF 接口规格的情况下，可以把该组件扩展为新的组件集群，组件的 LIF 扩展变为相应新组件集群的外部 LIF 接口。经过此扩展，将由一个网关组件来提供外部 LIF，同时网关组件为（扩展后的）组件集群提供第二个 LIF，即集群 LIF。

例：以图 4-1 的车内组件集群为例，右下角的网关组件有两个接口，通过 CNI 连接到上面内部网络的集群 LIF 和下面用于连接其他车的外部 LIF。只有那些用于交通流量安全协调的信息才会通过外部 LIF 让其他车来访问。

因此，TTA 中有递归组件概念。取决于观测视角，一组组件可视为一个组件集群（从网关组件的集群 LIF 视角来看），或者一个单一复合组件（从网关组件的外部 LIF 视角来看）。TTA 中组件的递归概念使得可能在 TTA 下构造任意规模的良构系统。

组件可按照层次化结构或网络化结构来集成。在层次结构中，由指定的网关组件来连接不同层次的组件。从处于较低层次的组件来看，网关组件有两个 LIF，一个用于与下一层次组件的连接（集群 LIF），一个用于与上一层次组件的连接（外部 LIF）。由于不同层次的组件可能采用不同的体系结构风格，网关组件必须要解决不同层次组件之间的属性不匹配问题。针对给定的网关组件，从其下层组件来看，该网关组件的外部 LIF 是本层次组件的未定义接口[⊖]；相应的，从其上层组件来看，网关组件的集群 LIF 则是本层次组件的未定义接口。

例：在时间触发片上多处理器系统（TTMPSoC）中，基本元素是 IP 核[⊖]（知识产权核心）。IP 核是一个自包含的组件。片上所有 IP 核一起形成了通过片上时间触发网络（TTNoC）进行连接的组件集群。作为网关组件的 IP 核除了集群 LIF 接口之外，其外部 LIF 接口用来连接芯片内结构和芯片外部电路。从芯片外部电路来看，该外部 LIF 实际就是芯片组件，即整个 TTMPSoC 的接口。站在更高层次，一组芯片组件一起形成设备组件，如此可逐步按照层次向上分析。

如果一个组件集群通过两个或更多网关组件连接到两个或更多其他组件集群，则这些组件集群在一起就形成了网络化结构。在该结构中，网关组件会过滤一个特定组件集群内部可见的信息，而通过其外部 LIF 向外提供与该组件集群服务相关的信息。

14.2.3 一致的通信机制

TTA 唯一采用的通信机制是单向的 BMTS（基本消息传输服务）。任何时候，BMTS 尽

⊖ 原文为 unspecified，本层次看不到的接口，即网关组件不会为下层组件提供外部 LIF。——译者注

⊖ IP 核指那些经过了验证、可重用的 IC 模块，分为软 IP 核、固 IP 核和硬 IP 核。软 IP 核用高级语言来描述功能模块行为，不涉及电路。固 IP 核在软 IP 核基础上，增加了门级电路级综合和时序仿真等设计。硬 IP 核是综合了的功能模块，经过了工艺设计和验证。——译者注

可能遵循互联网使用的命运共享模型。该模型由 DARPA 网络的设计架构师 David Clark 定义：命运共享模型认为当一个实体已经无法被访问时，可以丢弃关于它的任何状态信息 [Cla88, p.3]。设若干通信端节点在协同传输一个消息，命运共享模型要求这些节点都必须存储与传输该消息相关的所有状态信息。在设计时间触发片上网络（TTNoC，14.4 节）时，也一样要考虑这个原则。如果通信端系统确保具有失效静默特性，则也可以在安全关键系统中应用该原则。否则[⊖]，关于端系统的时间行为信息必须在一个独立的 FCU、监护者组件或者网络中存储，从而能够把喋喋不休节点的故障行为限制在局部区域（参见 6.1.2 节介绍）。

只要 TTA 中不同子系统都通过时间触发通信系统（如 TTNoC、TTP 或 TTEthernet）连接，其中的 BMTS 就具有固定的传输延迟和最小化的抖动（即一个全局时间单位）特征。如果通过事件触发协议（如互联网中使用的协议）来传输消息，就无法确保这一时间特性。

这个一致的通信机制使得可以把一个组件（如一个 IP 核或一个片上系统）移动到不同的物理位置而无须调整组件间的基本通信机制。

14.2.4　可信性

TTA 系统的体系结构风格选择必须要考虑嵌入式系统的可信性关注要点，从而能够以合理成本构造安全、健壮和可维护的嵌入式系统。TTA 的下述原则对于构造可信系统至关重要：

- 每个组件都设计为故障限制单元（FCU）。在 TTA 的时间触发通信系统体系结构中，组件的时域行为失效会被限制在组件内部，不会跨越组件边界。
- 多播的 BMTS 通信使得 TTA 可以使用一个独立的诊断组件在其他组件的 LIF 接口上观测系统的通信行为，不会产生探针副作用。
- BMTS 和系统组件的基本服务可避免产生行为不确定性的设计，因而能够在 TTA 支持下构造行为确定的系统。
- 通过冗余多个行为确定的组件可形成容错单元（FTU），从而能够屏蔽其中任一组件产生的任意故障。
- 为了让诊断组件能够监视 TTA 中组件基状态的合理性并检测异常，这些组件会周期性地发布其基状态。一旦发现某个组件的基状态被瞬时故障所破坏，就触发对相应组件的重置和重启动操作。该原则可提高系统的健壮性。
- 全局时间能够增强协议的安全性。
- 组件的可递归组合特性能提高系统的演化能力。可以通过把一个组件扩展为组件集群来实现新的功能，且无须改变新组件集群的外部 LIF 接口特性。
- 每个连接到 Internet 的 TTA 系统都应该提供一个安全下载服务，任意组件都可以通过该服务自动下载新的软件版本。

14.2.5　时间感知体系结构

时间触发体系结构为可信的单片实时系统设计提供了一个框架。如果把由不同单位开发的 TTA 系统连接为成体系系统（SoS），不同 TTA 系统通过 Internet 的事件触发消息进行交互，则必须弱化 TTA 设计原则使得广泛分布于不同位置的实体能够在时间特性上相匹配（参见 4.7.3 节）。如果 SoS 中每个组成系统都使用同一个精度已知的全局同步时间，则可称

⊖　指通信端系统不具有失效静默特性这种情况。——译者注

该 SoS 为时间感知体系结构（TAA）。使用当今的技术不难构造一个 TAA 系统：分布式系统中的每个节点都使用 GPS 接收器来获得全世界统一的时间信号，从而可以来同步 TAA 中不同系统的时钟。如果 TAA 系统的所有消息通信发送者都在报文中附有时间戳，尽管 TAA 不是时间触发系统，但全局时间的使用仍能确保 TAA 系统具备如 14.2.1 节所述的诸多优点。

14.3　TTA 服务

14.3.1　基于组件的服务

TTA 为组件提供了集成平台和相应的平台服务。有三类服务：1）核心系统服务，用于实例化 TTA 体系结构；2）可选系统服务，在核心服务之外为体系结构的实例化提供相应功能；3）特定于应用的服务，针对特定应用或应用领域需要而提供的服务。核心系统服务和可选系统服务可以由一个单独的系统组件提供，也可以作为通用中间件（GM，组件软件组成部分）的一部分服务来提供（参见 9.1.4 节）。

TTA 系统的一个主要成果是不需要在单片机上部署大型操作系统。如果操作系统在应用代码和硬件执行之间加入了动态机制和管理程序（hypervisor），就难以估计实时计算的执行时间。此外，对于一个功能强大的操作系统进行认证也是一个富有挑战性的任务。在 TTA 中，操作系统的许多传统功能都可以通过自包含系统组件来实现。一旦一个系统组件成熟和稳定，就可以从使用 CPU 的软件实现机制，改变为使用 ASIC 的实现机制。这种改变能够显著减少系统的能耗（参见图 6-3）和芯片投资。

每个基于 CPU 的软件实现机制组件都部署轻量级的操作系统和通用中间件来实现标准化的高层协议，并在 TII 接口（参见 4.4 节）接收到控制消息时发出中断。

14.3.2　核心系统服务

保持核心服务最小化是 TTA 的一个原则，只有那些对于构造高层服务和维护系统期望特性绝对必要的服务才会纳入核心系统服务。核心系统服务一定不能采用不确定性设计（参见 5.6.3 节），确保其行为具有确定性。由于静态安全关键系统在多数情况下只需要核心系统服务，相应认证也只需考虑核心系统服务，能力强大的动态系统服务在实现上就可以划分为一个小的核心系统服务和复杂的可选系统服务。

> **例**：任何动态资源管理都需要的动态消息调度服务并不是核心系统服务。而检查调度策略特性，并确保动态调度器不会违背静态安全关键调度约束的检查服务却是核心系统服务，相较于调度服务，检查服务要简单得多。

接下来将概要介绍 TTA 的一些服务，读者可查阅 [Obm09] 来了解这些服务的细节描述。

基础配置服务。该服务加载由开发环境生成的软件核心映像到指定的硬件单元，从而生成 TTA 组件。软件核心映像包括应用软件、通用中间件（见 9.1.4 节）和本地操作系统（即连同应用软件和中间件一起安装到硬件单元的操作系统）。如果一个硬件单元发生了永久失效，需要使用基础配置服务来对系统进行重配置。基础配置服务包括：1）安全的硬件标识服务来唯一识别和区分硬件；2）基础的系统引导服务，可以通过 TII 接口来访问硬件单元提供的引导点。基础引导服务在开发相应软件核心映像的开发环境和所识别的硬件单元之间建立了连接关系。

组件间通信信道配置服务。该服务用来配置组件集群内部的组件间通信系统，包括建立、命名、连接和断开组件 LIF 通信端口和信道。该服务遵守命运共享设计原则。

基础执行控制服务。该服务通过向组件的 TII 接口发送可信的控制消息来控制组件的执行。该服务假设每个组件都有一个本地资源管理器（LRM），它能够接收和执行相应的控制消息。LRM 是组件中通用中间件的组成部分。该服务能够根据重启消息中的基状态来重置（通过硬件重置）和重启一个组件。

基础时间服务。该服务为组件建立满足指定精度的全局时间。全局时间由平台提供，TTA 基于物理时间秒建立了二进制的时间格式。该服务包括定时器中断服务。

基础通信服务。该服务支持组件中应用软件能够发送和接收时间触发、速率控制和事件触发消息。该服务由平台中的通信系统来实现，组件中的通用中间件提供收发消息支持。

14.3.3　可选的系统服务

可选的系统服务把定义清晰的功能封装成自包含的系统组件，并通过消息交换方式与应用组件中的通用中间件进行交互。直接在应用组件的通用中间件中实现可选服务也是一种设计方案。可选服务可跨领域使用，适用于许多不同情况。通过重用这些可选系统服务模块，系统开发过程得到了简化，可以在已有的服务规格基础上来进行设计。这些可选系统服务形成了一个开放集合，可以根据需要来进行扩展。

诊断服务。诊断服务会通过成员关系服务周期性地把组件基状态通知给集群内的其他组件，从而在整个集群范围内确认组件的健康状态。此外，组件基状态的监控、分析和恢复服务也是一种诊断服务，能够在运行时把失效组件再次集成到组件集群中。

外部芯片存储管理服务。在许多应用中，组件内置的芯片存储⊖不能满足数据存储要求，必须要通过外部存储芯片来扩展。外部芯片存储管理服务由一个独立的存储管理组件来实现，它管理需要长期保留的数据存储和访问，并提供所需的安全性和完整性保护机制。

安全服务。为组件提供防篡改唯一标识的基本安全服务是系统核心服务。通过使用该服务，系统可以选择提供一个专用安全组件来对进出安全域⊖的消息进行解密和加密处理。举例来说，片上系统就是一个安全域。根据应用程序的需要，安全服务可以使用对称或非对称密码。任何连接到互联网的设备都应该提供安全的引导服务，可以使用该安全服务来实现对系统的安全引导。

资源管理服务。TTA 的每个层次都提供资源管理服务。在最下面的组件层，作为通用中间件一部分的本地资源管理器（LRM）控制对本地资源的访问。组件集群资源管理器（CRM）从组件集群整体功能出发来管理资源，可以对 LRM 进行参数化配置，也可以为了节约能源，通过电源门控来请求关闭其中某个组件。在实现上，CRM 是一个自包含的系统组件。它可使用动态调度器来根据电压和频率来调整对实时任务的调度，从而能够在保证满足截止期的情况下来优化能源消耗。

网关服务。网关组件为组件集群链接到外部环境（包括其他组件集群、物理过程、人工

⊖　在计算机系统中，一般内部存储（memory）指在芯片中的数据存储，而外部存储（storage）则指在磁记录器中的存储。这里的原文为 external memory，意指在组件外部装配含存储芯片的管理模块，从而拓展组件的内部存储能力。——译者注

⊖　安全域（security domain）用来对服务器或计算机系统的安全性进行分类管理，处于不同安全域的网络相互之间分离。一般而言，处于同一个安全域中的应用会信任同一个安全令牌（token）。——译者注

操作员或者互联网）提供接口，它需要解决组件集群内部属性与外部环境属性的不匹配问题。特别的，网关组件需要提供下面一个或多个服务 [Obm09, p.76]：

- 物理接口控制服务。对连接到物理设备的机械或电子接口进行控制。
- 协议转换服务。组件集群外部接口协议必须符合外部环境中给定的 LIF 接口标准，而组件集群 LIF 接口提供对内的接口协议，网关组件为这两个层次协议提供转换服务。
- 地址映射服务。相较于外部环境（如 Internet）在名字空间上的开放性，组件集群内部地址空间极其有限。这要求网关组件能够在内部地址和外部环境地址之间建立映射。
- 名字转换服务。由于组件集群内部名字空间和组件集群外部环境名字空间之间在很多情况下都无法对应起来，网关组件必须解决这个问题。
- 外部时钟同步服务。网关组件的对外接口可能会访问外部的参考时间（如 GPS 时间），它会把这个外部时间同步到组件集群内部。
- 防火墙服务。网关组件必须能够保护组件集群不受外部入侵者的破坏。
- 无线连接服务。网关组件也能提供无线连接服务来与外部世界进行交互，并对连接进行管理。

14.4　时间触发 MPSoC

正如 6.3.2 节所论述的，能耗考虑是驱动计算机从单处理器向片上多处理器系统（MPSoC）转变的主要驱动力。这个转变给嵌入式系统领域带来了极大的发展机会。硬件体系结构上可集成多个自包含、可并发执行且没有性能依赖的 IP 核，这些 IP 核之间可通过合适的片上网络连接。相较于强大的串行单处理器系统，这种多处理器片上系统可以更好地满足许多嵌入式应用的需求。

从 TTA 角度来看，IP 核就是一个组件，而片上多处理器系统则是一个组件集群。在欧盟项目 GENESYS 的支持下，我们（即作者团队）开发了时间触发多处理器片上系统的第一个学术原型来更好地理解这个新技术的约束和将来的机会。GENESYS 项目结束于 2009 年，这个支持汽车应用的学术原型在 FPGA 上得到了实现 [Obm09]。

图 14-1 展示了这个带有 8 个 IP 核的原型系统体系结构。图中有两类结构单元，可信结构单元（图中粗线框单元）和非可信结构单元（图中普通框单元）。图中的可信结构单元，即可信网络监管（TNA）、8 个可信接口子系统（TISS）[⊖]和时间触发片上网络（TTNoC）构成了一个可信子系统，可假定该子系统没有设计缺陷，这个可信子系统对于保证芯片的运行操作至关重要。在高可靠应用中，可信子系统可以使用错误纠正编码来进一步强化，从而容忍瞬时性的硬件故障。非可信结构单元中由瞬时性硬件故障或软件缺陷引起的非功能性偶发失效（如海森堡 bug）不会对芯片中其他独立单元产生影响。

图 14-1 中间的 TTNoC 是时间触发片上网络，它通过 TISS 来连接 IP 核。只有 TNA 有权限来对网络中的消息发送行为进行时间属性设置，从而允许非可信 IP 核能够在相应时间段内向 TISS 发送消息。如果一个非可信组件违背了此时间约束，TISS 会检测到失效并进行限制。集群资源管理器作为一个非可信系统组件，可以根据应用组件（图 14-1 中的 A、B 或 C）的请求来动态确定通信调度。集群资源管理器会把新设置的调度表发送给 TNA，TNA 在把新注册表写入相应 TISS 中之前会对注册表进行验证并检查是否违背了安全约束。只有

⊖　图 14-1 中实为 7 个 TISS，系文字编辑错误。——译者注

TNA 有权通过应用组件的 TII 接口来控制组件的执行。否则,一个带有软件缺陷的非可信组件会向所有其他组件发送错误控制消息来停止这些组件的运行,从而破坏整个芯片的工作状态。

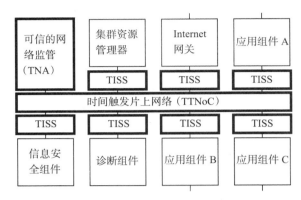

图 14-1　TTMPSoC 原型系统的体系结构

图 14-1 所示的体系结构确保 TISS 接口可限制住非可信组件的任意时域故障,不会影响正常组件之间的通信。因而,就可以在其中任意一个组件中构造三个 IP 核的三模冗余(TMR)结构来屏蔽那些非功能性偶发故障。在安全关键应用的 TMR 结构中,每个 IP 核都应该部署在不同芯片中以确保避免空间邻近性故障和容忍其中一个芯片的完全失效。诊断组件监控组件的运行状态,检查组件基状态是否合理。信息安全性组件的任务是对进出 TTMPSoC 的所有消息进行解码和编码。有关 TTMPSoC 的更多细节,请参阅文献 [Obm09],TTNoC 的实现可参考文献 [Pau08]。

要点回顾

- 体系结构风格描述表征体系结构的设计原则和结构化规则。TTA 的设计原则关注可信性和健壮性,包括复杂性管理、递归组件概念、基于单一机制的一致通信。
- 作为 TTA 的核心基础,大规模分布式嵌入式系统要为每个节点提供可用的带容错的全局稀疏时基。该全局时基能够简化系统的设计。
- TTA 的时间触发集成框架确保跨越多个组件的实时处理有明确的端到端时间特性。
- 作为 TTA 的一个设计原则,能够把一个组件扩展为组件集群,其原先的 LIF 接口规格能够不做任何调整就转变为组件集群的外部 LIF 接口。扩展为组件集群后,该外部 LIF 接口由集群的网关组件提供,于此同时该网关组件会提供第二个 LIF 接口连接这个扩展的组件集群(称为组件集群 LIF)。
- 取决于观测视角,一组组件可以视为一个组件集群(从网关组件的集群 LIF 接口视角来看),或者视为一个组件(从网关组件的外部 LIF 接口视角来看)。
- 组件可以按照层次结构或者网状结构进行集成。
- TTA 的一个重要设计原则就是只使用一种通信机制来支持组件之间的交互,无论组件距离多近(近如处于一个片上系统),抑或远如通过 Internet 连接的在世界上不同物理位置。
- TTA 的核心系统服务要维持最小化,即只有那些对于构造高层服务或者维护系统体系结构关键特性绝对不可缺少的服务才被纳入核心系统服务集中。

- 核心系统服务一定不能采用带有不确定性设计成分（NDDC），从而确保其实现在计算上具有确定性。
- TTA 作业（job）是组件软件的核心映像，包括应用软件、通用中间件和组件本地操作系统。
- TTA 的每个层次都提供资源管理服务。在最下面的组件层，作为通用中间件一部分的组件本地资源管理器（LRM）控制对本地资源的访问。
- 组件集群资源管理器从组件集群整体功能出发来管理资源，可以对 LRM 进行参数化配置。

文献注解

论文 [Kop85] 是第一个对 MARS 项目进行介绍的文献。用于时钟同步的 VLSI 芯片可以在 [Kop87] 中找到论述，MARS 项目的体系结构原型系统使用了该芯片 [Kop89]。MARS 项目中用于节点间通信的时间触发协议（TTP）发表在 [Kop93]。PDCS 是第一本概述时间触发体系结构的书 [Kop95]，其改进版可在 [Kop03a] 中找到。John Rushby 在 [Rus99] 中对时间触发算法进行了形式化分析。TTEthernet 协议的设计思想可在 [Kop08] 中找到，而 TTMPSoC 则在 [Pau08] 中进行了介绍。GENESYS 项目概述可以在 [Obm09] 中找到。

复习题

14.1 在分布式实时系统设计中，列出全局时基能够支持解决的问题。

14.2 什么是命运共享原则？

14.3 列出 TTA 中有助于构造可信系统的设计原则。

14.4 为什么确定性行为是实时处理的一个期望属性？

14.5 为什么组件需要周期性地发布它们的基状态？

14.6 全局时间如何能够增强协议的安全性？

14.7 为什么在实时系统中使用功能强大的单体实时操作系统会产生问题？

14.8 TTA 下如何实现传统操作系统的功能？

14.9 TTA 中核心系统服务与可选系统服务之间有哪些区别？

14.10 通用中间件有哪些功能？

14.11 为什么有必要把某些系统功能分解？

14.12 TTA 中的作业概念包括哪些内容？

14.13 列出 TTA 的核心系统服务。

14.14 列出 TTA 中的部分可选服务。

14.15 网关组件有哪些功能？

缩　略　词

注：下面汇总了本书涉及的常用术语的缩略词。

英文缩略词	英文全称	中文翻译
AES	Advanced Encryption Standard	高级加密标准
ALARP	As Low As Reasonably Practical	在实践中降到足够合理程度
API	Application Programming Interface	应用程序接口
ASIC	Application Specific Integrated Circuit	专用集成电路
AVB	Audio Video Bus	音视频总线
BMTS	Basic Message Transport Service	基本消息传输服务
CAN	Control Area Network	控制器局域网络
CCF	Concurrency Control Field	并发控制字段
EDF	Earliest-Deadline-First	最早截止期优先
EMI	Electro-Magnetic Interference	电磁干扰
EPC	Electronic Product Code	电子产品代码
ET	Event-Triggered	事件触发
FRU	Field-Replaceable Unit	现场可更换单元
FTU	Fault-Tolerant Unit	容错单元
GPS	Global Positioning System	全球定位系统
IoT	Internet of Things	物联网
LIF	Linking Interface	链接接口
LL	Least-Laxity	最小松弛度
MARS	Maintainable Real-Time System	可维护实时系统
MPSoC	Multiprocessor System on Chip	片上多处理器系统
MSD	Message Structure Declaration	消息结构声明
NBW	Non-Blocking Write	非阻塞写入
NDDC	Non-Deterministic Design Construct	不确定性设计成分
NoC	Network-on-Chip	片上网络
NTP	Network Time Protocol	网络时间协议
PAR	Positive-Acknowledgment-or-Retransmission	肯定确认或重传
PFSM	Periodic Finite State Machine	周期有限状态机
PIM	Platform Independent Model	平台无关模型
PSM	Platform Specific Model	平台相关模型
RFID	Radio Frequency Identification	射频识别
RT	Real-Time	实时
SOC	Sphere of Control	控制范围
SoC	System on Chip	片上系统
SRU	Smallest Replaceable Unit	最小可更换单元
TADL	Task Descriptor List	任务描述表
TAI	International Atomic Time	国际原子时间

（续）

英文缩略词	英文全称	中文翻译
TDMA	Time-Division Multiple Access	时分多路访问
TMR	Triple-Modular Redundancy	三模冗余
TT	Time Triggered	时间触发
TTA	Time-Triggered Architecture	时间触发体系结构
TTEthernet	Time-Triggered Ethernet	时间触发以太网
TTP	Time-Triggered Protocol	时间触发协议
UID	Unique Identifier	唯一标识符
UTC	Universal Time Coordinated	天文统一时间
WCAO	Worst-Case Administrative Overhead	最坏情况管理开销
WCCOM	Worst-Case Communication Delay	最坏通信延迟
WCET	Worst-Case Execution Time	最坏执行时间
WSN	Wireless Sensor Network	无线传感器网络

术 语 定 义

注：定义的术语都用楷体表示。每个术语解释的最后都在括号内给出了本书涉及该术语介绍或论述的章节。

Absolute Timestamp（绝对时间戳） 事件 e 的绝对时间戳是该事件基于参考时钟的时间戳（3.1.2 节）。

Accuracy Interval（间隔精度） 实时实体的观测时间点和相应实时镜像的使用时间点之间的最大允许时间间隔（5.4 节）。

Accuracy of a Clock（时钟准确度） 在关注的时间间隔内，时钟准确度指一个时钟相对于外部参考时间而产生的最大偏移（3.1.3 节）。

Action（动作） 动作指执行一个程序或通信协议的行为（1.3.1 节）。

Action Delay（动作延迟） 动作延迟指从启动发送消息开始到该消息在接收方成为持久消息为止的最大时间间隔（5.5.1 节）。

Actuator（作动器） 一种从网关组件获得数据和触发信息，并在受控对象上实现预期物理效果的转换装置（9.5 节）。

Advanced Encryption Standard（高级加密标准，AES） 一种用于数据加密的国际标准（6.2.2 节）。

Audio Video Bus（音视频总线，AVB） IEEE 802.1 音频 / 视频桥接任务组针对多媒体系统需求，在以太网标准基础上定义的一组协议（7.4.4 节）。

Agreed Data（议定数据） 议定数据元素是经过合理性检查，并建立了与其他数据关系（如通过受控对象模型）的测量数据元素。议定数据元素已经被判定为相应实时实体的正确镜像（参见 raw data, measured data）（9.6 节）。

Agreement Protocol（协商协议） 分布式系统组件使用协商协议来协商获得对外部世界的一致观测，包括离散值域状态和稀疏时域状态（9.6 节）。

Alarm Monitoring（告警监视） 告警监视指对实时实体进行持续观测，以检测受控对象是否发生异常行为（1.2.1 节）。

Alarm Shower（爆发式警报） 爆发式警报指由单一主事件引发的一组关联警报（1.2.1 节）。

Analytic Rational Subsystem（理性分析子系统） 人类用来有意识地解决问题的子系统，它依据因果和逻辑法则来运作（2.1.1 节）。

Anytime Algorithm（全时算法） 全时算法由根段和周期段组成，其中根段用来获得一个具有充分质量的计算结果，周期段则用来改进已有计算结果的质量。只要未到截止期，周期段会不断重复执行（10.2.3 节）。

Aperiodic Task（非周期性任务） 非周期性任务是任务请求时间、相邻请求的最小间隔时间都未知的任务（参见 periodic task, sporadic task）（10.1.2 节）。

Application Programming Interface（应用程序接口，API） 组件中位于应用程序和操作系统之间的接口（9.1.4 节）。

A Priori Knowledge（先验知识） 提前获悉的关于系统未来行为的知识（1.5.5 节）。

ARINC 629 Protocol（ARINC 629 协议） 用来控制若干组件访问单一通信信道的介质访问协议，它使用了一组精心选择的超时参数来进行控制（7.4.2 节）。

Assumption Coverage（假设满足概率） 假设满足概率是关于模型构造阶段引入的假设在现实中得到满足的概率。假设满足问题限制了从完美模型中推导出的结论在现实中的有效性（1.5.3 节）。

Atomic Action（原子动作） 原子动作要么完整

执行，要么不执行。即或者执行结束并产生预期的结果，或者不对环境产生任何影响（4.2.3 节）。

Atomic Data Structure（原子数据结构） 原子数据结构是必须作为一个整体来解释的数据结构（4.3 节）。

Availability（可用性） 在系统交替提供正确服务和不正确服务的情况下，可用性是关于正确服务的度量，定义为系统提供正确服务的时间比例（1.4.4 节）。

Babbling Idiot（喋喋不休组件） 分布式计算机系统中的喋喋不休组件会在分配给它的时间间隔之外发送消息（4.7.1 节）。

Back-Pressure Flow Control（反向压力流量控制） 使用反向压力流量控制策略时，接收者在收到系列消息后会施加压力给发送者，从而使得它的发送速度不超出接收者的处理能力（7.3.2 节）。

Basic Message Transport Service（基本消息传输服务，BMTS） 基本消息传输服务把消息从发送组件传输到一或多个接收组件（7.2.1 节）。

Benign Failure（非危险失效） 如果一个失效引起的最坏后果和系统普通功能无法工作所引起的后果相仿，则称为非危险失效（6.1.3 节）。

Best Effort（尽力而为） 如果无法通过分析方法来确定一个实时系统的时间特性，那么该系统就是尽力而为系统，即使在满足该系统负载假设和故障假设的情况下（参见"有保证的实时性"）（1.5.3 节）。

Bit-length of a Channel（信道位长） 信道位长指在一个传输延迟内能够通过信道传输的比特数（7.2.2 节）。

Bus Guardian（总线监护） TTP 控制器中的独立硬件单元，用来确保故障组件在时域内失效静默（7.5.1 节）。

Byzantine Error（拜占庭错误） 如果一组接收者观测到的 RT 实体值互不相同（互相冲突），则称出现了拜占庭错误。观测到的 RT 实体取值中有些，甚至全部都不正确（同义词：恶意错误、两面派错误、不一致错误）（3.4.1 节）。

Causal Order（因果序） 一组事件之间的顺序如果能够反映事件间的因果关系，则称为因果序（3.1.1 节）。

Causality（因果关系） 在原因 C 和事件 E 之间的因果关系定义为：如果 C 发生，一定会产生 E（2.1.1 节）。

Clock（时钟） 时钟是一个时间测量设备，包含一个计数器和物理振荡机制，后者可以周期性地产生事件，即时钟脉冲或微脉冲来增加计数器（3.1.2 节）。

Cluster（集群） 集群是实时系统中的子系统。实时计算机系统、操作员或受控对象都是集群实例（1.1 节）。

Cognitive Complexity（认知复杂性） 观测者理解一个模型所需的时间可以反映观测者的认知投入，因而反映该模型相对于观测者的认知复杂性。我们假设给定观测者可以代表模型的目标用户群（2.1.3 节）。

Complex Task（C-task）（复杂任务（C- 任务）） 复杂任务（C- 任务）指在任务体中包含同步阻塞语句（如信号量操作语句 wait）的任务（9.2.3 节）。

Component（组件） 组件是一个包含硬件和软件的单元，即包括系统软件和应用软件的自包含计算机系统，它在分布式计算机系统中执行定义好的功能（4.1.1 节）。

Composability（可组合性） 假定一个系统中的子系统都满足某个特性，如果按照系统体系结构来集成这些子系统不会导致系统不满足相应的特性，则称该体系结构在相应特性上是可组合的（4.7.1 节）。

Computational Cluster（计算集群） 实时系统中的一个子系统，由通过实时通信网络连接的组件组成（1.1 节）。

Concept（概念） 概念是对类别的描述，并通过一组关于与其他类别建立关系的信念来刻画相应类别的特征。这组信念实际建立了一个新概念与已有概念之间的关系，并为概念分析提供了潜在理论基础（2.1.2 节）。

Conceptual Landscape（概念图谱） 概念图谱指个人通过其思维中的经验子系统和理性分析子系统建立并维护的个人知识库（2.2 节）。

Concrete World Interface（物理世界接口） 物

理世界接口是在接口组件与外部设备或其他外部组件之间的物理 I/O 接口（4.5 节）。

Concurrency Control Field（并发控制字段，CCF） 并发控制字段（CCF）是 NBW 协议使用的单字长（word）字段（9.4.2 节）。

Consistent Failure（一致失效） 多用户系统中如果所有用户都看到了相同错误结果，则称出现了一致失效（6.1.3 节）。

Contact Bounce（触点颤动） 在机械触点闭合后立即产生的随机振荡（9.5.2 节）。

Control Area Network（控制器局域网络，CAN） 控制器局域网络（CAN）是一种基于载波侦听、多路访问和冲突回避技术的低成本事件触发通信网络（7.3.2 节）。

Controlled Object（受控对象） 受控对象是工业中由实时计算机系统进行控制的工业对象、过程或设备（1.1 节）。

Convergence Function（收敛函数） 收敛函数是一组时钟中各自所表达的全局时间最大偏差（3.4 节）。

Deadline（截止时间） 截止时间是应该或必须产生结果的时刻（参见 *soft deadline, firm deadline*，和 *hard deadline*）（1.1 节）。

Deadline Interval（截止时间间隔） 截止时间间隔是介于任务请求时间和截止时间之间的间隔（10.1 节）。

Determinism（确定性） 一个物理系统，如果给定在时刻 t 的初始状态和一系列带时间信息的未来输入，则其后续状态、取值和后续输出的产生时间都可以确定列举出来，则称该物理系统的行为具有确定性。对于确定性的分布式计算机系统，我们必须假定所有事件（如在时刻 t 的初始状态观测、带时间信息的输入）都是建立在稀疏全局时基上的稀疏事件（5.6.1 节）。

Drift（漂移） 物理时钟 k 在微脉冲 i 和微脉冲 $i+1$ 间的漂移是该时钟 k 与参考时钟在微脉冲 i 时的时钟频率之比（3.1.2 节）。

Drift Offset（漂移量） 漂移量指两个好的相互独立计时的时钟在两次同步间隔内的最大计时偏移量（3.1.4 节）。

Duration（持续时间） 持续时间是定义在时间线上的区间（3.1.1 节）。

Dynamic Scheduler（动态调度器） 动态调度器在运行时根据出现的相应事件来决定接下来调度执行哪个任务（10.4 节）。

Earliest-Deadline-First（EDF）Algorithm（最早截止期优先（EDF）算法） 一种用于一组独立任务的最优化动态可抢占调度算法（10.4.1 节）。

Electro-Magnetic Interference（EMI）（电磁干扰（EMI）） 电磁辐射对电子系统产生的扰动（11.3.4 节）。

Electronic Product Code（电子产品码，EPC） RFID 委员会设计的编码，用来唯一标识全球每个产品（13.4.2 节）。

Embedded System（嵌入式系统） 一个嵌入了实时计算机的更大系统，还包括机械子系统和人机接口（参见 *intelligent product*）（1.6.1 节）。

Emergence（涌现） 当子系统间的交互导致在系统层出现了一个全局特性，且并不能在子系统层次观测到该特性，我们说系统具有涌现现象（2.4 节）。

End-to-End Protocol（端到端协议） 端到端协议用于连接到通信信道上的终端用户（机器或人）进行交互（1.7 节）。

Environment of a Computational Cluster（计算集群运行环境） 一个给定计算集群的运行环境由与该集群进行（直接或间接）交互的所有其他集群组成（1.1 节）。

Error（错误） 错误指系统状态的部分取值与规格说明所明确的预期取值不一致（6.1.2 节）。

Error-Containment Coverage（错误限制区覆盖率） 指错误限制区中发生的错误被其中某个接口检测到的概率（6.4.2 节）。

Error-Containment Region（错误限制区） 计算机系统中通过错误检测接口封装的子系统，使得该子系统内未被检测到的错误传播到子系统外部的概率会很小（参见 *Error-Containment Coverage*）（6.4.2 节）。

Event（事件） 事件（event）是在系统时间线某个切点所发生的事，系统状态的每个变化都是一个事件（1.1 节）。

Event Message（事件消息） 如果一个消息携带有关于事件的信息，且每个新消息都在接收端通过队列缓存，然后逐个读取处理，那么这样的消息就是事件消息（参见 *state message*）（4.3.3 节）。

Event-triggered（ET）Observation（事件触发（ET）观测） 如果一个观测的时刻点由某个事件的出现时刻，而不是时钟脉冲来决定，则该观测就是由事件触发的（5.2 节）。

Event-Triggered（ET）System（事件触发（ET）系统） 如果一个实时计算系统中所有的通信和处理活动都由事件而不是时钟脉冲来触发，则该系统是事件触发系统（1.5.5 节）。

Exact Voting（精确表决） 两个消息只有当二者的比特序列完全相同时，才会被表决为相同消息（参见 inexact voting）（6.4.2 节）。

Execution Time（执行时间） 执行时间是计算机执行一个动作所持续的时间。如果驱动计算机的晶振速度加快，执行时间就会减少。最坏执行时间简写为 WCET（4.1.2 节）。

Explicit Flow Control（显式流量控制） 这种控制策略要求消息接收者向发送者显式发送确认消息，通知发送者所发送的消息已成功抵达，接收者已准备好接受下一个消息（参见 *flow control, implicit flow control*）（7.2.3 节）。

External Clock Synchronization（外部时钟同步） 把一个时钟与外部参考时钟进行同步的过程（3.1.3 节）。

Fail-Operational System（失效可运作系统） 失效可运作系统是一个实时系统，其中在出现失效后不能立刻让系统进入安全状态，即系统仍然在正常操作状态下运行（1.5.2 节）。

Fail-Safe System（失效安全系统） 失效安全系统是一个实时系统，其中一旦出现失效就立即找到并迁移到相应的安全状态（1.5.2 节）。

Fail-Silence（失效静默） 如果一个子系统要么提供正确输出结果，要么不提供输出结果，即在不能提供正确服务时保持静默。这样的子系统称为失效静默子系统（6.1.1 节）。

Failure（失效） 失效是一个表征系统实际服务与预期服务有偏差的事件（6.1.3 节）。

Fault（故障） 故障是导致产生错误的原因（6.1.1 节）。

Fault Hypothesis（故障假设） 针对预期由容错系统进行处理的故障，故障假设是关于故障类型和故障发生频度的假设（6.1.1 节）。

Fault-Tolerant Average Algorithm（容错平均算法，FTA） 是一种分布式时钟同步算法，用来处理时钟的拜占庭失效（3.4.3 节）。

Fault-Containment Unit（故障限制单元，FCU） 这种单元把故障导致的直接后果限制在其内部。不同的 FCU 在失效行为上必须相互独立。组件应该设计为 FCU（6.4.2 节）。

Fault-Tolerant Unit（容错单元，FTU） 该单元由一组具有副本确定性的 FCU 组成，从而即使某些 FCU 失效仍能提供所要求的服务（6.4.2 节）。

Field Replaceable Unit（现场可更换单元，FRU） 从维护修复角度来看，该单元是一种原子性的子系统（1.4.3 节）。

Firm Deadline（严格截止时间） 如果一个结果的产生时间错过了规定的截止时间后就不再可用，则称该截止时间是严格的（1.1 节）。

FIT（单位时间内失效数） FIT 是失效率的表示单位。一个 FIT 的失效率即为在 10^9 小时内产生一个失效，表示为 1 个失效 /10^9 小时（1.4.1 节）。

Flow Control（流量控制） 流量控制的目标是通过控制发送者和接收者之间的信息流动速度来确保接收者能够跟得上发送者的速度（参见 *explicit flow control, implicit flow control*）（7.2.3 节）。

Gateway component（网关组件） 分布式实时系统中隶属于两个集群的组件，它为这两个集群的交互提供关于对方的相互视图（4.5 节）。

Global Time（全局时间） 全局时间是一个抽象概念，通过从一组本地同步时钟精心选择的微脉冲来近似获得的全局性时间。用来近似计算全局时间的本地时钟微脉冲称为全局时钟脉冲（3.2.1 节）。

Granularity of a Clock（时钟粒度） 时钟粒度是指在该时钟两个微脉冲之间发生的参考时钟微脉冲数（3.1.2 节）。

Ground（g）State（基状态（g 状态）） 在某个抽象层次下，分布式系统组件的基状态是组件未来行为对过去行为的依赖性最小时刻的状态。在基状态时刻，所有与未来行为相关的过去信息都包含在已声明的基状态数据结构中。在基状态时刻，相应组件内没有任何活动任务，所有通信信道都被冲刷干净（无传输的消息）。基状态时刻是重新集成组件的理想时刻（4.2.3 节）。

Guaranteed Timeliness（有保证的实时性） 如果一个实时系统在给定负载假设和故障假设的情况下，可以不必引入概率方法，就能在设计上推理确认系统的时间特性能够满足要求，则该系统为有保证的实时系统（参见 *best effort*）（1.5.3 节）。

Hamming Distance（海明距离） 海明距离定义为能够在一个编码字中以语法方式检测出的最多错误比特数加 1（6.3.3 节）。

Hard Deadline（硬截止时间） 如果在一个截止时间内没有产生结果会引起灾难，则称为硬截止时间（1.1 节）。

Hard Real-Time Computer System（硬实时计算机系统） 是一种实时计算机系统，且该系统必须至少有一个得到满足的硬截止时间（同义词：安全关键实时计算机系统）（1.1 节）。

Hazard（危害） 危害是一种不期望的条件，潜在地会引起或有助于出现事故（11.4.2 节）。

Hidden Channel（隐藏通道） 在给定计算集群之外的通信通道（5.5.1 节）。

Idempotency（幂等性） 幂等性是定义在到达同一个接收者的重复消息上的关系。一组重复消息如果是幂等的，则收到该消息的一个副本和收到多个副本所产生的作用相同（5.5.4 节）。

Implicit Flow Control（隐式流量控制） 采用隐式流量控制策略时，发送者和接收者在通信会话开始前就约定好消息的发送时刻。发送者只会在协定好的时刻发送消息，只要发送者遵守了该协定，接收者承诺接受发送者所发送的所有消息（参见 *explicit flow control, flow control*）（7.2.3 节）。

Inexact Voting（非精确表决） 如果一个表决器采用与应用相关的"相同"准则来判断两个消息是否相同，则称为非精确表决器（参见 *exact voter*）（6.4.2 节）。

Instant（时刻） 时刻是在时间线上的一个切点（1.1 节）。

Instrumentation Interface（检测控制接口） 检测控制接口是在实时计算机系统与受控对象之间的接口（1.1 节）。

Intelligent Actuator（智能作动器） 智能作动器由作动器和微控制器组成，共同安装在同一个壳体中（9.5.5 节）。

Intelligent Product（智能产品） 智能产品是一个自包含系统，包括机械子系统、用户接口和发挥控制作用的嵌入式实时计算机系统（参见 *embedded system*）（1.6.1 节）。

Intelligent Sensor（智能传感器） 智能传感器由传感器和微控制器组成，能够通过输出接口产生测量数据。如果智能传感器有容错能力，则可以在输出接口上生成议定数据（9.5.5 节）。

Interface（接口） 接口是两个子系统之间的共同边界（4.4 节）。

Interface Component（接口组件） 一个向其外部环境提供接口的组件。接口组件也是网关组件（4.5 节）。

Internal Clock Synchronization（内部时钟同步） 一组时钟相互间在内部进行同步的过程，从而建立具有一定精度的全局时间（3.1.3 节）。

International Atomic Time（国际原子时间，TAI） 国际时间标准，其中秒定义为 9 192 631 770 倍铯 133 原子的特定能级跳跃周期时间（3.1.4 节）。

Intrusion（入侵） 成功探查出系统脆弱性的行为（6.2 节）。

Intuitive Experiental Problem Solving System（直觉经验式问题求解系统） 它是人类基于情感的前意识问题求解子系统。该子系统把感知输入作为一个整体进行快速自动处理，只消耗最少的认知资源（2.1.1 节）。

Internet of Things（物联网，IoT） 把物理设备直接接入互联网的结果，使得可以对它们进行远程访问和控制（13 节）。

Irrevocable action（不可撤销动作） 一种一旦启动就不能撤销的动作，如钻洞和启动枪炮开火（1.5.1 节）。

Jitter（抖动） 抖动是一个动作（处理动作、通信动作）执行所需的最长时间和最短时间之间的差值（1.3.1 节）。

Laxity（松弛度） 任务的松弛度等于任务截止

时间间隔减去任务最坏执行时间（WCET）（9.2.2 节）。

Least-Laxity（LL）Algorithm（最小松弛度算法）　用于调度一组独立任务的最优动态可抢占调度算法（10.4.1 节）。

Logical Control（逻辑控制）　逻辑控制关注任务内的控制流。给定程序结构和具体输入数据，就确定了相应的逻辑控制，它把输入数据转换到期望的输出数据（参见 *temporal control*）（4.1.3 节）。

Maintainability（可维护性）　系统在 d 时间间隔内的可维护性定义为系统在出现失效后，可以在 d 时间内恢复至可操作状态和重新启动的概率（1.4.3 节）。

Malicious Code Attack（恶意代码攻击）　攻击者为了取得系统部分或全部控制权限，把诸如病毒、蠕虫或木马程序的恶意代码注入软件中的攻击行为（6.2.2 节）。

Measured Data（测量数据）　测量数据元素是经过预处理并转化为标准计量单位的原始数据元素。产生测量数据的传感器称为智能传感器（参见 *raw data, agreed data*）（9.6.1 节）。

Membership Service（成员关系服务）　分布式系统的一种服务，在约定时刻（成员关系确认时刻点）产生所有组件的操作运行状态（正在运行或失效）的一致信息。从成员关系信息产生时刻点到其他组件收到该信息的时间间隔长度是成员关系服务的一个服务质量参数（5.3.2 节）。

Message Structure Declaration（消息结构声明，MSD）　消息字段结构规格，定义消息字段的语法结构和相应的名称。消息字段名称对字段含义所蕴含的概念给出了解释（4.6.2 节）。

Microtick（微脉冲）　物理时钟的微脉冲是该时钟产生的周期性事件（参见 *tick*）（3.1.2 节）。

Non-Blocking Write Protocol（非阻塞写入（NBW）协议）　非阻塞写入（NBW）协议是一种用于同步单个写入任务和多个读出任务的协议，它无需阻塞写入任务就可满足数据读写一致性要求（9.4.2 节）。

Non-Deterministic Design Construct（不确定性设计成分，NDDC）　不确定性设计成分会在值域或时域产生不可预测的结果（5.6.3 节）。

Observation（观测）　对一个实时实体的观测可表达为一个原子式的三元组，包括实时实体名称、观测时刻和观测值（5.2 节）。

Offset（偏移）　两个事件间的偏移是这两个事件之间的时间差（3.1.3 节）。

Periodic Finite State Machine（周期有限状态机，PFSM）　PFSM 是有限状态机模型的一个扩展，加入了实时时间推进（4.1.3 节）。

Periodic Task（周期性任务）　周期性任务是一种相继任务请求时间间隔为常数的任务（参见 *aperiodic task, sporadic task*）（10.1.2 节）。

Permanence（持久性）　持久性是发送给接收者的消息与所有该消息之前发送给该接收者的相关消息集合之间的关系。当已知在一个特定消息之前发送给给定组件的消息均已到达（或永远不会到达）时，这个特定消息在这个给定组件上就变成了持久消息（5.5.1 节）。

Phase-Aligned Transaction（相位对齐事务）　相位对齐事务是一种实时事务，要求对其中的处理动作和通信动作进行同步（5.4.1 节）。

Point of Observation（观测时刻）　对实时实体进行观测的时刻（1.2.1 节）。

Positive-Acknowledgment or-Retransmission（PAR）protocol（肯定确认或重传协议）　肯定确认或重传协议是一种事件触发协议，消息接收者必须对发送者发出的消息进行肯定确认（7.1.2 节）。

Precision（精度）　一组时钟的精度指在所关注时间周期内其中任何两个时钟相应脉冲间的最大偏移。精度可参考时钟的脉冲数来表示（3.1.3 节）。

Primary Event（首要事件）　引起爆发式警报的原因称为首要事件（1.2.1 节）。

Priority Ceiling Protocol（优先级置顶协议）　用于一组相互依赖的周期性任务的调度算法（10.4.2 节）。

Process Lag（处理滞后）　从把步进函数作用于受控对象输入开始，到受控对象开始出现响应的时间延迟（1.3.1 节）。

Propagation Delay（传输延迟）　通信信道的传输延迟是单一比特数据在信道中传输所需

的时间（7.2.2 节）。

Protocol（协议） 协议是用来管理合作方之间通信的规则（2.2.3 节）。

Radio Frequency Identification（RFID）（射频识别（RFID）） 基于电子方式的对象识别技术（13.4 节）。

Rare Event（罕见事件） 罕见事件是一种特别重要但很少发生的事件。在许多应用中，实时计算机系统在罕见事件发生情况下的性能是否可预测是个首要受关注问题（1.2.1 节）。

Rate-Monotonic Algorithm（单调速率算法） 用于一组独立周期任务的动态可抢占调度算法（10.4.1 节）。

Raw Data（原始数据） 原始数据元素是由非智能化传感器产生的模拟或数字数据元素（参见 *measured data, agreed data*）（9.6.1 节）。

Real-Time（RT）Entity（实时实体） 实时实体是位于计算集群外部环境或其内部，与系统目标有关的状态变量。实时实体实例包括：容器温度、开关位置、操作员选择的设置点，或由计算机得到的预期阀门位置等（5.1 节）。

Real-Time（RT）Image（实时镜像） 实时镜像是实时实体的当前快照（5.3 节）。

Real-Time Computer System（实时计算机系统） 在实时计算机系统中，系统行为的正确性不只取决于计算结果的正确性，也取决于计算结果产生的物理时间。实时计算机系统可包括一或多个计算集群（1.1 节）。

Real-time Data Base（实时数据库） 实时数据库用来管理时域精确的实时镜像数据（1.2.1 节）。

Real-Time Object（实时对象） 实时（RT）对象是计算机内部用以表示 RT 实体或 RT 镜像的容器，并关联一个时钟。该时钟有与 RT 对象动态特性相适应的时钟粒度（5.3.2 节）。

Real-Time Transaction（实时事务） 一个实时（RT）事务是发生在计算集群与其外部环境之间的计算和通信动作序列。计算集群接收来自其环境的激励，并对此做出响应（1.7.3 节）。

Reasonableness Condition（合理性条件） 时钟同步的合理性条件是全局时间的粒度必须大于一组物理时钟的精度（3.2.1 节）。

Reference Clock（参考时钟） 参考时钟是个理想时钟，永远与国际标准时间保持完美的一致（3.1.2 节）。

Reliability（可靠性） 假设系统在 $t=t_0$ 时正常工作，系统可靠性 $R(t)$ 是系统直到时刻 t 时仍能提供预期服务的概率（1.4.1 节）。

Replica Determinism（副本确定性） 副本确定性是期望一组 RT 对象副本间具备的关系。如果一组 RT 对象副本在至多间隔 d 个时间单位的时刻都有相同的可见状态，并能产生相同的输出消息，则称这组 RT 对象具有副本确定性关系（5.6 节）。

Resource Adequacy（资源充分性） 如果一个实时计算机系统有足够的计算资源来处理峰值负载和故障假设所规定的故障，则称之为资源充分系统。有保证的响应系统一定建立在资源充分性基础上（参见 *guaranteed timeliness*）（1.5.4 节）。

Rise Time（上升时间） 上升时间是系统输出水平上升到其最终平衡态的某个特定百分比所需的时间，系统输出的变化是对步进输入的响应结果（1.3.1 节）。

Risk（风险） 风险是危害严重程度与危害发生概率的乘积。危害的严重程度反映一个危害所能引起的最严重的破坏程度（11.4.2 节）。

Safety（安全性） 安全性是关注于关键失效模式的系统可靠性（1.4.2 节）。

Safety Case（安全案例） 安全案例由一组良好定义的命题组成，它们使用分析和经验证据来论证给定系统的安全性（11.4.3 节）。

Safety Critical Real-Time Computer System（安全关键实时计算机系统） 是硬实时计算机系统的别称（1.1 节）。

Sampling（采样） 采样是计算机系统在其控制范围内周期性查询 RT 实体状态的过程。如果需要内存来存储一个（采样）事件的结果，则该内存处于相应计算机系统的控制范围之外（1.3.1 节）。

Schedulability Test（可调度性测试） 可调度性测试检查是否存在一个调度，使得给定任务集中的所有任务都能够满足相应的截止时间（10.1.1 节）。

Semantic Agreement（语义协定） 针对一组测量变量的不同测量值，如果存在一个关于受控对象物理特征和动态特性先验知识的物理过程模型，能够把这些测量值的含义关联起来，则称这些测量变量之间有语义协定（9.6.3 节）。

Semantic Content（语义内容） 即最终用户所理解的关于一个语句或变量的根本含义。可以使用不同的语法形式来表示相同的语义内容（2.2.4 节）。

Signal Conditioning（信号调节） 信号调节是对从原始数据元素产生测量数据元素所需的所有处理步骤的统称（1.2.1 节）。

Soft Deadline（软截止时间） 如果错过了相应截止时间产生的结果仍然可用，则称该截止时间是软截止时间（1.1 节）。

Soft Real-Time Computer System（软实时计算机系统） 是只考虑软截止时间的实时计算机系统（1.1 节）。

Sparse Event（稀疏事件） 即在稀疏时基上活动时间区间内出现的事件（3.3 节）。

Sparse Time Base（稀疏时基） 分布式计算机系统采用的时基，其中物理时间被划分为由活动区间和静默区间组成的无穷序列，其中只能在活动区间内产生稀疏事件（3.3 节）。

Sphere of Control（控制范围，SOC） 一个子系统的控制范围定义为一组 RT 实体，该子系统负责查询确定这些 RT 实体的状态值（5.1.1 节）。

Sporadic Task（偶发任务） 偶发任务是一种任务请求时间未知，但是已知其连续请求的最小间隔（参见 *periodic task, aperiodic task*）（10.1.2 节）。

Spoofing Attack（欺骗攻击） 一种安全攻击，攻击者伪装成合法用户来试图获得系统的非授权访问（6.2.2 节）。

State（状态） 组件在某个时刻的状态定义为一个数据结构，包含与该组件未来操作相关的所有历史信息（4.2 节）。

State Estimation（状态估计） 状态估计是在 RT 对象内部构造 RT 实体状态模型的技术，从而根据模型来估计 RT 实体在未来时刻的可能状态，并更新相应的 RT 镜像数据

（5.4.3 节）。

State Message（状态消息） 如果一个消息包含实时实体状态，且新版本消息可以取代老版本消息，则称为状态消息。读取状态消息时不会取走消息（参见 *event message*）（4.3.4 节）。

Synchronization Condition（同步条件） 同步条件是用于确定是否要进行时钟同步的必要条件，它与收敛函数、漂移量和精度有关（3.4.1 节）。

System of Systems（成体系系统，SoS） 为了达到一个共同目标，一组由基本独立自治的系统相互协作所形成的大系统（4.7.3 节）。

Task Descriptor List（任务描述表，TADL） 任务描述表（TADL）是时间触发操作系统的一个静态数据结构，记录着任务必须被分派调度的时刻（9.2.1 节）。

Task Request Time（任务请求时间） 任务请求时间是一个任务准备好被执行的时刻（10.1.2 节）。

Task（任务） 任务是对一个程序执行的统称（参见 *simple task, complex task*）（4.2.1 节）。

Temporal Accuracy（时域精确性） 一个实时镜像如果是时域精确的，则存在一个时间间隔，在期间内该实时镜像值等于相应 RT 实体值，而且该时间间隔小于应用所要求的上限（5.4 节）。

Temporal Control（时域控制） 时域控制关注如何确定何时必须激活或阻塞一个任务（参见 *logical control*）（4.1.3 节）。

Temporal Failure（时域失效） 当系统没能在预期的实时时间间隔内把一个值输出到系统 - 用户接口，则称出现了时域失效。只有当系统规格明确交代了预期的系统时域行为，才可能出现时域失效（同义词：定时失效）（6.1.3 节）。

Temporal Order（时序） 一组事件的时序是它们在时间轴上的发生顺序（3.1.1 节）。

Thrashing（颠簸） 系统吞吐量随着负载增加而急剧下降的现象称为颠簸（7.2.4 节）。

Tick（时钟脉冲） 全局时间脉冲（同义词：宏脉冲）是被选中的本地时钟微脉冲。针对建立在一组同步时钟之上的全局时间，任意两个全局时间脉冲之间的偏移量一定小

于这组同步时钟的精度（参见 Microtick, Reasonableness Condition）（3.2.1 节）。

Time Stamp（时间戳）　针对给定时钟，一个事件的时间戳是该事件出现时的时钟状态（3.1.2 节）。

Time-Division Multiple Access（时分多路访问，TDMA）　时分多路访问是一种时间触发通信技术，它把时间轴静态划分为若干时间槽（slot），每个时间槽都分配给一个组件，使得组件只能在分配给它的时间槽内才能发送消息（7.5 节）。

Time-Triggered Architecture（时间触发体系结构，TTA））　用于实时应用的一种分布式计算机体系结构，所有组件都对全局时间的推进敏感，大部分动作都由全局时间的推进来触发。

Time-Triggered Ethernet（时间触发以太网，TTEthernet）　支持确定性消息传输的一种标准以太网扩展（7.5.2 节）。

Time-Triggered Protocol（TTP）（时间触发协议（TTP））　一种通信协议，消息开始传输的时刻由全局时间的推进来决定（7.5.1 节）。

Timed Message（实时消息）　实时消息在其消息数据字段记录有事件时间戳（如观测时刻点）（9.1.1 节）。

Timing Failure（定时失效）　参见 *Temporal Failure*。

Token Protocol（令牌协议）　一种基于令牌的通信协议，拥有令牌者才有传输消息的权限，令牌在通信伙伴之间传递（7.4.1 节）。

Transducer（转换器）　一种把能量从一个形态转换成另一种形态的设备。该设备或者是传感器，或者是作动器（9.5 节）。

Transient Fault（瞬时故障）　瞬时故障只在短时间内存在，之后就会消失。硬件不会因瞬时故障出现永久失效（6.1.1 节）。

Trigger（触发器）　触发器是能触发某个动作启动执行的事件（1.5.5 节）。

Trigger Task（触发器任务）　触发器任务是一种时间触发任务，它会检查一组时域精确的变量是否满足某个条件，一旦满足就会生成一个触发器来触发应用任务（9.2.2 节）。

Triple-Modular Redundancy（三模冗余，TMR）　容错系统的一种配置，其中容错单元（FTU）由三个同步的副本确定性组件组成。任何一个组件的值域失效或时域失效都能够被其他两个（即多数）所屏蔽（参见 *voting*）（6.4.2 节）。

Understanding（理解）　如果一个模型表示所表达的概念和关系与观测者的概念图谱以及推理方法充分连接到一起，则称观测者理解了该模型（2.1.3 节）。

Universal Time Coordinated（天文统一时间，UTC）　一种基于天文现象的国际时间标准（参见 *International Atomic Time*）（3.1.4 节）。

Value Failure（值域失效）　如果系统在系统–用户接口输出了一个不正确的值，则称出现了值域失效（6.1.3 节）。

Voter（表决器）　表决器是一种检测和屏蔽错误的单元，它接收和比较一组独立的输入消息，并基于对输入的分析产生一个输出消息（参见 *exact voting, inexact voting*）（6.4.2 节）。

Vulnerability（脆弱性）　计算机系统设计或操作运行中存在的不足，可导致出现信息安全事故，如入侵（6.2 节）。

Watchdog（看门狗）　看门狗是用来监视计算机运行状态的独立外部设备。计算机必须发送周期性信号（生命特征，或称心跳）给看门狗。如果看门狗在规定时间间隔内未收到生命特征信号，它就会假设计算机已失效，并会采取一些动作进行处理（如，看门狗会强制受控对象进入安全状态）（9.7.4 节）。

Worst-Case Administrative Overhead（最坏情况管理开销，WCAO）　操作系统所提供管理服务的最坏执行时间（5.4.2 节）。

Worst-Case Communication Delay（最坏通信延迟，WCCOM）　最坏通信延迟是在负载假设和故障假设状态下完成一个通信动作所用的最长时间间隔（5.4.1 节）。

Worst-Case Execution Time（最坏执行时间，WCET）　最坏执行时间是在负载假设和故障假设下针对所有可能的输入数据，完成一个动作所用的最长时间间隔（10.2 节）。

参 考 文 献

[Ahu90]   Ahuja, M., Kshemkalyani, A. D. & Carlson, T. (1990). *A Basic Unit of Computation in a Distributed System*. Proc. of the 10th IEEE Distributed Computer Systems Conference. IEEE Press. (pp. 12-19).

[Ale77]   Alexander, C.S. et al. (1977). *A Pattern Language*. Oxford University Press.

[Ami01]   Amidzic, O., H.J.Riehle, T. Fehr, C. Wienbruch &T. Elbert. (2001). *Pattern of Focal y-bursts in Chess Players*. Nature. Vol. 412. (p. 603).

[And01]   Anderson, D.L. (2001). *Occam's Razor; Simplicity, Complexity, and Global Geodynamics*. Proc. of the American Philosophical Society. Vol.14(1). (pp. 56-76).

[And95]   Anderson, J., S. Ramamurthy, & K. Jeffay. (1995). *Real-Time Computing with Lock-Free Shared Objects*. Proc. RTSS 1995. IEEE Press. (pp. 28-37).

[ARI05]   ARINC. (2005). *Design Assurance Guidance for airborne electronic hardware* RTCA/DO-254. ARINC, Annapolis, Maryland.

[ARI91]   ARINC. (1991). *Multi-Transmitter Data Bus ARINC 629–Part 1: Technical Description*. ARINC, Annapolis, Maryland.

[ARI92]   ARINC. (1992). *Software Considerations in Airborne Systems and Equipment Certification* ARINC DO-178B. ARINC, Annapolis, Maryland.

[Arl03]   Arlat, J. et al. (2003). *Comparison of Physical and Software-Implemented Fault Injection Techniques*. IEEE Trans. on Computers. Vol. 52(9). (pp. 1115-1133).

[Art06]   ARTEMIS. (2006). *Strategic Research Agenda. Reference designs and architectures*. URL: https://www.artemisia-association.org/downloads/RAPPORT_RDA.pdf.

[Att09]   Attaway, S. (2009). *Matlab, a Practical Introduction to Programming and Problem Solving*. Elsevier.

[Avi04]   Avizienis, A., et al., (2004). *Basic concepts and taxonomy of dependable and secure computing*. IEEE Trans. on Dependable and Secure Computing. Vol. 1(1). (pp. 11-33).

[Avi82]   Avizienis, A. (1982). *The Four-Universe Information System Model for the Study of Fault Tolerance*. Proc. of the 12th FTCS Symposium. IEEE Press. (pp. 6-13).

[Avi85]   Avizienis, A. (1985). *The N-version Approach to Fault-Tolerant Systems*. IEEE Trans. on Software Engineering. Vol. 11(12). (pp. 1491-1501).

[Avr92]   Aversky, D., Arlat, J., Crouzet, Y., & Laprie, J. C. (1992). *Fault Injection for the Formal Testing of Fault Tolerance*. Proc. of FTCS 22. IEEE Press. (pp. 345-354).

[Bar01]   Baresi, L. and M. Young. (2001). *Test Oracles*. University of Oregon, Dept. of Computer Science.

[Bar07]   Baronti, P., et al. (2007). *Wireless Sensor Networks: A Survey on the State of the Art and the 802.15.4 and Zigbee Standards*. Computer Communication, Vol. 30. Elsevier. (pp. 1655-1695).

[Bar93]   Barborak, M., Malek, M. (1993). The Consensus Problem in Fault-Tolerant Computing. ACM Computing Surveys. Vol 25(2). (pp. 171-218).

[Bea09]   Beautement, A., M.A. Sasse, & M. Wonham. (2009). *The Compliance Budget: Managing Security Behavior in Organizations*. Proc of NSPW 08. ACM Press. (pp. 47-58).

[Bed08]   Bedau, M.A. & P. Humphrey. (2008). *Emergence*. MIT Press, Cambridge.

[Ben00]   Benini, L. & G. DeMicheli. (2000). *System Level Power Estimation: Techniques and Tools*. ACM Trans. on Design Automation of Electronic Systems. Vol. 5(2). (pp. 115-192).

[Ber01]   [Ber01] Berwanger, J., et al. (2001). *FlexRay–The Communication System for Advanced Automotive Control Systems*. SAE Transactions, Vol. 110(7). SAE Press. (pp. 303-314).

[Ber07]   Bertolino, A. (2007). *Software Testing Research: Achievements, Challenges, Dreams*. Proc. of FOSE 07. IEEE Press. (pp. 85-103).

[Ber85]   Berry, G. & L. Cosserat. (1985). *The Synchronous Programming Language ESTEREL and its Mathematical Semantics*. Proc. of the Seminar on Concurrency. LNCS 197. Springer-Verlag.

[Bha10]   Bhattacharayya, R. et al. (2010). *Low-Cost, Ubiquitous RFID-Tag-Antenna-Based Sensing*. Proc. of the IEEE. Vol. 98(10). (pp. 1593-1600).

[Bla09]   Black, D.C., J. Donovan, & B. Bunton. (2009). *System C: From the Ground Up.* Springer Verlag.

[Boe01]   Boehm, B. & V. Basili. (2001). *Software Defect Reduction Top 10 List.* IEEE Computer. January 2001. (pp. 135-137).

[Bor07]   Borkar, S. (2007). *Thousand Core Chips–a Technology Perspective.* Proc. of DAC 2007. ACM Press. (pp. 746-749).

[Bou61]   Boulding, K.E. (1961). *The Image.* Ann Arbor Paperbacks.

[Bou96]   Boussinot, F. & R. Simone. (1996). *The SL Synchronous Language.* IEEE Trans. on Software Engineering. Vol. 22(4). (pp. 256-266).

[Bro00]   Brown, S. (2000). *Overview of IEC 61508—Design of electrical/electronic/programmable electronic safety-related systems.* Computing and Control Engineering Journal. Vol. 11(1). (pp. 6-12).

[Bro10]   Brooks, F.P. (2010). *The Design of Design: Essays from a Computer Scientist.* Addison Wesley.

[Bun08]   Bunge, M. (2008). *Causality and Modern Science.* Transaction Publishers.

[Bur09]   Burns, A. & A. Wellings. (2009). *Real-Time Systems and Programming Languages: Ada, Real-Time Java and C/Real-Time POSIX.* Addison-Wesley.

[But04]   Buttazzo, G. (2004). *Hard Real-Time Computing Systems: Predictable Scheduling Algorithms and Applications.* Springer Verlag.

[CAN90]   CAN. (1992). *Controller Area Network CAN, an In-Vehicle Serial Communication Protocol.* SAE Handbook 1992. SAE Press. (pp. 20.341-20.355).

[Car08]   Cardenas, A., A., S. Amin, & S. Shastry. (2008). *Research Challenges for the Security of Control Systems.* Proc. of the Workshop on *Hot Topics in Security.* Usenix Association. URL: http://portal.acm.org/citation.cfm?id=1496671.1496677.

[Cha09]   Chandola, V., A. Banerjee & V. Kumar. (2009). *Anomaly Detection: A Survey.* ACM Computing Surveys. Vol. 41(3). (pp. 15.1-15.58.)

[Che87]   Cheng, S.C. (1987). *Scheduling Algorithms for Hard Real-Time Systems–A Brief Survey.* In: *Hard Real-Time Systems.* IEEE Press.

[Chu08]   Chu, Y., Burns, A. (2008). *Flexible Hard Real-Time Scheduling for Deliberative AI Systems.* Real-Time Systems Journal. Vol. 40(3). (pp. 241-263).

[Cla03]   Clark, E., et al. (2003). *Counterexample-Guided Abstraction Refinement for Symbolic Model Checking.* Journal of the ACM. Vol. 50(5). (pp. 752-794).

[Cla88]   Clark, D. (1988). *The Design Philosophy of the DARPA Internet Protocols.* Computer Communication Review. Vol. 18(4). (pp. 106-114).

[Con02]   Constantinescu, C. (2002). *Impact of Deep Submicron Technology on Dependability of VLSI Circuits.* Proc. of DSN 2002. IEEE Press. (pp. 205-209).

[Cri89]   Cristian, F. (1989). *Probabilistic Clock Synchronization.* Distributed Computing. Vol. 3. Springer Verlag. (pp. 146-185).

[Cum10]   Cumming, D.M. (2010). *Haven't found that software glitch, Toyota? Keep trying.* Los Angeles Times. March 11, 2010.

[Dav79]   Davies, C.T. (1979). *Data Processing Integrity.* In: *Computing Systems Reliability.* Cambridge University Press. (pp. 288-354).

[Dea02]   Deavours, D., et al. (2002). *The Mobius framework and its implementation.* IEEE Trans. on Software Engineering, Vol. 28(10). (pp. 1-15).

[Deg95]   Degani, A., Shafto, M. & Kirlik, A. (1995). *Mode Usage in Automated Cockpits: some Initial Observations.* Proc. of IFAC 1995. IFAC Press. (pp. 1-13).

[Dri03]   Driscoll, K. et. a. (2003). *Byzantine Fault-Tolerance: From Theory to Reality.* Proc. of SAFECOMP 2003. LNCS 2788. Springer Verlag. (pp. 235-248).

[Dys98]   Dyson, G.B. (1998). *Darwin among the Machines—the Evolution of Global Intelligence.* Basic Books.

[Edm00]   Edmonds, B., (2000). *Complexity and Scientific Modeling.* In: *Foundations of Science.* Springer Verlag. (pp. 379-390).

[Eid06]   Eidson, J. (2006). *Measurement, Control and Communication Using IEEE 1588.* Springer Verlag.

[Eps08]   Epstein, S. (2008). *Intuition from the Perspective of Cognitive Experiential Self-Theory .* In: *Intuition in Judgment and Decision Making.* Lawrence Erlbaum New York. (pp. 23-38).

[Fei06]   Feiler, P., D. Gluch, & J. Hudak. (2006). *The Architecture Analysis and Design Language (AADL): An Introduction.* Report CMU-SEI 2006-TN-011. Software Engineering Institute.

[Fel04]   Feltovich, P.J., et al. (2004). *Keeping it too Simple: How the Reductive Tendency*

Effects Cognitive Engineering. IEEE Intelligent Systems. May/June 2004, IEEE Press (pp. 90-94).

[Fel04a]　Feldhofer, M., S. Dominikus, & J. Wokerstorfer. (2004). *Strong Authentication for RFID Systems Using the AES Algorithms.* LCNS 3156. Springer Verlag. (pp. 357-370).

[Fin03]　Finkenzeller, K. (2003). *RFID Handbook.* John Wiley and Sons.

[Fis06]　Fisher, D.A (2006). *An Emergent Perspective on the Operation of System-of-Systems.* Carnegie Mellon Software Engineering Institute. CMU/SEI-2006-TR-003. URL: http://www.dtic.mil/cgi-bin/GetTRDoc?Location=U2&doc=GetTRDoc. pdf&AD=ADA449020

[Foh94]　Fohler, G. (1994). *Flexibility in Statically Scheduled Hard Real-Time Systems.* PhD Thesis. Institut für Technische Informatik. Technical University of Vienna.

[Fra01]　Frank, D., et al. (2001). *Device Scaling Limits of Si MOSFETs and Their Application Dependencies.* Proc. of the IEEE. Vol. 89(3). (pp. 259-288).

[Gad10]　Gadh, R., et al. (2010). RFID: *A unique Radio Innovation for the 21st Century.* Proc. of the IEEE. Vol. 98(2). (pp. 1541-1680).

[Gaj09]　Gajski, D.D., et al. (2009). *Embedded System Design.* Springer Verlag.

[Gar75]　Garey, M.R. & D.S. Johnson. (1975). *Complexity Results for Multiprocessor Scheduling under Resource Constraints.* SIAM Journal of Computing. Vol. 4(4). (pp. 397-411).

[Gau05]　Gaudel, M.C. (2005). *Formal Methods and Testing: Hypotheses, and Correctness Approximations.* Proc. of Formal Methods 2005. LNCS 3582. Springer Verlag.

[Gra85]　Gray, J. (1985). *Why do Computers Stop and What can be done about it?* Tandem Technical Report TR85.7. Cupertino, CA.

[Hal05]　Halford, G.S., et al., How Many Variables Can Humans Process? Psychological Science, 2005. 16(1): pp. 70-76.

[Hal92]　Halbwachs, N., (1992). *Synchronous Programming of Reactive Systems.* Springer Verlag.

[Hal96]　Halford, G.S., W.H. Wilson, & S. Phillips. (1996). *Abstraction, Nature, Costs, and Benefits.* Department of Psychology, University of Queensland, 4072 Australia.

[Hay90]　Hayakawa, S.I. (1990). *Language in Thought and Action.* Harvest Original, San Diego.

[Hei00]　Heinzelman, W.R., A. Chandrakasan, & H. Balakrishan. (2000). *Energy-efficient Communication Protocol for Wireless Microsensor Networks.* Proc. of the 33rd Hawaii International Conference on System Science. IEEE Press. (pp. 3722-3725).

[Hen03]　Henzinger, T., B. Horowitz, & C.M. Kirsch, Giotto: A Time-Triggered Language for Embedded Programming. Proc. of the IEEE, 2003. 91(1): pp. 84-99.

[Her09]　Herault, L. (2009). *Holistic Approach for Future Energy-Efficient Cellular Networks.* Proc. of the Second Japan-EU Symposium on the Future Internet. European Communities Brussels. (pp. 212-220).

[Hme04]　Hmelo-Silver, C.E. & M.G. Pfeffer. (2004*). Comparing Expert and Novice Understanding of a Complex System from the Perspective of Structures, Behaviors, and Functions.* Cognitive Science, Elsevier, Vol. 28. (pp. 127-138).

[Hoe10]　Hoefer, C. (2010). *Causal Determinism.* In: *Stanford Encyclopedia of Philosophy.* (pp. 1-24). URL: http://plato.stanford.edu/entries/determinism-causal/.

[Hop78]　Hopkins, A.L., T.B. Smith, & J.H. Lala. (1978). *FTMP: A Highly Reliable Fault-Tolerant Multiprocessor for Aircraft Control.* Proc. IEEE. Vol 66(10). (pp. 1221-1239).

[Hue08]　Huebscher, M.C. & J.A. McCann. (2008). *A Survey of Autonomic Computing–Degrees, Models and Applications.* ACM Computing Surveys. Vol. 40(3). (pp. 7.1-7.28).

[Int09]　Intel. (2009). *Teraflop Research Chip.* URL: http://techresearch.intel.com/articles/Tera-Scale/1449.htm.

[ITR09]　ITRS Roadmap. (2009). *International Technology Roadmap for Semiconductors, 2009 Edition. Executive Summary.* Semiconductor Industry Association.

[Jac07]　Jackson, D., M. Thomas, & L.I. Millet. (2007). *Software for Dependable Systems: Sufficient Evidence?* National Academic Press. Washington.

[Jer77]　Jerri, A.J.)1977). *The Shannon Sampling Theorem—Its Various Extensions and Applications: A Tutorial Review.* Proc. of the IEEE. Vol. 65(11). (pp. 1565-1596).

[Joh92]　Johnson, S. C., & Butler, R. W. (1992). *Design for Validation.* IEEE Aerospace and Electronic Systems Magazine. Vol. 7(1). (pp. 38-43).

[Jon78]　Jones, J., C. (1978). *Design Methods, Seeds of Human Futures.* John Wiley.

[Jon97]　Jones, M. (1997). *What really happened on Mars Rover Pathfinder.* URL: http://catless.ncl.ac.uk/Risks/19.49.html#subj1.

[Jue05]　Juels, A. & S.A. Weis. (2005). *Authenticating Pervasive Devices with Human Proto-*

cols. In: Proc. of CRYPTO 2005. Springer Verlag. (pp. 293-308).

[Jur04] Juristo, N., A.M. Moreno, & S. Vegas, (2004). *Reviewing 25 Years of Testing Technique Experiments.* In: *Empirical Software Engineering,* Vol. 9. Springer Verlag. (pp. 7-44)

[Kan95] Kantz, H. & C. Koza. (1995). *The ELECTRA Railway Signaling-System: Field Experience with an Actively Replicated System with Diversity.* Proc. FTCS 25. (pp. 453-458).

[Kar95] Karlson, J. et al. (1995). *Integration and Comparison of Three Physical Fault-Injection Experiments.* In: *Predictably Dependable Computing Systems.* Springer Verlag.

[Kea07] Keating, M., et al. (2007). *Low Power Methodology Manual for Chip Design.* Springer Verlag.

[Kim94] Kim, K.H. & H. Kopetz. (1994). *A Real-Time Object Model RTO.k and an Experimental Investigation of its Potential.* Proc. COMPSAC 94. IEEE Press.

[Kni86] Knight, J.C. & N.G. Leveson. (1986). *An Experimental Evaluation of the Assumption of Independence in Multiversion Programming.* IEEE Trans. Software Engineering. Vol. SE-12(1). (pp. 96-109).

[Koo04] Koopman, P. (2004). *Embedded System Security.* IEEE Computer, (July 2004). (pp. 95-97.)

[Kop03] Kopetz, H, & Suri, N. (2003*). Compositional Design of RT Systems: A conceptual Basis for the Specification of Linking Interfaces.* Proc. of 6th ISORC. IEEE Press. (pp. 51-59).

[Kop03a] Kopetz, H. & G. Bauer. (2003). *The Time-Triggered Architecture.* Proc. of the IEEE, Vol. 91(1). (pp. 112-126).

[Kop04] Kopetz, H., A. Ademai, & A. Hanzlik.(2004). *Integration of Internal and External Clock Synchronization by the Combination of Clock State and Clock Rate Correction in Fault Tolerant Distributed Systems.* Proc. of the RTSS 2004. IEEE Press. (pp. 415-425).

[Kop06] Kopetz, H. (2006). *Pulsed Data Streams.* In: *From Model-Driven Design to Resource Management for Distributed Embedded Systems.* IFIP Series 225/2006. Springer Verlag. (pp. 105-114).

[Kop07] Kopetz, H., et al. (2007). *Periodic Finite-State Machines.* Proc. of ISORC 2007. IEEE Press. (pp. 10-20).

[Kop08] Kopetz, H. (2008). *The Rationale for Time-triggered Ethernet.* RTSS 2008. IEEE Press. (pp. 3-11).

[Kop08a] Kopetz, H. (2008). *The Complexity Challenge in Embedded System Design.* Proc. of ISORC 2008. IEEE Press. (pp. 3-12).

[Kop09] Kopetz, H. (2009). *Temporal Uncertainties in Cyber-Physical Systems.* Institute für Technische Informatik, TU Vienna, Report 1/2009. Vienna.

[Kop10] Kopetz, H. (2010). *Energy-Savings Mechanism in the Time-Triggered Architecture.* Proc. of the 13th ISORC. IEEE Press. (pp. 28-33).

[Kop85] Kopetz, H. & W. Merker. (1985). *The Architecture of MARS.* Proc. of FTCS-15. IEEE Press. (pp. 274-279).

[Kop87] Kopetz, H. & W. Ochsenreiter. (1987). *Clock Synchronization in Distributed Real-Time Systems.* IEEE Trans. Computers. Vol. 36(8). (pp. 933-940).

[Kop89] Kopetz, H. et al. (1989). *Distributed Fault Tolerant Real-Time Systems: The MARS Approach.* IEEE Micro. Vol. 9(1). (pp. 25-40).

[Kop90] Kopetz, H. & K. Kim. (1990). *Temporal Uncertainties in Interactions among Real-Time Objects.* Proc. 9th IEEE Symp. on Reliable Distributed Systems. IEEE Press. (pp. 165-174).

[Kop91] Kopetz, H., G. Grünsteidl, & J. Reisinger. (1991). *Fault-Tolerant Membership Service in a Synchronous Distributed Real-Time System.* In: *Dependable Computing for Critical Applications.* Springer-Verlag. (pp. 411-429).

[Kop92] Kopetz, H. (1992). *Sparse Time versus Dense Time in Distributed Real-Time Systems.* Proc. 14th Int. Conf. on Distributed Computing Systems. IEEE Press. (pp. 460-467).

[Kop93] Kopetz, H. & G. Gruensteidl. (1993). *TTP - A Time-Triggered Protocol for Fault-Tolerant Real-Time Systems.* Proc. FTCS-23. IEEE Press. (pp. 524-532).

[Kop93a] Kopetz, H. & J. Reisinger. (1993). *The Non-Blocking Write Protocol NBW: A Solution to a Real-Time Synchronisation Problem.* Proc. of RTSS 1993. IEEE Press. (pp. 131-137).

[Kop95] Kopetz, H. (1995). *The Time-Triggered Approach to Real-Time System Design.* In: *Predictably Dependable Computing Systems.* Brian Randell, Editor. Springer Verlag. (pp. 53-66).

[Kop98] Kopetz, H. (1998). *The Time-triggered Model of Computation.* Proc. of RTSS 1998.

IEEE Press. (pp. 168-176).

[Kop99]　Kopetz, H. (1999). *Elementary versus Composite Interfaces in Distributed Real-Time Systems*. Proc. of ISADS 99. IEEE Press. (pp. 26-34).

[Kor10]　Kortuem, G., et al. (2010). *Smart Objects as the Building Block for the Internet of Things*. IEEE Internet Computing, Jan 2010). (pp. 44-50).

[Kum10]　Kumar, K. & Y.H. Lu (2020). *Cloud Computing for Mobile Users: Can Offloading Computation Save Energy?* IEEE Computer, April 2010. (pp. 51-56).

[Lal94]　Lala, J.H. & R.E. Harper. (1994). *Architectural Principles for Safety-Critical Real-Time Applications*. Proc. of the IEEE. Vol. 82(1). (pp. 25-40).

[Lam74]　Lamport, L. (1994). *A New Solution of Dijkstra's Concurrent Programming Problem*. Comm. ACM. Vol. 8(7). (pp. 453-455).

[Lam78]　Lamport, L.(1978). *Time, Clocks, and the Ordering of Events*. Comm. ACM. Vol. 21 (7). (pp. 558-565).

[Lam82]　Lamport, L., Shostak, R., Pease, M. (1982). The Byzantine Generals Problem. Comm. ACM TOPLAS. Vol. 4(3). (pp. 382-401).

[Lam85]　Lamport, L. & P.M. Melliar Smith. (1985). *Synchronizing Clocks in the Presence of Faults*. Journal of the ACM. Vol. 32(1). (pp. 52-58).

[Lan09]　Langley, P., J.E. Laird, & S. Rogers. (2009). *Cognitive Architectures: Research Issues and Challenges*. Cognitive System Research. Vol. 10(2). (pp. 141-160).

[Lan81]　Landwehr, C.E. (1981). *Formal Models for Computer Security*. ACM Computing Suverys. Vol. 13(3). (pp. 248-278).

[Lan97]　Landwehr, C.E. & D.M. Goldschlag. (1997). *Security Issues in Networks with Internet Access*. Proc. of the IEEE. Vol. 85(12). (pp. 2034-2051).

[Lau06]　Lauwereins, R. (2006). *Multi-core Platforms are a Reality. . .but where is the Software Support?* Visual Presentation. IMEC. URL: http://www.mpsoc-forum.org/2006/slides/ Lauwereins.pdf.

[Lee02]　Lee, E.A. (2002). *Embedded Software*. Advances in Computers. Vol. 56. Academic Press.

[Lee10]　Lee, E.A. & Seshia, S. A. (2010). *Introduction to Embedded Systems – A Cyber-Physical Systems Approach*. http://LeeSeshia.org, 2010.

[Lee90]　Lee, P.A. & Anderson, T. (1990). *Fault Tolerance: Principles and Practice*. Springer Verlag.

[Leh85]　Lehmann M.M. & Belady, L. (1985). *Program Evolution: Processes of Software Change*. Academic Press.

[Lev08]　Leverich, J., et al. (2008). *Comparative Evaluation of Memory Models of Chip Multiprocessors*. ACM Trans. on Architecture and Code Optimization, 2008. Vol. 5 (3). (pp. 12.1-12.30).

[Lev95]　Leveson, N.G. (1995). *Safeware: System Safety and Computers*. Addison Wesley Company. Reading, Mass.

[Lie10]　Lienert, D., Kriso, S. (2010). *Assessing Criticality in Automotive Systems*. IEEE Computer. Vol. 43(5). (p. 30).

[Lit93]　Littlewood, B. & L. Strigini, (1993). *Validation of ultra-high dependability for software-based systems*. Comm. ACM. Vol. 36(11). (pp. 69-80).

[Liu00]　Liu, J.W.S. (2000). *Real-Time Systems*. Prentice Hall.

[Liu73]　Liu, C.L. & J.W. Layland. (1973). *Scheduling Algorithms for Multiprogramming in a Hard-Real-Time Environment*. Journal of the ACM. Vol. 20(1). (pp. 46-61).

[Lun84]　Lundelius, L. & N. Lynch. (1984). *An Upper and Lower Bound for Clock Synchronization*. Information and Control. Vol. 62. (pp. 199-204).

[Lv09]　Lv, M. et al. (2009). A Survey of WCET Analysis of Real-Time Operating Systems. URL: http://www.neu-rtes.org/publications/lv_ICESS09.pdf.

[Mai98]　Maier, M.W. (1998). *Architecting Principles for System of Systems*. Systems Engineering.Vol. 1(4). (pp. 267-284).

[Mar10]　Marwedel, P. (2010). *Embedded System Design: Embedded Systems Foundations of Cyber-Physical Systems*. Springer Verlag.

[Mar91]　MARS. (1991). *The Mars Video*. TU Vienna, URL: http://pan.vmars.tuwien.ac.at/ mars/video.

[Mar99]　Martin, T.L. & D.P. Siewiorek. (1999). *The Impact of Battery Capacity and Memory Bandwidth on CPU Speed Setting: A Case Study*. Proc. of ISLPED99. IEEE Press. (pp. 200-205).

[McC09]　McCabe, M. et al. (2009). *Avionics Architecture Interface Considerations between Constellation Vehicles*. Proc. DASC'09. IEEE Press. (pp. 1.E.2.1-1.E.2,10).

[Mes04]   Mesarovic, M.D., S.N. Screenath, & J.D. Keene. (2004) *Search for Organizing Principles: Understanding in Systems Biology.* Systems Biology on line, Vol. 1(1). (pp. 19-27).

[Mes89]   Mesarovic, M.D. (1989). *Abstract System Theory.* Lecture Notes in Control and Information Science. Vol. 116. Springer Verlag.

[Met76]   Metclafe, R.M., Ethernet. (1976*). Distributed Packet Switching for Local Computer Networks.* Comm. of the ACM. (pp. 395-404).

[Mil04]   Miller, D. (2004). *AFDX Determinism.* Visual Presentation at ARINC General Session, October 27, 2004. Rockwell Collins.

[Mil56]   Miller, G.A. (1956). *The Magical Number Seven, Plus or Minus Two: Some Limits on Our Capacity for Processing Information.* The Psychological Review. Vol. 63. (pp. 81-97).

[Mil91]   Mills, D.L. (1991). *Internet Time Synchronization: The Network Time Protocol.* IEEE Trans. on Comm. Vol. 39(10). (pp. 1482-1493).

[Mog06]   Mogul, C. (2006). *Emergent (Mis)behavior vs. Complex Software Systems.* Proc. of EuroSys 2006. ACM Press.

[Mok93]   Mok, A. (1993). *Fundamental Design Problems of Distributed Systems for the Hard Real-Time Environment.* PhD Thesis. Massachusetts Institute of Technology.

[Mor07]   Morin, E. (2007). *Restricted Complexity, General Complexity.* World Scientific Publishing Corporation.

[NAS99]   NASA, (1999). *Mars Climate Orbiter Mishap Investigation Report.* Washington, DC. ftp://ftp.hq.nasa.gov/pub/pao/reports/2000/MCO_MIB_Report.pdf.

[Neu56]   Neumann, J. (1956). *Probabilistic Logic and the Synthesis of Reliable Organisms from Unreliable Components.* In: *Automata Studies, Annals of Mathematics Studies* No. 34, C.E. Shannon & M. J, Editors. Princeton Univ. Press. (pp. 43-98).

[Neu94]   Neuman, B.C. & T. Ts'o. (1994). *Kerberos–An Authentication Service for Computer Networks.* IEEE Communication Magazine. Vol. 32(9). (pp. 33-38).

[Neu95]   Neumann, P.G. (1995). *Computer Related Risks.* Addison Wesley—ACM Press.

[Neu96]   Neumann, P.G. (1996). *Risks to the Public in Computers and Related Systems.* Software Engineering Notes, Vol. 21(5). ACM Press. p. 18.

[Obm09]   Obermaisser, R. & H. Kopetz. (2009). *GENSYS–An ARTEMIS Cross-Domain Reference Architecture for Embedded Systems.* Südwestdeutscher Verlag für Hochschulschriften (SVH).

[OMG08]   OMG, MARTE. (2008). *Modeling and Analysis of Real-time and Embedded Systems,* Object Management Group.

[Pap02]   Pappu, R., et al. (2002). *Physical One-Way Functions.* Science. Vol. 297. (pp. 2026-2030).

[Par97]   Parunak, H.v.D. et. al. [1997]. *Managing Emergent Behavior in Distributed Control Systems.* Proc. of ISA Tech 97. (pp. 1-8).

[Pau08]   Paukovits, C. & H. Kopetz. (2008). *Concepts of Switching in the Time-Triggered Network-on-Chip.* 14th IEEE Conference on Embedded and Real-Time Computing Systems and Applications. IEEE Press. (pp. 120-129).

[Pau98]   Pauli, B., A. Meyna, & P. Heitmann. (1998). *Reliability of Electronic Components and Control Units in Motor Vehicle Applications.* Verein Deutscher Ingenieure (VDI). (pp. 1009-1024).

[Pea80]   Pease, M., R. Shostak, & L. Lamport, Reaching Agreement in the Presence of Faults. Journal of the ACM, 1980. 27(2): pp. 228-234.

[Ped06]   Pedram, M. & S. Nazarian. (2006). *Thermal Modeling, Analysis and Management in VLSI Circuits: Principles and Methods.* Proc. of the IEEE. Vol. 94(8). (pp. 1487-1501).

[Per10]   Perez, J.M. (2010). Executable Time-Triggered Model (E-TTM) for the Development of Safety-Critical Embedded Systems. PhD. Thesis, Institut für Technische Informatik, TU Wien, Austria. (pp. 1-168).

[Pet79]   Peters, L. (1979). Software *Design: Current Methods and Techniques* .In: *Infotech State of the Art Report on Structured Software Development.* Infotech International. London.

[Pet96]   Peterson, I. (1996). *Comment on Time on Jan 1, 1996.* Software Engineering Notes, Vol. 19(3). (p. 16).

[Pol07]   Polleti, F., et al. (2007). *Energy-Efficient Multiprocessor Systems-on-Chip for Embedded Computing: Exploring Programming Models and Their Architectural Support.* Proc. of the IEEE, 2007. Vol. 56(5). (pp. 606-620).

[Pol95]   Poledna, S. (1995). *Fault-Tolerant Real-Time Systems, The Problem of Replica*

Determinism. Springer Verlag.

[Pol95b] Poledna, S. (1995). *Tolerating Sensor Timing Faults in Highly Responsive Hard Real-Time Systems.* IEEE Trans. on Computers. Vol. 44(2). (pp. 181-191).

[Pop68] Popper, K.R. (1968). *The Logic of Scientific Discovery.* Hutchinson, London.

[Pow91] Powell, D. (1991). *Delta-4, A Generic Architecture for Dependable Distributed Computing.* Springer Verlag. (pp. 1-484).

[Pow95] Powell, D. (1995). *Failure Mode Assumptions and Assumption Coverage* In: B. Randell, J. C. Laprie, H. Kopetz, & B. Littlewood (Ed.), *Predictably Dependable Computing Systems.* Springer Verlag. Berlin. (pp. 123-140).

[Pus89] Puschner, P. & C. Koza. (1989). *Calculating the Maximum Execution Time of Real-Time Programs.* Real-Time Systems. Springer Verlag. Vol: 1(2). (pp. 159-176).

[Ran75] Randell, B. (1975). *System Structure for Software Fault Tolerance.* IEEE Trans. on Software Engineering, Vol. SE-1(2). (pp. 220-232).

[Ray10] Ray, K. (2010). *Introduction to Service-Oriented Architectures.* URL: http://anengineersperspective.com/wp-content/uploads/2010/03/Introduction-to-SOA.pdf.

[Rec02] Rechtin, E. & M.W. Maier. (2002). *The Art of Systems Architecting.* CRC Press.

[Rec91] Rechtin, E. (1991). *Systems Architecting, Creating and Building Complex Systems.* Prentice Hall.

[Rei10] Reisberg, D. (2010). *Cognition.* W.W. Norton, New York, London.

[Rei57] Reichenbach, H. (1957). *The Philosophy of Space and Time.* Dover, New York.

[Riv78] Rivest, R.L., A. Shamir, & L. Adleman. (1978*). A Method for Obtaining Signatures and Public-Key Cryptosystems.* Comm. of the ACM. Vol. 21(2). (pp. 120-126).

[Rom07] Roman, R., C. Alcarez, & J. Lopez. (2007). *A Survey of Cryptographic Primitives and Implementations for Hardware-Constrained Sensor Network Nodes.* Mobile Network Applications. Vol. 12. (pp. 231-244). Springer Verlag.

[Rum08] Rumpler, B., (2008) Design Comprehension of Embedded Rea-Time Systems. PhD Thesis. Institut für Technische Informatik. TU Wien.

[Rus99] Rushby, J. (1999). *Systematic Formal Verification for Fault-Tolerant Time-Triggered Algorithms.* IEEE Trans. Software Engineering. Vol. 25(5). (pp. 651-660).

[Rus03] Rushby, J. (2003). *A Comparison of Bus Architectures for Safety Critical Embedded Systems.* Report NASA/CR–2003–212161.

[Rus93] Rushby, J. (1993). *Formal Methods and the Certification of Critical Systems* (Research Report No. SRI-CSL-93-07). Computer Science Lab, SRI, Menlo Park, Cal.

[SAE95] SAE. (1995). *Class C Application Requirements, Survey of Known Protocols, J20056.* In: *SAE Handbook.* SAE Press. (pp. 23.437-23.461).

[Sal10] Salfner, F., Lenk, M., and Malek, M. (2010). *A Survey of Online Failure Prediction Methods.* ACM Computing Surveys. Vol. 42(3). (pp. 10.10-10.42).

[Sal84] Saltzer, J., Reed, D. P., & Clark, D. D. (1984). *End-to-End Arguments in System Design.* ACM Trans. on Computer Systems. Vol. 2(4). (pp. 277-288).

[Sch88] Schwabl, W.(1988). *The Effect of Random and Systematic Errors on Clock Synchronization in Distributed Systems.* PhD Thesis. Technical University of Vienna, Institut für Technische Informatik.

[Sel08] Selberg, S.A. & Austin, M.A. (2008]. *Towards an Evolutionary System of Systems Architecture.* Institute for Systems Research.URL: http://ajcisr.eng.umd.edu/~austin/reports.d/INCOSE2008-Paper378.pdf.

[Ses08] Sessions, R. (2008). *Simple Architectures for Complex Enterprises.* Published by Microsoft Press.

[Sev81] Sevcik, F. (1981). *Current and Future Concepts in FMEA.* Proc. of the Annual Reliability and Maintainability Symposium. Philadelphia. IEEE Press. (pp. 414-421).

[Sha04] Sha, L. et al. (2004). *Real-Time Scheduling Theory: A Historical Perspective.* Real-Time Systems Journal. Vol. 28(3/4). Springer Verlag. (pp. 101-155).

[Sha89] Shaw, A.C. (1989). *Reasoning About Time in Higher-Level Language Software.* IEEE Trans. on Software Engineering. Vol. SE-15. (pp. 875-889).

[Sha90] Sha, L., R. Rajkumar, & J.P. Lehoczky. (1990). *Priority Inheritence Protocols: An Approach to Real-Time Synchronization.* IEEE Trans. on Computers. Vol. 39(9). (pp. 1175-1185).

[Sha94] Sha, L., R. Rajkumar, and S.S. Sathaye. (1994). *Generalized Rate-Monotonic Scheduling Theory: A Framework for Developing Real-Time Systems.* Proc. of the IEEE. Vol. 82(1). (pp. 68-82).

[Sie00] Siegel, J. (2000). *CORBA 3–Fundamentals and Programming.* OMG Press. John Wiley.

[Sim81] Simon, H.A. (1981). *Science of the Artificial.* MIT Press.

[Smi97]   Smith, J.S.S. (1997). *Application Specific Integrated Circuits.* Addision Wesley.

[Soe01]   Soeleman, H., K. Roy, & B.C. Paul. (2001). *Robust Subtreshold Logic for Ultra-Low Power Operation.* IEEE Trans. on VLSI Systems. Vol. 9(1). (pp. 90-99).

[Spr89]   Sprunt, B., L. Sha, & J. Lehoczky. (1989). *Aperiodic Task Scheduling for Hard Real-Time Systems.* Real-Time Systems. Vo. 1(1). (pp. 27-60).

[Sta03]   Stamatis, D.H. (2003*). Failure Mode and Effect Analysis: FMEA from Theory to Execution.* ASQ Quality Press.

[Sta08]   Stallings, W. (2008). *Operating Systems: Internals and Design Principles.* Prentice Hall.

[Szy99]   Szyperski, C. (1999). *Component Software—Beyond Object-Oriented Programming.* Addision Wesley.

[Tai03]   Taiani, F., J.C. Fabre, & M.O. Killijian. (2003). *Towards Implementing Multi-Layer Reflection for Fault-Tolerance.* Proc. of the DSN 2003. IEEE Press. (pp. 435-444).

[Tas03]   Task Force. (2004). *Final Report on the August 14, 2003 Blackout in the United States and Canada.* US Department of Energy.

[Ter11]   Terzija, V. et. al. (2011). *Wide-Area Monitoring, Protection, and Control of Future Electric Power Networks.* Proc. of the IEEE. Vol. 99(1). (pp. 80-93).

[Tel09]   Telecom Japan. (2009). *Cyber-Clean Center (CCC) Project for Anti-Bot Countermeasures in Japan.* Proc. of the Second Japan-EU Symposium on the Future Internet. European Communities Brussels. (pp. 212-220).

[Tin95]   Tindell, K. (1995). Analy*sis of Hard Real-Time Communications.* Real-Time Systems. Vol. 9(2). (pp. 147-171).

[Tra88]   Traverse, P. (1988). *AIRBUS and ATR System Architecture and Specification.* In: *Software Diversity in Computerized Control Systems.* Springer-Verlag.

[Ver09]   Vermesan, O. et al. (2009). *Internet of Things—Strategic Research Roadmap.* European Commission-Information Society and Media DG. Brussels.

[Ver94]   Verissimo, P. (1994). *Ordering and Timeliness Requirements of Dependable Real-Time Programs.* Real-Time Systems. Vol. 7(3). (pp. 105-128).

[Vig10]   Vigras, W.J. (2010). *Calculation of Semiconductor Failure Data.* URL: http://rel.intersil.com/docs/rel/calculation_of_semiconductor_failure_rates.pdf.

[Vig62]   Vigotsky, L.S. (1962). *Thought and Language.* MIT Press, Boston, Mass.

[Wen78]   Wensley, J.H., et al. (1978). *SIFT: The Design and Analysis of a Fault-Tolerant Computer for Aircraft Control.* Proc. IEEE. Vol. 66(10). (pp. 1240-1255).

[Wik10]   Washington's Axe. (2010). Wikipedia, URL: http://en.wikipedia.org/wiki/George_-Washington%27s_axe#George_Washington.7s_axe.

[Wil08]   Wilhelm, R. et al. (2008). *The Worst-Case Execution Time Problem—Overview of Methods and Survey of Tools.* ACM Trans. on Embedded Computer Systems, Vol. 7(3). (pp. 1-53).

[Win01]   Winfree, A.T. (2001). *The Geometry of Biological Time.* Springer Verlag.

[Wit90]   Withrow, G.J. (1990). *The Natural Philosophy of Time.* Oxford Science Publications. Clarendon Press, Oxford.

[Xin08]   Xing, L. Amari, S.V. (2008). *Handbook of Performability Engineering.* Springer Verlag.

[Xu91]   Xu, J., & Parnas, D. (1990). *Scheduling Processes with Release Times, Deadlines, Precedence, and Exclusion Relations.* IEEE Trans. on Software Engineering. Vol. 16 (3). (pp. 360-369).

[Zil96]   Zilberstein, S. (1996). *Using Anytime Algorithms in Intelligent Systems.* AI Magazine. Vol. 16(3). (pp. 73-83).

推荐阅读

信息物理系统应用与原理

作者：[印] 拉杰·拉杰库马尔 [美] 迪奥尼西奥·德·尼茨
译者：李士宁 张羽 李志刚 等 ISBN：978-7-111-59810-7 定价：79.00元

信息物理融合系统（CPS）原理

作者：[美] 拉吉夫·阿卢尔 译者：董云卫 张雨
ISBN：978-7-111-55904-7 定价：79.00元

信息物理系统计算基础：概念、设计方法和应用

作者：[德] 迪特玛 P.F.莫勒
译者：张海涛 罗丹琪 ISBN：978-7-111-59145-0 定价：99.00元

信息物理融合系统（CPS）设计、建模与仿真——基于Ptolemy II平台

作者：[美] 爱德华·阿什福德·李 译者：吴迪 李仁发
ISBN：978-7-111-55843-9 定价：79.00元

推荐阅读

嵌入式系统：硬件、软件及软硬件协同（原书第2版）

作者：Tammy Noergaard 译者：马志欣 等 ISBN：978-7-111-58887-0 定价：119.00元

ARM嵌入式系统编程与优化

作者：Jason D. Bakos 译者：梁元宇 ISBN：978-7-111-57803-1 定价：59.00元

嵌入式C编程：PIC单片机和C编程技术与应用

作者：Mark Siegesmund 译者：王文峰 等 ISBN：978-7-111-56444-7 定价：79.00元

高性能嵌入式计算（原书第2版）

作者：Marilyn Wolf 译者：刘彦 等 ISBN：978-7-111-54051-9 定价：89.00元